Beck-Wirtschaftsberater im dtv

Fundraising

dtv

Beck–Wirtschaftsberater

Fundraising

Spenden, Sponsoring und mehr

Von Prof. Dr. Nicole Fabisch

3., vollständig überarbeitete und erweiterte Auflage

Deutscher Taschenbuch Verlag

www.dtv.de
www.beck.de

Originalausgabe

Deutscher Taschenbuch Verlag GmbH & Co. KG,
Friedrichstraße 1a, 80801 München
© 2013. Redaktionelle Verantwortung: Verlag C.H. Beck oHG
Druck und Bindung: Druckerei C.H. Beck, Nördlingen
(Adresse der Druckerei: Wilhelmstraße 9, 80801 München)
Satz: ottomedien, Darmstadt
Umschlaggestaltung: Agentur 42, Bodenheim
ISBN 978-3-423-50933-6 (dtv)
ISBN 978-3-406-64835-9 (C. H. Beck)

Vorwort zur 3. Auflage

Der Fundraisingmarkt hat sich in den letzten Jahren sehr dynamisch entwickelt. Fundraising hat sich mittlerweile in Deutschland, Österreich und der Schweiz etabliert und professionalisiert. Hierzu beigetragen haben nicht nur erweiterte Ausbildungsangebote, sondern auch die technischen Neuerungen im Internetbereich. Viele Organisationen blicken mittlerweile auf eine langjährige Fundraising-Geschichte zurück, andere, wie beispielsweise die deutschen Hochschulen oder Krankenhäuser sind zumeist noch relativ neu „im Geschäft". Die rasante Entwicklung neuer Kommunikationswege wie sie die sogenannten sozialen Medien anbieten, stellen Fundraiser/innen vor neue Aufgaben und bieten gleichsam völlig neue Möglichkeiten der Spenderansprache.

Dieser Entwicklung versucht die dritte, vollständig überarbeitete Auflage dieses Buches Rechnung zu tragen. Es wurden nicht nur die Zahlen und Fakten aktualisiert, sondern auch neue bzw. komplett überarbeitete Interviews und Kapitel zu den Themen Social-Media-Fundraising, Crowdfunding, PR 2.0, Stellenprofil: Fundraiserin, aktuelle rechtliche Entwicklungen und Aspekte zum Fundraising im Gesundheitswesen, eingefügt. Erstmals fließen auch Zahlen aus der Schweiz und Österreich mit ein.

In der Hoffnung, damit einen kleinen Beitrag zu einem spannenden und gesellschaftlich wichtigen Arbeitsbereich geleistet zu haben, wünsche ich allen Leser/inne/n und angehenden Fundraiser/inne/n viel Vergnügen bei der Lektüre.

Da Dank und Anerkennung die zentralen Komponenten des Fundraising sind, möchte ich an dieser Stelle denjenigen Interviewpartnern danken, die für diese dritte Auflage erneut Zeit und Knowhow gespendet haben. *Dr. Matthias Buntrock*, *Ralf Gremmel* und *Melanie Stöhr* waren so nett und haben sich die Zeit genommen, ihre Interviews zu aktualisieren. *Dr. Wiebke Baars*, Fachanwältin für gewerblichen Rechtsschutz und Partnerin der Kanzlei Taylor Wessing sowie Präsidentin des ZONTA-Clubs Hamburg hat sich bereit erklärt, Fragen zur aktuellsten Rechtsprechung im Email-Marketing und der Nutzung sozialer Medien zu erläutern.

Herzlichen Dank auch wieder an meinen Lektor *Hermann Schenk* für seinen Rat und seine Unterstützung. Besondere Grüße an dieser Stelle an meinem Ehemann, *Dr. Gerhard Zarbock* und meine *Tochter Tara*.

Hamburg, im November 2012　　　　　　　　　　　　*Nicole Fabisch*

Aus dem Vorwort zur 1. Auflage

Während in Deutschland jahrzehntelang dem Staat die alleinige Verantwortung für das Gemeinwohl zugesprochen wurde, zeichnet sich in den letzten Jahren ein Einstellungswandel ab. Begriffe wie „Eigenverantwortung", „aktive Bürgergesellschaft" oder „Corporate Citizenship" machen die Runde. Während einige nur den Werteverfall beklagen, machen sich andere daran, Verantwortung zu übernehmen und sich gemäß ihres individuellen Wertekanons zu engagieren. Bürgerstiftungen, Spendenparlamente und Ehrenamtsbörsen werden gegründet. Unternehmen versuchen ökonomische und ethische Richtlinien in ihre Planung mit einzubeziehen. Gesellschaftliche Verantwortung spielt für sie nicht allein unter Image-Aspekten eine Rolle. Es geht um eine neue, intelligentere und nachhaltige Form des Wirtschaftens. So schicken die ersten Firmen ihre Mitarbeiter zu ehrenamtlicher Tätigkeit in soziale Einrichtungen, um die emotionale und soziale Kompetenz ihrer Manager zu stärken.

Auch ehrenamtliches Engagement wird wieder populärer, aber es hat andere Vorzeichen bekommen: Freiwilliges Engagement soll Sinn stiften und Spaß machen. Diese Entwicklungen bergen für Vereine und Organisationen, die sich dem Gemeinwohl verpflichtet haben, sowohl neue Chancen wie neue Herausforderungen. Einerseits brechen klassische Gebermärkte wie staatliche Stellen zusehends weg, andererseits tun sich neue Märkte auf.

Das zwingt viele Organisationen dazu, sich mit marktwirtschaftlichem Denken auseinander zu setzen. Sie müssen nicht nur Gutes tun bzw. gute Angebote für ihre Kunden unterbreiten, sondern dies auch noch gut geplant und öffentlichkeitswirksam vermitteln. Das stellt einerseits eine zusätzliche Belastung dar, bietet jedoch andererseits die Chance, sich auf eigene Stärken zu besinnen und mit neuem Selbstbewusstsein aufzutreten. Der so genannte dritte Sektor, der Bereich der nichtkommerziellen Organisationen, gewinnt mehr und mehr an Gesicht und Bedeutung.

Aus dem Vorwort zur 1. Auflage

So hat sich mittlerweile auch der Begriff des „Fundraising" immer weiteren Kreisen erschlossen, wenn auch mit unterschiedlichem Verständnis. Fundraising ist eben nicht die Kunst des Bettelns, sondern vielmehr zuerst die Kunst, Werte und Visionen zu entwickeln und zu vermitteln. Es handelt sich um die Kunst Spender, Förderer und Sponsoren zu finden und diese dauerhaft an sich zu binden. Nicht zuletzt ist Fundraising auch die Kunst, auf immer neue Art und Weise „Danke" zu sagen.

Geld, Zeit oder Wissen zu spenden ist kein selbstloser Akt. Spender, Sponsoren, ehrenamtliche Helfer und andere Unterstützer erwarten Dank, Anerkennung und geteilte Freude an der Zusammenarbeit. Hier sind die Verantwortlichen der Organisationen gefordert, kreativ zu werden und neben dem „Fund" auch den „Fun"-Aspekt des Fundraising zu entdecken.

Spaß am Erfolg zu haben und Erfolg mit Verantwortung zu kombinieren, sind die Herausforderungen der Zukunft.

In diesem Sinne: Viel Erfolg bei der Lektüre und der Umsetzung von der Theorie in die Praxis!

Hamburg, im März 2002 *Nicole Fabisch*

Inhaltsübersicht

Vorwort zur 3. Auflage	V
Aus dem Vorwort zur 1. Auflage	VII
Inhaltsverzeichnis	XI

1. Kapitel
Einleitung 1

2. Kapitel
Theorie: Grundlagen und Hintergründe 5

3. Kapitel
Praxis: In sieben Schritten zum Erfolg 49

4. Kapitel
Erster Schritt: Das Leitbild – wer sind wir und wo wollen wir hin? 55

5. Kapitel
Zweiter Schritt: Analyse der Umwelt – wir sind nicht allein 65

6. Kapitel
Dritter Schritt: Interne Analyse – wo stehen wir? 77

7. Kapitel
Vierter Schritt: Die Fundraising-Strategie – von der Planung
zur Aktion 85

8. Kapitel
Fünfter Schritt: Märkte erschließen – Geber, die unbekannten
Wesen 117

9. Kapitel
Sechster Schritt: Maßnahmen und Methoden – die Mittel zum
Zweck 155

10. Kapitel
Siebter Schritt: Erfolgreich bleiben durch Bindungsstrategien 285

11. Kapitel
Fundraising in speziellen Umfeldern 355

Anhang
Vorschläge, Nachschläge, Zuschläge 379

Literatur- und Quellenverzeichnis 397

Sachverzeichnis 403

Inhaltsverzeichnis

Vorwort zur 3. Auflage V
Aus dem Vorwort zur 1. Auflage VII
Inhaltsübersicht IX

1. Kapitel
Einleitung 1

1. Warum dieses Buch etwas für Sie sein könnte 1

2. Zum Aufbau des Buches 2

3. Von der trockenen Theorie zu den Sternen oder wie dieses Buch gelesen werden kann 3
3.1 Der Intensivkurs 3
3.2 Fokus auf Planung 3
3.3 Überblick über Fundraising-Märkte und -maßnahmen 3

4. Was fehlt 4

2. Kapitel
Theorie: Grundlagen und Hintergründe 5

1. Was ist eigentlich Fundraising? Hat das was mit Fun zu tun? 5
1.1 Definitionen 5
1.2 Zahlen und Fakten 9
1.3 Chancen und Grenzen – was kann Fundraising und was kann es nicht? 16
1.4 Ethische Überlegungen 17

2. Alles Wirtschaft oder was? Prinzipien und Zusammenhänge 23
2.1 Fundraising und (Sozial-)Marketing 23
2.2 Fundraising und Management: Planung, Teams und Kompetenzen 28

3. Was braucht man zum Fundraisen? Organisatorische Voraussetzungen ... 29
3.1 Personelle Ressourcen ... 30
3.2 Administrative Ressourcen ... 35
3.3 Kommunikative Ressourcen ... 45
3.4 Finanzielle Ressourcen ... 46

3. Kapitel
Praxis: In sieben Schritten zum Erfolg ... 49

1. Vorteile strategischer Planung ... 49

2. Die sieben Schritte zum Erfolg ... 51

4. Kapitel
Erster Schritt: Das Leitbild – wer sind wir und wo wollen wir hin? ... 55

1. Basiskomponenten eines Leitbilds oder „mission statements" ... 56

2. Leitbild in Teamarbeit ... 59

3. Die Essenz Ihres Leitbildes – Entwicklung eines Slogans ... 60

4. Exkurs: Corporate Identity ... 61

5. Kapitel
Zweiter Schritt: Analyse der Umwelt – wir sind nicht allein ... 65

1. Zielsetzungen der externen und internen Analyse ... 66
1.1 (Steuer-)Politische Entscheidungen ... 67
1.2 Wirtschaftliche Tendenzen ... 67
1.3 Demographische und soziale Entwicklung ... 68
1.4 Technologische Trends ... 68
1.5 Konkurrenzanalyse ... 70

2. Datenrecherche: Woher nehmen, wenn nicht stehlen ... 70
2.1 Politische, wirtschaftliche und technologische Trends ... 70
2.2 Demographische und soziale Entwicklung ... 72

2.3 Konkurrenzanalyse	73
2.4 Stichwort Benchmarking	74

3. Auswertung und Prognose ... 75

6. Kapitel
Dritter Schritt: Interne Analyse – wo stehen wir? ... 77

1. Stärken-Schwächen-Analyse ... 78

2. Auswertung der externen und internen Analysen ... 82

3. Zusammenfassung ... 83

7. Kapitel
Vierter Schritt: Die Fundraising-Strategie – von der Planung zur Aktion ... 85

1. Zielformulierung – was wollen wir erreichen? ... 85

2. Strategieentwicklung – wie gehen wir vor? ... 89

3. Maßnahmenplanung – wer macht was bis wann? ... 89

4. Budget – wie viel Geld brauchen wir? ... 90

5. Der Fundraising-Jahresplan ... 94

5.1 Bedarf: Wofür brauchen wir Geld?	96
5.2 Wie ist die Ausgangssituation: Welche Ressourcen haben wir bereits und was brauchen wir noch?	97
5.3 Ziele: Welche Mittel wollen wir bis wann zusammen haben?	97
5.4 Strategie: Wie gehen wir am besten vor?	98
5.5 Maßnahmen: Mit welchen Fundraising-Methoden wollen wir unser Ziel erreichen?	99
5.6 Budget	102
5.7 Aktionsplan: Wer macht was bis wann?	106
5.8 Evaluation: Wo stehen wir, was hat funktioniert und was nicht?	110
5.9 Fehler und Fallstricke	114

8. Kapitel
Fünfter Schritt: Märkte erschließen – Geber, die unbekannten Wesen ... 117

1. Private Spender ... 118
1.1 Entwicklungsmodelle: Spendernetzwerk und -pyramide .. 118
1.2 Adressenrecherche – woher nehmen, wenn nicht stehlen? 125
1.3 Adressen sichern und pflegen ... 135
1.4 Spenderbefragung ... 137
1.5 Sonderthema: Ethik und Datenschutz ... 139

2. Unternehmen als Mäzene, Spender oder Sponsoren ... 141

3. Stiftungen und andere fördernde Institutionen ... 146
3.1 Stiftungen ... 146
3.2 Fördernde Institutionen ... 148

4. Vater Staat und die EU ... 151
4.1 Staatliche Töpfe ... 151
4.2 EU-Gelder ... 152

9. Kapitel
Sechster Schritt: Maßnahmen und Methoden – die Mittel zum Zweck ... 155

1. Von (Spenden-)Briefen und Mailings ... 155
1.1 Chancen und Grenzen von Spendenbriefen ... 157
1.2 Emails oder „Snail-Mails" ... 159
1.3 Der Blick in die Masse – Ziele, Zielgruppen und Zeitpunkte ... 159
1.3 Das Mailing-Package – von Eitelkeiten und Tränendrüsen 163
1.4 Kosten ... 173
1.5 Spendenbriefe an Unternehmen – wann, wie und an wen? 176
1.6 Exkurs: Kleine Selbstdarstellung anbei ... 179

2. Persönliche Gespräche und Verhandlungen ... 183
2.1 Vorbereitung ... 184
2.2 Gesprächsverlauf ... 185
2.3 Teamplayer oder Soloauftritt ... 186

3. Haus- und Straßensammlungen – Drückerkolonnen oder netter Talk zwischen Tür und Angel 188

4. Veranstaltungen mit oder ohne Benefiz 190
4.1 Mögliche Vorteile eines (gelungenen) Events 192
4.2 Mögliche Nachteile von Events 193
4.3 Gut geplant ist halb gewonnen 194
4.4 Tombolas 199
4.5 Auktionen 200
4.6 Mögliche zusätzliche Geldquellen 201
4.7 TV-Galas oder Spendenaufrufe in Medien 202

5. Marke Eigenproduktion – zwischen Vortrag und Basar 205
5.1 Know-how-Verkauf 205
5.2 Vermietung und Vermarktung 206
5.3 Warenverkauf – von Kuchentheken und Basaren 207
5.4 Sonderverkäufe und Gutscheinhefte 209
5.5 Sonderthema Merchandising 210
5.6 Lizenzen 214

6. Wegwerfware und weitere Varianten 216

7. Kredite, Fonds und Leihgemeinschaften 218

8. Hamburger Spendenparlament 219

9. Kreditkarten mit Spendenprozent (Affinity Credit Card) ... 219

10. Modern Talking – von Online-Fundraising bis Crowdfunding 221
10.1 Online-Fundraising 221
10.2 E-Mail-Marketing 226
10.3 Spendenportale 233
10.4 Charity Malls 234
10.5 Internet-Aktionen und Internet-Auktionen 235
10.6 Handy- und Hotlinespenden 236
10.7 Von „Zwitschern" und „Posten" bis „Krautfunding" 237
10.8 Thesen, Themen, Trendgemunkel 242

11. Sponsoring … 243
11.1 Ziele des Sponsors … 244
11.2 Voraussetzungen – sind wir reif für einen Sponsor? … 246
11.3 Sponsorensuche … 248
11.4 Das Sponsoring-Konzept … 251
11.5 Die „fiese" Akquise … 253
11.6 Chancen und Risiken … 253
11.7 Recht und Steuern … 254

12. Exkurs: Menschen, Tiere, Sensationen – vom Umgang mit den Medien … 256
12.1 Presseverteiler … 257
12.2 Die Pressemitteilung … 258
12.3 PR 2.0 … 261
12.4 Die Krise als Chance – Krisen-PR und „Shitstorm-Management" … 263

13. Sonderthema Antragswesen – zwischen Richtlinien und Fördermitteln … 265
13.1 Der Stiftungsantrag … 265
13.2 Exkurs: Stiftungsgründung – Fundraising-Instrument mit Zukunft … 270
13.3 Staatliche Mittel … 273
13.4 EU-Fördermittel … 274
13.5 Lotterien … 276
13.6 Bußgelder oder wird man noch Richters Liebling? … 278

10. Kapitel
Siebter Schritt: Erfolgreich bleiben durch Bindungsstrategien … 285

1. Vom Erstspender zum Wiederholungstäter … 285

2. Instrumente der Spenderbindung … 291
2.1 Danke und nochmals Danke – von Dankschreiben und Festlichkeiten … 291
2.2 Bindungsarbeit durch Mitgliedschaften … 297
2.3 Der Förderverein als Mittelbeschaffungsverein … 299

2.4 Daueraufträge und Einzugsermächtigungen durch
„Upgrading"-Aktionen 301
2.5 Exkurs: Telefonmarketing 303
2.6 Exkurs: Beschwerdemanagement – vom Umgang mit
Erzürnten 307
2.7 Patenschaften 310
2.8 Spendenclubs 311

**3. Die Suche nach dem dicken Fisch – private Großspender
finden und binden** 313
3.1 Bestimmung der Spendenhöhe 313
3.2 Interne Voraussetzungen 314
3.3 Suche nach Großspendern
(Strategien zum großen Geld) 315
3.4 Jetzt wird's persönlich – Ansprache von Großspendern 318
3.5 Gegenleistungen und Anerkennungen 319

4. Fundraising für Fortgeschrittene – die Capital Campaign .. 321
4.1 Langer Atem – die Vorbereitungsphase 327
4.2 Langfristige Sammelleidenschaft – die Durchführung 329

5. Die Königsdisziplin – Erbschaften 333
5.1 Erbschaftsmarketing – der sanfte Weg zum Testament 334
5.2 Erben und Schenken – die Rechtslage 339
5.3 Die Botschaft oder wie sag ich's meinen Spendern 344
5.4 Betreuung von Interessenten 347

6. Unsere Besten – die Ehrenamtlichen 349
6.1 Wer sind sie? 349
6.2 Vorteile von ehrenamtlichen Helfern 350
6.3 Wo sind Sie? 351
6.4 Was wollen Ehrenamtliche? 352
6.5 Ehre sei dir und Dank 354

**11. Kapitel
Fundraising in speziellen Umfeldern** 355

1. Alumni, Profs und Perspektiven – Hochschul-Fundraising .. 355
1.1 Zahlen, Fakten, Hintergründe 356

1.2 Marketing und Finanzen – Besonderheiten des Fundraising an Hochschulen 357
1.3 „Die paar Personalprobleme" – Organisation des Fundraising an Hochschulen 359
1.4 Analyse und Planung – Wo stehen wir und wo wollen wir hin? 360
1.6 Kontrolle, Evaluation und Umsetzungsprobleme oder wo hakt es denn nun schon wieder? 366
1.7 Zusammenfassung 367

2. Privat statt Staat? – Fundraising im Gesundheitswesen .. 370
2.1 Ein paar Interna und der Blick über den großen Teich 376
2.2 Vor dem Spendenkuchen steht die Strategie 377

Anhang
Vorschläge, Nachschläge, Zuschläge 379

1. Arbeitsblätter, Checklisten und Musterverträge 379
1.1 Arbeitsblatt: Externe Analyse 379
1.2 Arbeitsblatt: Interne Analyse 381
1.3 Arbeitsblatt Zielformulierung 384
1.4 Arbeitsblatt Aktionsplan 385
1.5 Checkliste Drucksachen 385
1.6 Checkliste Veranstaltung 387
1.7 Muster Telefonskript 389
1.8 Vordrucke Sach- und Geldspendenbescheinigung 390

2. Adressen und Internetlinks 391

Literatur- und Quellenverzeichnis 397

Sachverzeichnis 403

1. Kapitel

Einleitung

1. Warum dieses Buch etwas für Sie sein könnte

Sind Sie in einem Verein oder einer anderen „nichtkommerziellen" Organisation im Bereich Soziales, Kultur, Umwelt, Bildung; Gesundheit oder Breitensport tätig und haben das Problem, ständig zu wenig Geld in der Kasse zu haben? Mangelt es Ihnen an staatlichen Zuschüssen oder Spendengeldern? Fehlen Ihnen zahlungskräftige Unterstützer, Sponsoren, engagierte Mitglieder oder ehrenamtliche Helfer? Dann kann Ihnen dieses Buch Anregungen und Lösungsmöglichkeiten bieten.

Dieser praktische Ratgeber führt Sie ein in die Kunst des „Fundraising". Er beschreibt, wie es Schritt für Schritt gelingt zusätzliche Mittel zu beschaffen, von den Voraussetzungen über die Planung bis hin zur Umsetzung.

Das vorliegende Buch verknüpft in verständlichen Worten betriebswirtschaftliches Wissen und strategische Planung, Marketing und Kundenbindung mit dem Know-how der Mittelbeschaffung. Es liefert aktuelle und praxisrelevante Informationen vom Spendenbrief bis hin zum Sponsoringkonzept, vom Stiftungsantrag bis hin zur Bindung von Spendern, Mitgliedern und Ehrenamtlichen.

Hierin unterscheidet es sich von anderen Ratgebern. Es zeigt nicht nur die verschiedenen Fundraising-Methoden auf, sondern auch die notwendigen Voraussetzungen und einzelnen Planungsschritte. Ein besonderes Augenmerk liegt hierbei auf Organisationen mit kleineren Budgets.

Mit seiner Fülle an Fallbeispielen, Checklisten und Arbeitsbögen ist es für alle Interessierten ein idealer Wegweiser bei der Suche nach neuen Finanzierungsquellen und -methoden. Durch Experteninterviews und die Verarbeitung aktuellster deutscher und amerikanischer Trends kann es auch erfahrenen Praktikern neue Anregungen liefern.

2. Zum Aufbau des Buches

Der erste Teil dieses Buches ist als Theorieteil konzipiert. Er führt in die Thematik ein und erläutert Zusammenhänge mit den Prinzipien des Marketing. Zahlen und Fakten zum deutschen Spendenmarkt werden ebenso aufgeführt wie gesellschaftliche Trends und Entwicklungen in den Bereichen Spendenwesen, Sponsoring oder Stiftungen.

Die ersten beiden Kapitel „Definitionen" und „Zahlen und Fakten" sind theoretisches „Trockenfutter". Leser, die sich mehr für die Praxis interessieren, können diese Seiten getrost überspringen und bei Abschnitt 1.3 starten.

Der zweite Teil „In sieben Schritten zum Erfolg" ist als Praxisteil aufgebaut. Die notwendigen Voraussetzungen für erfolgreiches Fundraising werden ebenso erläutert wie mögliche Einwände oder Probleme aus der Praxis.

Anschließend werden die Leser mit Hilfe von Arbeitsblättern, Checklisten und konkreten Praxisbeispielen Schritt für Schritt an die strategische Planung ihrer Fundraising-Aktivitäten herangeführt.

Im Anhang ergänzen Arbeitsblätter, Checklisten, Mustervorlagen die Inhalte des Praxisteils. Umfassende Literatur- und Adressenverzeichnisse inklusive Internet-Links sowie ein ausführliches Stichwortverzeichnis machen dieses Buch zu einem brauchbaren „Howto"-Buch für schnelle Leser und langfristige Strategen.

3. Von der trockenen Theorie zu den Sternen oder wie dieses Buch gelesen werden kann

3.1 Der Intensivkurs

Wer sich intensiv in die Thematik einarbeiten möchte, dem sei empfohlen, von vorne bis hinten zu lesen und sich zunächst auch durch den Theorieteil zu arbeiten. Dieser dient nicht nur dazu, ein Grundverständnis der Marketingprinzipien zu schaffen, sondern gibt auch Hinweise auf Trends und Entwicklungen sowie wichtige Fundraising-Voraussetzungen wie Datenerfassung, relevante Steuerfragen und kommunikative Ressourcen.

3.2 Fokus auf Planung

Wer sich speziell für Fragen der strategischen Planung von der Erarbeitung eines Leitbildes bis hin zur langfristigen Planung interessiert, dem sei die Vorbereitungsphase von Schritt Eins bis Schritt Vier empfohlen.

3.3 Überblick über Fundraising-Märkte und -maßnahmen

Diejenigen, die sich einen ersten Überblick über Fundraising-Märkte und Maßnahmen beschaffen möchten, können bei Schritt Fünf „Märkte erschließen" einsteigen oder sich bei Schritt Sechs über kurz- und mittelfristige Maßnahmen und Methoden schlau machen.

In Schritt Sieben werden langfristige Fundraising-Instrumente wie Großspender- oder Erbschaftsfundraising sowie Strategien zur Bindung von Spendern, Mitgliedern und Ehrenamtlichen vorgestellt.

4. Was fehlt

Zunächst, liebe Leserinnen, fehlt im folgenden Text das so genannte Binnen-I. Auch auf die konsequente Anrede beider Geschlechter als Leserinnen und Leser oder Spenderinnen und Spender wurde verzichtet. Als **Autorin** habe ich lange mit mir gerungen und mich schließlich zugunsten der Lesefreundlichkeit dagegen entschieden. Es sind selbstverständlich immer alle Menschen angesprochen.

Wie auch immer Sie dieses Buch handhaben, ob von vorne bis hinten, querbeet oder themenspezifisch, möchte ich Ihnen beim Lesen viel Spaß und viel Erfolg bei der Kunst des Fundraising wünschen.

Sollte Ihnen sonst noch etwas aufgefallen sein, was Sie ergänzen möchten oder erwähnenswert finden, dann mailen Sie gerne an: nfabisch@aol.com oder kontaktieren mich über meinen Arbeitsplatz: EBC Hochschule Hamburg, Prof. Dr. Nicole Fabisch, Esplanade 6, 20354 Hamburg

2. Kapitel

Theorie: Grundlagen und Hintergründe

1. Was ist eigentlich Fundraising? Hat das was mit Fun zu tun?

1.1 Definitionen

„Wir brauchen einen Sponsor" ist ein beliebter Lösungsansatz in Vereinen oder anderen nichtkommerziellen Organisationen, wenn ein Loch in der Kasse klafft. Doch das ist leider nicht so einfach und greift in den meisten Fällen zu kurz. Sowohl in der Alltagssprache als auch in den Medien werden Spende und Sponsoring oftmals miteinander verquickt. „Das Handy hat Oma gesponsert" oder der Kleinwagen ist „sponsered by daddy". Ob Oma oder „daddy" für ihr „Sponsoring" eine vertraglich geregelte Gegenleistung erhalten haben oder ob es sich eher um eine selbstlose Spende gehandelt hat, bleibt ungeklärt. Wenn auch noch der Begriff des Fundraising dazu kommt, ist die Verwirrung oft komplett. „Ist das nicht das gleiche wie Spenden sammeln?" Die Antwort lautet: Nein. Hinter Fundraising verbirgt sich weitaus mehr.

Um Unklarheiten oder Verwechslungen zu vermeiden, werden im Folgenden zunächst verschiedene Begriffe aus dem Umfeld des Fundraising geklärt.

2. KAPITEL Theorie: Grundlagen und Hintergründe

> Beim **Sponsoring** handelt es sich im engeren betriebswirtschaftlichen Sinne um: „Analyse, Planung, Umsetzung und Kontrolle sämtlicher Aktivitäten, die mit der Bereitstellung von Geld, Sachmitteln, Dienstleistungen oder Know-how durch Unternehmen und Institutionen zur Förderung von Personen und/oder Organisationen in den Bereichen Sport, Kultur, Soziales, Umwelt und/oder den Medien, unter vertraglicher Regelung der Leistung des Sponsors und Gegenleistung des Gesponserten verbunden sind, um damit gleichzeitig Ziele der Marketing- und Unternehmenskommunikation zu erreichen. (Vgl. Bruhn, M. (2009), S. 6 f.)

Es geht also um Leistung und Gegenleistung. Der Sponsor erwartet für seinen Mitteleinsatz eine Gegenleistung. Er möchte vom guten Ruf, den guten Taten und den Erfolgen des Gesponserten profitieren und sein Engagement publik machen.

> Bei einer **Spende** handelt es sich um eine freiwillige, unentgeltliche Zuwendung an eine gemeinnützige Körperschaft. Juristisch fixiert wird dieser Begriff im § 10b Abs. 1 EStG als vermögensmindernde Ausgabe zur Förderung mildtätiger, kirchlicher, wissenschaftlicher oder andere gemeinnütziger Zwecke. Zur Abgrenzung der Spenden von (sonstigen) Betriebsausgaben ist eine deutlich erkennbare Spendenmotivation entscheidend.

Die Spende erwartet keine Gegenleistung, von der öffentlichen Schecküberreichung, eventuellen Steuervorteilen oder immateriellem Nutzen einmal abgesehen.

> Unter **Mäzenatentum** (nach Gaius Clinius Maecenas (um 70 bis 8 v. Chr.), römischer Grundbesitzer und Förderer der zeitgenössischen Literaten Horaz, Vergil und Properz.) versteht man die gönnerhafte Förderung des Gemeinwohls aus altruistischen Motiven ohne Gegenleistung.

Der Mäzen, oftmals Förderer der schönen Künste, verlangt keine öffentliche Anerkennung. Das Engagement ist selbstlos.

> Der Begriff der **Stiftung** ist im Gesetz nicht definiert. Er dient vielmehr als Bezeichnung für eine Mehrzahl von Rechtsformen, wie beispielsweise der rechtsfähigen Stiftung bürgerlichen Rechts, der Stiftungs-GmbH oder dem Stiftungsverein. als Oberbegriff für eine komplexe Vielfalt von Körperschaften, die im privaten, öffentlichen und kirchlichen Recht verankert sein können und deren

> Vermögensmasse, auf Dauer einem zumeist gemeinnützigen Zweck gewidmet ist. (Vgl. www.stiftungen.org / Bundesverband Deutscher Stiftungen). Näheres regeln die jeweiligen Landesstiftungsgesetze.

Im Zusammenhang mit Fundraising kommen Stiftungen zum einen als potenzielle Geldgeber in Betracht, zum anderen ist die Gründung einer eigenen Stiftung eine Möglichkeit, dauerhaft Kapital zu sichern.

> **Nonprofit-Organisation (= NPO)** bezeichnet eine Einrichtung, deren Ziele nicht auf die private Gewinnermittlung gerichtet, sondern gemeinwohlorientiert sind.

Nonprofit-Organisationen haben darüber hinaus folgende Merkmale:
- formell strukturiert in unterschiedlichen Rechtsformen
- organisatorisch unabhängig vom Staat
- nicht gewinnorientiert
- eigenständig verwaltet
- keine Zwangsverbände
- zu einem gewissen Grad von freiwilligen Leistungen getragen (Vgl. Priller, E. in Fundraising Akademie (Hrsg.) (2001), S. 147)).

In Abgrenzung zur Forprofit-Organisation (= FPO) besteht der Daseinszweck einer NPO nicht darin, ihren Eigentümern oder Kapitalgebern Einkommen zu verschaffen, sondern ihre Gewinne für das Gemeinwohl zu reinvestieren. Nicht alle NPO sind aus steuerlicher Sicht auch gemeinnützig.

> Ein (nichtwirtschaftlicher) **Verein** ist im Sinne des BGB eine juristische Person, deren Zweck nicht auf einen wirtschaftlichen Geschäftsbetrieb gerichtet ist. Er erlangt durch Eintragung in das Vereinsregister Rechtsfähigkeit (BGB § 21).

Ein Verein stellt quasi den „Klassiker" der nicht primär an privatem Gewinn orientierten Organisationen dar.

Fundraising ist als Oberbegriff zu verstehen. Er umfasst das gesamte Beschaffungsmarketing einer nichtkommerziellen Organisation. Der

2. KAPITEL   Theorie: Grundlagen und Hintergründe

Begriff stammt aus dem angloamerikanischen Sprachraum und setzt sich zusammen aus den Wörtern „fund" = Kapital, Geldsumme, Mittel und „raise" = beschaffen, vermehren. Wörtlich übersetzt hieße Fundraising also Geld- oder Mittelbeschaffung. Diese Übersetzung greift jedoch zu kurz, da andere benötigte Ressourcen sowie die notwendige planerische Systematik nicht ausreichend berücksichtigt werden. Es bietet sich folglich eine erweiterte Definition an:

> Fundraising ist die strategisch geplante Beschaffung sowohl von finanziellen Ressourcen als auch von Sachwerten, Zeit (ehrenamtliche Mitarbeit) und Knowhow zur Verwirklichung von am Gemeinwohl orientierten Zwecken unter Verwendung von Marketingprinzipien.

Die Kernaussage dieser Definition umfasst:

(1) Beschaffung: Es geht darum, Ressourcen aus verschiedenen Märkten (Staat, Privatpersonen, Stiftungen, Unternehmen etc.) zu beschaffen.

(2) Planung: Fundraising ist mittel- und langfristig nur erfolgreich, wenn es systematisch geplant wird.

(3) Ressourcen: Es kann sich bei den benötigten Ressourcen um, Geld, Sachmittel oder ehrenamtliche Mitarbeit (Zeit- und Wissensspenden) handeln.

(4) am Gemeinwohl orientiert: Fundraising beschreibt die Finanzierung von nichtkommerziellen Organisationen. Es geht nicht um Wagniskapital oder ähnliches.

(5) Marketingprinzipien: Fundraising basiert auf Marketingprinzipien und hat mit Märkten, Zielgruppen, Austauschprinzipien und Kundenbindungsprozessen zu tun.

Beim Fundraising geht also nicht nur um Bargeld. Beschaffung von Ressourcen kann für Ihre Organisation auch bedeuten, dass Sie gezielt ehrenamtliche Unterstützer suchen und ansprechen, die Ihnen Arbeitskraft und Know-how zur Verfügung stellen. Es kann sich zum Beispiel um Menschen handeln, die kein Geld, aber fundierte Ahnung von Computern haben. Wenn Sie diese Fachleute von Ihrer Sache bzw. Ihrer Mission überzeugen können, spenden sie Ihnen

Zeit und Wissen. Wenn es Ihnen gelingt, diese Ehrenamtlichen dauerhaft an Ihre Einrichtung („Organisation" oder „Einrichtung" werden im Folgenden synonym als Oberbegriffe für nichtkommerzielle Träger verwendet. Sie repräsentieren sowohl Vereine, Universitäten, (frei-gemeinnützige) Kliniken oder andere nichtkommerzielle Institutionen wie Schulen, Museen etc.) zu binden, können sie später zu Spendern werden und Ihnen am Ende sogar einen Teil des Erbes vermachen. Wenn Sie also beim Thema Fundraising zuerst an „Fun" gedacht haben, lagen Sie nicht falsch. Fundraising hat immer mit Kommunikation, Vertrauen und Sympathie zu tun. Dieser zwischenmenschliche Beziehungsaufbau zu potenziellen Geldgebern und Förderern soll natürlich Spaß machen und ebenso die dazu gehörige Planung. Womit Fundraising nichts zu tun hat, ist Betteln, Schnorren oder Abzocken.

1.2 Zahlen und Fakten

Da Geld oder geldwerte Leistungen eine zentrale Rolle für das Überleben nicht-kommerzieller Organisationen spielen, lohnt sich ein Blick auf die Volumina der potenziellen Gebermärkte.

Das **Geldvermögen** der privaten Haushalte stieg in **Deutschland** nach Angaben der Deutschen Bundesbank bis Ende 2011 auf ein Rekordhoch von mehr als 4,75 Billionen Euro. Die Sparquote liegt seit Jahren unverändert bei etwa 0,1, das heißt, die Deutschen legen durchschnittlich 10 Prozent ihres verfügbaren Einkommens zurück.

Das Geldvermögen in **Österreich** betrug 498 Milliarden und lag bei rund 59.346 Euro pro Nase. Auf Platz 1 der reichsten Bürger rangieren mit einem Durchschnittsvermögen von über 207.000 Euro pro Person die **Schweizer**. (Vgl. Allianz Global Wealth Report (2011), S. 91) Um das Geld, das die Deutschen und ihre Nachbarn zu spenden bereit sind, bewerben sich immer mehr Organisationen und dies immer hartnäckiger und professioneller. Neben den traditionellen Spendensammlern wie Deutsches Rotes Kreuz, Brot für die Welt oder dem Hermann-Gmeiner Fonds (SOS-Kinderdörfer) drängen zusehends internationale Organisationen in den attraktiven deutschen Spendenmarkt. UNICEF, World Vision oder médecin sans frontière (Ärzte ohne Grenzen) haben sich längst erfolgreich etabliert.

Die Gesamtzahl eingetragener **Vereine** betrug im Jahr 2011 in **Deutschland 580.298** (vgl. Vereinsstatistik 2011). Der zahlenmäßig größte Zuwachs war in den Bereichen Soziales (+ 6.715) und Freizeit (+ 5.175) zu verzeichnen. Gemessen am prozentualen Zuwachs haben Vereine aus den Bereichen Umwelt, Naturschutz, Tierhilfe sowie Kultur (+ 8,9 bzw. 8 Prozent) am meisten aufgeholt (vgl. Deutsches Verbändeforum unter: www.verbaende.com). Nach Angaben des deutschen Zentralinstituts für soziale Fragen (DZI) betreiben etwa 20.000 dieser Vereine aktiv Fundraising. Dazu kommen auf dem „Fundraising-Markt" potenziell 421 Hochschulen (102 Universitäten, 210 Fachhochschulen, 52 Kunsthochschulen, 22 pädagogische und theologische Hochschulen sowie 29 Verwaltungshochschulen) (vgl. Statistisches Bundesamt, www.destatis.de, Stand Juni 2012), rund 34 500 Schulen sowie 2.064 Krankenhäuser (vgl. Statistisches Bundesamt, www.destatis.de). Außerdem 4.790 Museen (Stand 2009) (vgl. Statistisches Bundesamt, www.destatis.de,), 144 öffentliche Theater, rund 280 Privattheater, etwa 130 Opern-, Sinfonie- und Kammerorchester und ca. 40 Festspiele, rund 150 Theater- und Spielstätten ohne festes Ensemble und um die 100 Tournee- und Gastspielbühnen ohne festes Haus (vgl. Deutscher Bühnenverein, www.buehnenverein.de) und 10.705 Bibliotheken (vgl. Bericht zur Lage der Bibliotheken 2011, www.bibliotheksverband.de).

Hinzu kommen diverse internationale Organisationen, rund 18.946 Stiftungen (Stand Dezember 2011) und speziell im Bereich Sponsoring eine unbekannte Anzahl privater Veranstalter und Einzelpersonen, die ebenfalls um verfügbare Gelder werben. Eine Sonderrolle nehmen in Deutschland die Religionsgemeinschaften ein, da ihnen über die Kirchensteuer Gelder zufließen. Auf die evangelische Kirche entfallen rund 16.100 rechtlich selbstständige Gemeinden (Stand 2011, www.ekd.de), auf die katholische Kirche 11.524 Pfarreien Pfarreien (Stand 2011, vgl. www.dbk.de). Dazu kommen rund 2.350 Moscheen und alevitische Gebetshäuser (vgl. Bundesministerium für Migration und Flüchtlinge, www.bamf.de, Stand 2012) sowie 108 jüdische Gemeinden mit etwa 105.000 Mitgliedern. (vgl.

www.zentralratdjuden.de, Stand 2012) sowie diverse Gemeinden anderer religiöser Weltanschauungen. Nicht zahlenmäßig erfasst sind gemeinnützige GmbHs, Gesundheitseinrichtungen, Bürgerinitiativen und Selbsthilfegruppen, die nicht als Verein eingetragen sind.

Insgesamt kommt dem so genannten „Dritten" oder Nonprofit-Sektor eine enorme volkswirtschaftliche Bedeutung zu. Die Bruttowertschöpfung aller wirtschaftlich aktiven Organisationen des Dritten Sektors betrug im Jahr 2007 fast 90 Milliarden Euro und somit 4,1 Prozent der gesamtwirtschaftlichen Wertschöpfung in Deutschland. Er beschäftigte 2,3 Millionen sozialversicherungspflichtige und 300.000 geringfügig Beschäftigte (vgl. Zivilgesellschaft. Sozialer Kitt, Partizipation oder Wirtschaftsfaktor?, www.stifterverband.info, Stand 2012).

In **Österreich** engagieren sich mehr als drei Millionen Frauen und Männer in rund 116.500 Vereinen und leisten 15 Millionen unentgeltliche Arbeitsstunden pro Woche (vgl. www.bmi.gv.at/cms/bmi_vereinswesen/). In der Schweiz besteht keine Registrierungspflicht, weshalb die genaue Anzahl gemeinnütziger Organisationen nicht bekannt ist.

Aktuelle Entwicklungen auf dem deutschen, österreichischen und schweizerischen Spendenmarkt

Nach einer Studie des GfK Panel Services Deutschland im Auftrag des Deutschen Spendenrats e. V. zur „Bilanz des Helfens" lag das **Spendenvolumen der Deutschen** im Jahr 2011 bei rund 4,3 Milliarden Euro und damit knapp sechs Prozent unter dem Vorjahr. TNS Infratest hat mit geschätzten 2,9 Mio. Euro deutlich geringere Volumina ermittelt und spricht im Spendenmonitor 2011 sogar von der niedrigster Spenderquote seit 17 Jahren. Das Spendenaufkommen deutscher Privatpersonen entfällt zum weitaus größten Teil auf humanitäre Hilfe (2010: 78,8 %). Auf sonstige Zwecke, Kultur- und Denkmalpflege, Tierschutz und Umweltschutz entfallen je weniger als 10 %. Laut einer Studie der GfK Verein von 2011 befinden sich die Deutschen damit allerdings am untersten Rand der europäischen Charitybereitschaft. Nur 20 % der Bundesbürger geben an jedes Jahr regelmäßig zu spenden, während über 35 % der Engländer und Amerikaner dies tun. Fast 2/3 der Deutschen spenden zwischen 1 und 200 Euro und 11 % zwischen 200 und 500 Euro. währemd die Anzahl in UK und Schweden doppelt so hoch ist. Nur 2 % der Deutschen spenden mehr als 500 Euro, verglichen mit 4 % im europäischen Durchschnitt und 17 % in den USA (vgl. www.gfk-verein.org, Stand 2011).

Das gesamte Spendenvolumen lag in **Österreich** im Jahre 2011 bei 460 Mio. Euro (vgl. Fundraising Verband Austria, Spendenbericht 2011), was einer Spendenhöhe von etwa. 54 Euro pro Kopf entspricht. „Hinsichtlich der Art und Weise wie die ÖsterreicherInnen spenden zeigt sich, dass modernere Kommunikationsmöglichkeiten wie SMS und Internet nach wie vor nur in geringem Umfang für Spenden genutzt werden. Sammlungen in Gottesdiensten, an der Haus- bzw. Wohnungstüre und Zahlscheine sind immer noch mit Abstand die beliebtesten Spendenarten." (vgl. WU Wien: «Private Charitable Giving in Austria», 2012 unter: www.swissfundraising.org)

In der **Schweiz** spendeten laut einer Studie des Forschungsinstitutes gfs-zürich im Jahre 2011 rund 72 % der Haushalte, so dass sich insgesamt ein Spendenvolumen von 1.3 Milliarden Schweizer Franken (ca. 1,08 Mrd. Euro) ergab, was in etwa einer Pro-Kopf-Spende von 121 Euro entspricht.

Zu den Gewinnern des deutschen Spendenmarktes gehören seit Jahren Organisationen, die Kindern helfen, Krankheiten und Katastrophen bekämpfen oder sich für die Umwelt einsetzen. Verluste müssen vor allem kirchliche Träger einfahren sowie Organisationen mit Schwerpunkten in der Entwicklungszusammenarbeit. Langfristig betrachtet wächst das Gesamtvolumen der Spenden um rund 2 Prozent jährlich (vgl. Deutscher Spendenrat e. V.: Bilanz des Helfens 2012).

Ob die Professionalisierung des Fundraising und der öffentliche Diskurs um Bürgergesellschaft, Eigeninitiative und Selbstverantwortung als genuin demokratische Handlungsformen die Spendenbereitschaft der Deutschen erhöhen werden, bleibt abzuwarten.

Der Freiwilligensurvey des Bundesfamilienministeriums für Familie, Senioren, Frauen und Jugend, der zuletzt im Jahr 2009 erhoben wurde sowie weitere aktuellere statistische Erhebungen zu Perspektiven des bürgerschaftlichen Engagements in Deutschland belegen, dass etwa jeder dritte Deutsche ab 14 Jahren über Schule und Beruf hinaus aktiv an Gruppen, Vereinen oder Organisationen beteiligt ist. 36 Prozent haben darüber hinaus langfristig freiwillige und unentgeltliche Aufgaben übernommen, was eine deutliche Zunahme innerhalb der letzten Jahre bedeutet. Besonderes Potenzial liegt in der Altersgruppe der 14- bis 24-Jährigen, von denen sich: 35 Prozent bereits engagieren und weitere 49 Prozent Interesse an einer ehrenamtlichen Tätigkeit äußerten.

Entwicklungen und Trends in den Bereichen Sponsoring und Stiftungswesen

Die Gesamtvolumina im Sponsoring-Markt sind in den letzten Jahren konsequent gewachsen. Dies ist allerdings für den Nonprofit-Sektor kein Grund zur Euphorie, denn 98 Prozent der befragten Unternehmen setzen auf Sportsponsoring (2,8 Milliarden Euro). 54 Prozent üben Public Sponsoring aus und unterstützen öffentliche Institutionen, wissenschaftliche Einrichtungen und soziale Projekte. 54 Prozent betreiben **Kultursponsoring** und 44 Prozent Mediensponsoring. Für 2012 erwarten die Experten ein Sponsoringvolumen von 4,4 Milliarden Euro, das bis 2016 auf 4,8 Milliarden ansteigen soll.

	2010	2012	2014 (geschätzt)
Gesamtvolumen	4,2	4,4	4,8
Sport	2,6	2,8	2,9
Medien	0,8	0,9	0,9
Kultur	0,3	0,3	0,3
Public	0,5	0,5	0,5

Quelle: TNS Infratest 2012 und Sponsor Visions 2012, Durchschnittswerte in Mrd. Euro

Das **Stiftungswesen** erlebt in Deutschland seit Jahren einen regelrechten Boom. So schnellte die Anzahl der Stiftungserrichtungen in den letzten Jahrzehnten enorm in die Höhe. Waren bis zum Jahr

1900 984 Stiftungen errichtet worden, waren es nach Angabe des Bundesverbandes Deutscher Stiftungen allein im Jahr 2011 817 Neugründungen, so dass die Gesamtanzahl rechtsfähiger Stiftungen des bürgerlichen Rechts mit 18.946 (Stand 2012) angegeben wird. (vgl. Bundesverband Deutscher Stiftungen: Stiftungsbestand in Deutschland 2011 unter: http://www.stiftungen.org) Unberücksichtigt bleiben bei dieser Anzahl die zahlreichen kirchlichen Pfarrkirchen- und Pfründestiftungen. Stiftungen unterscheiden sich jeweils nach ihrer Rechtsform (GmbH, Verein, bürgerlichen, privaten oder öffentlichen Rechts etc.) ihrer Verwirklichung (fördernd oder operativ, mit oder ohne Antragsmöglichkeit, gemeinnützig, mildtätig etc.) und ihrem Stiftungszweck. Weitere Informationen finden sich beim Bundesverband Deutscher Stiftungen, der regelmäßig das Verzeichnis deutscher Stiftungen herausgibt. Recherchemöglichkeiten im Internet finden sich auf den Serviceseiten des Verbandes unter www.stiftungen.org/

Sowohl Unternehmen als auch vermögende Privatpersonen (hierunter viele Prominente) und nichtkommerzielle Organisationen haben zu diesem Aufschwung beigetragen. Darüber hinaus gibt es Stiftungen des öffentlichen Rechts, die zumeist staatlich gestiftet sind, politische (Bundesstiftungen) oder kirchliche Einrichtungen. Auch die Zahl der Bürgerstiftungen stieg von 24 Stiftungen im Jahr 2000 auf 326 im Jahr 2012. Ihr Gesamtkapital wurde Ende 2011 mit über 208,3 Mio. Euro beziffert (Nähere Informationen unter http://www.aktive-buergerschaft.de). Fast die Hälfte der Mittel wurden in Bildung und Erziehung investiert (47 %), gefolgt von Kunst und Kultur (17 %) und Sozialem (15 %).

In Anlehnung an die „community foundations" in USA, Kanada oder Großbritannien tun sich auch hierzulande immer mehr Bürger als Stifter zusammen, um Projekte oder Institutionen der Region zu fördern. Aufgrund des enormen Geldvermögens der Bundesbürger und der zu erwartenden Erbmasse wird diese Anzahl weiter steigen. Mit Hilfe des Mitte 2000 verabschiedeten „Gesetzes zur weiteren steuerlichen Förderung von Stiftungen" unterstützt nun auch der Gesetzgeber das Engagement des Einzelnen zum Zwecke des Gemeinwohls in steuerlicher Hinsicht.

1. Was ist eigentlich Fundraising? Hat das was mit Fun zu tun?

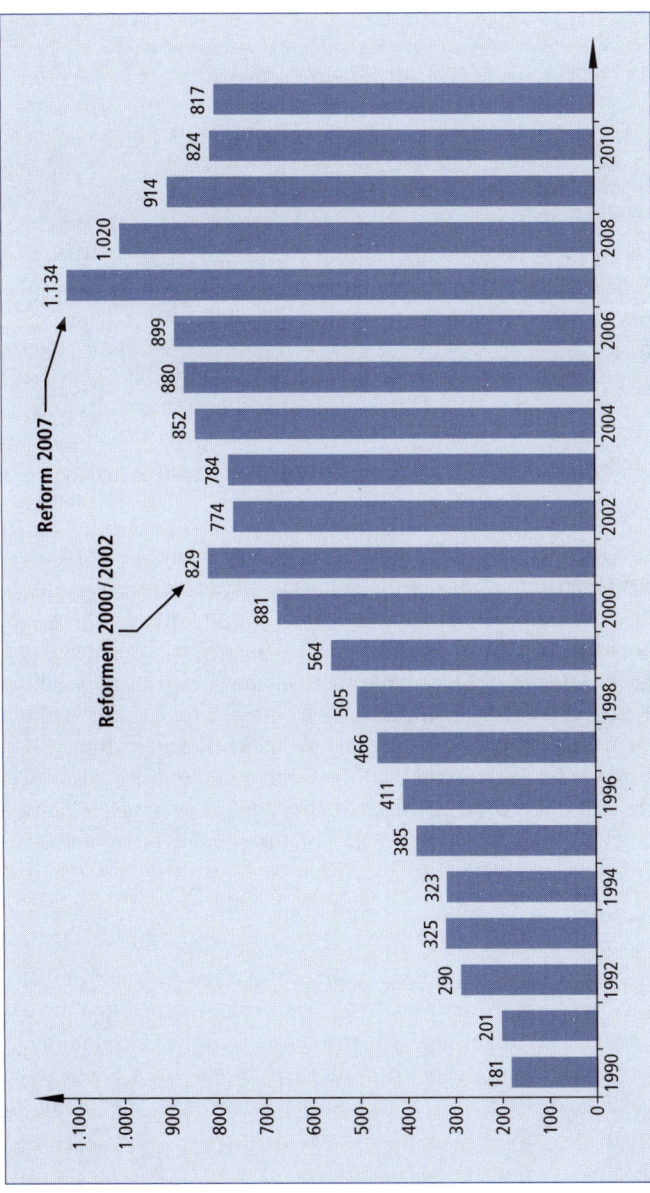

Abb. 1: Stiftungsbestand 2011 in Deutschland (Quelle: Bundesverband Deutscher Stiftungen e. V.)

Stiftungs-Schwerpunkte	Anzahl der Stiftungen 2012	
Soziale Zwecke	3.940,4	30,8 %
Wissenschaft und Forschung	1.650,1	12,9 %
Bildung und Erziehung	1.961,5	15,3 %
Kunst und Kultur	1.932,4	15,1 %
Umweltschutz	487,4	3,8 %
Andere gemeinnützige Zwecke	2.288,6	17,9 %
Privatnützige Zwecke	534,8	4,2 %
Gesamt	12.795,0	100,00 %

Quelle: Bundesverband Deutscher Stiftungen e. V. (Hrsg.) (2012): Verzeichnis deutscher Stiftungen

1.3 Chancen und Grenzen – was kann Fundraising und was kann es nicht?

Der Begriff „Fundraising", bis vor wenigen Jahren in Deutschland vollkommen unbekannt, wird zunehmend populärer. Die Anzahl von Seminaren und Beratungsagenturen nimmt stetig zu. Im Jahr 1999 wurde die deutsche „Fundraising-Akademie" gegründet und der Berufsgruppe der Fundraiser werden auch nach über 10 Jahren gute Aussichten prognostiziert. Der Deutsche Fundraising Verband rechnet etwa damit, dass sich die Zahl der Beschäftigten in den nächsten zehn Jahren von 2.500 auf 5.000 verdoppeln wird. Viele große NPO haben bereits feste Stellen zur professionellen Mittelbeschaffung eingerichtet. Aber ist Fundraising das Allheilmittel für knappe Kassen?

Fundraising ist kein Wundermittel, das man mal eben einführt, um kurzfristig Löcher in der Kasse zu stopfen. Es funktioniert auch nicht eine Mitarbeiterin mit den Worten zu überrumpeln: „Sie haben doch sowieso nicht soviel zu tun, übernehmen Sie das mal mit dem Fundraising." Ebenso unrealistisch ist es, eine Agentur anzurufen und zu fordern: „Beschaffen Sie uns Großspender, möglich bald, möglichst viele und möglichst ohne uns damit zu belasten."

1. Was ist eigentlich Fundraising? Hat das was mit Fun zu tun?

Fundraising kann
- Aufmerksamkeit schaffen
- neue Kontakte herstellen
- die Zusammenarbeit verbessern
- Geld einbringen
- Spaß machen

Fundraising kann nicht
- auf die Schnelle das große Geld in die Kasse spülen
- ein schlechtes Image von heute auf morgen verbessern
- ohne Investitionen Wunder bewirken

Fundraising funktioniert nur, wenn diejenigen, die es betreiben mit ganzem Herzen hinter ihrer Sache bzw. ihrer Mission stehen. Es erfordert neben Engagement und Euphorie für die Sache auch Ethos.

1.4 Ethische Überlegungen

In den Medien tauchen immer wieder Berichte auf über Veruntreuungen oder fragwürdige zweckfremde Mittelverwendungen seitens angeblicher oder echter gemeinnütziger Organisationen. Die kriminelle Energie einiger schwarzer Schafe soll nicht im Zentrum dieses Kapitels stehen, handelt es sich doch eher um unrühmliche Ausnahmen. Allerdings gibt es in einem sensiblen und beziehungsorientierten Bereich wie dem Fundraising eine ganze Reihe ethischer Fragen zu berücksichtigen. Diese reichen vom Selbstverständnis einer Organisation über Redlichkeit und Verantwortung bis hin zu Überlegungen hinsichtlich der Wahl der Fundraising-Maßnahmen, Inhalten und Stil, Werbe- und Verwaltungskosten, Adressenhandel und Vertrauensschutz.

Da es weder einheitliche ethische Grundsätze noch eine übergeordnete Kontrollinstanz gibt, hat der DeutscheFundraisingverband, 2008 ein überarbeitetes Ethikpapier mit 19 Grundsätzen verabschiedet (vgl. www.fundraisingverband.de). Dieses soll als freiwilliger Verhaltenskodex die Mitglieder des Verbandes zu Ehrlichkeit und Offenheit verpflichten.

2. KAPITEL — Theorie: Grundlagen und Hintergründe

Ethikpapier des Deutschen Fundraisingverbandes

Präambel

Solidarität ist ein wesentliches Element menschlichen Zusammenlebens im Streben nach einer besseren Zukunft. Sie ist das Fundament einer dynamischen Bürgergesellschaft, die von der Freiheit und Eigenverantwortung des Einzelnen ausgeht.

Eine solidarische Gesellschaft verwirklicht sich vor allem dadurch, dass Personen und Körperschaften gemeinwohlbezogene Anliegen freiwillig unterstützen.

Fundraiserinnen und Fundraiser sehen sich als Mittler zwischen Unterstützung Suchenden und Unterstützern sowie als Treuhänder der berechtigten Interessen beider Seiten. Diese Aufgabe und die besondere Vertrauenssituation im Fundraising macht eine gute, ethische Fundraising-Praxis unabdingbar.

Der Deutsche Fundraising Verband möchte diese Vertrauensgrundlage mit seinen Grundregeln für ein gutes, ethisches Fundraising, zu deren Einhaltung sich alle Mitglieder verpflichten, stärken helfen – um einer lebendigeren, weil nachhaltig solidarischen Bürgergesellschaft und einer Festigung des Ansehens des Berufsstands willen.

1. Würde

Wir achten die Würde und den Schutz menschlichen Lebens als Grundlage unseres Handelns.

2. Gesetz

Wir handeln nach den Buchstaben des geltenden Rechts.

3. Solidarität

Wir stärken durch unser Vorbild und eigenes Geben den Einsatz für Philanthropie, Solidarität und gegenseitiges Helfen in der Gesellschaft.

4. Berufsstand

Wir halten diese und die von unserem Verband anerkannten internationalen ethischen Grundregeln, sowie die Regeln verwandter Berufsgruppen ein.

5. Integrität

Wir üben unsere Tätigkeit integer, wahrhaftig und ehrlich aus. Es gibt keinen Zweck, der die Mittelbeschaffung mit unlauteren Methoden, wie sie in diesen Grundregeln dargestellt sind, rechtfertigt.

6. Transparenz

Wir treten ein für Transparenz in unserem Wirken und sind jederzeit zur Rechenschaft über unser berufliches Tun bereit. Dazu gehört eine wahre, schnellst mögliche, sachgerechte und umfassende Information über unsere Arbeit und ihre Ziele, ebenso wie eine vollständige und nachvollziehbare Rechnungslegung.

7. Fairness

Wir unterlassen jedes beleidigende oder anderweitig herabsetzende Verhalten, insbesondere in der Werbung.

8. Freie Entscheidung
Wir respektieren uneingeschränkt die freie Wahl und Entscheidung Dritter, insbesondere potentieller und bestehender Unterstützer und Unterstützerinnen. Wir unterlassen jeden Druck und jeden Anschein eines Druckes auf ihre Entscheidungen.

9. Privatsphäre
Wir respektieren die persönlichen Wünsche und Vorgaben von potenziellen und bestehenden Unterstützerinnen und Unterstützern zum Schutz der Privatsphäre und zum Umgang miteinander.

10. Datenschutz
Wir geben uns anvertraute Informationen oder Daten ohne Einverständnis der Betroffenen nicht an Dritte weiter.

11. Verwendung
Wir setzen uns ein für die ordnungsgemäße, effiziente und effektive Verwendung der im Rahmen unserer Tätigkeit eingeworbenen Mittel.

12. Weiterbildung
Wir sichern und verbessern die Qualität unserer Arbeit, indem wir unsere professionellen Kenntnisse, Fähigkeiten und Kompetenzen erweitern.

13. Austausch
Wir suchen den offenen und vertrauensvollen fachlichen Austausch untereinander auch über den nationalen Rahmen hinaus.

14. Vergütung
Wir treten ein für eine leistungsgerechte Vergütung aller entgeltlich im Fundraising Tätigen und die transparente Handhabung von Vergütungsmodellen. Eine Vergütung überwiegend prozentual ohne Begrenzung zum Spendenerfolg und zu akquirierten Zuwendungen lehnen wir ab.

15. Befangenheit und Interessenkonflikte
Wir nutzen keine Beziehung zu potentiellen und bestehenden Unterstützerinnen und Unterstützern für private und satzungsfremde Zwecke aus und wirken darauf hin, dass andere dies nicht tun.

16. Vorteilsannahme und Vorteilsgewährung
Wir werden zu keiner Zeit von irgend Jemandem Vorteile für ein Tun oder Unterlassen fordern, uns versprechen lassen oder annehmen, wodurch Andere ungerechtfertigt bevorzugt oder benachteiligt werden. Ebenso wenig werden wir Anderen solche Vorteile versprechen oder gewähren.

17. Ausübung
Wir ermutigen alle Kolleginnen und Kollegen, sich diese Grundregeln professionellen Handelns zueigen zu machen und ihr Verhalten danach auszurichten.

18. Wirksamkeit gegenüber Dritten
Wir machen diese Grundregeln auch für die in unserem Auftrag Tätigen verbindlich.

> **19. Schiedsausschuss**
> Wer ein Verhalten eines Mitglieds des Deutschen Fundraising Verbandes als Verstoß gegen diese Grundregeln rügen möchte, kann sich an den Schiedsausschuss wenden, den der Verband auf Basis seiner Schiedsordnung zu diesem Zweck eingerichtet hat.
> Ergänzend hat der Verband 2012 die Charta der Spenderrechte verabschiedet. „Sie beschreibt die Rechte von Unterstützern gemeinnütziger Projekte, um ihnen ein langfristiges Engagement sowie die Stärkung ihrer eigenen Interessen und der solidarischen Zukunft in Deutschland zu ermöglichen. Ziel ist es, dass sich alle Non-Profit-Organisationen dieser Charta anschließen" (www.fundraisingverband.de).

In diesem Ethikpapier werden relevante und sensible Bereiche angesprochen, mit denen viele Organisationen früher oder später konfrontiert werden.

In folgenden Bereichen kann es für eine Organisation im Vorfeld Klärungsbedarf geben:

Maßnahmen und Herkunft der Mittel

(1) Gibt es Maßnahmen, die wir aus Prinzip ablehnen wie zum Beispiel „Drückerkolonnen" zur Haustürwerbung, Patenschaften für einzelne Personen etc.?

(2) Gibt es Finanzmittel, die für uns nicht in Frage kommen wie zum Beispiel Gelder diffuser Quellen (Drogen, Prostitution etc.), Mittel gewisser Industriezweige (Tabak, Alkohol, Atomenergie etc.)?

(3) Wo genau ziehen wir unsere ethischen Grenzen?

Werbung, Öffentlichkeitsarbeit, Sprachgebrauch und Stil

(1) Wollen wir Aufmerksamkeit um jeden Preis (z. B. Benetton-Werbung)?

(2) Welchen Sprachgebrauch und Stil wollen wir pflegen?

(3) Wie stehen wir zu vergleichender, abwertender oder zynischer Werbung?

Rechenschaft und Rechtschaffenheit

(1) Wie steht es um die Verhältnismäßigkeit unseres (Werbe-) Aufwands?

(2) Legen wir gegenüber unseren Mitgliedern, Spendern und Förderern Rechenschaft ab über unsere Ausgaben?

(3) Weisen wir unsere Unterstützer ehrlich auf steuerliche Vor- oder Nachteile hin?

(4) Nehmen bzw. vergeben wir Agentur-Provisionen für die Einwerbung von Spendengeldern?

Datenschutz

(1) Wie gehen wir mit Daten und vertraulichen Informationen um?

(2) Beachten wir die neuen Datenschutzbestimmungen?

(3) Verkaufen wir Spenderdaten an andere Nonprofits?

Einige Spender erwarten, dass 100 % ihres Spendenvolumens der guten Sache zufließen und reagieren empört, wenn sie erfahren, dass ein Teil des Geldes für Werbe- und Verwaltungsausgaben der Organisation verwendet wird. Hier kann vorbeugend ehrliche Aufklärungsarbeit betrieben werden, so dass klar wird, dass Projekte ohne Management und Administration nicht funktionieren können. Zur Höhe des Werbe- und Verwaltungsaufwand macht das Deutsche Zentralinstitut für soziale Fragen folgende Angaben:

> **Werbeausgaben** sind nach Maßstab des Deutschen Zentralinstituts für soziale Fragen (DZI) alle Ausgaben, die der Mittelbeschaffung dienen. Dies sind insbesondere Personal- und Sachausgaben für: Erarbeitung, Herstellung und Versand von Werbematerial, Veranstaltungen und Aktionen, Werbeagenturen, Altkleidercontainer, Abholung und Lagerung von Sachspenden, Sammelbüchsen **Verwaltungsausgaben** sind nach Definition des DZI in erster Linie auf die Organisation als Ganze bezogen und gewährleisten die Grundfunktionen der betrieblichen Organisation und dessen Ablauf. „Die hauptsächlichen Bereiche sind Leitungs- und Aufsichtsgremien, Finanz- und Rechnungswesen sowie Personalverwaltung und Organisation." (vgl. www.dzi.de). Auch die so genannten Projektnebenkosten, die bei der Auswahl, Betreuung und Kontrolle etwa eines Gesundheitsprojekts anfallen, werden vom DZI als Verwaltungsausgaben eingestuft, da sie der satzungsgemäßen Arbeit „nur" mittelbar dienen, dabei aber selbstverständlich nicht überflüssig sind.

Als prozentuale Obergrenze billigt das DZI Werbe- und Verwaltungskosten, die bis zu 35 Prozent der Spendeneinnahmen betragen.

Einen darüber liegenden Prozentsatz wertet das DZI als „nicht vertretbar" (vgl. www.dzi.de). Werbe- und Verwaltungsausgaben unter 10 % werden als niedrig angesehen, 10 – 20 % als angemessen und 20 bis 35 % als vertretbar.

Spendensiegel und Spendenrat

Das **Deutsche Zentralinstitut für soziale Fragen** (DZI) versucht mit der Vergabe des Spendensiegels (nähere Informationen zum Spendensiegel unter www.dzi.de) an humanitär-karitative Organisationen eine gewisse Rechtssicherheit für Spender zu schaffen. Rund 260 Organisationen tragen nach Auskunft des DZI Spenden-Siegel. Rund 30 Prozent der Erstanträge werden abgelehnt. Die Kriterien für die Zuerkennung des Spendensiegels sind in Kooperation mit betroffenen Spitzenverbänden und Fachgremien auf wissenschaftlicher Basis entwickelt worden. Sie unterliegen fortlaufend einer systematischen Überarbeitung. Die Prüfkriterien sind in den „Leitlinien zur Selbstverpflichtung überregional Spenden sammelnder Organisationen" festgeschrieben und lassen sich wie folgt zusammenfassen:

- wahre, eindeutige und sachliche Werbung in Wort und Bild
- nachprüfbare, sparsame und satzungsgemäße Verwendung der Mittel unter Beachtung der einschlägigen steuerrechtlichen Vorschriften
- eindeutige und nachvollziehbare Rechnungslegung
- Prüfung der Jahresrechnung und entsprechende Vorlage beim DZI
- interne Überwachung des Leitungsgremiums durch ein unabhängiges Aufsichtsorgan
- die erfolgsabhängige Vergütung wird auf 50 % festgelegt.

Eine detaillierte Auflistung aller Kriterien der DZI-Spenden-Siegel-Leitlinien (Neufassung von 2010) findet sich unter: www.dzi.de.

Auch der **Deutsche Spendenrat** verpflichtet seine Mitgliedorganisationen als Dachverband spendensammelnder gemeinnütziger Organisationen zu größtmöglicher Transparenz. Er, dient als Organ der freiwilligen Selbstkontrolle dem Verbraucherschutz und hat zum Ziel, Spender und spendensammelnde Organisationen vor unlauterer Spendenwerbung zu schützen. Eine Mitgliedschaft erfolgt unter strengen Auflagen und ist gewissermaßen ein Gütesiegel für die Organisation. Grundsätze und Antragsformulare finden sich unter www.spendenrat.de): Er setzt sich unter anderem dafür ein:

- die Einhaltung ethischer Grundsätze im Spendenwesen in Deutschland zu wahren und zu fördern
- den ordnungsgemäßen, treuhänderischen Umgang mit Spendengeldern durch freiwillige Selbstkontrolle sicherzustellen
- für Transparenz gegenüber den Spendenden und der interessierten Öffentlichkeit zu sorgen
- Spendende und Spenden sammelnde Körperschaften vor unlauterer Spendenwerbung zu schützen.
- Spendende (Privatpersonen, Firmen, Banken) über die Spendenwürdigkeit der Mitglieder des Deutschen Spendenrates e. V. zu informieren.

Der Deutsche Spendenrat übernimmt sowohl die Aufgabe einer ethischen Kontrollinstanz gegenüber Spendern, als auch einer Interessengemeinschaft der Spenden sammelnden Organisationen gegenüber Behörden, staatlichen und privaten Gremien. Seinen Mitgliedern dient das Logo als Qualitätssiegel.

2. Alles Wirtschaft oder was? Prinzipien und Zusammenhänge

> Dem Geld darf man nicht nachlaufen.
> Man muss ihm entgegengehen.
> *(Aristoteles Onassis)*

2.1 Fundraising und (Sozial-)Marketing

Fundraising funktioniert nach Marketingprinzipien. Im Marketing geht es im wesentlichen um das Management von Austauschbeziehungen und die Befriedigung von Bedürfnissen. Eine Definition des Marketingbegriffs lautet wie folgt:

2. KAPITEL Theorie: Grundlagen und Hintergründe

> **Marketing** ist „ein Prozess im Wirtschafts- und Sozialgefüge, durch den Einzelpersonen und Gruppen ihre Bedürfnisse und Wünsche befriedigen, indem sie Produkte und andere Dinge von Wert erstellen, anbieten und miteinander austauschen (vgl. Kotler et al. (2011), S. 38:
> **Marketing** ist „das ganze Unternehmen aus Sicht der Kunden".

Auch beim Fundraising haben Sie es mit Kunden- bzw. Spenderbedürfnissen und Austauschprinzipien zu tun. Dies begründet sich darin, dass es um die Beschaffung von Ressourcen geht. Sofern diese Mittel nicht selbst produziert, gestohlen oder erbettelt werden, kommt es zu einem Austausch. Es handelt sich beim Fundraising eben nicht um die „Kunst des Bettelns". Vielmehr geht es darum, Spender und Förderer wie Kunden zu betrachten und sich über deren Bedürfnisse Gedanken zu machen. Wenn eine der beiden Parteien über nichts verfügt, was für die andere von Wert sein könnte, findet kein Austausch statt.

Von Tauschgeschäften und Bedürfnisbefriedigung

In der Forprofit-Welt geht es um den Austausch von Geld gegen Ware. Ein Unternehmen bietet ein Produkt an und der Kunde kauft es (vgl. Abb. 2).

Diese Art des Austauschprinzips kann in einigen Bereichen von NPO zum Tragen kommen, wenn es sich um selbst erwirtschaftete Mittel handelt. Kurse, Seminare, Theateraufführungen oder andere Dienstleistungen werden im Austausch gegen Kurs- und Studiengebühren oder Eintrittsgelder angeboten. Auch wenn es sich um Merchandising-Artikel handelt, zahlen die Kunden und bekommen ein bezifferbares, geldwertes Äquivalent (Unter Merchandising versteht man den Verkauf von Produkten, die über einen immateriellen Zusatznutzen verfügen (Uni-Emblem, Vereins-Logo etc.).). Selbst für den Bereich der öffentlichen Zuwendungen wirkt dieser Kreislauf, indem notwendige Leistungen mit staatlichen Geldern, d. h. mit Steuergeldern, vergolten werden. Eine nichtkommerzielle Organisation befindet sich also in einem Netz von Austauschbeziehungen mit unterschiedlichen Interessenten- bzw. Zielgruppen oder Stakeholdern (vgl. Abb. 3).

2. Alles Wirtschaft oder was? Prinzipien und Zusammenhänge

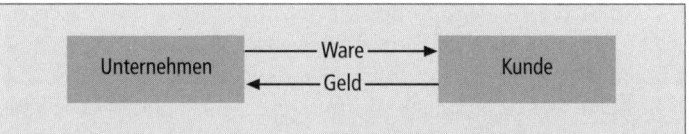

Abb. 2: Marketingprinzip – Austausch im Forprofit-Bereich

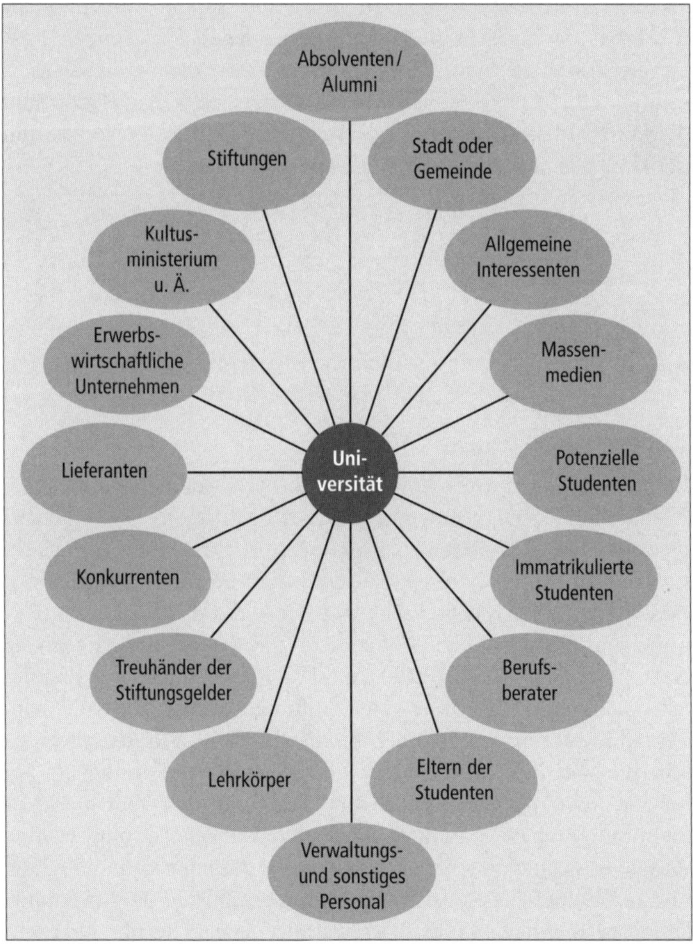

- Absolventen/Alumni
- Stiftungen
- Stadt oder Gemeinde
- Kultusministerium u. Ä.
- Allgemeine Interessenten
- Erwerbswirtschaftliche Unternehmen
- Massenmedien
- Lieferanten
- Universität
- Potenzielle Studenten
- Konkurrenten
- Immatrikulierte Studenten
- Treuhänder der Stiftungsgelder
- Berufsberater
- Lehrkörper
- Eltern der Studenten
- Verwaltungs- und sonstiges Personal

Abb. 3: Interessentengruppen (= Stakeholder) einer Universität

2. KAPITEL Theorie: Grundlagen und Hintergründe

Die Kunst des Marketings besteht darin, Bedürfnisse unterschiedlicher Zielgruppen (Lieferanten, Journalisten, Spender etc.) zu erkennen und zu befriedigen. Beim Fundraising funktioniert es ähnlich. Auch hier geht es auch um Austausch, nur handelt es sich bei den auszutauschenden Gütern nicht nur um geldwerte, materielle Vorteile, sondern zu einem großen Teil um ideelle, immaterielle Werte (vgl. Abb. 4). Diese Werte herauszuarbeiten, eindeutig identifizierbar darzustellen und den verschiedenen Zielgruppen bzw. Gebermärkten zu vermitteln, gehört zur Kunst des Fundraising. Es stellt eine besondere Aufgabe dar, die Werte der Organisation und die Werthaltigkeit des Angebots mit gesellschaftlichen Trends und der aktuellen Sozialpolitik in Einklang zu bringen.

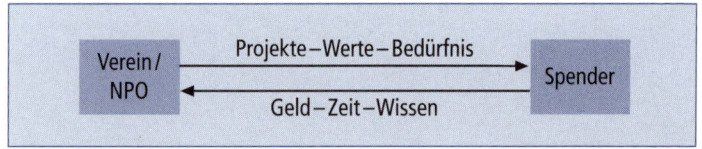

Abb. 4: Marketingprinzip – Austausch im Nonprofit-Bereich (Quelle: Frei nach The Fund Raising School (TFRS), (2000), Sec. II – 5)

Von Märkten und mehr

Es handelt sich um ein komplexes Austauschgefüge verschiedener Austauschpartner und unterschiedlicher Bedürfnisse. Dieser Schauplatz für den Austausch von Ressourcen ist Ihr Markt. Von Markt spricht man dann, wenn eine „Organisation Austauschprozesse mit dieser Gruppe auf systematische Weise anstrebt, d. h. Marketing-Planung und -Kommunikation für diese Gruppe betreibt bzw. an sie richtet" (vgl. Kotler et al. (2011), S. 51 f.). Hier befinden sich potenzielle Geldgeber und Förderer wie Stiftungen, Staat, Unternehmen, Verbände oder private Spender. Zu diesem Markt gehören auch potenzielle Mitglieder sowie ehrenamtliche Mitarbeiter. Innerhalb dieser Marktstruktur agieren auch Ihre Mitbewerber. Dieser Markt ist nicht nur komplex, er ist auch dynamisch. Die Bevölkerungsstruktur und deren Lebensstil verändern sich, Werte befinden sich im Wandel und technologische Neuentwicklungen beeinflussen die Kommunikationsgewohnheiten. Neue Gesetze oder Steuern werden erlassen. Die Wirtschaft boomt, stagniert oder befindet sich auf Talfahrt. Alle diese Faktoren nehmen Einfluss auf Ihre Organisation. Einzelne Angebote werden nicht mehr so gut angenommen wie früher, weil sich die Bevölkerungsstruktur des Stadtteils in den letzten Jahren geändert hat und Familien mit Kindern ins Umland abgewandert sind. Studentenzahlen sind an einigen Universitäten rückläufig, weil private oder europäische Anbieter mit interessanten Offerten werben. Oder der Markt potenzieller Geldgeber entwickelt sich positiv, weil es in Ihrer Stadt immer mehr Stiftungen gibt, die Wirtschaft boomt und Sie einen hohen Anteil gut verdienender Menschen in Ihrem Einzugsgebiet haben, deren Spendenbereitschaft hoch ist. Den Markt zu beobachten und Veränderungen rechtzeitig erkennen zu können und bei der strategischen Planung zu berücksichtigen, gehört zu den elementaren Aufgabenbereichen des Fundraising.

Fundraising braucht Öffentlichkeitsarbeit

> Zu viele Menschen machen sich nicht klar, dass wirkliche Kommunikation eine wechselseitige Sache ist. (Lee Iacocca)

Kommunikation spielt im Fundraising eine zentrale Rolle. Das Produkt oder Projekt kann noch so gut sein – wenn keiner davon weiß, wird auch keiner etwas dafür geben. Folglich ist es Kernaufgabe der Öffentlichkeitsarbeit diese Botschaften möglichst zielgerichtet zu vermitteln. Kommunikation richtet sich nicht nur nach außen an potenzielle Interessenten, sie sollte auch innerhalb der Organisation gut funktionieren. Haupt- und ehrenamtliche Mitarbeiter haben einen Anspruch auf Information und Motivation.

Die Öffentlichkeitsarbeit kommt bei vielen Organisationen immer noch zu kurz. Einigen scheint es peinlich, andere wollen nicht so dick auftragen. Laut Paul Watzlawick kann man zwar nicht nicht kommunizieren, doch darauf zu hoffen, dass automatisch die richtige Information draußen ankommt und die Menschen von alleine zum Spenden bewegt, ist eine Illusion.

Besonders fatal ist eine kommunikative Vogel-Strauß-Politik im Krisenfall. Ein Skandal lässt sich nicht aussitzen. Die Bedeutung der Öffentlichkeitsarbeit kann gar nicht oft genug betont werden. Sie muss auf die Situation und die jeweiligen Zielgruppen abgestimmt sein. Eine Broschüre für alle reicht nicht mehr. Beim Thema Sponsoring ist funktionierende Kommunikation besonders wichtig, doch auch Spender werden aus der Flut der Spendenbriefe eher denjenigen öffnen, deren Absender bekannt ist. Darüber hinaus wollen Förderer sicher sein können, dass ihr Geld einer seriösen Einrichtung zufließt. Der gute Ruf ist gerade beim Fundraising von enormer Bedeutung. Er kommt nicht von alleine und unterliegt nicht dem Zufall. Vielmehr ist es Aufgabe des gesamten Teams dafür zu sorgen, dass zentrale Werte und Kernaussagen gezielt kommuniziert werden. Nur so entsteht ein unverwechselbares Profil, das entscheidend zum Image der Organisation beiträgt.

2.2 Fundraising und Management: Planung, Teams und Kompetenzen

Im Idealfall ist Fundraising fest in die Managementstruktur integriert. Das heißt alle Abteilungen sind sich darüber im Klaren, dass die Mittelbeschaffung eine zentrale Aufgabe aller ist und das Überleben der Organisation sichert. Folglich sollten alle Abteilungen kooperieren und gemeinsam für den Kunden bzw. Unterstützer arbeiten. Fundraising sollte Teil der Organisationsphilosophie sein. Es ist ein komplexer Bereich, der Analyse, Planung, Durchführung und Erfolgskontrolle umfasst. Dazu kommen ethische Erwägungen und Qualitätsaspekte.

Fundraising ist idealerweise ein Teamprozess und nicht Aufgabe eines einsamen Fundraisers. Es sollte gemeinsam geplant und umgesetzt werden. Das fängt beim Erstellen eines Leitbilds an und hört bei der gemeinsamen Feier zum erfolgreichen Kampagnenabschluss auf. Nur wenn all diejenigen, die von den Maßnahmen betroffen sind, auch im Planungsprozess involviert waren, können sie sicher sein, dass es keine internen Widerstände gibt. Ob Fundraising erfolgreich ist oder scheitert hängt in erster Linie vom Zusammenspiel des internen Managements ab. Nur wenn es von allen gewollt ist und mitgetragen wird, kann es funktionieren.

In vielen amerikanischen Organisationen ist Fundraising Kernaufgabe des Geschäftsführers. Teilweise wird über die Hälfte der Zeit auf das „Relationship-Fundraising" verwendet. Der Aufbau und die Pflege von Kontakten spielt eine entscheidende Rolle. Es geht nicht darum, kontinuierlich um Geld zu fragen, sondern darum Beziehungen aufzubauen, die bei Gelegenheit als Türöffner und/oder Geldgeber zur Verfügung stehen. Die Planung und Umsetzung von Aktionen geschieht selbstverständlich im Team mit haupt- und ehrenamtlichen Helfern.

Wichtig ist hierbei, dass die Kompetenzen klar verteilt und geeignete Mitarbeiter mit entsprechenden Handlungsvollmachten ausgestattet sind.

Aufgaben eines Fundraising-Teams

Die Aufgaben eines Fundraising-Teams sind vielfältig und umfassen unter anderem:

- Marktforschung
- Recherche (Adressen, Unternehmensdaten etc.)
- Datenverarbeitung (Spenderverhalten etc.)
- Projektplanung
- Texten und graphische Umsetzung von Projektmaßnahmen
- Lobbyarbeit und Kontaktpflege (intern wie extern)
- Telefonmarketing und Beschwerdemanagement
- Spenderbindung und -betreuung
- Eventmanagement

3. Was braucht man zum Fundraisen? Organisatorische Voraussetzungen

> Ein Netz zu knüpfen ist besser als um Fisch zu beten.
> *(Chinesisches Sprichwort)*

Es ist leider eine Illusion anzunehmen, dass es mit Hilfe von Fundraising-Maßnahmen gelingen kann, aus dem Stand weg größere Summen zu beschaffen. Um erfolgreich Fundraising betreiben zu können, bedarf es gewisser Ressourcen in den Bereichen: Personal, Finanzen, Administration und Kommunikation. Hierfür werden Investitionen benötigt. „Wirtschaftliches Fundraising heißt nicht, Geld zu sparen, sondern Investitionen so zu planen, dass sie sich vielfach auszahlen" (J. C. Levinson).

3.1 Personelle Ressourcen

Die zentrale Frage bei allen Projekten, die kompetent gemanagt werden, ist: „Wer macht was bis wann?" Das heißt, es gilt Verantwortlichkeiten und Kompetenzen für diejenigen Personen festzulegen, die mit Fundraising betraut sind. Also nicht nur festzulegen, wer wen bis zu welcher Summe um Geld fragen darf. Da es um den Aufbau langfristiger Beziehungen geht, ist Fundraising auch eine zentrale Leitungsaufgabe. Es geht darum, konkrete Ziele festzulegen und deren Erfolge zu überprüfen. Folglich ist es dringend notwendig, den Vorstand von Anfang an zu involvieren.

Holen Sie den Vorstand ins Boot

Vor allem die amerikanischen Profis werden nicht müde, die Wichtigkeit eines gut besetzten und motivierten Vorstands (= „board") zu betonen. „Getting the board on board" ist das Fundraising-Motto der Nonprofit-Planer zwischen New York und New Mexico. Und das hat seinen Grund.

Ein gut besetzter Vorstand hat:

(1) Verantwortung

(2) Einfluss

(3) Know-how

(4) Engagement

Verantwortung: Der Vorstand muss für die Aktivitäten eines Vereins gerade stehen. Nach deutschem Vereinsrecht haftet der Vorstand als Gesamtschuldner, wenn er es versäumt hat, rechtzeitig das Konkursverfahren zu eröffnen (BGB § 42, Abs. 2). Er trägt die Verantwortung dafür, dass die Gemeinnützigkeit nicht gefährdet wird und hat ferner darauf zu achten, dass die Satzungszwecke und die Mission nicht aus den Augen verloren werden. Im Zweifelsfall hätte der Vorstand auch eine ehrgeizige Benefizveranstaltung mit Luciano Pavarotti oder Madonna zu verantworten, die finanziell im Desaster endete.

Einfluss: Der Vorstand beeinflusst, welche Projekte initiiert und welche Fundraising-Aktivitäten finanziert werden. Es hängt von seinem Einsehen ab, ob in der Startphase externe Berater ins Boot geholt werden. Er wird auch darüber entscheiden, ob das eigene Leitbild überarbeitet wird. Im Idealfall erstreckt sich sein Einfluss nicht nur auf die interne Entscheidungsebene, sondern wirkt auch nach außen. Das heißt, ein gut besetzter Vorstand hat Kontakte und übt auch außerhalb der Organisation Einfluss aus. Er kennt die wichtigen Leute, die als Türöffner fungieren können, sitzt in anderen relevanten Gremien und versteht es, aktive Lobbyarbeit für Ihre Sache zu betreiben.

Know-how: Auch wenn der Vorstand noch keine Erfahrung mit Fundraising hat, bringt er doch Know-how mit. Viele Vorstandsmitglieder sind seit Jahren ehrenamtlich tätig und haben einige Projekte starten und scheitern sehen. Das eine oder andere Vorstandsmitglied kommt vielleicht sogar aus der Wirtschaft und hat Seminare über Kundenbindungsprogramme absolviert. Dieses Potenzial gilt es zu nutzen.

Engagement: Wer sich in ein Vorstandsamt wählen lässt, zeigt Engagement. Viele Vorstandsmitglieder nehmen Nachtsitzungen und endlose Diskussionen in Kauf. In kleinen Vereinen tüten sie noch gemeinsam Infobriefe ein, in größeren sind sie „nur noch" verantwortlich für Planung und Strategie. Auch wenn mancher Vorstand, Entscheidungen lange vertagen mag, so schlägt sein Herz doch für den Verein. Wussten Sie, dass über 90 % aller Vorstände in Symphonieorchestern selbst ein Instrument gespielt haben? Nutzen Sie diese Tatsache.

> **Tipp: So kriegen Sie Ihren Vorstand ins Boot**
>
> **(1) Suchen Sie sich Verbündete:** Wenn Sie das Gefühl haben, Sie stehen als Fundraiserin allein auf weiter Flur und kennen Ihren Vorstand nur vom Photo, bitten Sie die Geschäftsführung um Unterstützung. Bieten Sie an, zur nächsten Vorstandssitzung ein Re-

2. KAPITEL Theorie: Grundlagen und Hintergründe

ferat zum Thema Fundraising vorzubereiten. Alternativ können Sie einen erfahrenen Fundraiser, eine Mitarbeiterin einer Fundraising-Agentur oder ein Vorstandsmitglied einer befreundeten Organisation einladen. Wenn Sie beispielsweise in Magdeburg Geld zur Restaurierung Ihres Kirchturms sammeln wollen, laden Sie doch einen Kollegen aus Erfurt ein, der sein Turmdach gerade neu gedeckt hat. Er wird vermutlich gerne bereit sein, von seiner erfolgreichen Spendenstrategie zu berichten. Oder wenn Sie für die Kunsthalle verantwortlich sind, können Sie den Vorsitzenden der „Opernfreunde" einladen, um ein bisschen aus dem Nähkästchen zu plaudern.

(2) Bieten Sie Lösungen und bitten Sie um konkrete Hilfe: Wenn Ihr Vorstand sich aus der Verantwortung ziehen möchte, weil er der Meinung ist, er täte bereits genug und Fundraising sei schließlich Ihr Job, machen Sie den Bedarf deutlich. Zeigen Sie konkret, wo Geld fehlt und was Sie alles umsetzen könnten, wenn es da wäre. Arbeiten Sie mit Bildern, machen Sie es dringend und überlegen Sie sich konkrete Maßnahmen und Lösungsansätze. Bitten Sie Ihre Vorstandsmitglieder um konkrete Unterstützung. Bitten Sie sie darum, Briefe persönlich zu unterschreiben, Kontaktpersonen aus Politik und Wirtschaft anzusprechen oder sich bei einem Event persönlich zu engagieren.

(3) Aktivieren Sie Ihren Vorstand: Involvieren Sie den Vorstand in ein Rollenspiel. Aufgabenstellung: „Wie bringe ich meinem Golf- oder Tennispartner unser Projekt, unsere Mission bzw. unseren Verein nahe und wie bitte ich um Unterstützung?" Führen Sie Ihren Vorstand langsam an das Fundraising heran. Bitten Sie ihn, Eintrittskarten für Benefizveranstaltungen oder Tombolalose zu verkaufen. Fragen Sie nach Unterschriften bei persönlichen Spendenbriefen und bitten Sie den Vorstand darum, einige Exemplare an besondere Spender persönlich zu verfassen. Nutzen Sie das kreative Potenzial Ihres Vorstands und sammeln Sie gemeinsam Ideen.

In Deutschland sind vor allem kleinere Vereine froh, wenn sie überhaupt jemanden überreden konnten, ein Vorstandsamt zu übernehmen. Wenn diese freiwilligen Opfer auch noch gefragt werden, selbst zu spenden oder gar ihre Adressbücher zu zücken, gibt es Proteste.

3. Was braucht man zum Fundraisen? Organisatorische Voraussetzungen

Die Amerikaner erwarten, dass jedes Vorstandsmitglied selber eine angemessene Summe spendet und seine persönlichen Kontakte für die gute Sache nutzt. Fundraising ist Beziehungsarbeit und je besser die Kontakte jedes einzelnen, desto Erfolg versprechender. Bei uns ist weder das eine noch das andere üblich. Dabei spricht einiges dafür: Jeder, der einmal selbst zum Geldsammeln aufgebrochen ist, weiß, dass es einfacher ist, um Geld zu fragen, wenn man selbst auch gegeben hat. Man blickt bei der Frage: „Und wie viel haben Sie gespendet", nicht peinlich berührt zu Boden. Der Vorstand sollte sich im Rahmen seiner Möglichkeiten am Fundraising beteiligen. Schließlich handelt es sich um die Repräsentanten Ihrer Organisation. Die Idee, den Vorstand das Adressbuch zücken zu lassen hat weitere Vorteile. Zum einen ist es einfacher bestehende Kontakte zu nutzen als völlig neue aufzubauen, zum anderen lautet eine alte Fundraising-Regel: „Gleiche fragen Gleiche". Das heißt, es ist einfacher, wenn Ihr Vorstandsmitglied den Vorstand der örtlichen Chemie AG um einen Termin bittet, als wenn es die Praktikantin versucht.

Wer macht es denn? – Anforderungsprofil eines Fundraisers

Persönliche Kompetenzen: Fundraising erfordert eine Reihe persönlicher und fachlicher Kompetenzen. Da es sich um Beziehungsaufbau handelt, bedarf es einer Person, die über **Kontaktfreudigkeit, Kommunikationsfähigkeit** und **soziale Kompetenz** verfügt. Fundraiser sind diejenigen, deren Aufgabe es ist, Türen, Herzen und Portemonnaies zu öffnen. Folglich ist es nicht sinnvoll, eine fachlich hoch kompetente Kollegin als Fundraiserin einzusetzen, die als sehr schüchtern gilt. Wenn es ihr schwer fällt, Lobbyarbeit zu betreiben und Kontakte zu Politik und Wirtschaft zu knüpfen, ist die Wahrscheinlichkeit groß, dass sie unter Stress gerät. Eine aktuelle Studie des Gallup-Instituts zum Thema Mitarbeiterführung und -motivation (vgl. Buckingham/Coffman (2012), S. 140 ff.) hat ergeben, dass es zielführender für alle Beteiligten ist, sich auf ihre Stärken zu konzentrieren, anstatt zu versuchen, Schwächen zu kompensieren. Als Fundraiser ist folglich besser ein Mensch geeignet, dem es leicht fällt, Leute zu begeistern und der Spaß daran hat, auf diversen Veranstaltungen mit Menschen ins Gespräch zu kommen. Die schüchterne Kollegin mit hoher Fachkompetenz ist unter Umständen viel glücklicher damit, Kampagnen zu planen, Pressemitteilungen zu schreiben oder die Datenbank zu verwalten.

Neben kommunikativen Kompetenzen bedarf es einer gehörigen Portion **Frustrationstoleranz.** Fundraiser müssen viele „Neins" wegstecken, bevor sie endlich ein „Ja" hören. Es braucht also **Geduld** und **Begeisterungsfähigkeit,** um durchhalten zu können. Ein Vertriebsprofi, der seinen Job vor allem darüber definiert, möglichst viel Geld „reinzufahren", ist keine Idealbesetzung. Es geht darum, langfristig Kontakte aufzubauen und nicht darum, Menschen das Ersparte abzunehmen. **Sensibilität** und **Einfühlungsvermögen** sind folglich wichtige Persönlichkeitsmerkmale. Auch das **äußere Erscheinungsbild** spielt eine Rolle. Fundraiser repräsentieren ihre Organisationen nach außen. Es gehört zu ihren Aufgaben, eventuelle Berührungsängste der Wirtschaft zu überwinden. Je nach Anlass kann die Berücksichtigung der offiziellen Dresscodes die Zusammenarbeit erleichtern.

Fachliche Kompetenzen: Aufgrund vieler inhaltlicher Parallelen zwischen Fundraising und **Marketing** sind Kenntnisse in den Bereichen **Marktforschung, Direktmarketing** oder **Kundenbindung** von Vorteil. Fundraiser sollten über Basiswissen der modernen Datenverarbeitung verfügen und kommen nicht umhin, sich einen Überblick über aktuelle Fragen der **Besteuerung** und relevante **Rechtsfragen** zu verschaffen. Darüber hinaus sind **Kreativität, Teamfähigkeit** und **strategisches Denken** wünschenswerte Kompetenzen.

Es ist schwer, alle Qualitätsanforderungen in einer Person zu vereinen. Da es mittlerweile diverse Aus- und Weiterbildungsangebote gibt, sollten bei der Auswahl neben fachlichem Basiswissen letztendlich Sympathie und Begeisterungsfähigkeit für die Sache den Ausschlag geben.

Aktuelle Stellenausschreibungen erwarten von einer Fundraiserin/einem Fundraiser u. a. folgendes:

- einen einschlägigen Hochschulabschluss oder eine vergleichbare Qualifizierung

- fundierte Kenntnisse und sicherer Umgang mit den modernen Kommunikationsmitteln/ neuen Medien und Datenbanken

- einen strukturierten und selbständigen Arbeitsstil
- Belastbarkeit und Einsatzbereitschaft
- Teamfähigkeit, Kommunikations- und Kooperationsfähigkeit, soziale Kompetenz
- eigene Erfahrung im freiwilligen Engagement / Ehrenamt
- keine Berührungsängste mit den Hilfesuchenden

Der Bruttoverdienst von Fundraisern liegt nach Schätzungen von Thomas Kreuzer, dem Leiter der Fundraising-Akademie zwischen 40.000 und 55.000 Euro. Erfahrene Spitzenkräfte kommen auf ca. 70.000 Euro, zu denen zusätzlich Prämien in Höhe von 10 bis 15 Prozent des Bruttogehalts gezahlt werden können. Bei großen Agenturen sind nach oben keine festen Grenzen gesetzt (vgl. Gesellenstetter, C. (2010) unter www.focus.de).

3.2 Administrative Ressourcen

Von Datenbanken und Zettelkästen

Fundraising operiert mit einer Vielzahl von Daten und benötigt folglich eine entsprechende Datenverwaltung. Kleine Vereine oder Organisationen mögen anfangs noch mit einem Zettelkasten, Aktenordnern oder einer einfachen Vereinssoftware zurechtkommen. Wer jedoch vor hat, professionell Fundraising zu betreiben und größere Datenmengen zu verwalten, der kommt mittelfristig um eine gute Datenbank nicht herum. Neben der rein buchhalterischen Abwicklung der Spendeneingänge werden in der modernen Fundraising-Software diverse Spenden-Kategorien erfasst. Da es viel teurer ist, Neuspender zu gewinnen, als bestehende Förderer zu halten, besteht die Herausforderung für Organisationen darin, Stammspender zu pflegen und aufzubauen. Mit Hilfe moderner Software gelingt es, deren Präferenzen zu erfassen und eine Spenderhistorie zu erstellen. So ist es möglich, Menschen individuell anzusprechen. Wer jahrelang nur auf Spendenbriefe zum Thema Kinder reagiert hat, braucht zum Thema Senioren nicht mehr angeschrieben zu werden. Wer dauerhaft größere Beträge überweist, hat eine besondere Anerkennung verdient. All das lässt sich mit Hilfe von Datenbanken erfassen und herausfiltern. Die Zauberworte lauten „Database-Marketing" oder Data-Mining (Data-Mining nimmt Bezug auf den Bergbau (Mining), wo riesige Gesteinsmassen auf Edelsteine hin untersucht werden (vgl. Tempel, E.; Seiler, T.; Aldrich, E. E.: (2011), S. 340 ff.). Es geht darum, einzelne Spender aus der Masse herauszufiltern und Profile erstellen zu können. Vorhandene Daten werden analysiert und ausgewertet. Danach werden die Spender gezielt anhand der individuellen Präferenzen mit Methoden des Direktmarketing (meistens Mailings) angesprochen. Moderne Datenbanken erlauben darüber hinaus eine bequeme und schnelle Erfassung aller Zahlungseingänge und die automatische Versendung von Spendenquittungen und Danksagungen.

Kleine Organisationen können ihre Daten zunächst über das Buchhaltungsprogramm laufen lassen bzw. eine Adressverwaltung in Outlook, Works oder Excel aufbauen. Notfalls kann auch mit Karteikarten gearbeitet werden. Wichtig ist, dass akribisch darauf geachtet wird, aktuell zu bleiben. Korrekte Adressen sind das Kapital einer Organisation. Austritte, Neuzugänge, Namensänderungen durch Heirat oder Umzug (nach Aussage der Deutschen Post AG wechseln pro Tag 20.000 Menschen in Deutschland den Wohnsitz) gilt es sofort in Ihrem Programm festzuhalten. Welche Software für eine Organisation die Richtige ist, hängt davon ab, welche Datenmengen zu bewältigen sind und welches Budget zur Verfügung steht.

Buchhaltung und Spendenerfassung

In jedem Fall müssen die Mittel, die einer Organisation zufließen unabhängig von deren Größe korrekt verbucht und verwaltet werden. Hier gelten an die Buchhaltung die gleichen Anforderungen wie an Wirtschaftsbetriebe. Gewinne ab 50.000 Euro oder Umsätze ab 500.000 Euro müssen bilanziert werden. Ansonsten genügt eine Gewinn- und Verlustrechnung. Es besteht Rechenschaftspflicht gegenüber

- dem Finanzamt
- der Mitgliederversammlung.

Spendensätze dürfen nicht verändert, sondern höchstens storniert werden. Es muss eine eindeutige Zuordnung von Spender, Spende

3. Was braucht man zum Fundraisen? Organisatorische Voraussetzungen

und Spendenprojekt möglich sein. Für die Spendenverwendung besteht eine Nachweispflicht. Als Nachweis reicht, sofern sie vom zuständigen Finanzamt genehmigt wurde, eine maschinell erstellte Spendenbestätigung.

Der Referentenentwurf der Bundesregierung einer „Verordnung zum Erlass und zur Änderung steuerlicher Verordnungen" vom 10. 9. 2012 sieht Erleichterungen beim vereinfachten Zuwendungsnachweis (Kleinspendenregelung) vor. Hierbei sollen auch moderne Online-Zahlungsverfahren wie beispielsweise Paypal Berücksichtigung finden. Spenden bis zu 200 Euro können ohne amtliche Spendenquittung (Zuwendungsbestätigung) und ohne weitere Papierbelege beim Finanzamt eingereicht werden. Für Organisationen bedeutet dies eine Vereinfachung der Möglichkeiten per Internet/Email zu Spenden aufzurufen (vgl. Vereinsinfobrief Nr. 251, Ausgabe 15/2012, Kostenlose Infobriefe zu Neuerungen im Vereinsrecht sowie umfangreiche Muster und Formularvordrucke können unter http://vereinsknowhow.de bestellt bzw. heruntergeladen werden./).

Lassen Sie bei der Verbuchung und Ausstellung von Spendenquittungen Sorgfalt walten. Wenn Sie vorsätzlich oder grob fahrlässig falsche Spendenquittungen ausstellen, haften Sie als „Vertreter" des Vereins gegenüber dem zuständigen Finanzamt persönlich mit bis zu 40 % der Spendenbeiträge für entgangene Steuern.

Das Kreuz mit der Steuer

Für gemeinnützige Organisationen gelten steuerliche Sonderregeln. Sie sind bis auf Ausnahmen von der Körperschaftsteuer befreit (§ 5 Abs. 1 Nr. 9 KStG), zahlen keine Grund- oder Gewerbesteuer und keine Erbschaftsteuer. Von der Umsatzsteuer sind sie ebenfalls befreit oder begünstigt, sofern diese nicht für den so genannten wirtschaftlichen Geschäftsbetrieb fällig wird. Andererseits unterliegen sie aufgrund dieser Steuervergünstigungen auch besonderen Auflagen, was die Verwendung, Verbuchung und Offenlegung der Mittel anbelangt. Sollte mangels Masse bisher noch kein Steuerberater konsultiert worden sein, wird es spätestens beim Thema Sponsoring Zeit, einen intensiven Blick auf die Steuergesetzgebung zu werfen.

2. KAPITEL Theorie: Grundlagen und Hintergründe

Tipp:

Die Finanzministerien der Länder (z. B. Schleswig-Holstein) geben eine kostenlose Orientierungshilfe „Vereine & Steuern" heraus. Hier finden Sie die wichtigsten Informationen zur zeitnahen Mittelverwendung, Rechenbeispiele und weitere wichtige Informationen.

(1) Geldspenden: Spenden zur Förderung „mildtätiger, kirchlicher, religiöser, wissenschaftlicher oder als besonders förderungswürdig anerkannte gemeinnützige Zwecke" sind für den Spender steuerlich absetzbar. Voraussetzungen für die Spendenabzugsfähigkeit sind hierbei:

- Freiwilligkeit der Spende
- Keine Gegenleistung seitens des Empfängers (siehe hierzu Sponsoring)
- Gemeinnütziger Zweck (Über Sachspenden als Preise für die Tombola darf keine Spendenquittung ausgestellt werden). (vgl. www.vereinsbesteuerung.info)

Ein Spender darf seine Spende bei der Veranlagung zur Einkommensteuer als Sonderausgabe geltend machen. Hierbei gibt es je nach Zweckbestimmung folgende Höchstbeträge:

- Spenden für steuerbegünstigte Zwecke werden bis zur Höhe von 20 % des Gesamtbetrags der Einkünfte (GdE) als Sonderausgaben anerkannt;
- 4 Promille der Summe der gesamten Umsätze und der im Kalenderjahr aufgewendeten Löhne und Gehälter
- Spenden an Parteien und Wählervereinigungen beträgt die Steuerermäßigung 50 % des Spendenbetrags bis zu einem Höchstbetrag von 1650,- €, den Höchstbetrag übersteigende Spenden können nach § 10b EStG als Sonderausgaben bis 1650,- € geltend gemacht werden. Soweit Spenden die Höchstbeträge übersteigen, können sie in Folgejahre übertragen und dann jeweils wiederum innerhalb der Höchstbeträge geltend gemacht werden („Spendenvortrag").

(2) Sachspenden: Bei der Bewertung von gebrauchten Sachspenden aus dem Privatbesitz legt man gemeinhin den Preis zugrunde, den der Verkauf im „gewöhnlichen Geschäftsverkehr" (Verkehrswert) erzielen würde. Bei Neuwaren gilt der Kassenbeleg. Spenden aus dem Betriebsvermögen umfassen neben dem Entnahmewert auch die zu erhebende Umsatzsteuer, die nicht als Betriebsausgabe

abzugsfähig ist. Sonderregelungen gelten bei steuerpflichtigen Veräußerungen, also beispielsweise der Spende von Grundstücken
(3) Aufwandsspenden: Im Fall der Aufwandsspende, also zum Beispiel bei einer Dienstleistung ohne Honorar (pro bono), muss der Verein ein Extraformular für eine Geldzuwendung auszufüllen. Darüber hinaus muss er auf der Spendenbescheinigung vermerken, dass es sich um den Verzicht auf die Erstattung von Aufwendungen handelt
(4) Mitgliedsbeiträge: Mitgliedsbeiträge an Vereine, die vorwiegend der Freizeitgestaltung dienen, also v. a. Sport-, Musik- oder Heimatvereine können seit 2007 nicht mehr geltend gemacht werden. Ansonsten gelten für die Anzugsfähigkeit nach § 10b Abs. 1 EStG die gleichen Höchstgrenzen wie für Spenden.

Das Gemeinnützigkeitsrecht unterscheidet prinzipiell vier verschiedene Geschäftsbereiche, die steuerlich unterschiedlich behandelt werden und im Zusammenhang mit alternativer Mittelbeschaffung relevant sind:

(1) Ideeller Bereich (steuerfrei)

(2) Vermögensverwaltung (steuerbegünstigt)

(3) Zweckbetrieb (steuerbegünstigt)

(4) Wirtschaftlicher Geschäftsbetrieb (steuerpflichtig)

Ideeller Bereich

Als ideeller Bereich wird das genuine Geschäftsfeld, der eigentliche Hauptzweck, einer Organisation bezeichnet. Die Einkünfte aus diesem Bereich sind steuerfrei. Zu den typischen Einnahmen im ideellen Bereich gehören:

- Mitgliedsbeiträge und Aufnahmegebühren
- Zuschüsse von Bund, Land, Gemeinden und anderen öffentlichen Körperschaften
- Spenden, Schenkungen, Erbschaften und Vermächtnisse

Typische Ausgaben sind unter anderem:

- Kosten der Mitgliederverwaltung inkl. Ausgaben für Jubiläen, Ehrungen etc.

- (Sozial-)Versicherungen und Lohnkosten
- Miete, Porto, Telefon
- Urkunden, Pokale etc.

Vermögensverwaltung

Die steuerfreie Vermögensverwaltung umfasst typischerweise folgende Einnahmen:

- Einkünfte aus Kapitalvermögen
- Wertpapiererträge
- Einkünfte aus Vermietung und Verpachtung

Die steuerfreie Vermögensverwaltung darf nicht zum Selbstzweck werden. Das heißt, eine Organisation muss auch noch etwas anderes gemäß ihrer Satzungszwecke unternehmen und darf sich nicht darauf beschränken, ihr Vermögen zu verwalten.

Einige Einschränkungen

> **Beispiel A: Sie dürfen** Ihre Vereinsgaststätte vermieten. Der Pachtzins ist steuerfrei.
> **Sie dürfen nicht** auf die Idee kommen, das Lokal selber zu bewirtschaften. Dies fiele dem steuerpflichtigen wirtschaftlichen Geschäftsbetrieb zu.

> **Beispiel B: Sie dürfen** Ihre Ausstellungsräume dauerhaft an einen Künstler vermieten, ohne dass Sie für diese Einkünfte Steuern zahlen müssten.
> **Sie dürfen** Ihre Räumlichkeiten **nicht** kurzfristig dem lokalen Fernsehsender für eine Veranstaltung vermieten. Auch häufig wechselnde Mieter fallen in den Bereich des steuerpflichtigen wirtschaftlichen Geschäftsbetriebes.

> **Beispiel C: Sie dürfen** eine Agentur anheuern, um Anzeigen für Ihre Mitgliederzeitung zu verkaufen. Der Agentur sind mindestens 10 % Provision zahlen. Die Einnahmen, die durch die Agentur erzielt wurden, fallen der Vermögensverwaltung zu.
> **Sie dürfen nicht** alleine losgehen und Anzeigen verkaufen, ohne dass Steuern gezahlt werden.

> **Tipp:**
>
> Es kann für einen Verein eine Überlegung wert sein, eine eigene GmbH zu gründen, um der obigen Agenturregelung zu entgehen oder größere Einnahmen aus wirtschaftlichen Tätigkeiten wie Merchandising oder Events zu verbuchen. Hierzu ist allerdings ein Stammkapital von 25.000 Euro notwendig, welches nicht aus gemeinnützigkeitsrechtlich gebundenen Mitteln wie Spendengeldern erfolgen darf. Auch fallen in der Startphase Kosten für Steuerberatung und Notar an sowie die Verpflichtung zur Bilanzierung. Alternativ könnte ein Vereinsmitglied einen Gewerbeschein beantragen und die Zeitschrift im Selbstverlag herausbringen. Die Anzeigenerlöse bleiben dann im Haus des Verlegers und könnten als Spende dem Verein zufließen. Eine weitere Möglichkeit ist es, einen Förderverein zu gründen, der zu Gunsten der Organisation Gelder sammelt. Er darf sich jedoch nicht ausschließlich wirtschaftlichen Aktivitäten wie dem Anzeigenverkauf widmen. Durch dieses Konstrukt lassen sich die Steuerfreibeträge erhöhen. Weitere Möglichkeiten sollten je nach individueller Sachlage mit einem Steuerberater im Detail geklärt werden. (Nähere Informationen zur GmbH Gründung gibt es bei den regionalen Industrie- und Handelskammern.

Zweckbetrieb

Wenn ein wirtschaftlicher Geschäftsbereich ausschließlich dazu dient, die steuerbegünstigten Vereinszwecke zu verwirklichen, gilt er als Zweckbetrieb und wird steuerbegünstigt. Voraussetzung ist, dass die gemeinnützigen Zwecke ausschließlich auf diesem Weg erreicht werden können. Ein Verein darf nicht in größerem Umfang als nötig mit anderen Wirtschaftsunternehmen in Wettbewerb treten.

> **BEISPIEL A: Sie dürfen** als Kunstverein Ausstellungskataloge verkaufen. – Sie dürfen nicht auf die Idee kommen, diese Kataloge in großem Stil in den Handel zu bringen, ohne dafür Steuern zu zahlen.

> **BEISPIEL B: Sie dürfen** als Musikschule kostenpflichtig Klavierunterricht anbieten. – Sie dürfen aber keine Mozartkugeln verkaufen, es sei denn Sie versteuern die Erlöse.

> **BEISPIEL C: Sie dürfen** als Theater Eintrittskarten für Vorführungen verkaufen und als Theaterverein kostenpflichtige Fahrten zu externen Gastspielen anbieten. – Sie dürfen jedoch keine Getränke oder Speisen verkaufen ohne diese Einnahmen zu versteuern.

Typische Einnahmen für den Bereich des Zweckbetriebs sind:

- Eintrittskarten bei Konzerten, Ausstellungen, Theatervorführungen
- Kursgebühren im Rahmen der Satzungszwecke
- Startgelder bei Turnieren
- Einnahmen aus Tombolas

Typische Ausgaben:

- Aufwandsentschädigungen
- Urkunden, Pokale
- Unterrichts- oder Kursmaterial
- Abschreibungen für Gebäude oder andere Wirtschaftsgüter

Die Zweckbetriebsgrenze liegt bei 30.678 Euro. Sollten die Einnahmen diese Grenze überschreiten, fallen Körperschaft- und Gewerbesteuer an.

Bei Eintrittsgeldern differenziert der Gesetzgeber, ob es sich um Einnahmen handelt, die dem Zweckbetrieb dienen (beispielsweise Museumseinnahmen) oder um Eintrittsgelder zu anderen Veranstaltungen (zum Beispiel Benefizgalas). Für erstere gilt der ermäßigte Umsatzsteuersatz von 7%. Letztere werden dem steuerpflichtigen wirtschaftlichen Geschäftsbetrieb zugerechnet. Die Einnahmen dürfen nicht gesplittet werden. Auch eine Aufteilung der Eintrittsgelder in Spende und Entgelt ist nicht statthaft.

Sportliche Veranstaltungen unterliegen Sonderregelungen. Sie gelten grundsätzlich als Zweckbetriebe, sofern sie die Zweckbetriebsgrenze nicht überschreiten. Ein Sportverein hat außerdem die Chance, auf diese Grenze zu verzichten. Das kann unter bestimmten Umständen Sinn machen, vor allem, wenn die Einnahmen über

30.678 Euro liegen, er aber keine bezahlten Sportler zu den Veranstaltungen verpflichtet und die Überschüsse mit Verlusten aus anderen wirtschaftlichen Geschäftsbetrieben verrechnet werden können (vgl. hierzu sehr ausführlich und allgemein verständlich: www.vereinsbesteuerung.info).

Ausnahmeregelungen sehen vor, dass je nach Satzungszweck folgende Betriebe als Zweckbetriebe gelten:

- Einrichtungen der Wohlfahrtspflege
- Krankenhäuser
- Kindergärten, Schullandheime, Jugendherbergen, Studentenwohnheime
- Alten- und Pflegeheime sowie Mahlzeitendienste
- Behindertenwerkstätten
- Lotterien und Ausspielungen
- kulturelle Einrichtungen wie Museen, Theater, Konzerte
- Volkshochschulen und andere Bildungsveranstalter
- Wissenschafts- und Forschungseinrichtungen (auch Auftragsforschung)
- Einrichtungen, die der Selbstversorgung der oben genannten Betriebe dienen wie Schlossereien, Tischlereien oder landwirtschaftliche Betriebe (vgl. Abgabenordnung (AO) § 65 ff.).

Wirtschaftlicher Geschäftsbetrieb

Das Finanzamt spricht von einem steuerpflichtigen wirtschaftlichen Geschäftsbetrieb, wenn sich gemeinnützige Körperschaften über den Rahmen der Vermögensverwaltung oder des Zweckbetriebs hinaus wirtschaftlich betätigen. „Der Verein muss seine Einnahmen immer dann im wirtschaftlichen Geschäftsbetrieb erfassen, wenn er in Konkurrenz zu einem anderen Unternehmer tritt, und er mit dieser Tätigkeit keine gemeinnützigen Zwecke ausübt (vgl. www.vereinsbesteuerung.info).

Es ist hierbei nicht relevant, dass Gewinne erwirtschaftet werden. Entscheidend ist, dass Einnahmen erzielt werden. Bei einem Umsatz bis zu 35.000 € (§ 64 Abs. 3 AO) Euro ist dieser steuerfrei, da er unterhalb des Freibetrags bleibt. Wird die Freigrenze überschritten, sind die gesamten Einnahmen steuerpflichtig. Liegen die Bruttoeinnahmen (einschließlich Umsatzsteuer) über der (Besteuerungs-) Grenze von 35.000 € und liegt der Gewinn bei Vereinen oder Stiftungen über 5.000 € fällt Körperschaftsteuer an. Sehr ausführliche Beispielrechungen zur Verteilung von Umsätzen und Gewinnen finden sich unter www.vereinsbesteuerung.info. Zum steuerpflichtigen wirtschaftlichen Geschäftsbetrieb gehören unter anderem:

- Öffentliche Festveranstaltungen wie Straßenfeste, Galas oder gesellige Veranstaltungen für Mitglieder, sofern Eintrittsgelder erhoben werden
- Betrieb der Vereinsgaststätte in Eigenregie
- Basare, Flohmärkte oder andere Verkaufsveranstaltungen
- Altmaterialsammlungen
- Verkauf von Programmheften, Postkarten, (Merchandising-) Artikeln etc.
- Vermittlungsgeschäfte gegen Provision
- Werbung für Wirtschaftsunternehmen (teilweise auch Sponsoring-Aktivitäten)

Generell gilt für den steuerpflichtigen wirtschaftlichen Geschäftsbetrieb eine Besteuerungsgrenze von 35.000 Euro. Diese gilt ebenso wie der Körperschaftsteuerfreibetrag in Höhe von 3.835 Euro für alle steuerpflichtigen wirtschaftlichen Geschäftsbetriebe zusammengenommen.

Beispiel-Rechnung

Ihr Kunstverein hat für das Jahr 2012 folgende Einnahmen verzeichnet:

1.	Mitgliedsbeiträge	1.500 Euro
2.	Spenden	3.500 Euro
3.	Eintrittsgelder für Ausstellungen	4.000 Euro
4.	Einnahmen aus Bistro	23.500 Euro
		32.500 Euro

> Die ersten drei Posten werden dem ideellen Bereich bzw. dem Zweckbetrieb zugerechnet und sind folglich steuerbefreit. Die Einnahmen aus dem Bistro bleiben unter der Grenze von 35.000 Euro. Es fällt also keine Körperschaft- und Gewerbesteuer an.

Das Thema Steuern ist sehr komplex. Für große Fundraising-Aktivitäten oder für Neueinsteiger in das Gebiet des Vereinsrechts empfiehlt es sich dringend, Kontakt mit dem zuständigen Finanzamt oder einem Steuerberater aufzunehmen.

3.3 Kommunikative Ressourcen

Gezielte Kommunikation und Öffentlichkeitsarbeit sind Erfolgsfaktoren des Fundraising. Zur Grundausstattung einer Organisation gehören in diesem Bereich mindestens:

- Informationsmaterial (Imagebroschüre) über die Einrichtung
- Überweisungsträger mit eingedrucktem Empfänger nebst Kontonummer
- vorformulierte Dankschreiben (Postkarte oder Brief)

Informationsmaterial: Sie werden viele Menschen nicht allein mit guten Worten und einem Lächeln zum Spenden bewegen können. Ein Großteil der potenziellen Unterstützer wird sich erst einmal in Ruhe ein Bild von Ihrer Arbeit machen wollen. Hierzu benötigen Sie schriftliche Unterlagen. Die Mindestausstattung ist hierbei eine schriftliche Selbstdarstellung oder Projektbeschreibung. Diese lässt sich für den Anfang notfalls als DIN-A4-Faltblatt am PC erstellen.

Vergessen Sie hierbei nicht die Nummer Ihres Spendenkontos. Diese Kontonummer muss auf jedem Schriftstück zu finden sein, um es dem Spender so leicht wie möglich zu machen. Ebenfalls unabdingbar: Kontaktanschrift mit Telefon, Fax, Email-Adresse und, falls vorhanden, Adresse der Homepage.

Weitere Druckmaterialien wie Imagebroschüren, Beileger etc. können nach und nach erstellt werden. Gut ist es, von Anfang an auf ein einheitliches Erscheinungsbild, (vgl. Abschnitt 3.4 zu Corporate

Identity) zu achten, so dass die Materialien für die Empfänger einen Wiedererkennungswert haben.

Überweisungsträger: Machen Sie es Ihren Spendern so einfach wie möglich. Legen Sie vorgedruckte Überweisungsträger bei, auf denen sich Name und Kontonummer der Organisation befinden. Wenn Sie mit Spendern bereits im Vorfeld über konkrete Summe gesprochen haben, können Sie diese vorab eintragen. Dies ist nicht nur kunden- bzw. spenderfreundlich, es verhindert auch, dass es sich jemand kurzfristig anders überlegt.

Dankschreiben: Dank ist ein zentraler Bestandteil des Fundraising und Basis aller Spenderbindung. Sobald eine Spende eingeht, sollte so zeitnah wie möglich der Dank erfolgen. Folglich empfiehlt es sich mindestens ein Standard-Dankschreiben vorzubereiten, das jeweils personalisiert wird (individuelle Anrede). Für größere Beträge bedarf es unterschiedlicher Dankstrategien (vgl. Abschnitt 10.2).

3.4 Finanzielle Ressourcen

Fundraising funktioniert nicht ohne Investitionen. Auch wenn Sie beschlossen haben als erste Fundraising-Aktivität lediglich 50 handschriftliche Briefe an Ihre treuesten Spender oder Mitglieder zu verschicken, entstehen Kosten. Kalkulieren Sie diese unbedingt vorher und legen Sie ein Budget fest. Nur so lässt sich später nachprüfen, ob die Aktion erfolgreich war. Wenn Sie im Rahmen Ihrer strategischen Planung in Zukunft mehrere Maßnahmen planen, ist eine Budgetierung umso wichtiger. Fundraising ist langfristig angelegt.

Die Früchte Ihrer Investitionen werden Sie unter Umständen erst später ernten können. Manche Aktivitäten erreichen erst nach drei bis vier Jahren die Gewinnzone. Sie werden einen langen Atem brauchen, aber es ist besser, ein Netz zu knüpfen als um Fisch zu beten.

3. Was braucht man zum Fundraisen? Organisatorische Voraussetzungen

Zusammenfassung

Bevor Sie an den Start gehen sollten Sie sich folgende Fragen stellen:

- Wer gehört zum Fundraising-Team oder ist für Fundraising verantwortlich?
- Wem wird Rechenschaft geschuldet (z. B. dem Vorstand)?
- Haben wir die buchhalterischen Voraussetzungen, um Spenden zu erfassen?
- Haben wir die Möglichkeiten, angemessen Daten zu erfassen (Datenbank, Excel, Access oder Karteikasten)?
- Haben/brauchen wir einen Steuerberater?
- Haben/brauchen wir Informationsmaterialien?
- Haben wir Überweisungsträger?
- Haben wir Dankschreiben vorbereitet?
- Haben wir ein Budget?

3. Kapitel

Praxis: In sieben Schritten zum Erfolg

> Wer nicht weiß, wohin er will,
> dem ist kein Wind recht.
> *(Wilhelm von Oranien)*

Fundraising ist ein kontinuierlicher Prozess, der systematische Planung und konsequentes Management verlangt. Es handelt sich um ein komplexes Aufgabenfeld, das Analysen, Zieldefinitionen, Strategieentwicklung, Maßnahmenplanung sowie deren Umsetzung und Auswertung umfasst. Diese strategische Planung unterscheidet „echtes" Fundraising vom gelegentlichen Bitten um Almosen, dem weihnachtlichen „Bettelbrief an alle, die wir kennen" oder das Herumreichen des sonntäglichen Klingelbeutels.

Erfolgreiches Fundraising erfordert Vorbereitung und ein Konzept. Spontane Einzelaktionen, die „aus dem Bauch heraus" der Not gehorchen, bringen langfristig keinen Erfolg.

1. Vorteile strategischer Planung

Es fällt einigen Menschen schwer, sich mit strategischer Planung anzufreunden. Sie haben das Gefühl, es gäbe zu wenig Aktion, zu viel Schriftkram oder brächte nicht genug. Vielleicht stoßen Sie innerhalb ihrer Organisation auf Widerstände und bekommen folgende Statements zu hören:

(1) Planung? Bisher hat es doch auch irgendwie geklappt, wieso jetzt der Aufwand?

(2) Wieso sollen wir ein Planungsteam bilden? Das frisst doch nur Zeit, ist lästig und bringt nichts.

(3) Strategisch planen? Wir sind doch kein Wirtschaftskonzern oder beim Militär.

Der Begriff „Strategie" kommt in der Tat aus dem Militärischen. Die Wurzeln des Wortes liegen im Griechischen und setzen sich zusammen aus stratós „Heer" und àgein „führen". So bedeutete Strategie ursprünglich „Kunst der Heeresführung" oder auch „Kampfplanung". Heutzutage wird der Begriff auch für den nichtmilitärischen Bereich verwendet und drückt in erster Linie Langfristigkeit und Planung aus.

> **Strategie** ist ein genau durchdachter Handlungsplan, der Risiken und Vorteile sowie die Strategie des Gegners einbezieht.

Ersetzt man den Passus „Strategie des Gegners" durch den Begriff des Marktes, ist man einer zivilen Aussage schon näher. Ganz friedfertig auf den Punkt gebracht:

> **Strategie** bedeutet zu wissen, **warum** man etwas tut.

Mit dieser Definition liegt der Vorteil strategischer Planung klar auf der Hand. Nur wenn Sie wissen, warum Sie etwas machen, haben Sie die Chance angemessen zu reagieren sowie Misserfolge zu minimieren und Erfolge ausbauen.

Damit haben Sie gute Argumente, die Sie Zweiflern oder „planlosen" Aktivisten entgegensetzen können. Planung ist zwar auf den ersten Blick aufwändiger als eine reine Bauchentscheidung, bietet aber eindeutige Vorteile:

(1) Sie setzen sich intensiv mit Ihren Stärken und Schwächen auseinander und gewinnen dadurch Profil.

(2) Sie kennen und beobachten Ihren Markt mit seinen Chancen und Risiken und können auf Veränderungen flexibel und rechtzeitig regieren. Sie können aktiv agieren, anstatt passiv zu reagieren.

(3) Sie können sich Ihre Zeit besser einteilen, weil Sie wissen, wann Sie welche Maßnahmen durchführen wollen. Das heißt, Sie produzieren keine hektischen Schnellschüsse, vergessen nichts Wesentliches und haben höhere Erfolgsquoten.

(4) Sie setzen sich klare Ziele, die Sie erreichen wollen. Erfolge motivieren und (nur) aus Fehlern lernt man.

(5) Sie wissen genau, wann Sie erfolgreich waren, können Ihre Ergebnisse feststellen (evaluieren) und gemeinsam feiern.

Darüber hinaus haben Untersuchungen ergeben, dass Planung einer der stärksten Erfolgsfaktoren des Fundraising überhaupt ist (vgl. Urselmann in Fundraising Akademie (Hrsg.) (2001), S. 495).

2. Die sieben Schritte zum Erfolg

Erster Schritt – Das Leitbild: Ein Leitbild oder die Mission ist die Basis für alle Planungsvorhaben. Es dient als Entscheidungsgrundlage und ist der „rote Faden", der anzeigt, wohin es gehen soll. Es weist bei der Zielformulierung die Richtung und definiert Grenzen.

Zweiter Schritt – Analyse der Umwelt: Auch nichtkommerzielle Organisationen befinden sich in einem dynamischen Umfeld. Veränderungen des Marktes frühzeitig zu erkennen und darauf reagieren zu können, ist für Vereine und Organisationen überlebenswichtig.

Dritter Schritt – Interne Analyse: Bevor eine Organisation anfängt, sich mit Fundraising zu befassen und Sponsoren, Spender oder Stiftungen anzusprechen, ist es wichtig, die eigenen Stärken und Schwächen zu kennen. Nur Organisationen, die um ihr eigenes Image wissen und Profil zeigen, werden sich langfristig behaupten können.

Vierter Schritt – Die Fundraising-Strategie: Erfolgreiches Fundraising braucht Planung. Nur so ist es möglich Ziele festzulegen, Erfolge zu überprüfen und Verbesserungen vorzunehmen. Die Fundraising-Planung ist Ihre Straßenkarte zum Erfolg.

Fünfter Schritt – Märkte erschließen: Wer Mittel beschaffen möchte, muss wissen, wo sein Markt ist. Wer ist bereit Geld, Zeit oder Wissen zu geben? Was wollen Spender oder worauf achten Sponsoren? Die Kenntnis der Bedürfnisse unterschiedlicher Zielmärkte ist ein wichtiger Schlüssel zum Erfolg.

Sechster Schritt – Maßnahmen und Methoden: Es gibt eine Vielzahl von Fundraising-Methoden. Diese reichen vom Spendenbrief zum Sponsoringkonzept, von der Kuchentheke bis zum Erbschafts-Fundraising. Manche Methoden sind kurzfristig mit wenigen Mitteln umzusetzen, andere bedürfen langer Vorbereitung.

Siebter Schritt – Erfolgreich bleiben durch Bindungsstrategien: Mit der einmaligen Spende als Reaktion auf einen Brief oder einen Zeitungsaufruf ist es nicht getan. Die Kunst besteht darin, Spender, Mitglieder und Förderer langfristig an die Organisation zu binden. Nur so kann dauerhaft Erfolg gesichert werden.

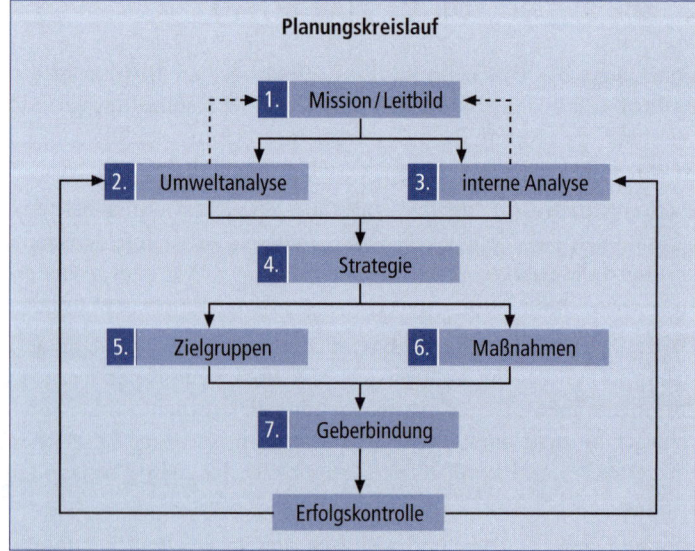

Abb. 5: Die sieben Schritte zum Erfolg

2. Die sieben Schritte zum Erfolg

Der gesamte Fundraising-Prozess ist als eine Art Kreislauf zu verstehen. Sie durchlaufen dieses Planungsprocedere nicht nur einmal, so dass Sie danach sagen können: Jetzt haben wir es hinter uns und für die nächsten Jahre klappt es von alleine. Der Prozess aus Vorbereitung, Planung und Umsetzung ist dynamisch und erfordert stetige Überprüfung, Anpassung und Auswertung.

Die äußeren Bedingungen können sich ebenso verändern wie das Profil ihrer Einrichtung (Mitarbeiter- oder Vorstandswechsel, neue Schwerpunktthemen etc.). Manche Maßnahmen klappen gut, andere weniger und auch Ihre Zielgruppen sind variabel. Stammspender sterben, langjährige Unternehmenspartner erleben eine Fusion und ändern die Strategie. All dies beeinflusst die Fundraising-Aktivitäten. Wenn Sie jedoch wissen, woher der Wind weht, können Sie Ihre Segelstellung anpassen und dennoch Ihre Ziele verfolgen.

4. Kapitel

Erster Schritt: Das Leitbild – wer sind wir und wo wollen wir hin?

Der erste und wichtigste Schritt auf dem Weg zu erfolgreichem Fundraising, ist das Leitbild (= Mission). Hierin drückt sich der Daseinszweck einer Organisation aus. Das Leitbild liefert die Grundlage für das weitere strategische Vorgehen und für die Formulierung von Zielen. Es beinhaltet die Wertvorstellungen einer Organisation und dient dazu, Profil zu gewinnen. Es hilft dabei, sich von anderen abzugrenzen und das eigene Handeln auf den Punkt zu bringen.

> Das **Leitbild** bzw. „mission statement" enthält Aussagen zu Unternehmenszweck, zentralen Werten, Aktivitätsfeldern und konkreten Zielen (vgl. Müller-Stewens/Lechner (2011), S. 178).

Warum braucht eine Organisation ein Leitbild? Stellen Sie sich folgende Situation vor: Sie sind auf einem Empfang ihrer örtlichen Handelskammer. Bei Häppchen und Sekt kommen Sie am Tisch neben dem Vorstandsvorsitzenden des größten regionalen Unternehmens zu stehen. Der Herr nimmt einen Schluck und fragt Sie wohlmeinend: „… und was machen Sie so?" Wollen Sie nun anfangen alle Projektvorhaben der letzten Jahre aufzählen oder vielleicht sogar ins Stottern geraten: „Ich bin Fun, Fun, Fundraiser, von, von, von…? Mission impossible?

Spätestens in Situationen wie dieser, ist es extrem hilfreich, wenn Sie über ein klar formuliertes Statement verfügen, welches Daseinszweck, Struktur, Ziele und Pläne ihrer Organisation beschreibt und dessen Inhalte Sie und alle Mitarbeiter auswendig parat haben. Es macht keinen guten Eindruck, wenn Ihre Kollegin am Nebentisch etwas Ähnliches erzählt, aber andere Schwerpunkte setzt.

Wenn sie nachts von einem Journalisten aus dem Schlaf geklingelt werden, sollten alle Vertreter der Organisation deren Daseinszweck unisono auf den Punkt bringen können. Dieses schriftliche Leitbild dient auch als Grundlage ihrer internen und externen Kommunikation. Es kann in Auszügen oder als Ganzes in Broschüren, Pressemitteilungen oder Gesprächen verwendet werden.

Sechs gute Gründe, warum Sie ein schriftlich fixiertes Leitbild brauchen:

(1) Es drückt klar und deutlich den Daseinszweck Ihrer Organisation aus.

(2) Es grenzt das Tätigkeitsfeld ein und bringt zum Ausdruck, was sie macht, was sie nicht macht und vor allem, was sie besonders gut macht.

(3) Es bringt ihre Ziele auf den Punkt.

(4) Es dient als Grundlage für ihre Planungsprozesse.

(5) Es schafft die Basis ihrer Unternehmenskultur und vereinigt ihre Wertvorstellungen.

(6) Es dient als Grundlage für die Kommunikation (in Wort und Schrift).

1. Basiskomponenten eines Leitbilds oder „mission statements"

Das Leitbild bestimmt den Kurs einer Organisation. Es erleichtert die interne Orientierung durch die Formulierung gemeinsamer Werte. Es dient der Motivation durch Schaffen einer gemeinsamen Identität und hilft dabei, externen Förderern Werte und Daseinszweck (die Mission) der Organisation nahe zu bringen. Es basiert auf der Geschichte und der Vergangenheit, weist jedoch in die Zukunft.

1. Basiskomponenten eines Leitbilds oder „mission statements"

Ein Leitbild ist etwas anderes als eine Satzung. Es ist kein Rechtsdokument, sondern dient als Kommunikations- und Planungsgrundlage. Es hat sowohl philosophische, strategische als auch operative Anteile. Im Krisenfall kann es eine brauchbare Diskussionsbasis zur Neuorientierung oder Umstrukturierung sein. Es soll nicht den Ist-Zustand beschreiben, sondern eine Vision (= Soll-Zustand) zum Ausdruck bringen.

Ein Leitbild sollte kundenorientiert sein, das heißt es reflektiert die Bedürfnisse Ihrer Klienten, Patienten, Studenten oder Betroffenen für die Sie sich einsetzen. Für diese Menschen wurde die Organisation einst gegründet. Hier liegt ihr ursprünglicher Daseinszweck. Ihr Leitbild sollte die Vergangenheit integrieren, aber zukunftsweisend und langfristig angelegt sein.

Bei der Formulierung Ihres Leitbildes sollten Sie also folgende Aspekte berücksichtigen (vgl. Migliore, H. et al. (1995), S. 37):

(1) **Geschichte der Organisation:** Warum gibt es die Organisation überhaupt, welche Historie und welche Zielsetzungen hat sie? Welches sind die zentralen Werte? Sind diese noch aktuell? Sind sie konfessionell verankert oder rein ethisch?

(2) **Kernkompetenzen:** Was kann die Organisation besonders gut, wo ist sie einmalig oder besser als andere?

(3) **Bedarf, Segment und Lösungsangebot:** Welchen Bedarf oder welche Bedürfnisse befriedigt sie bzw. welche Probleme versucht die Organisation langfristig zu lösen oder zu mindern? Wem hilft sie und mit welchen Mitteln?

(4) **Umfeld:** In welchem Umfeld bewegt sie sich? Welche externen Chancen und Risiken gibt es (gesellschaftliche Tendenzen, gesetzliche Einschränkungen etc.)?

All das sind Grundüberlegungen, die in ein Leitbild einfließen. Es ist keineswegs ungewöhnlich, dass Organisationen mehrere Monate oder sogar Jahre an ihrem Leitbild arbeiten. Es geht um ein grundlegendes Selbstverständnis, das von allen getragen werden muss.

Es kann passieren, dass im Rahmen der Leitbilddiskussion einige Mitglieder feststellen, dass sie sich nicht mehr mit den Zielen und

Werten der Organisation identifizieren können und sie verlassen. Wenn jedoch die Mehrheit hinter dem neuen Leitbild steht und sich einig ist, gehören eventuelle Austritte zum notwendigen Veränderungs- und Anpassungsprozess. Es kann auch sein, dass eine Organisation feststellt, dass der Name nicht mehr zu ihrem aktuellen Leitbild passt.

Wenn eine Einrichtung z. B. 1896 als „Verein zur Unterstützung gefallener christlicher Töchter" gegründet wurde und sich heutzutage vorwiegend um minderjährige Mütter kümmert, kann es sinnvoll sein, über eine Namensänderung nachzudenken.

Checkliste: Schritt für Schritt zum Leitbild

1. Beschreiben Sie Ihren Daseinszweck
Warum gibt es Sie? Welches Problem hat Sie veranlasst, als NPO tätig zu werden? Welchen Bedarf haben Sie erkannt und welche (Kunden-)Bedürfnisse versuchen Sie zu befriedigen? Lassen Sie ethische oder philosophische Überlegungen einfließen: „Wir glauben, dass ... Das Problem, für das wir uns engagieren, ist, dass ..."
Wenn Sie eine lange Historie haben und Ihr ursprüngliches Leitbild vor über 100 Jahren entwickelt wurde, fragen Sie sich, ob es noch zeitgemäß ist. Traditionelle Werte sind wichtig und müssen nicht um jeden Preis modernisiert werden.

2. Beschreiben Sie Ihre Ziele
Was wollen Sie erreichen? Was wollen Sie ändern? Lassen Sie Ihre Visionen einfließen. Was erträumen Sie sich von der Zukunft? Wie sieht die Welt aus, wenn Sie Ihren Daseinszweck erfüllt haben? Hier geht es um Ihre generelle, strategische Zielsetzung, die Ihnen als Richtung gelten soll. Eine detaillierte Maßnahmenplanung folgt später. „Wir wollen erreichen, dass ..."

3. Beschreiben Sie Ihre spezifischen Methoden und Maßnahmen
Wie genau wollen Sie Ihre Ziele erreichen? Was unternehmen Sie, um den Bedarf zu befriedigen und die Probleme zu lösen? Wie machen Sie das? Was bieten Sie an? Vor allem was bieten Sie an, was andere nicht anbieten? Was können Sie besonders gut? Benutzen Sie aktive Verben, also Tätigkeitsworte. Auch hier geht es noch nicht um einen konkreten Aktionsplan, sondern um Ihre grundsätzlichen Methoden: „Wir bieten ... an. Wir helfen ... bei ... Wir beraten ..." oder: „Wir stellen her, unterrichten etc."

> **4. Bestimmen Sie Ihre Zielgruppen und Ihren Einzugsbereich**
> **Für wen** genau sind Sie da? Versetzen Sie sich in die Rolle Ihrer Kunden oder Klienten? **Wo** wirken Sie? Regional, überregional, global? Sind Sie regionale Tochter einer großen Dachorganisation, dann beschreiben Sie, was Sie genau machen, wo Ihr Wirkungsfeld liegt?
> Haben Sie in einem großen Feld drei Schwerpunktthemen, die Sie bearbeiten, dann schildern Sie diese.

Anhand der oben angegebenen Punkte können Sie alleine oder im Team einen Rohentwurf erarbeiten, den Sie zur Diskussion stellen.

Folgende Fragen sind vor einer endgültigen Verabschiedung hilfreich:

(1) Umfasst das Leitbild alle wichtigen Aufgaben?

(2) Ist es klar, deutlich und pointiert?

(3) Verstehen es auch Außenstehende?

(4) Grenzt es die Organisation eindeutig genug von ihren Mitbewerbern ab?

(5) Macht es deutlich, für wen die Organisation da ist?

(6) Kommt das Besondere der Organisation zum Ausdruck?

Wenn diese Fragen zur Zufriedenheit geklärt sind, kann im Rollenspiel geübt werden, das Leitbild im Rahmen einer Talkshow oder eines Interviews in 30 Sekunden auf den Punkt zu bringen.

2. Leitbild in Teamarbeit

Vorausgesetzt, Sie haben keine 5.000 Mitarbeiter, die Sie allesamt in den Leitbildprozess einbeziehen wollen, dann können Sie durchaus an einem Tag mit Hilfe eines erfahrenen Moderators ein Leitbild erarbeiten.

(1) Stellen Sie ein Leitbild-Team zusammen. Zum Beispiel: Vorstand, Geschäftsführerin, Gesellschafter, Mitarbeiter der Verwaltung. Die Gruppe sollte nicht mehr als zehn Personen umfassen.

(2) Bereiten Sie eine Grobversion anhand der obigen Punkte vor und heften Sie diese an eine Pinnwand.

(3) Bitten Sie nun alle Teammitglieder ein eigenes Leitbild zu formulieren oder wichtige Ergänzungen vorzunehmen.

(4) Pinnen Sie die Ergebnisse ebenfalls an und diskutieren Sie mit Hilfe eines Moderators die Ergebnisse.

(5) Fassen Sie ähnliche Aussagen zusammen.

(6) Destillieren Sie Ihr Leitbild unter Einbeziehung aller Ergänzungen.

(7) Verfahren Sie nach dem japanischen Prinzip. Das bedeutet solange zu diskutieren bis Konsens herrscht und nicht einfach abzustimmen. Bei einer Abstimmung gibt es immer Gewinner und Verlierer. Das ist keine gute Grundlage für ein gemeinsames Leitbild. Der Teil des Teams, der überstimmt wurde, steht nicht wirklich dahinter und nimmt es nur zähneknirschend hin.

Was ein Leitbild nicht ist:

- eine Aufzählung aller Aktivitäten, die Sie jemals angeboten haben
- Ihre Satzung
- ein Projektantrag
- ein Organigramm
- ein Schlafmittel

3. Die Essenz Ihres Leitbildes – Entwicklung eines Slogans

Wenn Sie richtig in Form sind oder eine Sitzung aufpeppen wollen, dann versuchen Sie aus Ihrem Leitbild einen Slogan zu entwickeln. Kochen Sie Ihr Leitbild ein und destillierten Sie die Essenz. Ein Leitsatz prägt sich ein und dient der Profilierung. Denken Sie an Werbeslogans:

- Haribo macht Kinder froh…
- Nichts ist unmöglich – Toyota

- Klein, stark, schwarz – Presso, Presso
- Mit der wilden Frische der Limonen – Fa
- Quadratisch, praktisch, gut – Ritter Sport

Auch im Nonprofit-Bereich gibt es Slogans, die mehr oder weniger bekannt sind:

- Abenteuer Menschlichkeit – Deutsches Rotes Kreuz
- Durch Wissen zum Leben – Hamburger Krebsgesellschaft e. V.
- Für Menschen in Not – Ärzte ohne Grenzen
- Zukunft für Kinder – terre des hommes
- WWF – Im Auftrag der Natur
- Menschen bewegen – Caritas

Ziel ist es, einen Slogan zu haben, der Ihr Leitbild in wenigen Worten zusammenfasst und sich einprägt. Diese Aussage können Sie für Stempel verwenden, auf Ihr Briefpapier oder auf T-Shirts drucken.

4. Exkurs: Corporate Identity

Wirtschaftsunternehmen haben seit längerem erkannt, dass es in Zeiten austauschbarer Produkte und zunehmender Konkurrenz überlebenswichtig ist, eine einzigartige unverwechselbare Identität zu haben. Ziel ist es, zur Marke zu werden und wiedererkannt zu werden. Das Leitbild stellt die Basis dar für ein unverwechselbares Profil einer Organisation und ihre Corporate Identity.

> **„Corporate Identity** ist „der schlüssige Zusammenhang von Erscheinung, Worten und Taten eines Unternehmens (einer Körperschaft) mit seinem „Wesen" (vgl. Birkigt, K., Stadler, M.M., Funck, H.J. (2002) S. 18)."

Auch für nichtkommerzielle Organisationen wird es immer wichtiger, unverwechselbar zu sein und wiedererkannt zu werden. Sponsoren und Spender brauchen Wiedererkennungsmerkmale „ihrer" Organisation, mit der sie sich identifizieren können.

4. KAPITEL — Erster Schritt: Das Leitbild – wer sind wir?

DIE CHARTA VON ÄRZTE OHNE GRENZEN

ÄRZTE OHNE GRENZEN hilft Menschen, die durch Naturkatastrophen oder kriegerische Auseinandersetzungen in Not geraten sind, ungeachtet ihrer ethnischen Herkunft, religiösen oder politischen Überzeugung.

ÄRZTE OHNE GRENZEN arbeitet strikt neutral und parteilos. Im Namen der medizinischen Ethik und des Rechts aller Menschen auf humanitäre Hilfe fordern die Mitarbeiter von ÄRZTE OHNE GRENZEN völlige Freiheit bei der Ausübung ihrer Tätigkeit.

ÄRZTE OHNE GRENZEN-Mitarbeiter verpflichten sich, gemäß den ethischen Grundsätzen ihres Berufes zu handeln und völlige Unabhängigkeit von politischen, wirtschaftlichen oder religiösen Mächten zu bewahren.

Als Freiwillige schätzen alle Mitarbeiter von ÄRZTE OHNE GRENZEN selbst ein, ob sie die Risiken und Gefahren der Projekte tragen wollen. Außer den Entschädigungen, die ÄRZTE OHNE GRENZEN ihnen vorab zugesichert hat, stehen den Mitarbeitern weder für sich noch für ihre Angehörigen weitere Ansprüche zu.

MEDECINS SANS FRONTIERES –
ÄRZTE OHNE GRENZEN e.V.
Lievelingsweg 102, 53119 Bonn

Telefon: 02 28 - 55 95 00
Fax: 02 28 - 55 95 011
email: office@bonn.msf.org

Abb. 6: Das Leitbild von Ärzte ohne Grenzen

4. Exkurs: Corporate Identity

Große Organisationen wie das Deutsche Rote Kreuz oder der WWF sind bereits zu „Marken" geworden. Das rote Kreuz oder der Pandabär stehen als Symbol für die Organisation. Sie sind unverwechselbar. Zur Corporate Identity (= CI) gehört mehr als nur das Logo.

Neben einheitlichem Design (bestimmte Farben, Schrifttypen etc.) spielen Aussagen und Verhaltensweisen eine Rolle. Wird ein Spender am Telefon kompetent und freundlich beraten oder unwirsch abgewimmelt? Gibt es eine hohe Mitarbeiterfluktuation, weil das Klima schlecht ist? Drohen die Räumlichkeiten der Organisation im Chaos zu versinken oder sind sie ansprechend möbliert und aufgeräumt?

Auch das Verhalten einer Organisation gegenüber Mitbewerbern, Geldgebern, Staat und Öffentlichkeit muss stimmig sein. Bemühungen um eine Corporate Identity haben nur dann Aussicht auf Erfolg, wenn optisches Erscheinungsbild (= Corporate Design), Kommunikationsbotschaften nach innen und außen (= Corporate Communication) und Gesamtverhalten (= Corporate Behavior) übereinstimmen.

5. Kapitel

Zweiter Schritt: Analyse der Umwelt – wir sind nicht allein

Für nichtkommerzielle Organisationen ist es überlebenswichtig, gute Kenntnisse über Markt und Umwelt zu besitzen. Die Analyse der äußeren Einflussfaktoren kommt bei vielen Einrichtungen zu kurz. Man ist so mit dem Alltagsgeschäft befasst, dass für den Blick über den Tellerrand die Zeit fehlt. So kommt es vor, dass Einrichtungen Angebote entwickeln, die von anderen Organisationen in der gleichen Region bereits etabliert wurden und man nichts voneinander weiß. Oder Sie müssen feststellen, dass Ihre Klientel von Jahr zu Jahr weniger wird und Sie nicht wissen warum. Grund hierfür kann sein, dass sich die Bevölkerungsstruktur in Ihrem Stadtteil geändert hat. Vielleicht sind die Mieten rapide gestiegen, so dass Ihre Kunden verdrängt wurden und wegziehen mussten.

BEISPIEL aus der Wirtschaft: Denken Sie an die Wirtschaft. Was hat sich in den letzten Jahren nicht alles verändert. Die traditionsreiche Deutsche Post ging plötzlich an die Börse und verkauft sich nun als internationaler Logistikspezialist. Das Briefmonopol sollte fallen und private Anbieter drängten auf den Markt. Im Paketdienst ließen Firmen schon längst wichtige Sendungen durch UPS, DHL oder FedEx transportieren. Der Post haftete das Image der Unzuverlässigkeit und Provinzialität an. Der Durchschnittsmensch assoziierte mit der Deutschen Post eher gutmütige Briefträger auf Fahrrädern, die von kläffenden Vierbeinern attackiert werden und kein leistungsfähiges globales Unternehmen. Das Management musste auf die Veränderungen reagieren und zwar möglichst schnell. Man strukturierte die Postämter um (neues Design), holte

> Prominente als Sympathieträger ins Boot und investierte ein Vermögen ins Sport-Sponsoring der Formel 1. Alles, um das Image aufzupeppen und sich als dynamischer, börsentauglicher Logistiker zu positionieren.

Auch gemeinnützige Organisationen sind nicht gegen Veränderungen des Marktes gefeit. Viele merken es bereits schmerzlich am eigenen Leibe. Der Staat zieht sich zurück und Mittel werden gestrichen. Sie haben dieses Buch gekauft, um etwas über alternative Möglichkeiten der Mittelbeschaffung zu erfahren. Und leider fehlt Ihnen das Marketingbudget der Deutschen Post AG.

1. Zielsetzungen der externen und internen Analyse

Kernziel der externen und internen Analyse ist es, Chancen zu erkennen, die sich aufgrund von Umweltfaktoren ergeben und diese mit internen Stärken zu kombinieren. Zum anderen geht es darum, Risiken einzukalkulieren und eigene Schwachstellen zu minimieren. Diese so genannte SWOT-Analyse (SWOT steht für Strengths (= Stärken), Weaknesses (= Schwächen), Opportunities (= Chancen) und Threats (= Risiken).) wie sie von Experten genannt wird, unterstützt Sie dabei, Ihr spezifisches Profil herauszuarbeiten. Sie hilft Kernkompetenzen und Stärken herauszufinden, die andere nicht haben. Für die Planung der Fundraising-Aktivitäten ist das unabdingbare Basisarbeit. Fördergelder fließen nicht von alleine und es bedarf guter Argumente, um Menschen dazu zu bewegen, gerade Ihnen ihr Geld zu geben.

Die Betrachtung der äußeren Einflussfaktoren erleichtert es der Geschäftsführung darüber hinaus, rechtzeitig zu reagieren und sich veränderten Entwicklungen anzupassen. Folgende externe Faktoren gilt es zu betrachten:

1. Zielsetzungen der externen und internen Analyse

1.1 (Steuer-)Politische Entscheidungen

Politische und steuerpolitische Entscheidungen können die Arbeit einer Organisation erheblich beeinflussen. Was bedeutet es für Sie, wenn bestimmte Leistungen aus dem Pflichtprogramm der Kassen genommen werden? Was hieße es, wenn im Rahmen zunehmender Säkularisierung die Kirchensteuer plötzlich nicht mehr automatisch abgeführt wird? Über Trends und Tendenzen frühzeitig informiert zu sein und darauf schnell reagieren zu können ist unter Umständen überlebenswichtig. Themen wie die Vergabepolitik der öffentlichen Mittel, Diskussion um bürgerschaftliches Engagement, Wertewandel, Zulassung privater Pflegedienste, private Universitäten und Kliniken, Kürzungen des Kulturetats können sich positiv oder negativ auf die Arbeit einer Organisation auswirken.

1.2 Wirtschaftliche Tendenzen

Wirtschaftliche Entwicklungstendenzen dienen nicht nur der so genannten Forprofit-Welt als Entscheidungs- und Planungshilfen. Sie sind auch für die Arbeit nichtkommerzieller Organisationen auf regionaler wie nationaler Ebene von Interesse. Sie haben Einfluss auf die Nachfrage bestimmter Angebote und können sich auf bestimmte Ressourcen auswirken. So kann die Werksschließung des wichtigsten regionalen Arbeitgebers für Sie eine Reihe von Konsequenzen haben. Der Hauptsponsor fällt weg und die Infrastruktur verschlechtert sich durch Stilllegungen von Bus- oder Bahnlinien. Andererseits entsteht Nachfrage nach neuen Angeboten wie Weiterbildungsmaßnahmen oder Beratungsdienstleistungen. Derartige Chancen und Risiken zu erkennen und darauf angemessen zu reagieren, gehört zu den Aufgaben des Nonprofit-Managements.

Indikatoren für wirtschaftliche Tendenzen, die es zu beachten gilt, sind Arbeitslosenzahlen, Inflationsrate, Industriedichte, Miet- und Immobilienpreise oder Einkommensstruktur der Bevölkerung.

1.3 Demographische und soziale Entwicklung

Auch die Entwicklung der Bevölkerung und deren Sozialstruktur hat erheblichen Einfluss auf den Erfolg oder Misserfolg einer Organisation. Relevante Analysefaktoren sind hierbei unter anderem die Entwicklung der Altersstruktur, das Bildungsniveau, der Anteil Alleinerziehender, die Anzahl der Einpersonenhaushalte (segmentiert nach Alter), die ethnische Bevölkerungsvielfalt oder die Mobilität.

Ist der Anteil alleinerziehender Mütter in einem Stadtteil hoch, liegen Angebote für Ganztageskinderbetreuung inkl. Mittagstisch auf der Hand. Gibt es eine große Zahl von Einpersonenhaushalten könnten Singletreffs etabliert oder Seniorenbetreuung initiiert werden. Hierzu ließen sich Ehrenamtliche und Spender gewinnen. Im Marketing gibt es ausgefeilte Segmentierungskriterien für soziale Gruppen. Potenzielle Zielgruppen werden in psychographische Untergruppen gegliedert, bei denen Lebensstil, Markentreue und persönliche Eigenschaften eine Rolle spielen.

Die aktuelle Landkarte deutscher Mentalitäten (vgl. Abb. 7) unterteilt in „konservativ-etabliertes Milieu" (ca. 10 %), traditionelles Milieu (ca. 15 %), liberal-intellektuelles Milieu (ca. 7 %), expeditives Milieu (ca. 6 %), hedonistisches Milieu (ca. 15 %), Milieu der Performer (ca. 7 %), adaptiv-pragmatisches Milieu (ca. 9 %), prekäres Milieu (ca. 9 %), Bürgerliche Mitte (ca. 14 %) und sozial-ökologisches Milieu (ca. 7 %). Diese Bevölkerungsgruppen unterscheiden sich in ihrer Grundorientierung von traditionell bis progressiv sowie ihrer sozialen Lage und somit auch ihren Konsum- und Spendengewohnheiten.

1.4 Technologische Trends

Technologische Entwicklungen haben ebenfalls Einfluss. Aktuelle Neuerungen im Bereich der Telekommunikation bieten neue Varianten der Spenderkommunikation wie Handy-Payboxen, Nutzung der sozialen Medien oder Online-Fundraising. Moderne Software zur Datenverarbeitung ist in der Lage, Spenderinnen und Spender zu segmentieren und dient der Spenderbindung.

1. Zielsetzungen der externen und internen Analyse

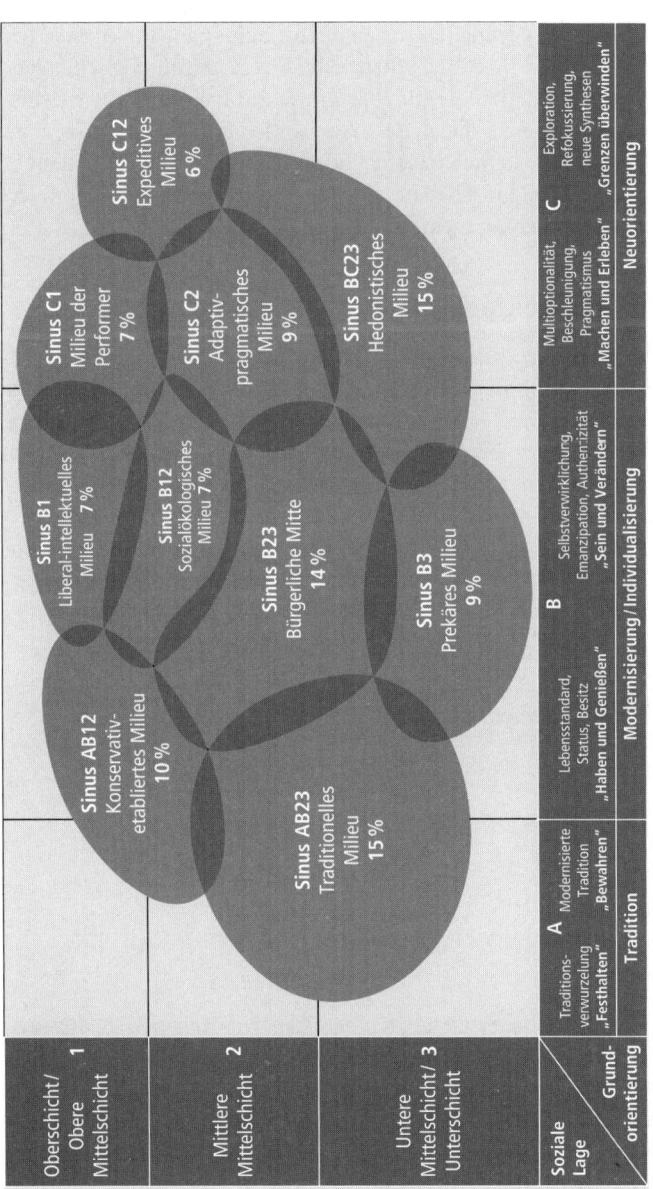

Abb. 7: Sinus Milieus 2012, aus: www.sinus-institut.de

Technologische Neuheiten haben auch Einfluss auf Ihr eigenes Arbeitsumfeld und Ihre Angebotspalette. Welche technologische Neuentwicklung schaffen Sie für Ihre Einrichtung an und mit welchen Mitteln finanzieren Sie diese? Was wollen sie Ihren Kunden an brandaktueller Hightech bieten oder in welchem Bereich besteht akuter Weiterbildungsbedarf für Mitarbeiter, wenn Sie der technischen Entwicklung nicht hinterher laufen wollen?

1.5 Konkurrenzanalyse

Die Konkurrenz schläft nicht und wird doch oft geflissentlich ignoriert. Getreu dem Motto, „Augen zu und durch", haben viele Einrichtungen nur eine blasse Ahnung, was und zu welchen Konditionen Mitbewerber anbieten. Angebote und Preise sind jedoch in vielen Bereichen entscheidend. Kunden, Klienten, Patienten oder Studenten informieren sich zumeist sehr genau darüber, welche Unterschiede es in Preis, Leistung, Service und Qualität gibt. Es kann für Sie überlebenswichtig sein, zu wissen, warum Ihre Kunden wegbleiben und zur Konkurrenz gehen.

Im Zusammenhang mit Spendengeldern ist es auch wichtig zu wissen, mit welchen öffentlichkeitswirksamen Methoden und bei welcher Zielgruppe benachbarte Organisationen um Gelder werben.

2. Datenrecherche: Woher nehmen, wenn nicht stehlen

2.1 Politische, wirtschaftliche und technologische Trends

Lektüre: Die oben angeführten Basisdaten lassen sich relativ unproblematisch beschaffen. Die regelmäßige und kritische Lektüre einer seriösen Tageszeitung ist ein erster Schritt. Sowohl die politische Berichterstattung als auch der Regional- und Wirtschaftsteil liefern Basisinformationen über aktuelle Tendenzen. Für weitere Hintergrundinformationen empfiehlt sich die – zumindest sporadische –

2. Datenrecherche: Woher nehmen, wenn nicht stehlen

Lektüre einschlägiger Politik- und Wirtschaftsmagazine. Darüber hinaus können Sie mit Hilfe der Trendforschung tiefer in die Materie einsteigen. Als Klassiker gelten nach wie vor der „Popcorn Report" von Faith Popcorn und die jährlichen „Trend-Reports" von Matthias Horx. Wenngleich manche Begriffe gekünstelt klingen (z. B. „Cocooning") oder die Anglismen irritieren (z. B. „Self-Tracking") bieten beide Werke doch interessante Anregungen im Hinblick auf mögliche gesellschaftliche Tendenzen. So stellt der Trend-Report 2012 beispielsweise die These auf, dass die Spende aktuell eine „radikale Neudefinition" erfährt. Horx benennt den Trend „Mikro-Engagement", wobei die Devise zum einen „Miteinander durch Technologie" lautet, zum anderen aber auch bedeutet, dass viele Leute nur noch kleine Portionen ihrer Zeit, Aufmerksamkeit und ihres Geldes geben. Auf einem amerikanischen Blogbeitrag ist darüber hinaus zu lesen, dass es auch einen Trend zu „Micro-Fundraising" gibt, die Beträge also immer kleiner werden, „Micro-Volunteering" (gelegentliche Freiwilligenarbeit nach Gusto) im Kommen ist und „Micro-Connections" (unverbindliche Nachrichten, die durch soziale Medien gestreut werden) geknüpft werden (vgl. www.nonprofitmarketingguide.com).

Lobbyarbeit: Die aktuellsten Informationen über geplante Veränderungen im wirtschaftlichen und politischen Raum erhalten Sie im direkten Gespräch mit Verantwortlichen. Es ist empfehlenswert, sich in regelmäßigen Abständen zu Veranstaltungen im Rathaus oder in der Handelskammer einzufinden, um Kontakte zu knüpfen und aus erster Hand über Planungsvorhaben informiert zu werden. Unter Umständen ergibt sich sogar die Gelegenheit, selbst in bestimmte Entscheidungsgremien zu kommen und direkten Einfluss nehmen zu können. Wenn Ihnen Zeit und Zugang zu diesen Aktivitäten fehlen, können Sie über Ihre jeweiligen Berufsverbände und deren Publikationen regelmäßig aktuelle, berufspolitisch relevante Fakten erhalten.

2.2 Demographische und soziale Entwicklung

Grundtendenzen lassen sich auch auf diesem Gebiet der Zeitungs- und Zeitschriftenlektüre entnehmen. Darüber hinaus gibt es über statistische Jahrbücher systematische Wege, um an Zahlenmaterial zu kommen. Das statistische Bundesamt oder das Bundesministerium für Arbeit und Sozialordnung veröffentlichen regelmäßig aktuelle Daten über die gesamtwirtschaftliche Entwicklung (Bruttoinlandsprodukt, verfügbares Einkommen, Sparquote etc.) sowie Verbrauchsausgaben, Arbeitslosenquoten, Bevölkerungsbewegung etc. Für einzelne Regionen lassen sich statistische Daten über verantwortliche Behörden abrufen.

> **BEISPIEL:** Nehmen wir an, Sie leiten eine Kindertagesstätte in einer Stadt mit ca. 250.000 Einwohnern. Sie möchten Ihr Angebot gerne ausweiten, haben preiswerte Räume an der Hand und überlegen, Aktivitäten für Jugendliche nach der Schule anzubieten. Sie wissen nur nicht, ob Ihr Angebot angenommen werden würde. Was tun? Starten Sie zum Beispiel mit überschaubarem Aufwand eine Umfrage an zwei, drei Schulen, bei der Sie 40 Schüler befragen, ob sie an betreuten Nachmittagen interessiert sind. Wenn 10 % der befragten „Ja" sagen und der Rest kein Interesse hat, haben Sie ein erstes Stimmungsbild. Das ist zwar keine repräsentative Umfrage, gibt Ihnen aber einen Anhaltspunkt, so dass Sie zusammen mit den offiziellen Zahlen der Behörde(n) folgende Rechnung aufmachen können:
> Gesamtbevölkerung = 250.000
> Gesamtzahl der Jugendlichen zwischen 12 und 18 = 21.528
> davon Jugendliche in Ihrem Einzugsgebiet ca. 1.600
> Interessenten = 10 %
> Das heißt, Sie haben ein Potenzial von rund 160 interessierten Schülern, die Sie nur noch von Ihrem Angebot begeistern müssen (vgl. Migliore, H. et al. (1996), S. 94).

2.3 Konkurrenzanalyse

> Die geschickteste Art, einen Konkurrenten zu besiegen,
> ist, ihn in dem zu bewundern, worin er besser ist
> *(Peter Altenberg)*

Noch spannender als die Lektüre von Wirtschaftsdaten oder demographischen Entwicklungstendenzen ist die Betrachtung der Aktivitäten von Konkurrenten oder „Mitbewerber" wie es heute so schön heißt.

Es ist ein weit verbreitetes Phänomen, dass Nonprofits vor allem im sozialen Bereich dazu neigen, das Rad immer wieder neu zu erfinden und Projektideen zu entwickeln, ohne zu wissen, was Mitbewerber bereits anbieten.

Es ist – zugegeben – nicht ganz einfach, sich ein realistisches Bild über den Markt zu machen. Vor allem im sozialen Bereich gibt es unzählige Angebote und das Netz ist undurchsichtig. Es gibt unglaublich viele ähnliche Angebote nebeneinander, die nichts voneinander wissen. Das heißt, Sie konkurrieren unter Umständen als kirchlicher Träger mit einem anderen Wohlfahrtsverband Ihrer Region um den gleichen Spenderpool, obwohl sich Ihre Projekte ähnlich sind und sich für den Spender kaum unterscheiden.

Machen Sie es besser und gucken Sie Ihren Mitbewerbern in die Töpfe. Das ist keine Spionage, sondern ermöglicht Ihnen einen Wettbewerbsvorteil.

Tipps:

- Besorgen Sie sich Broschüren, Folder oder andere Druckmaterialien Ihrer Mitbewerber und archivieren Sie diese.
- Lassen Sie sich Jahresberichte zuschicken.
- Sammeln Sie Zeitungsartikel über Projekte, Spendenaktionen, Benefizveranstaltungen etc.
- Spenden Sie einen kleinen Betrag an eine andere Organisation und warten Sie auf die Reaktion.

> - Sammeln Sie auf relevanten Veranstaltungen oder Messen (Freiwilligenmesse, „Du und Deine Welt", Sponsoringbörsen, Kirchentagen etc.) Infomaterial.
> - Schauen Sie sich im Internet die Homepages an.
> - Betrachten Sie internationale Homepages. Amerikaner und Engländer sind uns in vielen Fundraising-Fragen voraus und bieten oft gute Anregungen (Adressen von ausgewählten Homepages im Anhang).
> - Legen Sie ein Archiv mit Aktionen und Aktivitäten an – ein Aktenordner oder Hängeregister reicht für den Anfang.
> - Kaufen Sie sich einen Ordner, der Sie farblich besonders anspricht und machen Sie ihn zum Ideenordner. Hier können Sie Ihre spontanen Einfälle sammeln. Legen Sie sich außerdem einen kleinen Notizblock neben das Bett und einen weiteren in Ihre Aktentasche, damit Ihnen keine spontane Inspiration verloren geht.

Sollte es Ihnen peinlich sein, selbst namentlich in Erscheinung zu treten, bitten Sie Mitarbeiter oder Familienangehörige die Informationen einholen.

Bei Mitbewerbern zu „spionieren" ist nicht ehrenrührig. Im Gegenteil: Es ist sinnvoll. Was nützt es Ihnen, wenn Sie mit viel Aufwand Projekte initiieren, die Ihre Mitbewerber bereits seit Jahren sehr erfolgreich betreiben? Es hilft Ihnen nur dann, wenn Sie das Gefühl haben, es gibt zwar andere Angebote, aber Ihre sind besser.

2.4 Stichwort Benchmarking

> Wenn du sowohl den Feind als auch dich selbst kennst,
> kannst du ohne Gefahr hundert Kämpfe ausfechten.
> Wenn du nicht den Feind und nur dich selbst kennst,
> kannst du siegen oder geschlagen werden.
> *(Sun Zi)*

In der Wirtschaft geht man noch weiter. Man begnügt sich nicht damit heimlich an den Kulissen der anderen entlang zu schleichen, sondern schickt sich an, offiziell dahinter zu schauen. Dieses Vorgehen nennt man „Benchmarking" oder „Messen am Klassen-Besten".

Unternehmen unterziehen sich Vergleichstests, die am besten funktionieren, wenn jeder der Testpartner Bereiche hat, in denen er Stärken und der andere Schwächen vorweist. Nur so haben alle das Gefühl etwas lernen zu können. Am unproblematischsten sind branchenübergreifende Vergleiche.

> **Tipp:**
>
> Probieren Sie es aus! Wenn Sie Geschäftsführerin der „Literaturförderer" sind, dann treffen Sie sich mit dem Geschäftsführer der „Freunde der bildenden Künste" und tauschen sich aus.
> Was machen die Kunstfreunde, was hervorragend funktioniert und wo hakt es? Was klappt bei Ihnen prima? Voraussetzung für solche Treffen ist natürlich Vertraulichkeit und Fairness. Das heißt, dass Sie selbstverständlich um Erlaubnis bitten, bevor Sie die Ergebnisse dieses Treffens weitertragen und vielleicht dem Geschäftsführer der „Freunde der Oper" erzählen.

Relevante Fragen:

- Was machen die anderen anders?
- Warum machen die anderen es anders?
- Was funktioniert aus welchen Gründen besser?

3. Auswertung und Prognose

Anhand der Einflussfaktoren lassen sich Annahmen bzw. Prognosen formulieren. Hierbei handelt es sich um strategische Einschätzungen über Entwicklungen, auf die Sie wenig oder gar keinen Einfluss haben. Entwicklungen, die Ihre Arbeit im Bereich Fundraising zumindest mittelbar betreffen.

> **BEISPIEL:**
> (1) Aufgrund der demographischen Entwicklung wird die Anzahl alter Menschen weiter steigen. Die Kaufkraft deutscher Rentner ist indes kontinuierlich gesunken.
> (2) Die Zahl kinderloser Menschen wird zunehmen.

5. KAPITEL Zweiter Schritt: Analyse der Umwelt

(3) Das Bürgerengagement im Ehrenamtsbereich wird aufgrund diverser Kampagnen in den nächsten Jahren zunehmen.
(4) Die Spendenfreudigkeit, die seit Jahren stagniert wird ansteigen.
(5) Die Konzentration und Konkurrenz im Non-Profit-Sektor wird zunehmen.
(6) ...

6. Kapitel

Dritter Schritt: Interne Analyse – wo stehen wir?

> Ein Hund, der viele Hasen jagt,
> fängt letztlich keinen.
> *(Volksweisheit)*

Im ersten Schritt haben Sie sich bereits intensiver mit Ihrem Daseinszweck, Ihren Werten und Visionen beschäftigt. Sie haben Ihre langfristige, strategische Ausrichtung festgelegt.

Im zweiten Schritt haben Sie den Blick über den Tellerrand riskiert und festgehalten, von welchen externen Entwicklungen und Tendenzen Ihre Arbeit beeinflusst wird, wo für Ihre Organisation Chancen und Risiken liegen.

Im dritten Schritt wird es darum gehen, genauer hinzusehen, wo Ihre Stärken und Schwächen sind, was für ein Image und welchen Bedarf Sie haben.

Ziel ist es, sowohl Schwachstellen zu erkennen, als auch Stärken aufzuzeigen. Ein zentraler Erfolgsfaktor sowohl im Marketing als auch im Fundraising ist das Alleinstellungsmerkmal, das einzigartige Verkaufsargument (= unique selling proposition, USP) bzw. der einzigartige Spendengrund (= unique giving reason).

6. KAPITEL — Dritter Schritt: Interne Analyse – wo stehen wir?

1. Stärken-Schwächen-Analyse

Die Stärken-Schwächen-Analyse entspricht im wesentlichen einer Organisationsanalyse. So werden folgende zentrale Bereiche auf Stärken und Schwächen hin untersucht:

- Management und Mitarbeiter
- Programme und Projekte
- Kunden und Kommunikation
- Finanzen und Fundraising

Zu jedem Bereich werden Fragen gestellt, die es ehrlich zu beantworten gilt. Im Anschluss an den Fragenkatalog werden Stärken und Schwächen aufgelistet (vgl. Abb. 8).

Bewertung	sehr gut (1)	gut (2)	mittelmäßig (3)	eher schlecht (4)	miserabel (5)
Management und Mitarbeiter					
Planung					
Koordination FR/PR					
Vorstand					
Anzahl Ehrenamtlicher					
Motivation Ehrenamtlicher					
Motivation Mitarbeiter					
Programme und Projekte					

1. Stärken-Schwächen-Analyse

Bewertung	sehr gut (1)	gut (2)	mittel- mäßig (3)	eher schlecht (4)	miserabel (5)
Kunden und Kommunikation					
Finanzen und Fundraising					

Abb. 8: Bewertung der Stärken-Schwächen-Analyse

Tipps zur Vorgehensweise:

(1) Legen Sie ein Themenraster an, das alle relevanten Bereiche Ihrer Organisation umfasst. Es besteht keine Verpflichtung zu absoluter Vollständigkeit. Einen Katalog möglicher Fragen finden Sie im Anhang.

(2) Stellen Sie einen Kreis repräsentativer Teilnehmer zusammen. Es bietet sich an, sowohl haupt- als auch ehrenamtliche Mitarbeiter einzuladen. Gerade Ehrenamtliche sind unbefangener und bringen eine wichtige Außenperspektive mit ein. Die Zahl der Personen sollte sich etwa zwischen zehn und zwanzig bewegen, um eine Vielfalt an Eindrücken, Ideen und Sichtweisen zu gewährleisten.

(3) Die Fragenkataloge können im Rahmen einer moderierten Sitzung oder schriftlich in Einzelbewertung erfolgen. Falls sich Unsicherheiten im Hinblick auf die Beurteilungskriterien ergeben („Was ist eine Stärke? Verglichen womit?"), ist es hilfreich, sich in die Lage von Klienten, Kunden bzw. Unterstützern zu versetzen.

(4) Die Auswertung der Fragebogenaktion sollte in jedem Fall in einer Arbeitsgruppe erfolgen, um Diskussionen anzuregen und Einschätzungen vorzunehmen.

(5) Das Ergebnis ist eine Auflistung von Stärken und Schwächen. Diese Auflistung kann in Form einer bewerteten Matrix erfolgen oder als Katalog (vgl. Esch, F.-R., Herrmann, A., Sattler, H.: (2011), S. 165.).

> **Katalog**
> A. Management
>   (1) Stärken: Kollegialer Führungsstil, hohe Motivation
>   (2) Schwächen: Vorstand nicht im Fundraising aktiv, keine langfristige Planung
>   (3) Möglichkeiten, Lösungsansätze, Anmerkungen: Planungs-Workshop mit externer Beratungsagentur, Weiterbildungsangebote des Verbandes nutzen.
> B. Finanzen
>   (1) Stärken: Grundversorgung durch Krankenkassen bzw. öffentliche Zuwendungen gesichert.
>   (2) Schwächen: Keine Spenderlisten, keine Fundraising-Erfahrung
>   (3) Möglichkeiten, Lösungsansätze, Anmerkungen: Aktivierung der Öffentlichkeitsarbeit, Anstellen einer Fundraiserin

Meinungsumfragen zu Image und Bekanntheitsgrad

Einige Fragen lassen sich ohne Schwierigkeiten beantworten, bei anderen ist es komplizierter. Die Bereiche Image oder Bekanntheitsgrad lassen sich schwerlich objektiv aus dem Bauch heraus beantworten. Hier können sich große Diskrepanzen ergeben zwischen der eigenen Einschätzung und der öffentlichen Meinung. Große Organisationen, die über entsprechende Budgets verfügen können Meinungsforschungsinstitute beauftragen. Seit 1995 ermittelt beispielsweise TNS Infratest den jährlichen Spendenmonitor und bietet Organisationen die Möglichkeit, im Rahmen dieser Erhebung Bekanntheitsgrad oder Image erfassen zu lassen. Kleinere Organisationen können diese Aspekte mit relativ geringem Aufwand selbst ermitteln. Eigene Umfragen sind vielleicht nicht repräsentativ, genügen aber, um eine realistische Einschätzung zu gewinnen.

Die Faktoren Image und Bekanntheitsgrad sind für Ihre Fundraising-Planung extrem wichtig. Spender und Sponsoren geben im Allgemeinen nur an Organisationen, die bekannt sind und deren Seriosität gewährleistet ist. Der Ruf einer Organisation spielt also eine entscheidende Rolle für die Erreichung langfristiger strategischer

1. Stärken-Schwächen-Analyse

Ziele im Fundraising (Großspendergewinnung, Erbschaftsmarketing etc.).

> **BEISPIEL:** Als Geschäftsführerin finden Sie die Arbeit Ihres Instituts und Ihre Lehrpläne brillant. Die Auszubildenden sehen das anders. Sie finden die Lehrpläne zwar in Ordnung, fühlen sich aber schlecht betreut. Die Sekretärin wirkt überarbeitet und ist am Telefon meist muffig. Den Räumlichkeiten fehlt jeglicher Charme, der Putz bröckelt und außerdem sind sie meist schmuddelig. Nach Beendigung der Ausbildung wären die wenigsten bereit, das Institut zu unterstützen. Die meisten sind froh, endlich nichts mehr mit dieser „Anstalt" zu tun zu haben.

Eine gute Methode, um das eigene Image oder den Bekanntheitsgrad zu erfassen, ist die Meinungsumfrage. Erstellen Sie einen kurzen Fragebogen und befragen Sie Mitarbeiterinnen, Mitglieder, Studenten oder Patienten, wie diese Ihre Arbeit und Ihr Image einschätzen. Zur Ermittlung des Bekanntheitsgrades können Sie in der Umgebung ihrer Organisation auf der Straße Passanten befragen. Darüber hinaus kommen Journalisten, Politiker und Entscheider bei Stiftungen oder in der Wirtschaft in Frage.

Nutzen Sie das Potenzial dieser Zielgruppen und holen Sie sich Rückmeldungen ein – auch über die Qualität Ihrer Angebote. Ehrliche Kritik ist die beste Chance, Ihr Angebot zu verbessern.

Tipps zu Fragebögen:

Wenn Sie Ihre Mitglieder befragen wollen, drucken Sie den Fragebogen in Ihrer nächsten Mitgliederzeitschrift ab oder legen Sie den Fragebogen bei Kursen aus. Vielen Leuten sind Fragebögen suspekt oder lästig. Schaffen Sie Anreize zum Ausfüllen.
Die ersten zehn Rückantworten (oder alle Beteiligten) bekommen:

- ein kleines Präsent
- 10 Euro Ermäßigung auf einen Kurs
- Gewinne in Aussicht gestellt
- bei der Befragung vor Ort ein Werbepräsent (z. B.: Kugelschreiber Ihrer Einrichtung, Gummibärchen mit Ihrem Logo)
- oder … (was Ihnen sonst noch so einfällt).

2. Auswertung der externen und internen Analysen

Aus der Analyse der Chancen und Risiken sowie der Stärken und Schwächen Ihrer Organisation ergeben sich Einschätzungen und Handlungsmöglichkeiten. Diese bilden die Grundlage für die zukünftige Zielsetzung der Organisation und die Ermittlung des notwendigen Mittelbedarfs. Wenn Sie die Analysen im Team erarbeitet haben, bietet es sich an die Chancen und Stärken sowie Risiken und Schwächen an einer Pinnwand darzustellen und strategische Konsequenzen daraus abzuleiten.

- Chancen: Bevölkerung wird immer älter
- Stärken: Hoher Anteil von älteren Stammspendern
- Risiken: Fundraising-Markt (v. a. Wirtschaft/Sponsoring) wird schwieriger
- Schwächen: Mangelnde EDV-Ausstattung, keine Fundraising-Software

Handlungskonsequenzen:

- Planung eines Erbschaftsmarketingkonzepts
- Festlegen einer verantwortlichen Person als Betreuerin
- Weiterbildung im Hinblick auf Erbschaften (Steuern, Testamente etc.)
- Anschaffung einer leistungsfähigen Spendensoftware
- etc.

3. Zusammenfassung

> Lieber der Erste hier (im Dorf)
> als der Zweite in Rom.
> *(Gaius Julius Cäsar)*

Bei der Auswertung der externen und internen Analyse sind Chancen, Risiken, Stärken und Schwächen deutlich geworden. Ziel jeder zukunftsorientierten, planenden Organisation muss es sein, Risiken zu minimieren und Chancen zu nutzen. Vor allem sollte sie sich auf ihre Stärken besinnen. Experten raten dazu, Schwächen zu vernachlässigen und eine klare Stärkenstrategie zu fahren. Das heißt nicht, dass Sie cklatante Mängel im Management nicht beseitigen und fehlende Fundraising-Software nicht kaufen sollen. Es bedeutet vielmehr, die Kommunikation auf Stärken, Kompetenzen und einem deutlichen Profil aufzubauen.

Die zentralen Fragen sind an dieser Stelle: Was können wir besonders gut? Wo liegt unser Potenzial? Wofür stehen wir, welche Werte vertreten wir und wie können wir unsere Stärken und unsere Mission (Leitbild) optimal mit den Chancen des Marktes kombinieren? Es gilt Position zu beziehen und Profil zu gewinnen.

Es geht darum, potenziellen Unterstützern ein Angebot zu machen, sich mit den eigenen Werten und Visionen zu identifizieren. Nur so können Organisationen sich langfristig behaupten, ihren Unterstützern den notwendigen ideellen und emotionalen Zusatznutzen bieten und erfolgreich strategisches Fundraising betreiben.

7. Kapitel

Vierter Schritt: Die Fundraising-Strategie – von der Planung zur Aktion

Sie haben Annahmen über zukünftige Entwicklungen für Ihren Markt getroffen und Ihre Stärken und Chancen herausgearbeitet. Daraus haben sich logische Handlungskonsequenzen ergeben. Nun gilt es, unter Berücksichtigung des Leitbildes strategische (langfristige) Ziele für einen Zeitraum von drei bis fünf Jahren und operative Ziele für das nächste Jahr abzuleiten. Diese bilden die Grundlage für Ihre Fundraising-Planung bilden.

1. Zielformulierung – was wollen wir erreichen?

Ziele erfüllen in erster Linie zwei Aufgaben:

(1) Sie dienen als Straßenkarte und geben die Richtung an
(2) Sie bilden Meilensteine und machen Erfolge sichtbar.

> Es war einmal ein Bauer, der hatte drei Töchter. Er hatte beschlossen, der schlauesten Tochter die Führung des Hofes zu übergeben. Um herauszufinden, welche Tochter am intelligentesten sei, stellte er ihnen folgende Aufgabe: Diejenige, die es schafft, vom Haus bis an die nördliche Grenze des Anwesens in einer geraden Linie durch den Schnee zu laufen, solle den Hof erben. Die erste Tochter lief los und achtete auf ihre Füße. Sorgsam setzte sie einen Fuß vor den anderen. Als sie sich umdrehte, glich die Linie eher einem Halbrund. Die zweite Tochter wollte es besser ma-

7. KAPITEL Vierter Schritt: Die Fundraising-Strategie

> chen und ging rückwärts. So hatte sie ihre Schritte im Blick und konnte darauf achten, dass sie gerade ging. Nach einer Weile wurde auch ihre Strecke ungerade. Die dritte Tochter blickte immer geradeaus und fixierte den Kirchturm, der kurz hinter der Hofgrenze lag. Sie konnte ihn gerade noch erkennen und ließ ihn nicht aus den Augen. Sie stapfte geradewegs auf ihn zu. Und siehe da, ihre Spuren verliefen in einer geraden Linie vom Haus bis zur Grenze des Anwesens. Sie erbte den Hof.

Wenn Sie keine realistischen, eindeutigen und messbaren Ziele festlegen, ist es schwer nachzuweisen, ob Sie erfolgreich waren oder nicht. Es geht also nicht darum, Wunschdenken zu formulieren. Wenn Ihre Fundraising-Einnahmen im letzten Jahr 10.000 Euro betragen haben, ist es nicht realistisch, in drei Jahren bei 10 Mio. sein zu wollen. Die Ziele können zwar ehrgeizig formuliert sein – das trägt zur Motivation bei – aber sie müssen sich an der Realität orientieren. Ein Ziel ist ein gedanklich vorweggenommener Sollzustand, der in der Zukunft liegt und dessen Erreichen wünschenswert ist.

Wichtig ist, dass Sie sich Gedanken darüber machen, in welche Richtung Ihre Zielformulierung geht. Ihr Vorstand ist vielleicht ausschließlich an Geld interessiert und wäre mit der Zielformulierung „Unsere Spendeneinnahmen um 100% steigern" glücklich. Andere Ziele sind jedoch im Zusammenhang mit Fundraising auch relevant. Hierbei ist sowohl an Ihre Kunden, Mitglieder oder potenziellen Spender zu denken als auch an Ihre eigenen Mitarbeiter. Wenn deren Motivation schlecht ist, weil der Vorstand Druck macht, der Geschäftsführer nie zu erreichen ist und der Rest der Mannschaft das Gefühl hat, für zu wenig Geld zu viel zu arbeiten, ist das unter Fundraising-Aspekten ungünstig. Kommunikation, Öffentlichkeitsarbeit und eine stimmige Corporate Identity sind zentrale Erfolgsfaktoren. Frustrierte Mitarbeiter sind in diesem Zusammenhang kein gutes Aushängeschild.

Strategische langfristige Ziele

Bevor Sie Ihre Ziele formulieren, sollten Sie sich einige grundsätzliche Fragen stellen:

(1) Welche Gruppen haben etwas von unseren Zielen und warum? (Mitarbeiter, Kunden/Klienten, Spender etc.)

1. Zielformulierung – was wollen wir erreichen?

(2) Haben wir die Voraussetzungen, um die Ziele erreichen zu können?

(3) Bis zu welchem Zeitpunkt wollen wir unsere Ziele erreicht haben? (Frei übersetzt nach Migliore, H. et al. (1995), S. 99)

> **Tipps für Ihre strategische Zielformulierung:**
>
> - Behalten Sie Ihr Leitbild im Auge.
> - Behalten Sie bei Ihrer Zielformulierung sowohl den Ausbau Ihrer Stärken im Auge, als auch die Minimierung Ihrer Schwächen.
> - Achten Sie darauf, dass es keine Zielkonflikte gibt, das heißt, dass sich einzelne Ziele nicht widersprechen (z. B.: „Einsparungen vornehmen" und „Budget erhöhen").
> - Berücksichtigen Sie bei Ihrer Zielplanung neben den „harten" Finanzen auch „weiche" Faktoren wie Spender- und Mitarbeiterzufriedenheit etc.
> - Formulieren Sie ehrgeizig, aber realistisch gemäß Budget, personellen Kapazitäten etc. Legen Sie die Latte nicht zu hoch, sonst frustrieren Sie Ihre Mitarbeiter.
> - Formulieren Sie einzelne Ziele (Ziel 1, Ziel 2 etc.) mit konkreten Resultaten, so dass Sie und Ihre Mitarbeiter genau wissen, wann Sie dieses Ziel erreicht haben.
> - Formulieren Sie verständlich, so dass es Ihre Mitarbeiter verstehen und nicht nur Ihr Controller.

Wenn Sie sich die Auswertung Ihrer SWOT-Analyse ansehen und Ihr Leitbild im Hinterkopf haben, könnten folgende Punkte strategische Ziele für die nächsten drei bis fünf Jahre sein:

Ziel 1:	Steigerung der Fundraising-Einnahmen
Ziel 2:	Auf- und Ausbau der qualitativ hochwertigen Ausbildung (zufriedene Kunden, spätere Spender)
Ziel 3:	Verbesserung des Bekanntheitsgrades

Jedes dieser allgemein formulierten Ziele sollte nun für die operative Planung als messbare Zielsetzung formuliert werden. Diese Formulierung folgt der Frage: Wo genau wollen wir hin? Nur so lassen sich Erfolge oder „Soll-Vorgaben" überprüfen und Meilensteine setzen.

7. KAPITEL   Vierter Schritt: Die Fundraising-Strategie

Im Englischen heißt es, Ziele müssen SMART sein:

S	–	specific,	also eindeutig oder spezifisch
M	–	measurable,	also messbar
A	–	achievable,	also erreichbar
R	–	result orientated,	also ergebnisorientiert
T	–	time determined	also zeitlich festgelegt

> **BEISPIEL: Ziel 1:** Steigerung unserer Fundraising-Einnahmen!
> **Konkrete Zielformulierung:** Wir wollen in den nächsten drei Jahren unsere Spendeneinnahmen um 5 % auf 100.000 Euro steigern.

Schwieriger wird es, „weiche" Faktoren wie Image oder Mitarbeiterzufriedenheit in messbaren Größen auszudrücken. Hier können Sie sich gewisser Kennziffern wie Krankentage bedienen oder selbst messbare Kriterien festlegen.

Ein besseres Image kann sich z. B. in einer größeren Anzahl von Presseartikeln, Teilnehmern oder Mitgliedern ausdrücken.

Die einzelnen Ziele unterscheiden sich in der „Laufzeit":

(1) langfristig (drei Jahre und mehr)

(2) mittelfristig (ein bis zwei Jahre)

(3) kurzfristig (für das laufende Jahr)

Langfristig: Wenn Sie bis zum Jahr 2022 das Dach Ihres Museums neu gedeckt haben wollen und einen Finanzbedarf von 3 Mio. festlegt haben, ist das ein langfristiges Ziel. Wenn Sie 500 neue Ehrenamtliche bis zum Jahr 2016 gewonnen haben wollen, ist auch das ein langfristiges Ziel. Einzelmaßnahmen, die im nächsten Jahr im Hinblick auf das langfristige Ziel relevant werden (Machbarkeitsstudie etc.), gilt es, herunterzubrechen und in den Jahresplan zu integrieren.

Mittelfristig: Wenn Sie im nächsten Jahr 30.000 Euro für die Pflege des Gartens Ihrer Seniorentagesstätte benötigen, ist dieses Ziel mittelfristig und fließt mit allen notwendigen Maßnahmen komplett in Ihre Jahresplanung für das nächste Jahr mit ein.

Kurzfristig: Wenn Sie in drei Monaten zum Sommeranfang für Ihre Behindertenwohngruppe noch eine Hollywoodschaukel im Wert von 200 Euro haben möchten, ist das ein kurzfristiges Ziel und bedarf keiner langfristigen Strategie.

2. Strategieentwicklung – wie gehen wir vor?

Wenn die strategischen, langfristigen Ziele festgelegt sind, gilt es, Strategien zu entwickeln. Diese folgen der Frage: Wie kommen wir ans Ziel? Für das oben genannte Beispiel könnte sich folgende Strategie anbieten:

Mögliche Strategien zur Erreichung von Ziel 1 (Steigerung der Fundraising-Einnahmen):

(1) Erhöhung des Bekanntheitsgrades

(2) Entwicklung eines Spenderbindungsprogramms, Schaffung von Zusatznutzen und Upgradings

(3) Entwicklung eines Konzepts für Erbschaftsmarketing

3. Maßnahmenplanung – wer macht was bis wann?

Nachdem Sie Ihre generellen Strategien festlegt haben, geht es darum, operative (d. h. mittelfristige und konkrete) Maßnahmen festzulegen, mit denen Sie diese Strategie umsetzen wollen.

> **BEISPIEL: Strategie 1:** Erhöhung des Bekanntheitsgrades
> Maßnahmen:
> (1) Systematische Jahresplanung der Öffentlichkeitsarbeit, Anlässe schaffen und regelmäßige Pressemitteilungen verschicken
> (2) Erneuerung der Selbstdarstellungsbroschüre und an Schulen verteilen
> (3) …

Diesen Prozess durchlaufen Sie mit jedem strategischen Ziel, das Sie formuliert haben. Der Maßnahmen- oder Aktionsplan umfasst alle Einzelmaßnahmen, die notwendig sind, um das jeweilige Ziel zu erreichen. Er führt verantwortliche Personen an und ist chronologisch aufbaut. Hierbei können verschiedene Maßnahmen parallel ablaufen. (Siehe Fundraising-Jahresplan, Abschnitt 7.5)

4. Budget – wie viel Geld brauchen wir?

Finanzplanung und Fundraising-Planung hängen eng miteinander zusammen. Die Finanzplanung trifft Annahmen darüber, welche Einnahmen und Ausgaben zu erwarten sind. Um eine größere Planungssicherheit zu gewährleisten, sollte diese Budgetplanung parallel zur strategischen Zielsetzung erfolgen und sich über drei bis fünf Jahre erstrecken. Hierbei sind alle zu erwartenden Ausgaben und Einnahmen aufzulisten. Dazu gehören direkte und indirekte Kosten.

Direkte Kosten sind eindeutig einzelnen Maßnahmen oder Projekten zuzuordnen. Zum Beispiel:

- Druckkosten für die Broschürenerstellung
- Porto für den Briefversand
- Telefonkosten für die Aktivierungsaktion inaktiver Spender

Indirekte Kosten oder Gemeinkosten sind nicht konkret zuzuordnen, weil es sich um fortlaufende Posten handelt. Hierzu gehören Ausgaben für:

- Personal
- Miete
- Strom
- Büromaterial

Bei der Finanzplanung sind alle benötigten Ressourcen zu erfassen. Die Ausgaben lassen sich anhand von Erfahrungswerten oder Kostenvoranschlägen kalkulieren. Auf der Einnahmenseite sind Annahmen darüber zu treffen, woher Mittel zu erwarten sind.

4. Budget – wie viel Geld brauchen wir?

Diese Planung sollte für das erste Jahr monatlich, für das zweite Jahr pro Quartal und für die weiteren Jahre auf das ganze Jahr bezogen geplant werde. Aus der Differenz zwischen diesen Ausgaben und Einnahmen ergeben sich Überschüsse oder Fehlbeträge.

Die Festlegung eines Budgets ist als Planungshilfe zu verstehen. Es ist keine Summe, die ausgegeben werden muss, weil sie da ist. Umgekehrt sollten keine wichtigen Projekte gestrichen werden müssen, weil zu spät erkannt wurde, dass kein Geld mehr zur Verfügung steht.

Im Idealfall ergibt sich das Budget aus den Maßnahmen und nicht umgekehrt. Die Finanzpolitik der öffentlichen Hand und die Zweckbindung von EU- oder Stiftungsgeldern führen vielerorts dazu, dass Projekte kreiert werden, um an diese Mittel zu kommen.

Für den Fundraising-Bedarf sind in erster Linie Projekt- oder Programmbudgets relevant. Zum einen sind nur wenige Menschen bereit laufende Personal- oder Verwaltungskosten zu unterstützen, zum anderen bedarf es eines relevanten Spendenzwecks. Für den Fall, dass Ihre Organisation nur ein Projekt betreut, fallen direkte und indirekte Kosten zusammen.

Tipps für Fortgeschrittene,

die bereits Fundraising betreiben und die Ergebnisse des Vorjahres auswerten können:

(1) Untersuchen Sie die Vorjahreszahlen. Woher kamen Ihre Haupteinnahmen? Welche Fundraising-Aktivitäten liefen gut?
(2) Behalten Sie erfolgreiche Aktionen im Programm und bauen Sie diese aus. Überlegen Sie, wo Potenzial sein könnte.
(3) Informieren Sie sich über Trends im Fundraising. Welche Themen kommen bei Spendern gut an und welche Maßnahmen sind ausbaufähig?
(4) Teilen Sie Ihre Fundraising-Aktivitäten in Einzelkategorien auf.
(5) Werten Sie Ihre Spenderdaten aus. Nutzen Sie die Möglichkeit Ihrer Datenbank (Spenderhistorie inkl. Spendenzweck) oder versuchen Sie zumindest, die Spendenhöhe, die Spendenhäufigkeit und den Spendenzeitpunkt (Diese Methode wird auch als RFM-Modell bezeichnet, weil sie Recency (= letzter Zeitpunkt), Frequency (= Häufigkeit) und Monetary Value (= Höhe) der Spenden untersucht.) zu erfassen.

7. KAPITEL Vierter Schritt: Die Fundraising-Strategie

start sozial	Liquiditätsplan Jahr 1	Projektname:			
	Eingaben in EUR	Monat 1	Monat 2	Monat 12	Jahr 1
Kassenbestand (zu Planungsbeginn)					
= Liquide Mittel		0	0	0	0
Projekteinzahlungen					
+ Mitgliedsbeiträge		0			
+ Umsätze		0			
+ Kreditauszahlungen		0			
+ Spenden/Zuwendungen		0			
+ frei definierbare Einzahlungsart 1		0			
+ frei definierbare Einzahlungsart 2		0			
= **Summe der Einzahlungen**		0	0	0	0
Projektauszahlungen					
+ Waren-/Materialeinkauf					0
+ kostenpflichtige Dienstleistungen					0
+ Personal festangestellt					0
+ Personal ehrenamtlich					0
+ Arbeitgeberanteil für soziale Abgaben					0
+ Miete, Raumkosten					0
+ Heizung					0
+ Energiekosten					0
+ Telefon/Telefax/Internet					0
+ Kfz-Kosten					0
+ Werbungs-/Reisekosten					0
+ Reparatur/Instandhaltung					0
+ Versicherungsbeiträge/sonstige Beiträge					0
+ Tilgungsleistungen					0
+ Investitionszahlungen					0
+ Zinsen					0
+ Gründungsaufwand					0
+ frei definierbare Einzahlungsart 1					0
+ frei definierbare Einzahlungsart 2					0
Summe der Auszahlungen		0	0	0	0
Übersicht Verfügbare Geldmittel/Geldbedarf					
= liqzuide Mittel + Summe der Einzahlungen		0	0	0	0
− Summe der Auszahlungen		0	0	0	0
= Einzahlungsüberschuss/Fehlbetrag		0	0	0	0

Abb. 9: Liquiditätsplanung (Quelle: McKinsey, Liquiditätsplan Startsocial

4. Budget – wie viel Geld brauchen wir?

start sozial

Liquiditätsplan
Jahr 2 + 3   Eingaben in EUR

	J.1 Su.	J.1 Q1	J.1 Q4	J.2 Su.	J.3	J.2–J.3 Summe
Kassenbestand (zu Planungsbeginn)						
= Liquide Mittel	0	0	0	0	0	0
Projekteinzahlungen						
+ Mitgliedsbeiträge	0			0		
+ Umsätze	0			0		
+ Kreditauszahlungen	0			0		
+ Spenden / Zuwendungen	0			0		
+ frei definierbare Einzahlungsart 1	0			0		
+ frei definierbare Einzahlungsart 2	0			0		
= Summe der Einzahlungen	0	0	0	0	0	0
Projektauszahlungen						
+ Waren-/Materialeinkauf	0			0		0
+ kostenpflichtige Dienstleistungen	0			0		0
+ Personal festangestellt	0			0		0
+ Personal ehrenamtlich	0			0		0
+ Arbeitgeberanteil für soziale Abgaben	0			0		0
+ Miete, Raumkosten	0			0		0
+ Heizung	0			0		0
+ Energiekosten	0			0		0
+ Telefon / Telefax / Internet	0			0		0
+ Kfz-Kosten	0			0		0
+ Werbungs- / Reisekosten	0			0		0
+ Reparatur / Instandhaltung	0			0		0
+ Versicherungsbeiträge / sonstige Beiträge	0			0		0
+ Tilgungsleistungen	0			0		0
+ Investitionszahlungen	0			0		0
+ Zinsen	0			0		0
+ Gründungsaufwand	0			0		0
+ frei definierbare Einzahlungsart 1	0			0		0
+ frei definierbare Einzahlungsart 2	0			0		0
Summe der Auszahlungen	0	0	0	0	0	0
Übersicht Verfügbare Geldmittel / Geldbedarf						
= liqzuide Mittel + Summe der Einzahlungen	0	0	0	0	0	0
– Summe der Auszahlungen	0	0	0	0	0	0
= Einzahlungsüberschuss / Fehlbetrag	0	0	0	0	0	0

2001)

> **Tipps für Anfänger:**
>
> Wenn Sie bislang noch nicht aktiv Fundraising betrieben haben, überlegen Sie, welche Maßnahmen für Ihre Organisation in Frage kommen könnten:
> (1) Wie bekannt sind Sie?
> (2) Wie gut ist Ihre Öffentlichkeitsarbeit?
> (3) Sind Sie regional oder überregional tätig?
> (4) Welche Kontakte haben Sie?
> (5) Bestehen Chancen auf Stiftungsgelder?
> (6) Was für ein Budget haben Sie für den Start zur Verfügung?

5. Der Fundraising-Jahresplan

Im Rahmen der strategischen, langfristigen Planung haben Sie Ziele gesteckt, Maßnahmen festgelegt und ein Budget aufgestellt. Nun durchlaufen Sie die einzelnen Planungsschritte noch einmal für die Jahresplanung.

Einkommensquellen	Ergebnisse des letzten Jahres	Ergebnisse des aktuellen Jahres	Ziele des nächsten Jahres	Ziele in drei Jahren
Selbst erwirtschaftete Mittel				
Warenverkauf				
Gebühren				
Spenden				
Benefizveranstaltungen				
Online-Fundraising				
Mailings				
Telefonaktionen				
Haustürsammlung				
Sonstige Aktionen				
Lastschriftverfahren				
Laufende Beiträge				
Mitgliedsbeiträge				

5. Der Fundraising-Jahresplan

Einkommensquellen	Ergebnisse des letzten Jahres	Ergebnisse des aktuellen Jahres	Ziele des nächsten Jahres	Ziele in drei Jahren
Förderbeiträge				
Großspenden				
persönliche Besuche				
Spendenclubs				
Erbschaften				
Firmenspenden				
Institutionelle Förderung				
Stiftungsgelder				
Staatliche Mittel				
EU-Gelder				
Verbände				
Wirtschaftliche Kooperationen				
Lizenzen				
Marketingkooperationen				
Sponsoring				
Sonstiges				

Abb. 10: Arbeitsblatt Strategische Fundraising-Planung (Quelle: Nach Flanagan, J. (2000), S. 19f.)

(1) Wie hoch ist der **Bedarf** für das nächste Jahr?

(2) Wie ist die **Ausgangssituation:** Welche Ressourcen sind vorhanden und welche brauchen Sie noch (Spendenlisten, Broschüren etc.)?

(3) **Ziele:** Was soll bis wann erreicht werden? Formulieren Sie messbare Ziele.

(4) **Strategie:** Wie können diese Fundraising-Ziele erreicht werden?

(5) **Maßnahmen:** Mit welchen Fundraising-Methoden soll die Strategie umgesetzt werden?

(6) **Budget:** Was kosten die einzelnen Maßnahmen?

(7) **Aktionsplan:** Wer macht was bis wann?

(8) **Evaluation:** Wurden die Ziele erreicht? Was hat funktioniert und was nicht?

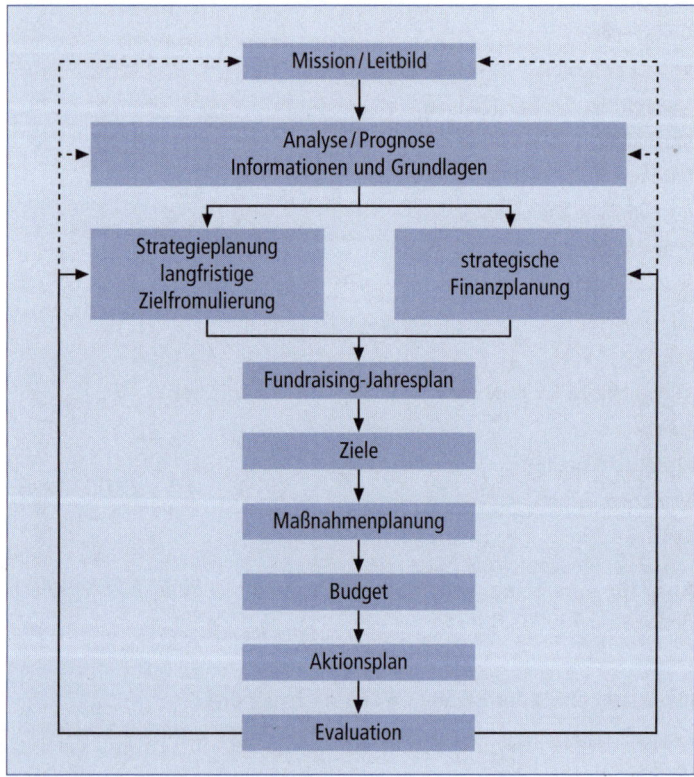

Abb. 11: Strategische Planung

5.1 Bedarf: Wofür brauchen wir Geld?

Aus den strategischen Überlegungen zur Erreichung Ihrer Ziele haben sich (Projekt-)Maßnahmen ergeben, die finanziert werden wollen. Einen Teil dieses Bedarfs können Sie vermutlich aus den üblichen Regeleinnahmen finanzieren, für einen anderen Teil werden Sie Fundraising-Aktivitäten entwickeln.

Wie oben bereits erwähnt, sind für Spender oder Sponsoren ausschließlich konkrete Projektkosten interessant. Verwaltungskosten lassen sich sehr schlecht als Bedarf vermitteln. Im Idealfall finanziert eine Organisation diese Kosten aus selbst erwirtschafteten Mitteln, Fonds oder den Zinsen des eigenen Stiftungskapitals.

Vielleicht hat sich im Rahmen Ihrer Planung auch ergeben, dass in drei Jahren ein notwendiger Neubau ansteht. Die einzelnen Planungsschritte, die hierfür notwendig sind, müssen in den aktuellen Jahresplan eingefügt werden.

5.2 Wie ist die Ausgangssituation: Welche Ressourcen haben wir bereits und was brauchen wir noch?

Die wesentlichen Faktoren sind: Verantwortliches Team, Möglichkeiten der Datenerfassung, kommunikative Ressourcen wie Informationsmaterial über Ihre Organisation, Überweisungsträger, vorbereitete Dankesbriefe und ein Startbudget.

Sofern Sie nicht bei Null anfangen kommen Erfahrungswerte aus der Vergangenheit dazu. Eine Liste bekannter Spender, möglichst mit einer Aufstellung darüber, wer Ihnen zu welchem Zeitpunkt anlässlich welchen Zwecks welche Summe gegeben hat.

Wenn Sie bei Null anfangen, werden Sie in den nächsten Kapiteln beschrieben finden, welche Gebermärkte und Maßnahmen in Frage kommen. Anhand dieser Überlegungen können Sie eine Liste möglicher Ansprechpartner und Aktionen erstellen.

5.3 Ziele: Welche Mittel wollen wir bis wann zusammen haben?

In Ihrer strategischen Planungsphase haben Sie Projektbudgets festlegt und einen Überblick über Ihren gesamten (ungedeckten) Mittelbedarf gewonnen. Nun geht es darum, Fundraising-Ziele für das kommende Jahr zu planen bzw. die Maßnahmen, die zur langfristigen Zielerreichung notwendig sind zu integrieren.

> **Tipp: Zielsetzungen**
>
> Machen Sie sich eine Liste all der Ziele, die Sie im nächsten Jahr erreichen wollen. Beispielsweise:
> - Ziel 1: Steigerung des Spendeneinkommens in Höhe der Inflationsrate.
> - Ziel 2: Gewinnung von 50 Neuspendern.
> - Ziel 3: Gewinnung von 20 neuen Ehrenamtlichen für die Veranstaltungsorganisation
> - Ziel 4: Start der Machbarkeitsstudie für die Großspendenkampagne „Neues Dach für alte Werte" (Museumsdach)

Unterziehen Sie nun jedes Ziel erneut einer Einzelbetrachtung: Welche Maßnahmen sind notwendig? Was kostet es? Wer macht was bis wann? Achten Sie auch darauf, Möglichkeiten der Überprüfbarkeit zu schaffen.

5.4 Strategie: Wie gehen wir am besten vor?

Wenn es Ihr Fundraising-Ziel ist, bis zum Jahr 2022 drei Millionen Euro für die Neudeckung Ihres Museumsdachs zu beschaffen, kann Ihre Strategie darin bestehen, Recherchen im Hinblick auf öffentliche Fördertöpfe (Denkmalpflege etc.) zu beginnen, Kontakte zu Stiftungen oder Unternehmen herzustellen und auf- zubauen, Ihre Pressearbeit zu aktivieren, ein Erbschaftsprogramm zu starten oder Ihre Großspender zu aktivieren. Sie werden also einen Fundraising-Mix zusammenstellen.

Wie oben bereits angeführt, ist eine Strategie ein genau durchdachter Handlungsplan, der Risiken und Vorteile sowie die Mitbewerber berücksichtigt. Wenn die Nachbargemeinde gerade eine Kampagne zur Kirchturmdeckung begonnen hat, kann es für Sie sehr schwierig werden, im gleichen Zeitraum ebenfalls größere Summen anzuwerben.

Darüber hinaus gilt es sich für die Jahresplanung zu fragen: Welche Gebermärkte kommen in Frage (siehe Schritt 5, Kapitel 8)? Wen Sie ansprechen können, hängt von verschiedenen Faktoren ab:

- Bekanntheitsgrad
- Zeitplan
- Ressourcen

Ihr Bekanntheitsgrad ist ein wichtiger Aspekt. Je bekannter Sie sind und je besser Ihr Image ist, desto eher geben die Leute. Dies spielt eine umso größere Rolle, je höher die Summe ist, die Sie einnehmen wollen. Vor allem Sponsoren achten sehr genau darauf, ob Sie erfolgreich etabliert sind und wie intensiv Ihre Pressearbeit läuft.

Bei Ihrer Planung ist es auch wichtig, einige einfache, aber entscheidende äußere Kriterien zu berücksichtigen wie:

- Ferienzeiten
- Traditionelle Events anderer Organisationen
- Finanzielle Situation (Bonuszahlungen, Weihnachtsgeld etc.)

5.5 Maßnahmen: Mit welchen Fundraising-Methoden wollen wir unser Ziel erreichen?

Die Maßnahmen, die Sie planen, hängen von Ihren Voraussetzungen, Ihren Zielen, Ihrem Budget und Ihrem Zeitplan ab. Wenn Ihre Analyse ergeben hat, dass Ihre Einrichtung noch wenig bekannt ist und Ihr Budget eher klein ist, macht es keinen Sinn ein Massenmailing anzudenken. Auch für eine Sponsorpartnerschaft mag es noch zu früh sein, wenn Sie bislang kaum Pressearbeit betrieben haben.

Wenn Sie beschlossen haben, Ihren erfolgreichen Osterflohmarkt erneut durchzuführen, aber höhere Einnahmen als im letzten Jahr zu erwirtschaften, können die Einzelmaßnahmen, die Sie rund um Ihr Osterevent planen von der Tombola über Büchsenwerfen bis hin zum Entenrennen reichen.

Für kurzfristige Vorhaben können private Spender, Stiftungen, die öffentliche Hand oder auch Gerichte als Fundraising-Mischform in Frage kommen. Privatpersonen lassen sich über Medien und glaubhaft kommunizierte Dringlichkeit binnen weniger Wochen dazu veranlassen, Geld zu geben. Das gleiche kann für Firmen gelten, zu denen Sie besonders gute und langjährige Beziehungen aufgebaut haben. Allerdings zeichnet sich bei Unternehmen die Tendenz ab, das Sponsoringengagement strategischer zu planen und nicht mehr auf dem Golfplatz über persönliche Beziehungen zu entscheiden. Auch Stiftungen oder die öffentliche Hand haben Sondertöpfe, aus denen Ihnen kurzfristig Geld zufließen kann. Gerichte reagieren ebenfalls teilweise sehr schnell auf Ihr Gesuch, wenn Sie einen Antrag auf Bußgelderzuweisung gestellt haben.

All diese Quellen bzw. Zielgruppen stehen auch für mittelfristige Finanzierungsvorhaben zur Verfügung. Manche Stiftungen, die einmal pro Jahr Einsendefristen haben, fallen ausschließlich in diese Kategorie. Prinzipiell gilt die Regel je kurzfristiger, desto geringer die Summe. Das heißt umgekehrt, je mehr Zeit Sie haben, sich vorzubereiten und je entspannter Sie an die Umsetzung gehen können, desto größere Mittel können Sie realistisch akquirieren.

Wenn Sie bereits Erfahrung mit Fundraising gesammelt haben, ist es sinnvoll zu berücksichtigen, welche Maßnahmen in der Vergangenheit gut funktioniert haben und welche nicht.

Nachfolgend noch einmal mögliche Maßnahmen unter Aspekten des Zeitplans:

Kurzfristige Fundraising-Maßnahmen (Vorlaufzeit: wenige Wochen oder Monate, geschätztes Finanzvolumen bis etwa 2.500 Euro, bei massivem Medieneinsatz auch darüber): Persönliche Spenderbriefe, Telefonmarketing (Aktivierung von aktuellen oder ehemaligen Förderern oder Mitgliedern), Sammelaktionen, Aufrufe in Medien, Veranstaltungen „zugunsten" wie Basare, Flohmärkte, Konzerte, Theateraufführungen, Kuchentheken etc., eigene gebührenpflichtige Serviceangebote (Kurse, Workshops, Weiterbildungen etc.)

Mittelfristige Fundraising-Maßnahmen (Vorlaufzeit: bis zu einem Jahr, geschätztes Finanzvolumen bis etwa 5.000 Euro, bei massivem Medieneinsatz auch darüber): Warenverkauf mit Benefizaufschlag (Teddys, Tassen, CDs etc.), Lotterien, Bußgelder, regionale Sponsorships oder Unternehmenskooperationen, kleinere und mittlere Benefizveranstaltungen, Stiftungsgelder.

Langfristige Maßnahmen (Vorlaufzeit: länger als ein Jahr, geschätztes Finanzvolumen über 5.000 Euro): große (meist überregionale)

Sponsoring-Projekte oder Unternehmenskooperationen, Stiftungsgelder, große Benefizveranstaltungen, Erbschaftsmarketing, Großspenderprogramme, EU-Gelder, Gewinnung von neuen Mitgliedern und Ehrenamtlichen, Aufbau von Förderkreisen.

Größere Summe aus staatlichen Quellen oder Stiftungen sind gelegentlich auch kurzfristiger zu bekommen, es ist jedoch nicht die Regel.

Bei der Wahl Ihrer Maßnahmen können Sie als weiteres Entscheidungskriterium auf die Wirksamkeit der einzelnen Maßnahmen achten. Amerikanische Fundraiser haben folgende Abstufung nach absteigender Effektivität vorgenommen (Frei übersetzt nach TFRS (2000), Sec. I V, S. 6.):

(1) Persönliches Gespräch von Angesicht zu Angesicht

   (a) Zweierteam

   (b) Einzelperson

(2) Persönlich gestalteter Brief auf Briefpapier

   (a) mit telefonischem Nachfassen

   (b) ohne telefonisches Nachfassen

(3) Personalisierter Spendenbrief

(4) Telefonmarketing

(5) Unpersönlicher Spendenbrief, Massensendung

(6) Unpersönliche Telefonaktion

(7) Sponsoring von speziellen Veranstaltungen

(8) Tür zu Tür-Kontakte

(9) Medienaufrufe und Anzeigenwerbung

Für den deutschsprachigen Raum scheint es noch keine Effektivitätsstudien zu geben. Es gibt bislang lediglich Untersuchungen über die generelle und die zukünftige Bedeutung unterschiedlicher Fundraising-Instrumente. So geht beispielsweise die amerikanische Blackbaud Studie, die den „global state oft the nonprofit industry" untersucht im Jahre 2010 davon aus, dass neue Fundraisingkanäle zwar zunehmen, die klassischen Methoden jedoch nicht ersetzen werden. Persönlich adressierte Spendenbriefe bzw. Mailings machten im Jahr 2011 28,6 % vom „Methodenkuchen" aus und werden neben den Mitgliedsbeiträgen (29.4 %) wohl auch weiterhin das am häufigsten eingesetzte Instrument bleiben (vgl. Deutscher Spendenrat: Bilanz des Helfens 2012)

Prinzipiell besagt eine alte Fundraising-Regel: Fragen Sie öfter, aber fragen Sie auf unterschiedliche Arten. Wenn Sie Ihre Spender im Weihnachts-Mailing um eine Sonderzahlung für ein bestimmtes Projekt gebeten haben, dann könnten Sie Ihnen im Frühjahr Benefizpostkarten anbieten, im Sommer Eintrittskarten für Ihr Benefizkonzert verkaufen und im Herbst auf Ihr Gutscheinheft aufmerksam machen. Die gleichen Menschen sechs Mal im Jahr ausschließlich mit Spendenbriefen (= Mailings) anzusprechen, scheint hingegen wenig sinnvoll.

> **Tipp:**
>
> Wenn Sie eine kleine Organisation sind, starten Sie im eigenen Umfeld. Suchen Sie nicht nach einem überregionalen Sponsor, sondern fangen Sie bei den Leuten an, die Sie kennen. Persönliche Kontakte, regionale Händler, Lieferanten oder Kunden kommen für Sie als erstes in Frage. Bauen Sie Ihre Fundraising-Aktivitäten langsam auf und fangen Sie an, Adressen zu sammeln.

Sie haben einen Übersichtsplan möglicher Aktivitäten erstellt, die Sie für das nächste Jahr planen. Zum Beispiel der Fundraising-Jahresplan in Abb. 12.

5.6 Budget

Nachdem Sie im Vorfeld Ihren Gesamtfinanzierungsbedarf geplant haben und ein Budget aufgestellt haben, ist es auch für Ihre Einzelmaßnahmen notwendig, klare Budgets festzulegen. Das bezieht sich nicht nur auf die Kosten, die Ihnen im Rahmen der Umsetzung entstehen wie Porto, Druckkosten oder Kosten, die im Rahmen einer Benefizveranstaltung anfallen, sondern auch auf die Summe, die Sie einnehmen wollen.

5. Der Fundraising-Jahresplan

Erfahrungswerte haben gezeigt, dass Menschen eher bereit sind zu geben, wenn Sie genau wissen, welches Ziel erreicht werden soll. Teilweise wird sogar der exakte Betrag überwiesen, der noch gefehlt hat, um einen Brunnen wieder zum Laufen zu bringen oder endlich das Dach fertig decken zu können.

Monat	Aktivitäten
Januar	Telefonaktion an inaktive Spender, Aufhänger (Weihnachtsmailing) Vorstandssitzung, Jahresrückblick, Vorbereitung: Tag der offenen Tür (19.3.) Osterflohmarkt (11.4.)
Februar	Auswertung Telefonaktion, Stiftungsanträge an Stiftungen fertig stellen (Einsendeschluss 31.3.), Vorbereitung: Versand Jahresbericht und Newsletter (incl. Überweisungsträger und Fragebogen)
März	Jahresbericht und Newsletter verschicken, Tag der offenen Tür (19.3.), Durchführung und Nachbereitung (Dank), Einladungen Osterflohmarkt an die Presse, Vorbereitung Business-Lunch
April	Mailing inkl. Fragebogenaktion auswerten, Osterflohmarkt (11.4.), Durchführung und Nachbereitung (Dank); Teilnahme an Fundraising-Kongress
Mai	Vorbereitung Sommerfest, Besuch bei Großspendern
Juni	Versand Newsletter, Business-Lunch, Durchführung und Nachbereitung (Dank)
Juli	Erstellen Sponsoring-Konzept für Benefizgala im nächsten Jahr
August	Start Sponsoring-Akquise
September	Sommerfest für Mitarbeiter und Förderer (17.9.), Durchführung und Nachbereitung (Dank), Versand Newsletter, Vorstandssitzung zur Planung der Veranstaltungen im nächsten Jahr, Vorbereitung Weihnachtsmailing
Oktober	Versand Stiftungsanträge
November	Versand Weihnachtsmailing
Dezember	Weihnachtsmarkt Weihnachtsfeier für Mitarbeiter

Abb. 12: Fundraising-Jahresplan

7. KAPITEL — Vierter Schritt: Die Fundraising-Strategie

Exkurs

Gift Range Chart (Spendentabelle): Ein Planungsinstrument, das in allen amerikanischen Büchern auftaucht, ist die so genannte Gift Range Chart. Diese basiert auf Erfahrungswerten über das Spenderverhalten und funktioniert weitgehend nach dem Pareto-Prinzip (Die Erfahrungswerte fußen auf Auswertungen von Spendenkampagnen, die das Center for Philanthropy der Indiana University seit Mitte der 60er Jahre vorgenommen hat. Für den deutschsprachigen Raum liegen aufgrund mangelnder Erfahrung bislang keine Zahlen vor.). Das heißt, 80 % der Spendensumme kommt von 20 % der Unterstützer. In Fundraising-Kreisen wird manchmal geunkt, es sei doch ganz einfach, 1 Mio. zusammen zu bekommen, man müsse nur eine willige Erbin finden, die diese Million überweist. Die Realität sieht anders aus. Es bedarf langer Kontaktpflege, bis jemand bereit ist, große Beträge zu spenden. Die Idee hinter einer Gift Range Chart, ist also eine realistische Einschätzung vorzunehmen und einen Mix zu erstellen aus verschiedenen Quellen für größere Summen und die Vielzahl kleiner Spenden.

Für die Planung wird empfohlen, auf eigene Erfahrungswerte zurückzugreifen. Fehlen diese, kann man sich an folgenden Planungsschritten orientieren: Die typische Geberpyramide einer Organisation sieht in etwa wie folgt aus (vgl. Schaff, T. (1999), S. 29):

Zahl der Spender	Größe der Spendensummen
unter 1 %	10 – 15 %
3 – 5 %	20 – 25 %
7 – 15 %	30 – 40 %
20 – 30 %	5 – 20 %
50 – 70 %	5 – 10 %

Die Relation der Menschen, die man hierfür ansprechen muss, macht Abb. 13 deutlich.

Für die Berechnung einer Spendentabelle gelten nach Aussage der Fundraising School der Indiana University (vgl. TFRS (2000), Sec. IV, S. 23) folgende Prinzipien:

(1) Die ersten beiden Spenden machen zusammen 10 % bzw. jeweils 5 % der Gesamtsumme aus.

(2) Die nächsten vier Spenden entsprechen weiteren 10 %.

5. Der Fundraising-Jahresplan

Jahresplanung – Ziel: 100.000 Euro							
Höhe der Spenden in Euro	Anzahl der Spenden	Potenzielle Spender (Relation)	Anzahl der Spender (kumuliert)	Anzahl der potenziellen Spender (kumuliert)	Gesamtsumme pro Spendenkategorie in Euro	Spendensumme (kumuliert in Euro)	Prozentsatz
5.000	2	10 (5:1)	2	10	10.000	10.000	10 %
2.500	4	20 (5:1)	6	30	10.000	20.000	20 %
1.000	18	72 (4:1)	24	102	18.000	38.000	38 %
500	44	176 (4:1)	68	278	22.000	60.000	60 %
		10 % der Spender				60 % des Spendenziels	
250	48	144 (3:1)	116	422	12.000	72.000	72 %
100	80	240 (3:1)	196	662	8.000	80.000	80 %
		20 % der Spender				20 % des Spendenziels	
unter 100	1.000	2.000 (2:1)	1.196	2.662	20.000	100.000	100 %
durchschnittl. Summe von 20 Euro		70 % der Spender			20 % des Spendenziels		

Abb. 13: Gift Range Chart (Spendentabelle) (Quelle: In Anlehnung an TFRS (2000), Sec. IV-21)

(3) Alle nachfolgenden Berechnungen gestalten sich flexibler und richten sich nach dem individuellen Spendenpotenzial bzw. der Geberhistorie einer Organisation.

(4) Die Relation von potenziellen Spendern zu De-facto-Gebern sinkt von 5:1 in den oberen Kategorien auf 2:1 in den unteren „Rängen".

(5) Die Spendentabelle erweist sich nach Erfahrungen der amerikanischen Experten ab einer Summe von etwa 25.000 Euro als besonders brauchbar.

Es ist auch für deutsche Organisationen sinnvoll, sich anhand eigener Erfahrungswerte zu überlegen, welche Summen aus welchen Märkten kommen können. Welche Größenordnung ist bei Firmen realistisch, welches Potenzial liegt bei Privatpersonen der eigenen Stammspender? Welche Fördersummen können aus welchen Stiftungen kommen?

5.7 Aktionsplan: Wer macht was bis wann?

Jetzt sind Sie mit Ihren Vorbereitungen und Planungen fast am Ende. Und können einen konkreten Aktionsplan für Ihre Jahresplanung erstellen. Sie haben verschiedene Maßnahmen überlegt, die Sie mit den Ihnen zur Verfügung stehenden Ressourcen umsetzen können. Nun geht es darum, diese Maßnahmen in eine logische zeitliche Reihenfolge zu bringen und die Aufgaben zu verteilen. Das wird Ihr Aktionsplan.

Dieser Aktionsplan setzt sich aus zwei Teilen zusammen:

(1) Strukturplan

(2) Ablaufplan

Strukturplanung: Hierbei sammeln Sie für jede Maßnahme, die Sie sich überlegt haben die notwendigen Einzelschritte, die zur Umsetzung gehören.

Das heißt, wenn Sie ein Mailing planen, müssen Sie folgende Schritte nacheinander vornehmen:

(1) Startmeeting

(2) Bedarf festlegen

(3) Fakten sammeln

(4) Zielgruppen auswählen

(5) Projekte auswählen

(6) Anschreiben formulieren

(7) Dankschreiben formulieren

(8) Überweisungsträger besorgen

(9) Geschenkbeilage andenken

(10) (Aus-)Drucken des Anschreibens und des Dankesbriefs

(11) Drucken oder Beschriften der Umschläge

(12) Eintüten und frankieren

(13) Verschicken

(14) Verbuchen

(15) Bedanken

(16) Auswerten

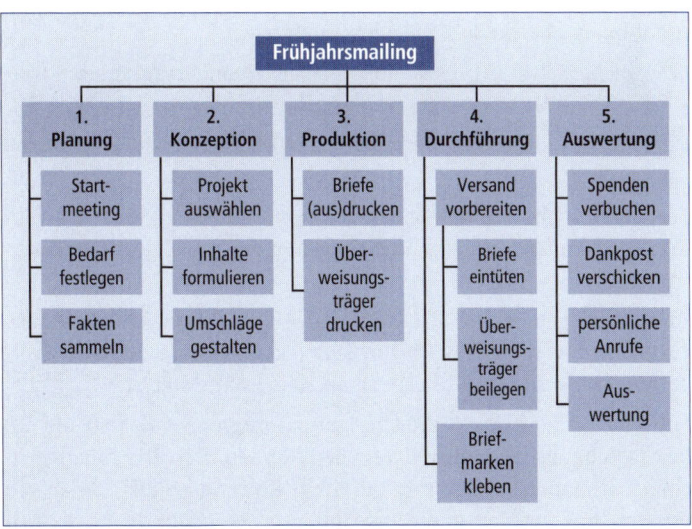

Abb. 14: Projektstrukturplan Frühjahrsmailing

Für ein kleines hausgemachtes Mailing mag es keiner ausführlichen Projektplanung bedürfen. Wenn es sich jedoch um größere Veranstaltungen, Kampagnen oder um die Initiierung und Umsetzung von Projekten handelt, sind diese Planungsinstrumente sehr hilfreich. Die Gefahr, etwas Wichtiges zu vergessen, ist nicht mehr gegeben. Sie können dieses Vorgehen prinzipiell für jede der Einzelmaßnahmen durchführen. Am besten legen Sie im Rahmen der Strukturplanung auch bereits die Verantwortlichkeiten fest.

Tipp:

- Beschreiben Sie was zu tun ist und nicht wie es zu tun ist.
- Überlegen Sie, ob alle Einzelschritte zusammen auch wirklich ein komplettes Projekt ergeben.
- Fragen Sie sich, ob jede Einzeltätigkeit einem Mitarbeiter zugeordnet werden kann.

Ablaufplanung: Nachdem Sie zu jeder Einzelmaßnahme überlegt haben, welche Schritte für die Umsetzung notwendig sind, bringen Sie diese in eine sinnvolle zeitliche Reihenfolge. Sie erstellen einen Ablaufplan. Hierbei sind die wichtigen Fragen:

(1) Welche Schritte müssen logisch nacheinander ausgeführt werden?

(2) Welche Maßnahmen können oder müssen parallel bearbeitet werden?

Das heißt, nicht alle Aktivitäten müssen notwendigerweise chronologisch ablaufen. Einige Tätigkeiten können parallel durchgeführt werden.

Im Prinzip geht es bei Struktur- und Ablaufplänen darum, sicherzustellen, dass die Verantwortlichkeiten klar verteilt sind, nichts vergessen wurde und eine Überprüfbarkeit gewährleistet ist.

Hilfreich ist hierfür ein Projektplanungsprogramm, das Sie am PC bearbeiten, ausdrucken und verteilen können. Für den Anfang reichen vorhandene Programme und ein Kalender. Sie können auch mit Tafeln, Flipcharts und Pinnwänden arbeiten, auf denen die einzelnen Schritte festgehalten werden. Wichtig ist nur, dass die Verant-

5. Der Fundraising-Jahresplan

wortlichen Zugang zu diesen Abläufen haben und jederzeit genau wissen, was sie bis wann zu tun haben.

Eine einfache Auflistung könnte als Balkendiagramm aussehen, wie in Abb. 15 dargestellt.

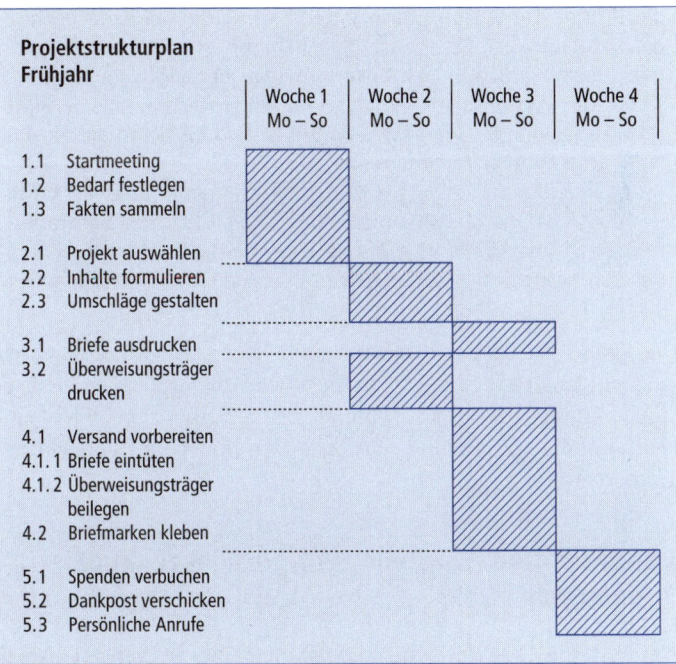

Abb. 15: Projektablaufplan Frühjahrsmailing

Eine tabellarische Liste erfüllt genauso ihren Zweck (Arbeitsblatt Aktionsplan im Anhang):

Aufgaben	Verantwortlich	Erledigen bis:
1.1		
1.2		

> **Tipp:**
>
> Es ist wichtig, dass alle, die mit der Ausführung befasst sind, auch an der Planung beteiligt sind. Es ist nicht sinnvoll, wenn Vorstand und/oder Geschäftsführung einsame Aktionen beschließen und diese ohne Diskussion „nach unten" weitergeben. Jede Person, die beteiligt ist, muss sowohl den Inhalten als auch der Zeitplanung zustimmen. Danach bekommt jede beteiligte Person eine Kopie des Aktionsplans, wo ihre Verantwortlichkeiten markiert sind. So weiß jeder, wann was zu tun ist und bis wann die einzelnen Tätigkeiten zu erledigen sind.
>
> In regelmäßigen Meetings wird berichtet, wie der aktuelle Stand der Dinge ist und ob es Probleme gibt, die anvisierten Ziele zu erreichen. Anhand dieser Zwischenberichte können notwendige Veränderungen oder Kurskorrekturen vorgenommen werden.

Der große Vorteil der Projektplanung liegt darin, dass sie es ermöglicht langfristige Projekte in Einzelschritten nacheinander abzuarbeiten und nicht „alles auf einmal" machen zu müssen. Sie ist eine Planungshilfe im Hinblick auf Zeitmanagement und koordinierte Teamarbeit.

5.8 Evaluation: Wo stehen wir, was hat funktioniert und was nicht?

Meilensteine: Da sämtliche Maßnahmen, die Sie geplant haben, auch Investitionen erfordern, ist es notwendig, zu überprüfen, was funktioniert hat und was nicht. Im Idealfall bauen Sie bei Ihrer Planung von größeren Kampagnen von vornherein Meilensteine ein. Diese Meilensteine liefern Zwischenergebnisse und dienen dazu, allen Beteiligten einen Überblick über den aktuellen Ist-Zustand zu geben. Sie wirken als Kontrollinstrumente, ob Sie sich noch auf der richtigen Fährte befinden oder bereits vom Weg abgekommen sind. Falls Sie sich verfahren haben sollten, haben Sie die Möglichkeit, die Richtung zu wechseln oder eine Alternativroute einzuschlagen.

Das heißt, auch für Ihr Fundraising-Team sind Zwischenergebnisse wichtig und eine Auswertung Ihrer Aktivitäten. Wenn Sie einen klar

5. Der Fundraising-Jahresplan

formulierten Aktionsplan mit Terminen haben, was bis wann erledigt werden soll, haben Sie darin auch Meilensteine (Termine) gesetzt.

Vor allem bei großen Kampagnen wie Bauvorhaben, bei denen es um Fristen und Millionen geht, müssen Sie (schriftliche) Zwischenergebnisse einholen. Bei der Organisation Ihres Osterflohmarkts machen Berichte wenig Sinn. Trotzdem sind auch hier Teamsitzungen zu empfehlen, bei denen Sie sich über den Stand der Vorbereitung austauschen und für den Fall, dass Probleme auftauchen, gemeinsam nach Lösungen oder Alternativrouten suchen.

(1) Lösen die Abweichungen Verzögerungen aus (z. B.: Druck der Broschüre als Beileger verschiebt sich, folglich späterer Mailingversand)?

(2) Müssen wir planerische Konsequenzen ziehen (z. B.: keine Sponsoren, keine Tombola)?

(3) Was ist zu tun, um weitere Abweichungen oder Konsequenzen zu vermeiden (z. B.: TV-Kontakte aktivieren, finanzielle Reserven angreifen)?

Erfolgskontrolle: Die Auswertung von Aktivitäten gehört zum Planungsprozess dazu. Dieser Schritt verdeutlicht, was gut gelaufen ist und wo Verbesserungen notwendig sind. Er ist notwendig, um zu sehen, ob messbare Ziele erreicht wurden und wenn nein, warum nicht.

Wenn Sie zehn Ehrenamtliche gewinnen wollten, aber nur zwei Menschen zur Mitarbeit motivieren konnten, haben Sie Ihr Ziel eindeutig nicht erreicht. Nun heißt es darüber nachzudenken, was schief gelaufen ist. Waren die Ausgangsbedingungen noch nicht reif für die Gewinnung von zehn Ehrenamtlichen? Waren Ihre Ziele zu hoch? Haben Sie die falschen Methoden gewählt?

Damit Sie sich nicht gegenseitig mit Vorwürfen belasten und die Schuld aufeinander abwälzen, können Sie sich konkret folgende Fragen stellen:

(1) Haben wir unsere Ziele erreicht?

(2) Wie weit sind wir vom Ziel entfernt?

(3) Spielten Umweltfaktoren eine Rolle (Katastrophe, Skandal etc.)?

(4) Was könnte wie verbessert werden (Spenderbindung)?

(5) Worauf werden wir das nächste Mal achten?

(6) Welche Fundraising-Maßnahme hat am besten geklappt?

(7) War das Team motiviert? Warum nicht? Woran kann es gelegen haben?

(8) Wenn wir die gleiche Maßnahme heute noch einmal starten würden, was würden wir verbessern?

(9) Haben wir zusätzliche Stärken entdeckt, die wir nutzen können?

Als inhaltliche Kriterien kommen je nach Maßnahme Texte, Stil, Motive oder auch Zielgruppen in Betracht. Was kam an? Wer hat reagiert? Wann hat es besonders gut geklappt? Wenn Ihr Juli-Mailing eine miserable Rücklaufquote hatte, weil die meisten Leute im Urlaub waren, können Sie daraus lernen. Wenn Ihre Idee, am Sonntagmorgen um 7:30 Uhr ein Benefiz-Frühstück zu initiieren, nie mehr als fünf Leute motivieren konnte, können Sie sich fragen, warum, und Alternativen ausprobieren (späterer Zeitpunkt, anderer Tag, anderes Lokal, andere Band etc.).

Es gibt keine allgemein gültigen Rezepte. Eine Maßnahme, die für eine Jugendgruppe klappt, floppt vielleicht für ein Obdachlosenprojekt. Manche Projektideen müssen Sie ausprobieren. Damit Sie nicht zwei Mal den selben Fehler machen, sollten Sie auswerten, verbessern oder streichen.

Für kleinere Projekte reicht die Form der kritischen Nachbesprechung im Team. Für größere Organisationen gibt es ausgefeiltere Methoden der Evaluation, die anhand von Statistiken oder Kennzahlen in einem Kreislaufsystem Controlling und Ist-Analyse rückkoppeln (siehe Exkurs Balanced Scorecard).

Auswertungen erfolgen idealerweise nicht nur einmal im Jahr, sondern monatlich oder einmal im Quartal. Nur so ist eine Organisation in der Lage, sich aktuellen Veränderungen anzupassen, das Budget oder den Kurs zu verändern. Wichtig ist es hierbei zu beachten, dass Spendengelder kein Selbstzweck sind, sondern natürlich dazu dienen sollen, gute Projekte im Sinne des Leitbildes umzusetzen. Amerikanische Experten empfehlen folglich: "Link your metrics to your mission".

2012 wurde die amerikanische Charity Organisation "Community of Hope" mit dem „Washington Post Award for Excellence in Nonprofit Management" ausgezeichnet. Die Organisation, die sich um rund 6.300 Obdachlose und einkommensschwache Menschen kümmert erhielt die Auszeichnung als Anerkennung für ein ausgezeichnetes Management, das sowohl die Ziele der Organisation im Auge hat, als auch das Feedback der Klienten und Supervisoren im Rahmen ihres Evaluationsprozesses berücksichtigt.

Exkurs:

Balanced Scorecard: Ein Steuerungsinstrument, das Anfang der 90er Jahre entwickelt wurde und seinen Siegeszug durch die Institutionen angetreten hat, ist die so genannte Balanced Scorecard. Ziel ist es, dass alle Mitarbeiter einer Organisation daran beteiligt werden, Visionen und Strategien mittels selbst definierter operativer Ziele und Kennzahlen umzusetzen.

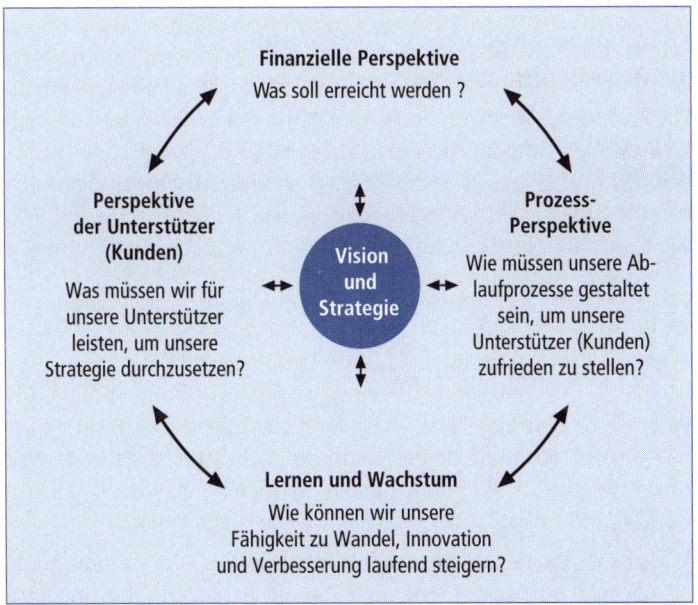

Abb. 16: Arbeitslogik Balanced Scorecard (Quelle: Nach Müller-Stewens/ Lechner (2011), S. 527)

Die Logik der Balanced Scorecard besteht also darin, die strategische Vision in verständliche und messbare Einzelaktivitäten herunterzubrechen. Hierbei gilt es, für nichtkommerzielle Organisationen jeweils vier Perspektiven im Blick zu behalten: Die Spenderperspektive (Kundensicht), die Mitarbeiterperspektive (Lernen und Verbessern), die Finanzperspektive und die Geschäftsprozess-Perspektive (Optimierung von Ablaufprozessen, Qualitätssicherung etc.)

Die Balanced Scorecard gilt mittlerweile als Synonym für „Performance Messung" schlechthin. Als Vorteile werden unter anderem gesehen:

- einvernehmliche Zielvereinbarungen (alle dürfen mitentscheiden)
- durchgängige Transparenz der Ziele (alle wissen davon)
- verständliche Wirkungszusammenhänge
- frühzeitiges Erkennen von Planungsabweichungen
- frühzeitige Möglichkeit gegenzusteuern
- Möglichkeiten zur Koppelung mit Anreizsystemen (Motivation)

Dieses Managementinstrument spielt für kleinere Organisationen keine Rolle und kann größeren nicht einfach „übergestülpt" werden. Da es sich im For-profit-Bereich durchgesetzt hat und auf den nichtkommerziellen Sektor übertragbar ist, sollte es an dieser Stelle als Controllinginstrument kurz erwähnt werden; weiterführende Literatur ist im Anhang verzeichnet.

5.9 Fehler und Fallstricke

Wenngleich eine langfristige und vor allem schriftliche Planung für Ihre Organisation und deren Fundraising-Aktivitäten der beste Weg zum Erfolg ist, so gibt es doch bereits an dieser Stelle eine Reihe von Fehlern und Fallstricken, die sich einschleichen können.

(1) **Interne Barrieren:** Einer der häufigsten Gründe, warum Fundraisingprojekte scheitern, sind interne Barrieren. Vorstand und alle beteiligten Mitarbeiter müssen hinter den Fundraising-Maßnahmen stehen. Folglich ist es essenziell, dass alle, die mit der

Umsetzung betraut sind, von vorne herein an der Planung beteiligt werden.

(2) **Vage Pläne:** Die Zielsetzung bleibt schwammig. Anstatt messbare Ziele zu formulieren, zieht man sich auf Wünsche und Hoffnungen zurück.

(3) **Unrealistische Ziele:** Die Zielsetzung verkennt die Beschränkungen, die sich aufgrund der Ausgangssituation ergeben haben und wird unrealistisch hoch angesetzt. Wenn Sie zu viel auf einmal wollen oder Ihre Ziele zu hoch ansetzen, provozieren Sie Misserfolge und frustrieren alle Beteiligten.

(4) **Unklarer Bedarf:** Wenn Sie nicht ganz genau wissen, wofür Sie Geld brauchen und was genau Sie erreichen wollen, wird es schwierig. Die Menschen wollen genau wissen, wem sie ihr Geld geben und was damit Sinnvolles geschehen soll.

(5) **Zu hohe Kosten:** Wenngleich Fundraising immer Investitionen braucht, können manche Aktionen finanziell nach hinten losgehen. Vor allem bei Events sind die Kosten oftmals um ein Vielfaches höher als die Einnahmen. Wenn Ihnen von vornherein klar ist, dass Sie mit diesem Projekt erst in drei Jahren Ihren Break-even erreichen oder investieren, um Kontakte zu knüpfen – gut!

(6) **Unmotiviertes Team:** Ein unmotiviertes Team, das nicht an den Erfolg der eigenen Arbeit glaubt, wird seine Ziele auch nicht erreichen. Eine positive Teamleitung, die lobt, motiviert und über eine hohe soziale Kompetenz verfügt, kann Wunder wirken.

(7) **Schlechter Zeitpunkt:** Wenn Sie gerade einen dicken Skandal produziert haben, weil Ihr Geschäftsführer Gelder veruntreut hat, ist es ungünstig mit einer großen Spendenkampagne zu starten. Betreiben Sie Schadensbegrenzung und Krisen-PR und verschieben Sie Projekte auf später. Auch wenn Sie Ihren Vorstand noch nicht an Bord haben oder Ihre Mitarbeiter mit diesem „neumodischen Fundraisingkram" nichts anfangen können, verschieben Sie ehrgeizige Pläne und betreiben Sie zunächst interne Überzeugungsarbeit.

8. Kapitel

Fünfter Schritt: Märkte erschließen – Geber, die unbekannten Wesen

> Lieber probieren und falsch machen, als gar nichts tun.
> *(Leo N. Tolstoi)*

Bevor Sie an den Start gehen, Spendenbriefe zu schreiben oder Einladungen zu verschicken, gilt es, einen zentralen Punkt zu betrachten: Die Zielgruppe potenzieller Unterstützer, Ihr Markt. Wer interessiert sich für Ihre Arbeit? Wer kommt als Spender, Sponsor, Förderer oder gar als Legatgeber in Frage?

Im Wesentlichen gibt es vier große Gebermärkte:

(1) Privatpersonen als Spender, Mitglieder, Förderer oder Kunden

(2) Unternehmen als Spender, Sponsoren, Marketing- oder Vertriebspartner

(3) Stiftungen und andere fördernde Institutionen wie Kirchen, Lions-Club, Rotary-Clubs etc.

(4) Staatliche Stellen für öffentliche Zuwendungen, EU-Fördermittel oder Bußgelder der Gerichte

Viele Organisationen neigen dazu, als erstes nach einem Sponsorpartner Ausschau zu halten, wenn das Loch in der Kasse unangenehm groß geworden ist. „15.000 Euro und wir könnten unser Projekt weiterführen. Das sind doch Peanuts für die Herren, die in der Chefetage eines Glaspalastes auf einem Berg Geld sitzen, oder!" Im Prinzip ja, wenn es Ihnen gelingt, die Vorzimmerhürde zu nehmen, auf dem kleinen Stapel der täglichen Sponsoringanfragen zu landen und Ihre Gegenleistungen so attraktiv zu gestalten, dass Sie mit den Entscheidern und Entscheiderinnen (ein paar Frauen sind mittlerweile auch dabei) ins Gespräch kommen. Doch ist der Weg zum Sponsor lang, manchmal dornig und oftmals vergebens. Dazu kommt, dass Sponsoren vor allem an innovativen, öffentlichkeitswirksamen Projekten interessiert sind. Welche Projekte für Sponsorpartner interessant sind und wie Sie ein vielversprechendes Sponsoringkonzept erstellen, dazu später. Eine viel attraktivere Zielgruppe sind Privatleute. In den USA stammen rund 85 % des Geldes, das in Nonprofit-Organisationen fließt von Privatpersonen 19 % und nur 5 % von Unternehmen. Für Deutschland liegen die Schätzungen der Individualspender bei 70 bis 75 %. Privatpersonen sind zwar auch sensibel und wollen gepflegt werden, aber sie sind alleine für ihr Geld verantwortlich. Sie müssen keinem Vorstand gegenüber Rechenschaft ablegen, geben schnell, wenn Not am Mann ist und bleiben Ihnen über Jahre treu. Im Idealfall wächst die Beziehung zwischen Ihnen und diesen Spendern parallel mit der Summe Geldes, die diese Ihnen geben und vielleicht bedenken sie Ihre Einrichtung eines Tages sogar mit einer Erbschaft. Aber gemach, das Thema Erbschaften ist die Königsdisziplin und steht am Ende eines langen Weges, den Sie mit Ihrem Spender gemeinsam beschritten haben (vgl. Flanagan, J. (2000), S. 12).

1. Private Spender

1.1 Entwicklungsmodelle: Spendernetzwerk und -pyramide

Wer also interessiert sich für Ihre Einrichtung? Im Prinzip alle, die mit Ihnen in einer Beziehung stehen – und das sind eine ganze Menge Menschen. (Siehe S. 24)

Nicht alle von diesen Interessenten fallen in die Gruppe potenzieller privater Spender, es sind Stiftungen, Medien, Unternehmen und staatliche Institutionen dabei. Alle anderen aber sind Menschen, mit denen bereits Kontakt besteht. Sie haben schon einmal von Ihnen

1. Private Spender

gehört und können aktiv angesprochen werden. Wer genau kommt nun als Spender in Frage?

Beim Fundraising gibt es im Zusammenhang mit privaten Spendern zwei Spender-Entwicklungsmodelle:

(1) von außen nach innen,

(2) von unten nach oben.

Das Entwicklungsmodell „von außen nach innen", geht davon aus, dass je näher ein Mensch Ihrer Organisation steht, je weiter innen er oder sie sich also befindet, desto enger die Verbindung ist und desto größer die Bereitschaft ist, Sie zu unterstützen. Das heißt, Ihre Aufgabe als Fundraiser ist es, diejenigen, die an der Peripherie stehen an Ihre Organisation zu binden und langsam nach innen zu holen.

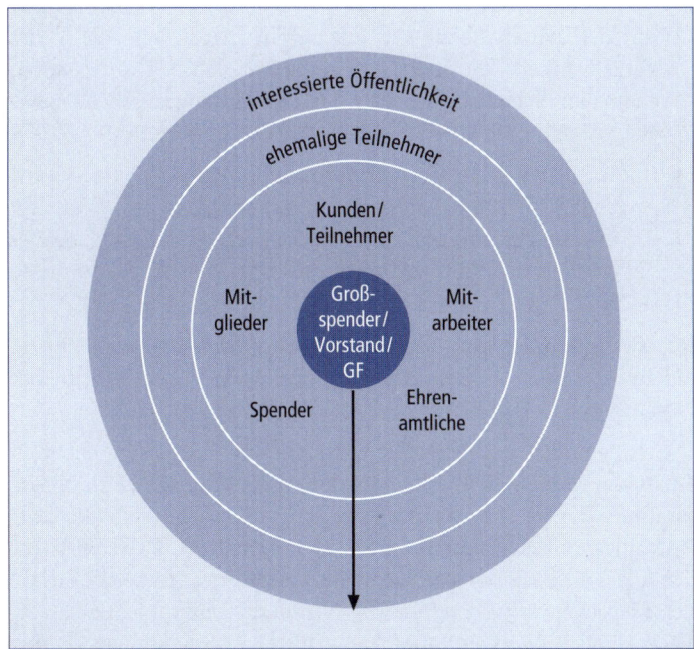

Abb. 17: Spendernetzwerk (Quelle: Nach Mutz/Murray (2000), S. 110, parallel TFRS (1999), Sec. II, S. 15)

8. KAPITEL — Fünfter Schritt: Märkte erschließen

Bei diesem Beziehungsnetzwerk, das rund um Ihre Organisation gewebt ist, kann man vier unterschiedliche Bindungsniveaus festhalten:

(1) Das **Herzstück** der Organisation: ier befinden sich all diejenigen Menschen, die sich – idealerweise – am meisten mit einer Organisation und ihrer Mission identifizieren. Es sind diejenigen, die am meisten Zeit, Geld und Engagement geben. Dazu gehört Vorstand, Geschäftsführung (= GF) und Großspender.

(2) Im **zweiten Ring** sind die Menschen angesiedelt, die bei der Organisation arbeiten, sie unterstützen oder von ihr betreut werden. Es sind Menschen, die regelmäßig Zeit in der Organisation verbringen oder die regelmäßig Geld geben. Dazu gehören Ihre Mitarbeiter, Ehrenamtliche, „normale" Spender, Mitglieder, Kunden bzw. Klienten oder Lieferanten.

(3) Auf der **dritten Ebene** sind diejenigen anzusiedeln, die in der Vergangenheit Zeit oder Geld gespendet haben. Dazu gehören ehemalige Spender, zu denen der Kontakt abgerissen ist sowie ehemalige Kunden bzw. Klienten und deren Angehörige.

(4) Im **äußersten Ring** sind all diejenigen angesiedelt, für die Ihr Angebot und Ihre Mission interessant sein könnten. Hier liegt das ungenutzte Potenzial all derer, die noch nicht wissen, dass es die Organisation gibt bzw. noch nie aktiv angesprochen worden sind.

Das zweite **Modell von unten nach oben** verdeutlicht noch einmal anhand der Spendenhöhe den Grad der Spenderbindung an Ihre Organisation in Form einer Pyramide (vgl. Abb. 18).

Das Ringmodell entspricht dem Ist-Zustand und verdeutlicht in Form von Kreisen die Bindung der einzelnen Gruppen an die Organisation. Die Pyramidendarstellung zeigt den idealtypischen Entwicklungsprozess auf, den ein Spender durchläuft. Es veranschaulicht, dass die Basis potenzieller Interessenten breit ist und die Anzahl der Menschen mit der Höhe der Spenderbindung und des finanziellen Engagements abnimmt. Der zeitliche Aufwand hingegen, den eine Organisation zur Spenderbindung leisten muss, nimmt deutlich zu. Um in den USA eine Spende von 100.000 US-Dollar für eine Universität zu erhalten, werden dem Geber durchschnittlich sieben persönliche Besuche innerhalb eines Zeitraums von 18 Monaten abgestattet (vgl. Flanagan, J. (2000), S. 14).

Andererseits sinken die Kosten, die eine Organisation aufwenden muss, um auf sich aufmerksam zu machen. So ist es weitaus teurer, mit groß angelegten Mailings eine breite Masse der potenziell interessierten Öffentlichkeit anzusprechen, als langjährige Unterstützer persönlich zu betreuen. Kosten, Anzahl der Spender und Einkommen verteilen sich in etwa wie folgt:

- Großspenden und Erbschaften: 10 % der Spender, 20 % der Kosten, 60 % des finanziellen Volumens.
- Mehrfachspenden und Dauerspenden: 20 % der Spender, 20 % der Kosten, 20 % des finanziellen Volumens.
- Erstspender und interessierte Öffentlichkeit: 70 % der Spender, 60 % der Kosten, 20 % des finanziellen Volumens.

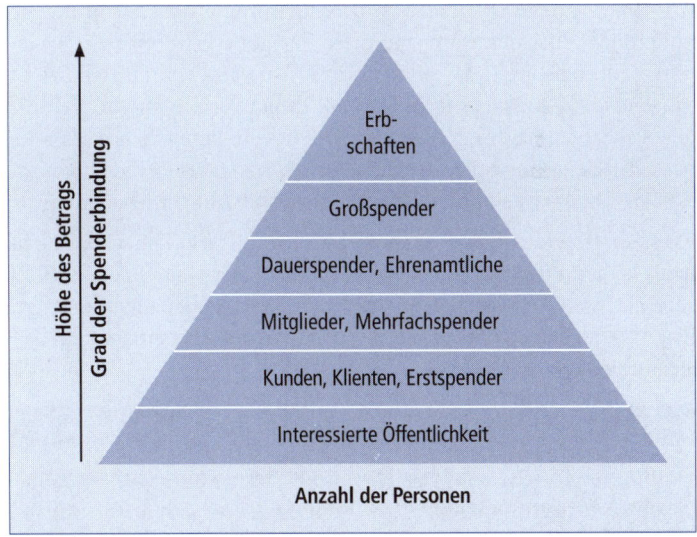

Abb. 18: Spenderpyramide (Quelle: Nach Flanagan, J. (2000), S. 14)

Interessierte Öffentlichkeit: Die Basis des Pyramidenmodells entspricht dem äußeren Ring des Netzwerkes.

Es handelt sich um die interessierte Öffentlichkeit. Der Fokus liegt hier auf „interessiert", denn selbst wenn die Pressearbeit erstklassig funktionierte und der Bekanntheitsgrad bei nahezu 100 % läge, entspräche das nicht der Anzahl tatsächlicher Spender. Es gibt immer Leute, die kein Herz für Tiere, Kinder oder die Belange einer Organisation haben. Andere wiederum haben zwar Interesse, aber kein Geld und bestenfalls Zeit für ehrenamtliche Arbeit übrig. Wieder andere finden die Idee interessant, mögen aber den Vorstandsvorsitzenden persönlich nicht. Prinzipiell haben jedoch alle Interessenten das Potenzial zu Kunden, Klienten oder Erstspendern zu werden.

Kunden, Klienten und Erstspender: Diese Zielgruppe ist bereits einen Schritt näher an die Organisation herangetreten und befindet sich eine Sprosse über der „nur" interessierten Öffentlichkeit. Diese Menschen haben bereits einen Fuß über Ihre Türschwelle gesetzt und Ihre Dienste in Anspruch genommen. Sie haben einen persönlichen Bezug zu den Angeboten der Organisation. Sie haben gezahlt und von Ihnen eine Ware oder eine Dienstleistung erhalten, mit der sie hoffentlich zufrieden waren. In diese Kategorie gehören auch Angehörige, die beispielsweise einen kranken Verwandten in Ihre Einrichtung gebracht haben. Sofern diese mit Ihrem Service und der gesamten Atmosphäre zufrieden waren, besteht eine gute Chance, dass sie nach der Genesung oder dem Ableben des Verwandten die Organisation aus Dankbarkeit unterstützen. Sie müssen nur gefragt werden.

Auch Erstspender fallen in diese Kategorie. Diese haben vielleicht noch keinen Fuß über die Schwelle gesetzt, aber einen Spendenbrief geöffnet, eine Anzeige gelesen oder auf einen Medienaufruf reagiert. Es gibt eine erste Verbindung zu Ihrer Mission. Eine Basis, auf der Sie aufbauen können.

Wichtig:

Interessanterweise spenden etwa 50 % der Erstunterstützer kein zweites Mal an dieselbe Organisation. (vgl. Sargeant, A.; Jay, E. (2004), S. 172). Dies sollte zu denken geben. Als Hauptgründe wurden Unzufriedenheit mit der Kommunikation oder Desinteresse der Mitarbeiter angegeben. Die Enttäuschung über diesen Mangel an Wertschätzung führte zum Vertrauensverlust und somit zu

1. Private Spender

> einem frühen Abbruch der Beziehung. Gründe, gar nicht erst zu spenden, sind neben Geldmangel und hausgemachten Skandalen vor allem Zweifel daran, ob das Geld überhaupt ankommt.

Mehrfachspender und Mitglieder: Bis hierher haben Sie schon ein gutes Stück des Weges und der Spenderbindung zurückgelegt. Sie haben Menschen dazu bewegt, Ihnen mehr als einmal das Portmonee zu öffnen und Ihre Arbeit zu unterstützen. Das heißt, diese Menschen sind auf dem besten Weg, treue Spender zu werden. Nun ist es Ihre Aufgabe, diesen Weggefährten weiterhin das gute Gefühl zu geben, dass ihr Geld bei Ihnen gut angelegt ist, dass Sie damit etwas bewegen und dass Sie deren Großzügigkeit schätzen. Es sind Menschen, die Ihre Ideale unterstützen. Vielleicht finden diese Leute Ihre Arbeit oder das, was Sie anbieten sogar so interessant, dass sie Mitglied der Organisation werden.

Damit ist automatisch eine neue Stufe im Hinblick auf den notwendigen Zeitaufwand erreicht. Mitglieder dürfen mehr erwarten als Einmalspender. Sie haben einen Anspruch darauf, besser informiert zu werden als einmalige Spender und durch eine Mitgliedschaft zusätzlichen Nutzen zu erhalten.

Dauerspender und Ehrenamtliche: Dauerspender sind Menschen, die mehr als einmal auf Fundraising-Maßnahmen wie Spendenbriefe oder Veranstaltungen reagiert haben. Mitglieder zahlen meistens Jahresbeiträge, die zwischen 50 und 200 Euro liegen.

Dauerspender hingegen sichern beispielsweise per Einzugsermächtigung oder Dauerauftrag einen kontinuierlichen Spendenzufluss, dessen finanzielles Volumen kumuliert höher ist, als ein durchschnittlicher Mitgliedsbeitrag. Die durchschnittliche Laufzeit eines Dauerauftrages beträgt etwa sechs Jahre. Bei nur 25 Euro pro Monat, ergibt sich über diesen Zeitraum bereits eine Summe von 1.800 Euro.

Ehrenamtliche ihrerseits leisten geldwerte Zeitspenden. Der durchschnittliche Wert einer Stunde freiwilliger Arbeit wurde 1998 in den USA mit 14,30 Dollar pro Stunde (vgl. Mutz/Murray (2000), S. 79) bewertet. Die „Wertschöpfung durch soziale Arbeit in Deutschland" wird auf „mehr als 75 Milliarden Euro geschätzt (vgl. http://de.

wikipedia.org/wiki/Ehrenamt). Während andere Leute segeln, golfen oder Orchideen züchten, verbringen ehrenamtlichen Helfer ihre Freizeit bei ihrer Organisation. Das sagt eine Menge über deren Bindung und den ideellen Stellenwert der Einrichtung aus.

Großspender: Diese Menschen bringen die Wertschätzung für die Arbeit einer Organisation durch die Höhe ihrer Spenden zum Ausdruck. Es braucht im Allgemeinen sehr viel Zeit und Vertrauen, um Menschen dazu zu bewegen, eine große Geldsumme einer einzigen Organisation zu spenden. Folglich befinden sie sich am oberen Ende der Pyramide und im Herzstück des Kreismodells.

Erbschaften: Hier ist die Spitze der Spenden-Pyramide erreicht und gleichermaßen ein Höchstmaß an Spenderbindung. Wenn sich jemand entschließt, einer Organisation einen Teil seines Erbes zu vermachen, muss er oder sie schon zu 150 % von der Mission und Seriosität der Einrichtung und ihrer Verantwortlichen überzeugt sein.

Sonderfall ehemalige Spender: Ehemalige Spender nehmen eine Sonderrolle ein und können sich auf verschiedenen Stufen der Pyramide befinden. Je nachdem aus welchem Grund sie einer Organisation die Freundschaft gekündigt haben, können diese Ex-Unterstützer wieder an Bord geholt werden. Oftmals reicht ein freundlicher Anruf oder ein persönlicher Besuch.

> **Tipp:**
>
> Fragen Sie nach dem Grund, weshalb jemand aufgehört hat zu spenden. Vielleicht hat Ihr Spender einfach vergessen zu überweisen, vielleicht war er aber auch enttäuscht, dass Sie sich nie bedankt haben.
> Bei Großspendern, die Ihnen die Gunst entzogen haben, kann ein persönlicher Termin Wunder wirken. Wenn das Vertrauen der Spender durch Veruntreuung oder einen Skandal nachhaltig erschüttert wurde, ist die Wahrscheinlichkeit hoch, dass diese Ehemaligen für immer verloren sind.

Zusammenfassung: Auch wenn es manche Geschäftsführer oder Vorstände enttäuschen mag, aber Großspender fallen ebenso wenig vom Himmel wie Erbschaften. Es braucht Geduld und Zeit, um die notwendige Vertrauensbasis zu schaffen. Es braucht darüber hinaus einen guten Ruf, dauerhafte Seriosität und Kundenpflege. Diese fängt beim Umgang mit der ersten Spende an und hört bei Spenderbindungsprogrammen nicht auf. Spender sind sensibel.

Wenn ein Spender, der nach seiner Spendenquittung fragt, am Telefon angeschnauzt wird, kann es gut sein, dass er von weiteren Zahlungen absieht. Wenn Mitarbeiter dauerhaft muffig oder inkompetent sind, ist es schwer aus Kunden Spender zu machen.

Auch wenn Service, Räume oder Umfeld wenig ansprechend, vielleicht sogar abschreckend und kalt wirken, ist es schwer, eine breite Basis von Unterstützern aufzubauen. Schlechte Nachrichten verbreiten sich durch Mund zu Mund Propaganda sehr viel schneller als gute.

Fundraising ist ein sensibles „Geschäft". Es ist Beziehungsmarketing auf dem Markt der Spenden-Euros. Es will konsequent geplant, aber sanft gepflegt werden.

1.2 Adressenrecherche – woher nehmen, wenn nicht stehlen?

Es heißt, der häufigste Grund, warum Menschen nicht spenden, sei der, dass niemand sie je gefragt habe. Da es für eine Organisation schwierig ist, alle potenziellen Unterstützer persönlich anzusprechen, sind Adressen ungeheuer wichtig. Eine Organisation benötigt Adressen, um Unterstützer anschreiben zu können und deren Telefonnummer, um anzurufen, sich zu bedanken. Je persönlicher der Kontakt, desto Erfolg versprechender ist er unter Spendengesichtspunkten. Persönliche Kontakte bedeuten jedoch auch einen höheren Zeitaufwand und benötigen geschultes Personal. Für viele Organisationen ist dies zu aufwändig und mit ohnehin knappen Ressourcen nicht zu leisten. Folglich ist der Postweg oft der gangbarere Weg. Adressen sind das Kapital einer Organisation und je mehr zusätzliche Informationen Sie über Ihre Spender im Laufe der Zeit sammeln, desto besser. Der Wert einer Adresse ergibt sich langfristig aus der Summe aller eingehenden Spenden. Im Spendenmarketing spricht man von „heißen" (aktive Spender), „warmen" (Interessenten) und „kalten" (allgemeine Öffentlichkeit, potenziell Interessierte) Adressen.

„Warme" Adressen: Für den Fall, dass Sie keine Adressdatei haben, sollten Sie damit beginnen, die Adressen Ihres Umfelds zu erfassen. Dazu gehören Mitarbeiter, Vorstand, eventuelle Vereinsmitglieder, Kunden, Klienten, Lieferanten, Ehrenamtliche und auch Ehemalige etc. Wenn Sie professionell und erfolgreich Fundraising betreiben wollen, kommen Sie mittelfristig nicht um eine gute Datenbank herum. Da es beim Fundraising um Beziehungen geht, wird es immer wichtiger, Spenderprofile erfassen zu können. Wo wohnen Ihre Spender, welches Potenzial haben sie vermutlich, wann haben sie Geburtstag und welche Themen interessieren sie besonders? Diese Daten sind zum einen für den Versand von Spendenbriefen interessant, aber auch unter Aspekten der Spenderbindung mag ein Geburtstagsgruß Wunder wirken.

Erfassen Sie möglichst viele Adressen der drei inneren Bezugkreise Ihres Spendernetzwerks. Diese Menschen wissen bereits von Ihnen. Hier müssen Sie nicht erst erklären, warum es Sie gibt und was Sie tun. Diesen Menschen müssen Sie nur noch überzeugend vermitteln, dass Sie deren Unterstützung brauchen und zwar jetzt.

> **BEISPIEL:** Ein Fachbereich einer großen deutschen Universität spielte mit dem Gedanken, seine Ehemaligen zu aktivieren. Dem verantwortlichen Dekan fielen sogar diverse Studentinnen und Studenten ein, die es inzwischen zu überregionaler Bekanntheit gebracht hatten und Karriere im Fernsehen gemacht hatten. Leider hatte man all die Jahre versäumt, Adressen von Studenten in diesem Fachbereich zu erfassen. Kein Einzelfall!

In den USA ist es üblich, dass nicht nur die Adressen des engeren Umfelds erfasst werden, sondern dass Vorstand und Mitarbeiter ihrerseits die Adressbücher aufklappen und Kontakte herstellen. So wird jeder Mitarbeiter des Fundraising-Teams gebeten, eine Liste mit zehn Privatpersonen zusammenzustellen, die der Organisation noch nicht gespendet haben. Danach ist es Aufgabe des jeweiligen Mitarbeiters diese Menschen auf eine 20-Dollar-Spende hin anzusprechen (Frei übersetzt nach Flanagan, J. (2000), S. 85).

1. Private Spender

Ein anderer Vorschlag aus den Staaten geht dahin, bei der nächsten Vorstandssitzung jedes Vorstandsmitglied darum zu bitten, mindestens drei Briefumschläge zu beschriften und die entsprechenden Personen persönlich anzuschreiben (ebd. S. 113).

In unseren Breiten besteht oftmals eine gewisse Scheu, andere Menschen „auszuliefern", die dann um Geld angesprochen werden sollen. Noch größer ist die Angst, selbst „betteln" zu gehen. Andererseits: Was spricht dagegen, wenn Sie im eigenen Umfeld für eine gute Sache Werbung machen? Es wird umso einfacher, wenn Sie sich Gedanken um den Spendernutzen gemacht haben und Ihre Bekannten durch den Kauf der Clubkarte zu jeder Vernissage der Kunsthalle eingeladen werden oder sich eine Regenwaldurkunde ins Büro hängen können.

Es wäre doch schade, wenn Ihre Freunde ausschließlich an andere Organisationen spenden, nur weil sie von Ihnen nie gefragt wurden.

Tipps:

- Bitten Sie Spender, Förderer und Mitglieder darum, Adressen von Freunden und Bekannten bereitzustellen, die an der Organisation Interesse haben könnten.
- Schaffen Sie Anreize, Ihnen Adressen zu vermitteln. Denken Sie an die Abonnentenwerbung von Zeitungen oder Versandhäusern und stellen Sie kleine Prämien zur Verfügung.
- Machen Sie es den Teilnehmern leicht und legen Sie frankierte Rückumschläge bei.
- Denken Sie daran, sich zu bedanken.

Aus kalt mach warm – wer könnte uns denn noch mögen? Neben den Menschen, die bereits den Weg zu Ihnen gefunden haben und deren Adressen Sie erfasst haben, gilt es neue Adressen hinzu zu bekommen. Sie können versuchen, Menschen zu aktivieren, zu denen Sie bislang noch keinen Kontakt hatten. Um neue Zielgruppen anzusprechen gibt es einige Möglichkeiten.

Gewinnspiele: Ein Klassiker im „Adressengeschäft" sind Gewinnspiele. Wenn Leute etwas gewinnen können, haben sie einen konkreten Anreiz, einige einfache Fragen zu beantworten, ein Kärtchen mit ihrer Adresse auszufüllen und an eine Organisation zu schicken bzw. in eine Box zu werfen. Die Gewinne müssen nicht gigantisch sein und können darüber hinaus gesponsert werden. „Gewinnen Sie ein Abendessen für zwei Personen mit einer Flasche Wein im Restaurant ‚Paolo'". Der Gastwirt wird vermutlich begeistert sein, denn so preiswert kann er sonst kaum Werbung für sein Lokal machen. Der zweite Preis kann ein Einkaufsgutschein im Wert von 30 Euro bei einem örtlichen Kaufhaus und der dritte Preis eine Fünferkarte für freie Trainingsstunden im Sportclub sein. Denken Sie rechtzeitig daran, wie Sie beim nächsten Tag der offenen Tür Adressen erfassen können.

Veranstaltungen und Events: Veranstaltungen kosten oftmals mehr als sie einbringen, aber sie sind eine wunderbare Gelegenheit, sich zu amüsieren und neue Kontakte zu knüpfen. Um Menschen anzusprechen, die den Weg zu Ihnen noch nicht gefunden haben, können Sie Tage der offenen Tür, Diskussionen, Seminare, Konzerte, Lesungen, Führungen, Schnupperkurse, Workshops und vieles mehr anbieten. Wenn die Medien über Ihre Veranstaltung berichten, haben Sie bereits ein Event kreiert. Achten Sie darauf, die Besucher und Teilnehmer zu erfassen. Sei es über Gewinnspiele, Adressenliste an der Kasse oder Vorabanmeldungen.

Wenn Sie das Gefühl haben, Ihre eigene Einladungsliste sei noch nicht illuster genug, suchen Sie sich Netzwerk-Partner. Fragen Sie zum Beispiel bei Frauenverbänden oder Stadtteilzentren an, ob Sie deren Verteiler mit benutzen können, um zu Ihrer Veranstaltungen einzuladen. Überlegen Sie sich, wer in einem ähnlichen Segment arbeitet, aber kein direkter Mitbewerber ist und schließen Sie sich zusammen.

Medienarbeit: Medien sind wichtige Partner, um neue Spender anzusprechen. Wenn Sie eine größere Veranstaltung planen, stoßen sie beim Verteilen kopierter Zettel bald an Grenzen. Beziehen Sie rechtzeitig die Medien mit ein. Schicken Sie eine Pressemitteilung raus, laden Sie Journalisten ein, planen Sie ruhig einmal Spezialveranstaltungen für Medienmacher (z. B.: Presselunch oder einen runden Tisch mit Vertretern aus Politik, Wirtschaft und Medien). Schaffen Sie Aufhänger und pflegen Sie Ihre Pressekontakte. Wenn Sie eine große Spendenkampagne planen, holen Sie sich frühzeitig Medien-

1. Private Spender

partner ins Boot. Wenn das „Regionale Morgenblatt" einen Artikel über Ihr Projekt bringt oder einen Spendenaufruf abdruckt, stehen die Chancen erfolgreich zu sein sehr viel besser als ohne. Bauen Sie hierbei möglichst einen Antwortcoupon ein, über den Interessenten weiteres Material anfordern können und Sie weitere Adressen bekommen.

Da auch Journalisten täglich massenhaft Einladungen, Bittgesuche und sonstige Texte auf den Schreibtisch bekommen, zählen Kreativität und Kontakte sowie ein klares Gespür für eigene ethische Grenzen.

Gute Artikel in der Presse sind noch keine Gewähr dafür, dass Gelder fließen. Sie dürfen nicht nur über Ihre Arbeit berichten. Sie müssen auch darauf hinweisen wie dringend Sie Unterstützung brauchen. Eine reine Reportage über Ihre Arbeit bringt Ihnen zwar Imagepunkte, aber noch keine Spender.

(Frei-)Anzeigen und Plakate: Eine weitere Möglichkeit, um auf sich aufmerksam zu machen, sind Freianzeigen in Medien. Wenngleich die Zahl gemeinnütziger Organisationen, die sich dieser Methode bedienen, ständig wächst, ist es dennoch einen Versuch wert. Sie können entsprechende reprofähige Druckvorlagen vorbereiten und an Zeitungen und Zeitschriften schicken. In jedem Fall sollten Sie sich im Vorfeld genau überlegen, welche Inhalte Sie vermitteln und wen Sie ansprechen wollen. Es macht Sinn, Zeitschriften und Magazine auszuwählen, die zur eigenen Zielgruppe passen. Lesen Ihre Unterstützer eher FAZ oder taz? Danach ist es hilfreich, telefonischen Kontakt zur Anzeigenleitung aufzunehmen.

Einige Organisationen sind dazu übergegangen auch bezahlte Anzeigenwerbung in ausgewählten Medien zu schalten. Je nach Auflagenhöhe der Zeitung, farblicher Gestaltung und Größe der Anzeige, gehen die Kosten jedoch relativ schnell in den fünf- bis sechsstelligen Bereich. Da die Zeitschriften vor Anzeigen bersten und die Aufmerksamkeit der Menschen begrenzt ist, bleibt die Frage, ob Sie Ihr Geld nicht sinnvoller investieren können. Wenn Sie gute Kontakte haben, besteht natürlich die Möglichkeit, diese Anzeigen durch Wirtschaftsunternehmen „mit freundlicher Unterstützung durch..." sponsern zu lassen. Auch hier ist es empfehlenswert, einen Antwortcoupon zu integrieren. Gerade bei der Anzeigengestaltung ist es wichtig, sich über das eigene ethische Selbstverständnis Gedanken zu machen. Auffallen um jeden Preis oder seriöse Zurückhaltung, das ist hier die Frage.

Abb. 19: Freianzeige NABU Patenschaft

Das gleiche gilt für Plakatwerbung. Es bringt vermutlich wenig, wenn Sie Plakate mit Hotlinenummern kleben, ohne diese Maßnahme anderweitig zu begleiten. Kaum ein Mensch bleibt stehen, zückt den Kugelschreiber, schreibt die Nummer ab und bestellt von zu Hause aus per Telefon bei Ihnen Informationsmaterial. Ob innovative QR-Codes auf Plakaten, die Passanten animieren, sich per Smartphone auf Ihre Spendenseite leiten zu lassen und auch gleich noch mobil Geld zu überweisen, bleibt ebenfalls fraglich. Technikaffine Fundraiser experimentieren zumindest bereits damit, Mission-Videos in den Code einzubetten und Homepages QR-Code- und handykompatibel zugestalten. Generell geht es bei Plakataktionen aber eher um die Schaffung von Aufmerksamkeit und Erinnerungsreizen. Wenngleich Sie zu bestimmten Zeiten günstige oder gar kostenlose Plakatflächen anmieten können, sollten Sie genau überlegen, ob sich dieses Vorhaben für Sie rechnet.

Es ist schon mehr als einmal vorgekommen, dass bei einer kleinen ehrgeizigen Organisation nach der ersten Euphorie über die Freiflächen kurz darauf Panik ausbrach über die Kosten, die sich bei der Herstellung ergeben haben. Wenn Sie für die Finanzierung Sponsorpartner gewinnen wollen, sollten Sie genügend Vorlaufzeit einkalkulieren.

Neue Angebote für neue Zielgruppen: Wenn Sie darüber nachdenken, neue Zielgruppen für Ihre Oper, Ihr Theater oder Ihre Universität anzusprechen, kann es hilfreich sein, neue Angebote zu machen. Wenn es sich technisch realisieren lässt, können Sie beispielsweise an anderen Orten spielen. Die ausverkauften Klassikkonzerte in der Berliner Waldbühne oder vor dem Reichstag begeistern als kulturelle Picknickveranstaltungen im Sommer die Massen. Universitäten haben angefangen im Zuge des lebenslangen Lernens gezielt ältere Zielgruppen anzusprechen. Museen versuchen mit „Langen Nächten" Menschen ins Museum zu holen, die sonst vielleicht Schwellenängste hätten oder sich nicht die Zeit nehmen.

Schaffen Sie neue Programme für neue Zielgruppen und erfassen Sie deren Adressen. Greenpeace hat beispielsweise das „TEAM fünfzig PLUS" entwickelt. Mittlerweile erzielen die Umweltschützer sehr gute Erfolge im Bereich Erbschaftsfundraising.

Schaffen Sie attraktive Angebote für neue Zielgruppen und haben Sie hierbei nicht immer nur die Jugend im Auge. Die Generation 50plus ist die finanzstärkste Gruppe und weniger anfällig für schnellen Wechsel. Nutzen Sie die Medien, um auf Ihre Angebote hinzuweisen.

Bekannte Wohltäter und Wohlhabende: Es kann für Sie durchaus interessant sein, die Augen offen zu halten und darauf zu achten, wer sich in Ihrer Gemeinde, Ihrer Stadt oder Ihrer Region als Wohltäter oder Mäzen hervortut. Die Tatsache, dass Frau X die städtische Oper jährlich mit zwei Millionen Mark unterstützt, heißt nicht, dass sie nicht auch noch Geld für Ihr Jugendorchester übrig haben könnte. Sammeln Sie Zeitungsausschnitte über prominente Wohltäter. Vielleicht haben Vorstand oder ehrenamtliche Helfer sogar direkten Kontakt zu diesen Menschen. Man trifft sich beim Tennis, wohnt nebeneinander oder ist gemeinsam im Rotary- oder Lions-Club aktiv. Es kann durchaus von Erfolg gekrönt sein, eine Liste bekannter

Geberinnen und Geber bei einem Treffen kursieren zu lassen und zu schauen, ob jemand einen persönlichen Kontakt herstellen kann. Es ist immer einfacher, Menschen anzusprechen, die einen bereits kennen. Nutzen Sie Türöffner, um eine Verbindung herzustellen.

> **Tipps zur Adressensammlung:**
>
> - Erfassen Sie grundsätzlich jede Adresse von Interessenten, die
>   - schriftlich oder telefonisch um Informationsmaterial bitten
>   - schriftlich oder telefonisch Eintrittskarten bestellen
>   - einen Kurs bei Ihnen besuchen
>   - bei Ihnen zu Besuch kommen oder Ihre Dienste in Anspruch nehmen
>   - bei Ihnen gearbeitet oder ausgeholfen haben
> - Gehen Sie sorgsam mit Adressen um und archivieren Sie diese. Selbst wenn Sie sie heute nicht benötigen, morgen können sie interessant sein.
> - Machen Sie es Interessenten so leicht wie möglich und drucken Sie auf jede Infobroschüre und jeden Veranstaltungshinweis Ihre Adresse, Ihre Telefonnummer und Ihr Spendenkonto.
> - Gewährleisten Sie Erreichbarkeit, zumindest über einen Anrufbeantworter, besser über einen Büroservice oder ein Call-Center.
> - Erstellen Sie ein Infoblatt mit Antwortkarte, mit dem Interessenten nähere Informationen anfordern können.
> - Legen Sie Ihre Broschüren in öffentlichen Gebäuden, Praxen oder bei Veranstaltungen aus.

Weitere Recherche-Tipps für „kalte" Adressen: Wenn Sie selbst nach weiteren Interessenten recherchieren wollen oder Mitarbeiter dafür freistellen können, sollten Sie einige Auswahlkriterien berücksichtigen. Da sich nicht jeder für Sie interessiert, macht es wenig Sinn, das Telefonbuch abzutippen. Treffen Sie eine Vorauswahl. Segmentieren Sie Ihren Markt wie es in der Sprache des Marketing heißt. Folgende Kriterien können Sie hierbei berücksichtigen:

Geographische Kriterien: Hauptkriterium ist die Region, in der die Organisation tätig ist. Ein regionales Mütterzentrum braucht keine bundesweite Anzeigenkampagne. Hier ist der lokale Markt viel interessanter. Wer wohnt in Ihrem Einzugsgebiet? Wer arbeitet in der Nähe? Wer läuft auf dem Weg zum Einkaufen, zum Ärztehaus oder zur Universität bei Ihnen vorbei?

Soziodemographische und ökonomische Kriterien: Das sind Kennzeichen wie Geschlecht, Alter, Beruf, Ausbildung, Familienstand, Einkommen etc. Wenn Ihre Organisation Heilpraktiker-Ausbildungen nur für Frauen anbietet, ist vermutlich auch die Kernzielgruppe der privaten Unterstützer weiblich. Vielleicht finden Sie Förderinnen in anderen Gesundheitsberufen, im Bereich der Selbsthilfegruppen oder im esoterischen Umfeld. Überlegen Sie auch hier wieder, wer zu Ihnen passt und wer sich durch Ihr Angebot angesprochen fühlen könnte.

Psychologische Kriterien: Hier geht es um Einstellungen, Meinungen, Werte, Charaktereigenschaften und Lebensstil. Wenn Sie eine basisdemokratische, alternativ ausgerichtete Einrichtung zur Förderung gleichgeschlechtlicher Lebensformen sind, ist es vermutlich nicht zielführend, den CSU-Ortsverein mit dessen Adressenpool als Netzwerkpartner für Ihr schwul-lesbisches Sommerfest anzufragen. Überlegen Sie auch hier, wer zu Ihnen passen und sich mit Ihren Zielen identifizieren könnte. Danach können Sie recherchieren, wo Sie diese Menschen finden.

Sonstige Möglichkeiten und „Adressen 2.0": Neben den oben geschilderten Varianten können Sie Infostände in der Innenstadt aufbauen, Interessentenlisten auslegen, Unterschriften sammeln, sich an einer Messe beteiligen, Riesenposter an Ihre Außenwände hängen, von Tür zu Tür gehen, Kunstausstellungen in Ihren Praxisräumen veranstalten etc. Der Kreativität im Bezug auf Ihre Selbstvermarktung oder besser Ihre Kommunikationsstrategien sind kaum Grenzen gesetzt. Wichtig ist nur, dass Sie wissen, wen Sie ansprechen wollen und warum Sie dies tun.

Der Trend geht zur „Multichannel"-Kommunikation, d. h. Organisationen nutzen mehrere Kanäle, um potenzielle Spender/innen anzusprechen. Die „eNonprofit Benchmarks" Studie von 2011 fand heraus, dass die meisten größeren Organisationen auch Adressen anschreiben, deren Daten sie über Online-Kontakte bekamen. (vgl. Peretz, S.; DiJulio, S. (2011), S. 29

8. KAPITEL Fünfter Schritt: Märkte erschließen

Chad Norman, Internetmanager des amerikanischen Softwareanbieters Blackbaud gibt via SlideShare 50 Tipps, inwieweit sogenannte soziale Medien (Twitter, Facebook und Co.) für das Fundraising und die Adressengenerierung nutzbar sind. Er empfiehlt beispielsweise mit Hilfe von Twitter eine Fundraising-Kampagne zu initiieren und die „Follower" mit Informationen über die Organisation zu versorgen, die zum Handeln animieren, wie beispielsweise eine Unterschriftenaktion. Für Facebook empfiehlt er eine „Landing Page" für Fans, auf der man sich mit seiner Mailadresse registrieren kann („join now"). Um für seine Fans interessant zu sein, sollte die Facebook-Seite Möglichkeiten schaffen, passende Fotos oder Videos zu laden, Pinnwände zu bestücken und Diskussionen zu initiieren. Das „Facebook-Insight" kann zur Erfassung demographischer Daten genutzt werden, während auf Youtube Wettbewerbe oder die Bitte um Videoantworten zu neuen Adressen führen könnten (vgl. „50 Social Media Tipps für NPOs" unter:/www.online-fundraising.org).

Adressen mieten: Eine weitere Möglichkeit, die erst ab einer gewissen Größenordnung sinnvoll zu sein scheint, ist es, Adressen zu mieten. Es gibt auf dem Markt professionelle „List-Broker", die Adressen verschiedener Zielgruppen oder Regionen anbieten. Diese Adressen werden zum einmaligen Gebrauch vermietet. Die Preise liegen bei etwa 10 bis 20 Cent pro Adresse. Spezialagenturen aus dem Direktmarketingbereich verfügen ebenfalls über große Datensätze und bieten komplette Rundumbetreuung für Mailings an.

Diese Massenmarketingaktionen sind bei allen großen Einrichtungen üblich. Dort bewegen sich die Ziele allerdings in Größenordnungen wie: „In fünf Jahren wollen wir 30.000 Stammspender erreicht haben." Für kleinere Einrichtungen dürften die Initialkosten selbst mittelfristig zu hoch sein. Es will gut überlegt sein, ob diese Form des Massenmarketing das Mittel der Wahl sein sollte. Wen genau wollen Sie ansprechen? Wer ist Ihre Zielgruppe und welche anderen Möglichkeiten haben Sie, diese zu erreichen?

Massenmailings erfüllen einen sinnvollen Zweck, wenn eine Organisation in die Breite gehen möchte. Sie werden jedoch von vielen Menschen als lästig empfunden. Ein persönliches Schreiben auf edlem Papier mit echter Briefmarke und handgeschriebener Unterschrift an 100 Menschen aus Ihrem näheren Umfeld kann einen viel größeren Effekt haben, als ein Standard-Spendenbrief an eine Auswahl von 10.000 gekauften Adressen. Fachleute gehen davon aus, dass sich die Kosten für gemietete Adressen erst nach etwa drei Jahren amortisiert haben.

1.3 Adressen sichern und pflegen

Eine wichtige Herausforderung bildet die Pflege vorhandener Adressen. Es ist nicht damit getan, einmal alle bekannten Daten eingegeben zu haben. Experten gehen davon aus, dass sich je nach Größenordnung der Datei pro Jahr etwa 15 – 30 % der Adressen verändern. Einige Adressaten ziehen um, andere heiraten und ändern den Namen, wieder andere verlieren das Interesse an der Organisation oder sterben. Schreib- oder Tippfehler bei der Eingabe kommen dazu. Die richtige Adresse ist jedoch die halbe Miete und trägt nach Ansicht von Fachleuten zu 50 % zum Erfolg eines Mailings bei. Es empfiehlt sich also dringend die Daten zu pflegen, Adressen regelmäßig abzugleichen und Änderungen zu vermerken.

Die Deutsche Post AG bietet seit 2010 einen sogenannten Premiumadress-Service zur Aktualisierung und Korrektur von Adressinformationen (Nähere Informationen bei der Deutschen Post AG, Geschäftskunden Telefon: 01805/5555.).

Auch Sonderwünsche der Unterstützer gilt es zu erfassen („will nur den Jahresbericht", „möchte keine Mailings" etc.) Darüber hinaus sollte die Robinsonliste (Eintrag in die Robinsonliste unter www.robinsonliste.de oder für die Brief-Robinsonliste unter www.ichhabediewahl.de des Deutschen Dialogmarketing Verbandes e. V. (DDV) respektiert und mit den Umzugsdaten abgeglichen werden. Bei großen Datenmengen ist darüber hinaus ein so genannter Dublettenabgleich notwendig. Hierbei handelt es sich um unterschiedliche Schreibweisen hinter denen sich dieselbe Person verbirgt (z. B.: Constantin Schreiber und Konstantin Schreiber, Gerolsteiner Straße oder Gerolsteinerstraße). Moderne Datenbanken überprüfen diese Bestände anhand verschlüsselter Adressbestandteile automatisch (= so genannter Matchcode-Abgleich).

Basisdaten: Mit der bloßen Adresse des Spenders ist es nicht getan. Es ist nur der erste Schritt. Wenn Sie wirkliche Spenderpflege betreiben wollen und die Idee der Spenderbindung ernst nehmen, benötigen Sie weitere Informationen. Wenn Sie wissen, was Ihre Spender wollen, können Sie sehr viel individueller auf diese Bedürfnisse eingehen. Die Spender fühlen sich persönlich gemeint, verstanden und betreut. Die Chancen steigen, dass sie Ihnen treu bleiben und sich langfristig als großzügig erweisen.

Für den Anfang und zur Erfassung der Spendeneingänge sind folgende Basisdaten einzupflegen:

(1) Spendennummer

(2) Korrekte Anschrift mit Anrede, Titel, Vor- und Nachname

(3) Telefon- und Faxnummer, E-Mail-Adresse und Website

(4) Erfassungsdatum der Spende als Basis der „Kontaktgeschichte". Im Idealfall erfassen Sie jeden Termin, an dem Sie zu Ihrem Spender in Kontakt getreten sind, notieren auch den Namen des eventuellen Vermittlers und die Form, in der Sie diese Beziehung aufgenommen haben (Brief, Telefon, Besuch)

(5) Spendengeschichte, d. h. Sie erfassen ebenfalls jedes Datum, an dem eine Spende einging, die Höhe und den Zweck, für den gespendet wurde.

Neben diesen wichtigen Basisinformationen werden Sie mit der Zeit weitere persönliche Informationen erhalten. Auch diese Informationen sollten Sie unter Berücksichtigung der datenschutzrechtlichen Bestimmungen in Ihren Unterlagen festhalten.

Zusätzliche Informationen über Ihre Spender:

(6) Geburtsdatum

(7) Geschlecht

(8) Familienstand inklusive Namen sowie Geburtstage des Lebenspartners, der Kinder und Enkelkinder

(9) Beruf und Bildungsstand

(10) Hobbys und sonstige Interessen

(11) Geschäftliche Verbindungen

(12) Zugehörigkeit zu anderen Vereinen, Verbänden oder Parteien

(13) Weitere Informationen über persönliche Präferenzen, Notizen oder Kommentare z. B.: möchte keine Förderzeitschrift, aber regelmäßige Einladungen zu Veranstaltungen mit Gesundheitsthemen

Diese Daten sind eine wichtige, aber auch sensible Basis für die erfolgreiche Spenderbindung. Ziel ist es, den richtigen Menschen zum richtigen Zeitpunkt nach der richtigen Summe für das richtige Projekt zu fragen.

1.4 Spenderbefragung

Es gibt verschiedene Methoden, nähere Informationen über Spender, deren Umfeld und über ihre persönlichen Präferenzen zu bekommen.

Persönliche Befragung: Für kleinere Organisationen kann die persönliche Befragung der Förderer eine gangbare Methode sein, um mehr über deren Bedürfnisse zu erfahren. Dieses Kennenlernen kann sich nebenbei durch persönliche Gespräche auf Veranstaltungen ergeben. Es kann aber auch systematisch mit Hilfe von Umfragen erfolgen. So können Besucher von Veranstaltungen mit Hilfe von Fragebögen oder persönlichen kleinen Interviews gebeten werden, Auskunft über ihre Präferenzen zu geben. Problematisch kann diese Befragungsmethode im Hinblick auf Repräsentanz und Akzeptanz sein. So ist es keine Möglichkeit, die Gesamtheit der Spender zu erfassen. Auch kann es Besuchern lästig sein, von „Meinungsforschern" befragt zu werden.

Schriftliche Fragebögen: Einen repräsentativen Weg bietet die schriftliche Befragung. So kann dem normalen Postversand (Mitgliederzeitung oder Newsletter) ein Fragebogen beigelegt werden. Er kann beispielsweise Fragen enthalten über:

- Zyklus des Versands von Informationsmaterial, monatlich, einmal im Quartal, einmal im Jahr mit dem Jahresbericht

- Interesse an ehrenamtlicher Tätigkeit

- Informationen zu persönlichen Daten wie Alter, E-Mail, Familienstand, etc.

Zur Motivationsförderung können kleine Gewinne in Aussicht gestellt werden. Ein frankierter Rückumschlag ist selbstverständlich. Manche Organisationen verschicken jedem Neuspender ein Willkommenspäckchen, das ebenfalls nach Präferenzen fragt und die Angebote der Organisation auflistet.

Wichtig ist bei jeder Art von Befragung, dass die Organisation in der Lage ist, die entsprechenden Auskünfte in ihrer Datenbank zu erfassen und den Spenderwünschen gerecht zu werden. Es wäre peinlich, wenn ein Spender auf monatliche Informationen verzichten möchte und trotzdem im Verteiler bleibt.

Telefonische Befragung: Eine weitere Methode, die sich zunehmender Beliebtheit erfreut, ist die telefonische Befragung. Diese wird sehr erfolgreich eingesetzt bei der Reaktivierung von ehemaligen Spendern. Da es die meisten Organisationen personell überfordern würde, neben dem Tagesgeschäft Listen von Spendern abzutelefonieren, werden vielfach Telefonmarketing-Agenturen eingesetzt.

Fokusgruppen: Eine sehr effektive Variante ist die Bildung so genannter Fokusgruppen. Hierbei handelt es sich um Gruppen ausgewählter Mitglieder, Spender bzw. Ehrenamtlicher, mit denen Sie bestimmte Themenbereiche oder Entscheidungen diskutieren können. Diese Fokusgruppen repräsentieren die Zielgruppe Ihrer Organisation und sind wichtige Indikatoren für Meinungen und Einstellungen.

Mit Unterstützung von Moderatoren bekommen Sie engagiertes und ehrliches Feedback im Hinblick auf die Arbeit und das Ansehen Ihrer Organisation. Sie erfahren nicht nur etwas über die Motive der Unterstützer, sondern werden auf Defizite oder Qualitätsmängel hingewiesen. Dadurch können Sie im Vorfeld mögliche Fehler vermeiden oder nachbessern.

Tipps zur Spenderbefragung:

- Suchen Sie das persönliche Gespräch mit Ihren Unterstützern und schaffen Sie dafür Gelegenheiten (Sonntags-Brunch, Feiern, gemeinsame Ausflüge etc.).

- Scheuen Sie sich nicht, persönliche Fragen zu stellen; die meisten Menschen erzählen gerne ein wenig über private Belange.
- Machen Sie sich nach Ende einer Veranstaltung persönliche Notizen auf neue Visitenkarten, die Sie erhalten haben.
- Legen Sie Regeln fest für die Eingabe von Adressen, um Doppelungen zu vermeiden.
- Machen Sie sich Gedanken darüber wie Sie alle Förderer (Mitglieder, Spender, Kunden etc.) gemeinsam erfassen können.
- Legen Sie Ihr Spenderprofil von vornherein so an, dass Sie genügend Platz für Ergänzungen haben.
- Halten Sie durch bei der mühsamen Eingabe der Daten aus Aktenordern oder Karteikästen. Es lohnt sich!

Fakten, Fakten, Fakten: Es gibt einige allgemeine Informationen, die über private Spender herausgefunden wurden:

(1) Frauen geben mehr als Männer. Die Entscheidungen über Spenden werden angeblich sogar zu über 70 % von Frauen getroffen.

(2) Die meisten Menschen spenden an mehrere Organisationen.

(3) Menschen, die spenden, haben häufig einen höheren Schulabschluss und verdienen überdurchschnittlich.

(4) Die durchschnittlichen Spender sind älter als 50 Jahre alt und leben in kleinen und mittleren Städten.

1.5 Sonderthema: Ethik und Datenschutz

Wenn Sie die Spenderforschung ernst nehmen, verfügen Sie bald über einen Pool sehr intimer Informationen, die auch für andere Menschen interessant wären. Wenn Sie finanzielle Hintergrundinformationen über einen Unterstützer herausgefunden haben, weil Sie sich beispielsweise auf der letzten Veranstaltung beim Wein über Immobilienpreise, Aktienkurse und Wertanlagen unterhalten haben, sind diese Daten selbstverständlich äußerst vertraulich zu behandeln. Eigentlich eine Selbstverständlichkeit – aber es sei noch einmal ausdrücklich erwähnt: Ihre Spender müssen Ihnen vertrauen können. Es darf Ihnen noch nicht einmal in den Sinn kommen, intime Informationen an die Presse, einen Finanzberater oder Adressbroker zu geben. Es handelt sich um Informationen, die absolut diskret zu behandeln sind.

Ein verantwortungsvoller Umgang mit Spenderdaten ist noch wichtiger geworden, seit im Jahr 2009 die II. Novellierung des Bundesdatenschutzgesetzes (BDSG) in Kraft getreten ist. Diese Novelle enthält eine Reihe von Vorschriften, die auch das Direktmarketing und die Datenerfassung betreffen. Es gilt für alle nicht-öffentlichen Stellen, die Daten unter Einsatz von Datenverarbeitungsanlagen verarbeiten, nutzen oder dafür erheben oder die Daten aus nicht automatisierten Dateien verwenden. Ausnahme sind Daten, die nur für persönliche oder familiäre Tätigkeiten genutzt werden. So muss in Werbebriefen ausdrücklich auf das Recht zum Widerspruch hingewiesen werden. Eine Formulierung könnte folgendermaßen lauten: „Wenn Sie unsere Informationen künftig nicht mehr erhalten möchten, können Sie der Verwendung Ihrer Daten widersprechen. Teilen Sie uns dies bitte schriftlich mit Ihrer Adresse mit."

Ferner wurde der so genannte Datenvermeidungs- und Datensparsamkeitsgrundsatz im Gesetz verankert. Das bedeutet unter anderem, dass Sie nicht nur intern Ihren Vorstand und Kollegen darüber in Kenntnis setzen sollten, welche Daten Sie erheben, sondern es ist zu empfehlen, Mitglieder und Förderer über Vorgehensweisen im Zusammenhang mit Gewinnung, Speicherung, Verarbeitung oder Weitergabe von Daten zu informieren. Die Einwilligung zur Datenerfassung muss grundsätzlich schriftlich erteilt werden. Besonders „sensitive" Daten über ethnische Herkunft, Gesundheit oder sexuelle Präferenzen sind besonders geregelt. Das heißt, Sie dürfen nicht heimlich Daten sammeln und indiskrete „X-Akten" anlegen. Der Vorstand muss in jedem Fall über Ihre Sammelleidenschaft informiert sein und sie gut heißen.

Für den Fall, dass mehr als fünf Personen mit der EDV-gestützten Datenerfassung beschäftigt sind, bedarf es eines Datenschutzbeauftragten. Die Gesetzesnovelle stärkt deren Position und berechtigt sie zu Vorabkontrollen von Datenverarbeitungssystemen (nähere Informationen unter www.bfd.bund.de/information/bdsg_hinweis.html).

Spenderinnen und Spender haben ein Recht auf:
- Auskunft (z. B. Akteneinsicht)
- Berichtigung falscher Daten
- Sperrung und Löschung der Daten

Auch ist es eine Frage der Ehre oder besser der Ethik, dass Sie bei einem Jobwechsel die Spenderdaten nicht mitnehmen, sondern bei der vorherigen Organisation belassen.

> **Tipp:**
>
> Weisen Sie auf das Widerspruchsrecht im Impressum, den Allgemeinen Geschäftsbedingungen oder auf der Rückseite Ihrer Kuverts hin.

2. Unternehmen als Mäzene, Spender oder Sponsoren

> Es schadet nichts, wenn Starke sich verstärken.
> *(Johann Wolfgang von Goethe)*

Wie finden wir passende Unternehmen?

Neben Privatpersonen stellen Unternehmen, Stiftungen, fördernde Institutionen und „staatliche Töpfe" weitere mögliche Quellen zur Finanzierung dar. Unternehmen kommen als Spender, Sponsoren oder Marketing- bzw. Vertriebspartner in Frage. Sie können Sachmittel zur Verfügung stellen, Arbeitskraft und -zeit pro bono einbringen oder mit finanziellen Mitteln Unterstützung gewähren. Es muss sich keineswegs immer um finanzielle Sponsorpartnerschaften mit entsprechenden Gegenleistungen handeln. Auch ist es nicht so, dass Unternehmen von vornherein Sponsoring bevorzugen würden. Von Unternehmensseite ist zu hören, dass in bestimmten Bereichen lieber gespendet als gesponsert wird. Dies gilt vor allem für den sozialen Sektor mit regionalen Projekten oder Themen, die „wenig Glanz auf das Unternehmen abwerfen".

8. KAPITEL   Fünfter Schritt: Märkte erschließen

Die Gründe für eine Organisation, ein Unternehmen lieber als Spender, denn als Sponsor anzusprechen, können darin liegen, dass sie den Aufwand des Sponsoring scheut, dass sie keine adäquaten Gegenleistungen anzubieten hat, dass sie die größtmögliche Unabhängigkeit bewahren will oder dass sie Unterstützung für ihre laufende Arbeit braucht und kein innovatives sponsorfähiges Projekt hat. Im sozialen Bereich sind die Grenzen zwischen Spende und Sponsoring manchmal fließend und nur aus steuerlicher Sicht relevant.

Bei der Suche nach Unternehmen gilt es in jedem Fall, eine gewisse Vorauswahl zu treffen und einige Kriterien zu beachten, die für Spender und Sponsoren gleichermaßen gelten. Soziale Verantwortung und gesellschaftliches Engagement sind durchaus Themen, die in Unternehmen diskutiert werden. Die Bandbreite reicht hierbei von selbstlosen Mäzenen bis hin zum kalkulierenden Marketingentscheider. Die Unternehmerpersönlichkeit in der Rolle des Mäzens stellt eher die Ausnahme dar und fällt vom Typus her in die Kategorie privater Förderer. Für die meisten Unternehmen wird das gesellschaftliche Engagement zumindest auch unter Imagefaktoren gesehen. Man möchte sich potenziellen Kunden oder Investoren gegenüber als Unternehmen darstellen, das sich seiner gesellschaftlichen Verantwortung bewusst ist und Gutes tut. Die Firmen hierauf argumentativ verpflichten zu wollen oder Engagement einzufordern, ist kein adäquater Weg. Hierbei läuft eine Organisation Gefahr, Widerstand auszulösen. Sozialpsychologische Studien haben ergeben, dass vehemente Verantwortungsappelle in Briefen, den Spender eher abschrecken (vgl. Steiner, A. (2008) in www.fundraiser-magazin.de). Folgende Kriterien spielen bei der Auswahl von Unternehmen eine Rolle:

Bestehende Kontakte: Prinzipiell gelten für Unternehmenspartner ähnliche Kriterien wie für Privatpersonen. Je näher ein Unternehmen der Organisation steht, desto größer sind die Chancen. Das heißt, es ist Erfolg versprechender, Unternehmen zu kontaktieren, mit denen Sie bereits zusammenarbeiten, als solche, die vielleicht noch nie von Ihrer Existenz gehört haben. Erleichtert wird der Zugang zu Unternehmen dadurch, wenn einer Ihrer Vorstände oder

2. Unternehmen als Mäzene, Spender oder Sponsoren

Mitarbeiter in dieser Firma arbeitet oder Entscheidungsträger des Unternehmens persönlich kennt.

Regionalbezug: Netzwerkbedingungen gelten auch unter regionalen Aspekten. Viele Unternehmen sind bereit, Standortverantwortung zu übernehmen. Es ist auch deren Interesse, dass es in der Nähe des Firmensitzes ein vielfältiges kulturelles Angebot gibt sowie gute Ausbildungsbedingungen und sozialer Friede vorherrschen. Folglich liegt es nahe, als Buxtehuder Einrichtung zunächst Buxtehuder Firmen anzuschreiben, anstatt sich an Großunternehmen in Düsseldorf oder München zu wenden. Es kann allerdings vorkommen, dass Sie eine Zweigniederlassung in Ihrer Gegend haben, während über Spenden ausschließlich vom Hauptsitz in einer der Großstädte entschieden wird. Dann müssen Sie sich natürlich an die entsprechenden Stellen wenden und Bezug auf Ihre Niederlassung nehmen.

Fördertradition: Wenn Sie aus den Medien oder von den Spendentafeln Ihres Stadttheaters wissen, dass sich Firma Meier besonders im Bereich Kulturförderung hervortut, kann es von Erfolg gekrönt sein, sich als kulturelle Einrichtung an diese Firma zu wenden, um auch mit in deren Spendenpool aufgenommen zu werden. Es lohnt sich, mit offenen Augen durch die Stadt zu gehen und darauf zu achten, welche Unternehmen auf Einladungskarten, Plakaten oder im Kulturteil auftauchen. Gleiches gilt natürlich auch für andere nichtkommerzielle Bereiche.

Produktbezug: Die Nähe zum Produkt kann den Ausschlag dafür geben, dass eine Organisation mit einer Spende bedacht wird. Für Rollstuhlsportler liegt eine Unterstützung durch einen Hersteller von Behindertengeräten nahe. Wenn Sie sich mit der Zielgruppe Kinder befassen, können Sie überlegen, welche Unternehmen Produkte für Kinder herstellen und diese als Spender ansprechen. Wenn Sie an Sachmitteln oder Dienstleistungen interessiert sind, können Sie natürlich auch versuchen, direkt an Anbieter der benötigten Ware heranzutreten. Hier ist es dann allerdings Ausschlag gebend, dass es Ihnen gelingt, eine glaubhafte Verbindung herzustellen und Ihre Ansprechpartner von Ihrer Seriosität zu überzeugen und von Ihrer Mission zu begeistern.

Besondere Anlässe (Jubiläen und Feste): Einen besonders guten Aufhänger haben Sie, wenn Ihre Einrichtung ein Jubiläum oder etwas anderes zu feiern hat. Hier bietet sich ein positiver Anlass, um Unternehmen als Unterstützer anzusprechen. Wenn Sie den Firmen im Rahmen der Festlichkeiten kommunikative Möglichkeiten einräumen, ist der Schritt zum Sponsoring (vor allem Sachmittel) denkbar. Eine Einladung an die Unterstützer gehört dazu und ist – neben der netten Geste als Dankeschön – eine Möglichkeit, den Kontakt im persönlichen Gespräch zu vertiefen.

Der umgekehrte Fall ist ebenfalls denkbar. Wenn ein Unternehmen einen runden Geburtstag zu feiern hat, können Sie dies zum Anlass nehmen, um eine Spende zu bitten. Eine gute Grundstimmung ist die beste Voraussetzung für die Spendenbereitschaft, und für die Belegschaft kann es ein schöner Nebeneffekt sein, die Freude zu teilen, indem man Ihnen spendet. Dies muss nicht immer Geld sein, auch eine Rutschbahn für den Kindergarten oder eine gemeinsame Ausflugsfahrt mit dem Altenheim kann für beide Seiten sehr erfüllend und ein erster Schritt der Annäherung sein.

Weitere Anlässe bieten religiöse Feste. Es ist einen Versuch wert, Unternehmen rechtzeitig daraufhin anzusprechen, statt die üblichen Weihnachtskarten zu verschicken, eine Spende zu tätigen. Diese Wohltätigkeit kann eine Firma Mitarbeitern und Kunden kommunizieren. Vielleicht hat Ihre Organisation selbst passende Postkarten im Angebot, die Unternehmen zu Festtagen mit einem Benefizaufschlag angeboten werden können.

Meistens ist es einfacher, Sachmittel oder Dienstleistungen zu bekommen, als finanzielle Unterstützung. Wenn eine Firma pro bono hilft, ein Dach neu zu decken oder die Marketingplanung nach vorne zu bringen, ist das mehr als nur Geld wert. Hierdurch wird die Basis für persönliche Beziehungen und langjährige Partnerschaften geschaffen. Es ist allerdings darauf zu achten, dass dieser Vorteil auch dem Finanzamt „Geld wert" erscheinen kann und von der Organisation versteuert werden muss.

2. Unternehmen als Mäzene, Spender oder Sponsoren

Tipps zur Recherche:

Neben dem Studium des Wirtschafts- und Lokalteils der Regionalzeitung sowie einschlägiger Wirtschaftsmagazine stehen zur Recherche von Firmenadressen diverse Quellen zur Verfügung:

- Handelskammern: Die Kammern verschicken meist gegen Gebühr die Adressen der im Handelsregister eingetragenen Unternehmen der Region oder einzelner Stadtteile.
- Branchenbücher: Diese sind bei der Suche nach Spendern konkreter Produkte brauchbar.
- Markenhandbuch: Hier finden sich bekannte Marken (z. B.: Nivea) und die dahinter stehenden Unternehmen (z. B.: Beiersdorf) aufgelistet, oftmals sogar mit Ansprechpartnern.
- Handbuch der mittelständischen Unternehmen bzw. Handbuch der Großunternehmen, aus dem Hoppenstedt Verlag: Dieses dicke Sammelwerk listet Firmen sowohl nach Namen als auch nach Orten auf.
- Internet: Über verschiedene Suchanfragen oder Suchmaschinen erhalten Sie Adressauskünfte oder Links auf die Homepages der Unternehmen.
- Unternehmenstester: Das Institut für Markt-Umwelt-Gesellschaft (IMUG) hat in Kooperation mit verschiedenen deutschen Verbraucherorganisationen in drei Branchen das sozial und ökologisch verantwortliche Verhalten von Unternehmen untersucht und die Ergebnisse veröffentlicht. So wurden 1995 Unternehmen der Lebensmittelbranche getestet; 1997 untersuchte man Kosmetik, Körperpflege und Waschmittel, 1999 Lebensmittel und 2000 elektrische Haushaltsgeräte. 2001 wurde der Branchenreport Elektrogeräte und 2002 Hersteller und Händler Jeans veröffentlicht. Im Internet stehen die aktuellen Untersuchungsergebnisse unter www.unternehmenstest.de zum Download bereit. Darüber hinaus lassen sich Firmen mit sozial-ökologischem Bewusstsein auch unter den Suchbegriffen „Corporate Social Responsibility" (CSR) oder Nachhaltigkeit orten. Diese Themen sind seit einigen Jahren en vogue und eine Reihe von Webseiten listet entsprechende Unternehmen auf. (u. a. www.csrgermany.de, www.upj.de/)

Folgende Fragen sind vor der Ansprache von Unternehmen hilfreich:
- Mit welchen Unternehmen arbeiten wir bereits zusammen?
- Welche Unternehmen unterstützen uns bereits?

> - Zu welchen Firmen können wir durch Vorstand, Mitarbeiter oder Ehrenamtliche einen persönlichen Kontakt herstellen?
> - Welche Firmen passen aufgrund ihrer regionalen Nähe oder aufgrund ihrer Produktpalette besonders gut zu uns?
> - Welche Firmen haben eine Spendentradition oder spenden an ähnliche Einrichtungen?

3. Stiftungen und andere fördernde Institutionen

3.1 Stiftungen

Die Zahl der Stiftungen ist in den letzten Jahren beständig gestiegen. Bei der Recherche, ob eine Stiftung als Förderquelle in Frage kommt, gilt es zwei wesentliche Faktoren zu berücksichtigen:

(1) Verwirklichung (operativ oder fördernd)

(2) Stiftungszweck

Stiftungen, die ausschließlich operativ tätig sind, vergeben keine Mittel an externe Projekte und kommen als Unterstützer nicht in Frage. Die Mittel dieser Einrichtungen fließen ausschließlich in eigene Projekte oder Zweckbetriebe ein.

Bei Stiftungen, die fördernd tätig sind, gilt es diejenigen zu recherchieren, die über Möglichkeiten der Antragstellung verfügen. Viele Stiftungen fördern nur eigeninitiierte Projekte oder sind fest an Projektpartner gebunden.

Das zweite zentrale Nadelöhr ist der Stiftungszweck. Entsprechend den steuerbegünstigten Zwecken der Abgabenordnung widmen sich Stiftungen bestimmten Aufgabenschwerpunkten, die der Bundesverband Deutscher Stiftungen e. V. in folgende Gruppen gegliedert hat: Soziale Zwecke (inkl. Jugend- und Altenhilfe, Mildtätigkeit, Wohlfahrtswesen und sonstige soziale Zwecke); Wissenschaft und Forschung (inkl. Technik, Natur-, Geistes- und Gesellschaftswissenschaften und Medizin); Bildung und Erziehung; Kunst und Kultur (inkl. Denkmalschutz); Umweltschutz (inkl. Natur- und Landschaftsschutz); Familie und Unternehmen (inkl. Familienunterhalt, Unternehmen und Belegschaft).

Diese Förderschwerpunkte werden bei der Gründung durch den oder die Stifter festgelegt und in der Satzung verankert. Eine Stiftung kann durchaus mehrere Stiftungszwecke erfüllen.

Tipps zur Recherche:

(1) Schriftliche Verzeichnisse von Stiftungen
Bundesverband Deutscher Stiftungen: Eine hervorragende Recherchequelle ist das „Verzeichnis Deutscher Stiftungen".
Dieses Verzeichnis erscheint alle drei Jahre (bei Drucklegung zuletzt 2011) und ist auch als CD-ROM (Stand, August 2012) erhältlich, was die Recherche erheblich erleichtert. Es kann eine Vorauswahl nach „operativ" oder „fördernd" sowie nach Stiftungszweck oder regionalen Kriterien getroffen werden. In der gebundenen Fassung wird zwar der Überblick erleichtert, aber die gezielte Recherche erschwert.
Maecenata Stiftungsführer: Auch der Maecenata Stiftungsführer eignet sich für die Recherche relevanter Stiftungen. Diese alphabetische Stiftungsübersicht erscheint – jeweils aktualisiert – im zweijährigen Turnus in Buchform oder kostenpflichtiger download bzw. USB-Stick und verweist mittels Buchstabenkürzel auf die jeweiligen Stiftungszwecke. Außerdem ist meistens die Art der Verwirklichung, fördernd oder operativ, angegeben; teilweise auch das Fördervolumen.

(2) Internet
Bundesverband Deutscher Stiftungen e. V. ist eine sehr ergiebige und hilfsbereite Anlaufstelle. Neben allgemeinen Auskünften bietet auch er Recherchehilfen an. Da der Bundesverband einen sehr guten Überblick über Volumina und aktuelle Förderaktivitäten der großen assoziierten Stiftungen hat, kann er von vornherein eine erste Einschätzung über Chancen und Risiken des Projekts geben und auf eventuelle Fristen hinweisen. Aktuelle Möglichkeiten der Rechercheunterstützung sowie deren Kosten erfragen Sie bitte vor Ort. Unter www.stiftungen.org erreichen Sie die „Stiftungssuche" Diese „umfasst rund 8.600 Stiftungen mit eigener Internetanschrift, die in Deutschland tätig sind." Der auto-

8. KAPITEL Fünfter Schritt: Märkte erschließen

matisierte Suchdienst umfasst ausschließlich gemeinnützige Stiftungen mit eigener Internetanschrift, die jeweils nach Aufgabenbereichen (gemäß Abgabenordnung § 51 ff. AO) recherchiert werden können. Das Suchergebnis informiert über die gemeinnützigen Aufgaben, über Möglichkeiten der Antragstellung sowie über die Internetanschriften der einzelnen Stiftungen.
Stifterverband für die Deutsche Wissenschaft: Hier finden sich eine Reihe von Stiftungen, die sich der Förderung der Wissenschaften verschrieben haben. Ein Großteil der hier gelisteten Stiftungen fördert „Einzelprojekte, lobt Preise aus, vergibt Stipendien oder gewährt Publikationszuschüsse. Nähere Einzelheiten und Recherchemöglichkeiten unter: www.stifterverband.org/
Bürgerstiftungsfinder: Unter der Webadresse **www.aktive-buergerschaft.de** ist ein alphabetisches Verzeichnis der Bürgerstiftungen in Deutschland aufgelistet. Man kann nach Postleitzahlen oder Region suchen. Die Seite ist auf die jeweiligen Stiftungen verlinkt.
Verzeichnis der rechtsfähigen Stiftungen des bürgerlichen Rechts in Hamburg: Hamburg hat als „Stadt der 1000 Stiftungen" ebenfalls eine eigene Stiftungsdatenbank eingerichtet. Die Hansestadt ist mit mehr als 1000 Stiftungen Spitzenreiter: „Kein anderes Bundesland zählt so viele rechtsfähige Stiftungen bürgerlichen Rechts pro 100.000 Einwohner." Im Jahr 2012 war auf den Serviceseiten der Satdt unter: https://gateway.hamburg.de eine Datenbank mit Suchfunktion zu finden. Weitere Informationen lassen sich bei der Stiftungsaufsicht der Justizbehörde (www.stiftungen.hamburg.de) beziehen.

3.2 Fördernde Institutionen

Kirchen: Obwohl Kirchen selbst darauf angewiesen sind, neben der Kirchensteuer weitere Finanzquellen aufzutun, unterstützen sie durchaus andere Hilfsprojekte. So ist es nicht unüblich, dass im Rahmen der Kollekte für bestimmte karitative Vorhaben gesammelt wird. Aufgrund der Vielzahl kirchlicher Gemeinden oder Pfarreien werde keine detaillierten Recherchetipps abgegeben. Weiterführende Informationen zur evangelischen oder katholischen Kirche finden sich unter:

3. Stiftungen und andere fördernde Institutionen

Evangelische Kirche in Deutschland – www.ekd.de bzw. unter: Deutsche Bischofskonferenz – www.dbk.de

Service-Clubs

Lions-Clubs: Lions Clubs International ist mit über 1,4 Mio. Mitgliedern in 185 Ländern die größte Service-Club Organisation der Welt. In Deutschland gibt es über 1.500 Clubs, in denen rund 50.704 Männer und Frauen zusammengeschlossen sind.

Der Lions-Leitspruch lautet: We serve (= wir dienen). Die Club-Mitglieder setzen sich für Bedürftige und die Jugend ein, schützen die Umwelt und bemühen sich um gute zwischenmenschliche Beziehungen. Thematische Schwerpunkte sind neben der Jugendarbeit die Bewahrung der Sehkraft und des Gehörs.

Weitere Informationen gibt es im Internet unter www.lions.de. Eine Auflistung aller verlinkten Lions-Clubs in Deutschland findet sich unter www.lionnet.com oder gedruckt in den „Lions International Directories".

Rotary-Clubs: Rotary International ist mit über 33.000 Clubs in mehr als 200 Ländern eine weltanschaulich nicht gebundene, überparteiliche Vereinigung von rund 1,2 Mio. Männern und Frauen, die sich für humanitäre Hilfe und Völkerverständigung einsetzen. Die Arbeitsschwerpunkte bilden, neben dem weltweit größten privaten Programm für internationalen Jugendaustausch, eine Kampagne zur Ausrottung der Kinderlähmung. „Bis heute spendeten die Rotarierinnen und Rotarier weltweit über 1 Milliarde USD für die Ausrottung der Kinderlähmung, welcher Rotary sich seit 1985 weltweit widmet" (vgl. www.rotary.org).

Das Motto der Rotarier lautet: Service above self (= selbstloses Dienen). In Deutschland gibt es 14 Distrikte mit rund 960 Clubs und über 51.000 Rotarier. Nähere Informationen unter www.rotary.de. und für Österreich unter www.rotary.at und die Schweiz www.rotary.ch.

Kiwanis-Clubs: Nach den Lions und den Rotariern sind die Kiwanis der drittgrößte „Serviceclub". Weltweit sind rund 597.000 Mitglieder in über 16.400 Kiwanis-Clubs engagiert. Der Name „Kiwani" ist indianischen Ursprungs und bedeutet so viel wie: „Wir sind gern aktiv – wir finden Freude daran". Derzeit gibt es in Deutschland etwa 145 Clubs mit 3.300 Mitgliedern, davon sind 26% Frauen. Kiwanis sind weder parteipolitisch noch konfessionell gebunden. Nach eigener Aussage helfen die Club-Mitglieder finanziell dort, wo die Bürokratie zu schwerfällig ist, um zu helfen. Man arbeitet zum Beispiel eng mit dem Kinderhilfswerk der Vereinten Nationen zusammen. Die ethische „Goldene Regel" ist das Motto des Clubs: „Verhalte Dich immer so, wie Du erwartest, dass sich Deine Mitmenschen Dir gegenüber verhalten". Nähere Informationen unter www.kiwanis.de bzw. at/ch.

Round Table: Round Table wurde in England gegründet, ist mittlerweile in 47 Ländern vertreten und leistet sich in alter britischer Tradition den Anachronismus, ein reiner Männerclub zu sein. Zutritt haben nur junge Männer im Alter von 18 bis 40 Jahren. Mit Erreichen des 40. Lebensjahrs erlischt die Mitgliedschaft automatisch. Round Tabler verstehen sich als parteipolitisch und konfessionell neutrale Vereinigung deren Motto lautet: „adopt, adapt, improve". Die jungen Tischherren verpflichten sich in „Service-Projekten" dazu, sich für andere zu engagieren. Hierbei geht es weniger um Geld, als vielmehr um den persönlichen Einsatz. Nähere Informationen unter: www.round-table.de oder www.rtinternational.org.

Zonta International wurde 1919 in den USA als erste weibliche Service-Organisation gegründet und ist ein weltweiter Zusammenschluss berufstätiger Frauen, die sich zum Dienst am Menschen verpflichtet haben. Der Name Zonta ist der Symbolsprache der Sioux Indianer entlehnt und bedeutet ehrenhaft handeln, vertrauenswürdig und integer sein. Zielsetzung des Clubs ist es, die Stellung der Frau im rechtlichen, politischen, wirtschaftlichen und beruflichen Bereich zu verbessern, wobei Zonta International überparteilich, überkonfessionell und weltanschaulich neutral ist. Der erste deutsche Club wurde 1931 in Hamburg gegründet. Aktuell gibt es bundesweit 128 Zonta Clubs mit rund 4.600 Mitgliedern. Die deutschen Clubs vergeben zur Förderung junger Frauen jährlich verschiedene Preise und unterstützen vor allem Projekte, die Mädchen und Frauen zu besseren Lebensbedingungen verhelfen. Siehe auch: www.zonta-union.de oder www.zonta.org.

4. Vater Staat und die EU

Da der Rückgang staatlicher Förderung vermutlich genau der Grund ist, weshalb Sie dieses Buch gekauft haben, soll diese Finanzquelle nur am Rande erwähnt werden. Den meisten Lesern sind die Antragsprozeduren für staatliche Bezuschussungen bei den zuständigen Ämtern vermutlich bestens vertraut.

4.1 Staatliche Töpfe

Bund, Länder und Kommunen verfügen über selbständige Haushalte. Auf Bundesebene kommen als Ansprechpartner die jeweiligen Fachministerien in Frage. Die Bundesministerien für Familie, Senioren, Frauen und Jugend bzw. für Arbeit und Sozialordnung sind Ansprechpartner des Bundes für den sozialen Bereich. Sport und Ausländer fallen in das Bundesministerium des Innern. Das Bundesministerium für Gesundheit kommt für Projekte aus dem Gesundheitsbereich in Frage. Daneben existieren das Bundesministerium für Umwelt, Naturschutz und Reaktorsicherheit und das Bundesministerium für Bildung und Forschung als potenzielle Ansprechpartner. Auf Länder- und Kommunalebene gilt es zu recherchieren, welche Behörden für den jeweiligen Bereich zuständig sind.

Eine der umfassendsten Recherchequellen für offizielle Adressen bietet das „Taschenbuch des öffentlichen Lebens" von *Oeckl*. Auf rund 1.500 Seiten wird eine hervorragende Übersicht von Ansprechpartnern und Telefonnummern geboten. Ministerien, Landesregierungen und Kommunen sind ebenso vertreten wie unzählige Verbände aus den Bereichen Gesundheit, Soziales, Umwelt, Medien, Politik, Wirtschaft, Religion, Bildung, Wissenschaft und Kultur. Der deutsche oder europäische Oeckl ist auch als CD-Rom zu erhalten und bietet unter: www.oeckl-online.de kostenlose Testversionen an.

Im komplizierten Förderwesen gibt es unterschiedliche Förderarten und Antragsmöglichkeiten. Die staatlichen Zuwendungen unterscheiden prinzipiell zwischen institutioneller Förderung und Projektförderung. Das heißt, im ersten Fall unterstützt der Staat die gesamte Einrichtung als Institution, in zweiten Fall ein konkretes Projektvorhaben. Wichtigste Voraussetzung für eine Förderung sind die zur Verfügung stehende Mittel auf Seiten der Behörde. Diese werden vor allem im Bereich der institutionellen Förderung zusehends zurückgefahren.

Es bedarf immer eines formellen Antrags. Formulare sind bei den entsprechenden Stellen zu erhalten und stehen oftmals auch schon im Internet zum Download bereit.

4.2 EU-Gelder

Auch die Europäische Union hat eine Reihe von Förderprogrammen zu verschiedenen Themenbereichen festgelegt. Für Antragsteller bedeutet das oft einen gewaltigen Papierkrieg in englischer Sprache mit ungewissem Ausgang.

Zu den wichtigsten Förderinstrumenten der EU gehören Strukturfonds. Die Strukturfondsmittel werden als Zusatzmittel (neben Fördermitteln des Mitgliedslandes) an bestimmte „Ziel"-Regionen vergeben. Finanziert werden in erster Linie Maßnahmen zur Lösung bestimmter Strukturprobleme (z. B.: krisenanfälliger Arbeitsmarkt im Bereich Fischerei oder Modernisierung von Bildungs- und Weiterbildungssystemen).

Des Weiteren gibt es Förderprogramme, die in der Förderdatenbank (www.foerderdatenbank.de) in einer Übersicht erscheinen. Diese laufen über mehrere Jahre und werden zumeist dezentral von den jeweiligen EU-Mitgliedstaaten verwaltet und vergeben. Im Bereich Bildung und Kultur gibt es beispielsweise die Programme „Sokrates" oder „Leonardo da Vinci", die unter anderem zur Förderung von Innovationen und Chancengleichheit im (beruflichen) Bildungswesen dienen.

Außerdem vergeben die Programme „Jugend in Aktion" oder „Kultur" (Förderung des grenzüberschreitenden Kulturaustauschs) Fördermittel. Eine Übersicht über EU-Förderprogramme findet sich unter: www.eu-info.de/foerderprogramme. Hier sind Programme und Antragsmöglichkeiten u. a. für die Bereiche „Bildung und Jugend", „Medien und Kultur" oder Umfeld aufgelistet. Seit Ende 2009 gibt es die EU-Fundraising Association, die ein Netzwerk für EU-Fundraiser intiieren möchte (vgl. http://eu-fundraising.eu). Diese wurde auf Bestreben der privaten Firma „emcra" gegründet, die nach eigenen Angaben eines der führenden Weiterbildungs- und Beratungsunternehmen im Bereich EU-Fördermittel ist. Sie hat es sich zum Ziel gesetzt, von den 974 Milliarden Euro, die allein in den Jahren 2007 bis 2013 seitens der EU verteilt werden, einen größeren Happen abzubekommen und das Know-how in Seminaren weiterzugeben. Darüber hinaus werden öffentliche Aufträge vergeben, die im „Amtsblatt S" publiziert werden. Dies kann für wissenschaftliche Studien oder für die Errichtung so genannter technischer Hilfsbüros zur Umsetzung von Fördermaßnahmen vor Ort interessant sein. Veröffentlichungen zu Ausschreibungen und Änderungen finden sich u. a. unter http://publications.europa.eu/official/index_de.htm

Im Bereich der Beschäftigungspolitik gibt es den Europäischen Sozialfonds und für den Umweltsektor die Programme „EESD", „LIFE" oder „INCO". Es würde zu weit führen, die Vielzahl von Fonds, Programmen oder Gemeinschaftsinitiativen im Einzelnen aufzuzählen.

Die EU gibt eine Reihe von Broschüren und Unterlagen zu jeweiligen Schwerpunkten heraus (z. B. „Frauenförderung in der EU", „Forschungsraum Europa" etc.) Diese sind über die EU-Verbindungsbüros erhältlich. Experten empfehlen vor Antragstellung dringend das persönliche Gespräch. Ein erster Schritt vor der Fahrt nach Brüssel kann der Kontakt zum EU-Büro des jeweiligen Bundeslandes sein. Auch die Kontaktaufnahme zur regionalen Handelskammer oder zur deutschen Vertretung der Europäischen Kommission in Berlin kann weiterhelfen. Verschiedene Bundesstellen, wie das Presse- und Informationsamt der Bundesregierung, die Bundeszentrale für politische Bildung oder das Bundesministerium für Finanzen, erteilen ebenfalls Auskünfte über Europa und dessen Fördertöpfe bzw. aktuelle Programme.

8. KAPITEL   Fünfter Schritt: Märkte erschließen

Weitere EU-Recherchequellen

(1) **EUFIS:** Die Bank für Sozialwirtschaft hat in Zusammenarbeit mit den Spitzenverbänden der Freien Wohlfahrtspflege das EU-Förderinformationssystem (EUFIS) entwickelt. Es richtet sich vor allem an Einrichtungen und Organisationen, die im Bereich der „Sozialwirtschaft" tätig sind und sich über aktuelle EU-Fördermaßnahmen informieren möchten. Es enthält Nachrichten, Ausschreibungen, Leitfäden und Antragsformulare vor allem aus den Bereichen Bildung, Gesundheit, Soziales, Umwelt, Entwicklung, Mittel- und Osteuropa etc. Die verantwortliche Redaktion recherchiert unter anderem in Pressemeldungen der Europäischen Kommission, des Europäischen Parlaments und des Rates der Europäischen Union, in Amtsblättern und sonstigen EU-Nachrichten. Darüber hinaus gibt es einen breit angelegten Adressenpool, einen Dokumententeil sowie ein Forum, das den Austausch untereinander fördern soll. Das System ist kostenpflichtig. Die Preise belaufen sich auf etwa 50 Euro für ein Monatsabonnement und rund 500 Euro für ein Jahresabonnement. Für Mitglieder der Spitzenverbände der Wohlfahrt gelten ermäßigte Preise (Stand 2012: 304 Euro für das ermäßigte Jahresabo). Nähere Informationen unter http://www.eufis.eu

(2) **Mit Führer durch das Labyrinth:** Der *Euro Citizen Action Service* (ECAS) in Brüssel verschickt gegen Zahlung von 39 Euro einen Führer durch den Dschungel europäischer Fördertöpfe: „Die 18. Ausgabe ist 2012 erschienen und gewährt Einblick in den EU-Haushalt sowie in diverse Fördertöpfe. Der „Guide to European Funding for the Non-Profit Sector 2012–2013" ist 225 Seiten dick und gibt Informationen über EU Budgets und „Funding" Perspektiven" Konkrete Leitfäden zur Antragstellung finden sich auf den Seiten der EU-Kommission auf deutsch unter:http://ec.europa.eu/grants/index_de.htm Seit 2011 bringt der Förderlotse-Verlag den *„Fördermittelführer"* (68 Euro, Stand 2012) heraus. In der aktuellen Ausgabe von 2013 werden die 227 wichtigsten Zuschussquellen für gemeinnützige Aktivitäten und Projekte aufgelistet (vgl. zu näheren Informationen: http://foerdermittelhandbuch.de)

9. Kapitel

Sechster Schritt: Maßnahmen und Methoden – die Mittel zum Zweck

> Wir sind nicht nur für unser Tun verantwortlich,
> sondern auch für das, was wir nicht tun.
> *(Molière)*

Es gibt verschiedene Fundraising-Methoden, um potenzielle Förderer anzusprechen oder Mittel zu beschaffen. Im Folgenden werden die gängigsten Maßnahmen vorgestellt. Je nach Strategie, personellen Kapazitäten, Bekanntheitsgrad und Höhe des Budgets stehen einer Organisation verschiedene Maßnahmen zur Verfügung, um mit den jeweiligen Zielgruppen in Kontakt zu treten. Für die eigene Fundraising-Planung gilt es realistische Maßnahmen auszuwählen. Generell empfiehlt es sich, einen Mix aus verschiedenen Aktivitäten anzustreben. So ist eine größtmögliche Unabhängigkeit von einzelnen Gebermärkten gewährleistet.

1. Von (Spenden-)Briefen und Mailings

Eine der gängigsten Methoden, die so verbreitet ist, dass sie mancherorts fälschlicherweise mit Fundraising gleichgesetzt wird, ist das Verschicken von Spendenbriefen. Allein im Jahre 2011 erhielt jeder deutsche Haushalt durchschnittlich 645 Werbesendungen per Post. (vgl. Nielsen (2012), www.nielsen.com). Hierbei ist zwischen persönlichen Briefen an bekannte Spender und Massenaussendungen an größtenteils unbekannte Menschen, so genannte Mailings oder Direct-Mail-Aktionen, zu unterscheiden. Die Methode des Briefversands scheint auf den ersten Blick sehr einfach und praktikabel. Die Tücke liegt auch hier im Detail. Massenmailings werden von vielen Empfängern als Belästigung empfunden und wandern ungeöffnet in den Müll. Das gilt für viele Privathaushalte und ganz besonders für Firmen. Der standardisierte Massenschrieb nimmt bei Unternehmen trotz aller Versuche der Individualisierung mit großer Wahrscheinlichkeit nicht einmal die Vorzimmerhürde. Dennoch haben Briefaussendungen in unterschiedlicher Form ihren Sinn und bilden für viele Organisationen die Basis Ihrer Spendeneinnahmen. Eine im Jahr 2012 veröffentlichte Studie des Marktforschungsinstituts Nielsen ergab, dass bedruckte Umschläge fast 36 % mehr Aufmerksamkeit erregen und 85 % der Angeschriebenen einen ansprechend bunt bedruckten Werbebrief geöffnet und gelesen haben. Nach Aussage der Befragten wirkten diese Briefe hochwertiger und ansprechender. Zu ähnlichen Ergebnissen kamen englische Forscher. Sie überprüften die Wirkung von Briefsendungen mit Hilfe von Neuromarketing-Instrumenten und stellten fest, dass auf den Umschlag gedruckte Informationen emotionale Prozesse in Gang setzten, besser erinnert und lieber weitererzählt wurden.

Maßnahmen	Märkte und Zielgruppen			
	Privatpersonen	Unternehmen	Stiftungen/Institutionen	Staat/EU
Spendenbriefe	X	x		
Persönliche Gespräche	X	x	X	x
Sammlungen	X	(x)		
(Benefiz-)Veranstaltungen/TV-Galas	X	x	(x)	
Tombolas/Flohmärkte/Basare	X	x		
selbst erwirtschaftete Mittel	X	x		
Merchandising	X	x		
Charity Shops	X	(x)		
Altgut-Sammlungen	X	x		
Online Fundraising	X			

Maßnahmen	Märkte und Zielgruppen			
	Privatpersonen	Unternehmen	Stiftungen/ Institutionen	Staat/ EU
Sponsoring		x		
Bußgeldmarketing				x
Lotterien				x
Leihgemeinschaften/Fonds	X	(x)		
Affinity Credit Cards	X	x		
Ereignis-Spenden (Jubiläum, Begräbnis)	X	x		
Antragswesen			X	x
Patenschaften	X	x		
Upgrading (Dauerspenden)	X			
Großspendermarketing	X	(x)		
Erbschaftsmarketing	X			
Capital Campaigns	X	x	X	x

Abb. 20: Maßnahmen im Überblick

1.1 Chancen und Grenzen von Spendenbriefen

Chancen

(1) **Mailings sind eine Möglichkeit des Massenmarketing:** Wenn Sie neue Adressen recherchiert oder gemietet haben, können Sie durch den massenhaften Versand von Briefen eine große Anzahl Menschen erreichen und auf Ihre Organisation aufmerksam machen. Diese Form des Direct-Mails bietet sich an, wenn es Ihr Ziel ist, Unbekannte anzusprechen, um mittelfristig die Spenderbasis zu verbreitern.

(2) **Briefe dienen der Kontaktpflege zu Spendern und sind ein Mittel des Dialogs:** Der Versand von Informationsmaterialien an bekannte Spender kann dazu dienen, über Erfolge und neue Herausforderungen zu berichten. Eine Organisation kann an die jährliche Spende erinnern oder vorhandene Förderer um eine höhere Spende oder eine Einzugsermächtigung bitten, sie

„upgraden". Mit einer entsprechenden Software bieten Mailings auch die Chance Spender besser kennen zu lernen. Es lässt sich feststellen, wer auf welches Thema reagiert. Um einen wirklichen Dialog zu fördern, reicht es jedoch nicht, lediglich einen Überweisungsträger beizulegen.

(3) **Individuelle Briefe können kurzfristig Geld bringen:** Hierbei ist nicht von Massenaussendungen an Unbekannte die Rede, sondern von individuellen Anschreiben an Spender oder Personen, denen die Organisation nachweislich bekannt ist. Wenn es gelingt, den Spendenzweck überzeugend zu vermitteln und für konkrete Vorhaben eine bestimmte Summe erfragt wird, stehen die Chancen auf Erfolg nicht schlecht. Nach neuesten Erkenntnissen wird auch bei Massenmailings die beste Wirkung mit hochwertig aussehenden Briefen erzielt Die beste Wirkung erzielten bedruckte Umschläge, denen ein personalisertes Anschreiben beilag (vgl. Nielsen 2012).

Grenzen

(1) **Mailings bringen keine Spendermassen:** Die durchschnittliche Rücklaufquote (= Responsequote) von großen Mailings liegt unter zwei Prozent. Die sogenannte Hausliste kann auch schon mal 10 Prozent bewegen. Viele Organisationen sind bereits begeistert, wenn die Rückläufe bei „kalten Adressen" über ein Prozent liegen (Durchschnittlich reagieren Fremdadressaten nur zu etwa 0,3 bis 1,5 %). Das heißt bei einem Mailing an 10.000 Leute reagieren, wenn es gut gemacht ist, etwa 200 Menschen mit Spenden zwischen fünf und 50 Euro. Als Versender darf man also keine Massen an Neuspendern erwarten, sondern eine Erweiterung der Adressdatenbank.

(2) **Mailings erfordern Investitionen und langen Atem:** Wenn Sie 5.000 oder 50.000 Briefe verschicken wollen, kommen nicht unerhebliche Kosten auf Sie zu. Diese Investitionen haben sich nach Aussage der Experten je nach Größenordnung erst in drei bis vier Jahren amortisiert. Die Initialkosten rechnen sich nur dann, wenn regelmäßig Aussendungen stattfinden und die Spendendaten optimal ausgewertet werden. Einmalig zur Probe ein

Mailing an eine Masse unbekannter Menschen verschicken zu wollen, ist nicht sinnvoll.

(3) **Viele Mailings wandern in den Müll:** Sie müssen damit rechnen, dass der Großteil Ihrer Briefe in den Müll wandert. Jeder Haushalt erhält pro Jahr über 600 Werbebriefe. Da Sie bei einem Mailing auf Masse statt auf Klasse setzen müssen, lässt sich bei der Flut der Spendenbriefe kaum verhindern, dass Sie vieles für den Papierkorb produzieren.

1.2 Emails oder „Snail-Mails"

Die Versuchung, preisgünstige und papiersparende Mails zu verschicken ist groß und auch legitim. Dennoch ergab die bereits mehrfach zitierte Nielsen-Studie aus dem Jahr 2012, dass gerade die jüngere Zielgruppe der 16- bis 34-jährigen Emails als „schlechteste Variante" bewerteten. Als Erklärung wurde angeführt, dass Emails sich zum einen nicht abheben würden und zum anderen in der Masse der täglichen elektronischen Post untergingen. Emails seien schlicht nicht interessant. (vgl. Nielsen (2012), S. 3). Lediglich die 55- bis 65-jährigen fanden diese Form der Nachricht „am besten".

1.3 Der Blick in die Masse – Ziele, Zielgruppen und Zeitpunkte

Ziele: Für den effektiven Versand einer großen Zahl von Spendenbriefen ist es wichtig, sich klar zu machen, wer genau mit welchem Ziel erreicht werden soll. Zentrale Zielsetzungen eines Mailings können sein:

(1) Neuspender gewinnen mit „kalten" (gemieteten/recherchierten) oder „warmen" (bekannten) Adressen.

(2) Bestehende Spender informieren, erinnern, um Sonderzahlungen für Projekte bitten oder „upgraden" mit „heißen" Adressen der eigenen Hausliste.

Wie in der strategischen Planung üblich, sollten Sie sich eindeutige Ziele setzen. So können Sie überprüfen, ob die Aussendung funktioniert hat und gegebenenfalls Verbesserungen durchführen. Diese Ziele lassen sich durch die Anzahl neuer Spender ausdrücken, z. B.: Wir wollen in drei Jahren 10.000 neue Adressen im Pool haben. Es kann sich auch um finanzielle Ziele handeln, z. B.: Mit diesem Mailing wollen wir 5.000 Euro einwerben, die uns für die Renovierung noch fehlen. Konkrete finanzielle Ziele für bestimmte Vorhaben zu nennen, ist durchaus empfehlenswert. Erfahrungen zeigen, dass oftmals genau die Summe überwiesen wird, die zur Durchführung des Projektes noch fehlte.

Zielgruppen: Auch ein Briefversand benötigt Vorlaufzeit. Planen Sie ihn rechtzeitig bis zu einem halben Jahr im Voraus, je nachdem, welche Größenordnung Sie anstreben. Nur so haben Sie genügend Zeit mit Agenturen und Listbrokern zu verhandeln, Angebote zu vergleichen und die Datenerfassung vorzubereiten.

Eine Briefaktion an eine begrenzte Anzahl bekannter Menschen kann kurzfristiger angesetzt werden. Auch hier gilt es, die Kosten im Auge zu behalten.

Wenn Sie vorhaben, die Basis Ihrer Spender durch ein größeres Mailing zu verbreitern, ist es nicht sinnvoll das Telefonbuch von A – F anzuschreiben. Es geht darum eine möglichst „intelligente" Spenderliste zu nutzen. Das heißt, Menschen anzusprechen, die eine Affinität zu Ihrer Organisation haben könnten. Wenn Sie eine regionale Organisation im Gesundheitswesen sind und mit Hilfe kalter Adressen neue Spender gewinnen wollen, könnte es sich anbieten, Ärzte, Psychologen, Physiotherapeuten oder Heilpraktiker Ihrer Stadt anzuschreiben. In jedem Fall benötigen Sie eine Liste mit eigenen und fremden Adressen.

Zeitpunkt und Planung: Die Wahl des Zeitpunkts hängt von der Zielsetzung ab und ergibt sich manchmal automatisch. Wenn Sie den Jahresbericht verschicken möchten, werden Sie den Versand nach Erscheinen durchführen, wahrscheinlich zwischen Januar und März. Das jährliche Weihnachtsmailing findet zwischen Oktober und Dezember statt. Wenn Sie akut Geld für ein Sonderprojekt einwerben wollen, können Sie die besten Spender auch außer der Reihe anschreiben. Es gibt keine wirklichen Faustregeln, wann Sie Spendenbriefe verschicken sollten. Einige Punkte können Sie jedoch beachten:

(1) **Vorbereitungszeit:** Ein Mailing braucht eine gewisse Vorlaufzeit. Fünfzig handgeschriebene Briefe, die sie selbst konzipieren haben einen anderen Vorlauf als eine Massensendung von 100.000 gedruckten Standardbriefen, deren Text auch noch Ihr Vorstand begutachten möchte.

(2) **Ferienzeit:** Die Sommermonate vor Zeugnisvergabe und Schulferien gelten als schlechte Mailingzeit. Die Menschen sparen auf den Urlaub oder haben andere Sorgen. Andererseits haben amerikanische Studien ergeben, dass der August hinter November und vor Februar der zweiterfolgreichste Mailingmonat ist (vgl. „Seasonality Study Released" in Flanagan, J. (2000), S. 282).

(3) **Weihnachtsgeld:** November ist der klassische und wohl auch erfolgreichste Mailingmonat. Das Jahr geht zu Ende, die Menschen sind eher besinnlich gestimmt. Viele haben bereits Weihnachtsgeld erhalten und somit ein paar Extra-Euros auf dem Konto, von denen sie einige abgeben können.

(4) **Besondere Anlässe und Aufhänger:** Plausible Aufhänger sind ebenfalls gute Anlässe für Spendenbriefe. Wenn Ihr Schwerpunkt in der Jugendarbeit liegt, können Sie ein Mailing zum „Internationalen Tag der Jugend" durchführen. Die Internationalen Tage, Wochen, Jahre und Dekaden der Vereinten Nationen können Sie im Internet unter www.un.org/events oder unter www.unesco.org/general/eng/events abrufen.

(5) **Nutzen der RFM-Regel**: Ausgefuchste Fundraisingprofis versuchen ihre Mailings mit der RFM-Regel zu optimieren. R steht für Recency, also den letzten Spendenzeitpunkt, F für Frequency, also die Spendenhäufigkeit und M für das jährliche Gesamtspenden-volumen, also „Montary Value".
Recency: Experten empfehlen, Spender/innen in Rankingliste zu sortieren und diejenigen, die kürzlich erst aktiv waren mit einem speziellen R-Vermerk zu versehen.
Frequency: Hierbei wird geraten, die Reaktionen auf die Mailings der letzten drei bis fünf Jahre zu verfolgen und diejenigen

Spender/innen herauszufiltern, die regelmäßig gegeben haben. Ein längerer Betrachtungszeitraum ist deshalb sinnvoll, weil eine Spenderin, die dreimal in zwei Jahren überwiesen hat, höher zu bewerten ist, als jemand, der viermal in fünf Jahren gespendet hat.

Monetary: Hierbei geht es darum, die Gesamtspendenhöhe zu erfassen, die sich aus den Spenden der letzten Mailings ergeben hat.

Anstatt immer die gesamte Hausliste mit einem Standardmail zu versorgen, empfiehlt es sich, nur eine Auswahl der am höchsten „gerankten" Spender m Sinne der RFM anzuschreiben. Hierdurch lassen sich Kosten sparen und die Erfolgsraten erhöhen. Voraussetzung zur Nutzung dieser Regel ist eine verlässliche Erfassung der Daten.

Da bei großen Aussendungen erst nach einiger Zeit der Break-even erreicht ist, also der Punkt, ab dem sich das Mailing auch finanziell lohnt, ist es notwendig, mehr als nur einmal im Jahr die Spendenbriefe zu verschicken. Da diese Größenordnungen vermutlich nur mit Hilfe externer Spezialdienstleister durchgeführt werden können, helfen diese auch bei der Planung der Termine. Dennoch ist es wichtig, selbst Ziele und Zielgruppen im Auge zu behalten. Wenn Sie das Gefühl haben, acht Mailings pro Jahr sind für Ihre Spender oder Mitglieder zu viel, dann sollten Sie diese Überlegung ernst nehmen.

> **Tipp:**
>
> Wenn Spender oder Mitglieder sich über zu viele Mailings beschweren, schicken Sie einen höflich formulierten Fragebogen zurück. Fragen Sie, wie oft und zu welchen Anlässen er oder sie Post haben möchte:
> (1) einmal im Jahr mit Jahresbericht
> (2) einmal im Quartal die Mitgliederzeitung
> (3) alles, was aktuell verschickt wird
> (4) gar nicht.
> Wichtig ist hierbei, dass Sie diesen Wünschen auch nachkommen. Es kann Sie Spender kosten, wenn Sie erst nach deren Bedürfnissen fragen und diese dann ignorieren.

Auch wenn Sie keine Massenpost verschicken oder nur sporadisch Drucksachen versenden, ist ein Verzeichnis Ihrer Aussendungen im Jahresaktionsplan unbedingt sinnvoll.

1.3 Das Mailing-Package – von Eitelkeiten und Tränendrüsen

Die nachfolgenden Kriterien können als Grundlage für jede Form des Spendenbriefs gelten, ob er an persönliche Bekannte oder an anonyme Empfänger verschickt wird. Briefe an Unternehmen sind ähnlich aufgebaut, werden aber am Ende dieses Kapitels noch gesondert behandelt.

Das Mailing-Package: Ein Mailing besteht bei den meisten Organisationen aus drei bis fünf Teilen:

(1) Umschlag (unbedingt)

(2) Anschreiben (unbedingt)

(3) Überweisungsträger (unbedingt)

(4) Informationsmaterial (optional)

(5) Geschenkbeilage (optional)

Der Umschlag: Da Ihr Spendenbrief zusammen mit den Spendenbriefen anderer Organisationen, Telefonrechnungen und sonstiger Post im Briefkasten eines unvorbereiteten Empfängers landet, sollte die äußere Hülle helfen, die erste Hürde zu nehmen: Altpapiercontainer oder Brieföffner. Der Umschlag ist quasi das Entrée und der erste Eindruck, den Sie hinterlassen. Die Qualität sollte zum Image bzw. der Corporate Identity der Organisation passen. Nicht nur für Umweltorganisationen ist Recyclingpapier eigentlich ein Muss, zumal es mittlerweile sehr elegante Ausführungen gibt. Einige Mailingexperten lehnen Sichtfenster mit der Begründung ab, der Empfänger assoziiere damit Rechnungen oder Behörden. Sie schwören auf Adressaufkleber. Andere setzen auf Fotos oder Bilder auf dem Umschlag. Diese so genannten Teaser sollen zum Öffnen einladen, was sich – wie oben beschrieben – auch durch Studien belegen lässt. Als besonders erfolgreich haben sich Fotos von Prominenten erwiesen. Diese geben dem Empfänger das Gefühl, er oder sie bekäme

Post von einer Bekanntheit des öffentlichen Lebens. Es können auch Fotos sein, die Inhalte der Projektarbeit vermitteln (s. Abb. 21).

Abb. 21: Bedruckter Umschlag des WWF.

Die Umschlaggestaltung hängt ab vom Budget, der Zielgruppe und der eigenen Einschätzung, was zu Ihrer Organisation passt. Probieren Sie aus, was ankommt. Sei es ein anderes Format als die üblichen 22 cm × 11 cm oder 11,5 cm × 16 cm, eine Farbe (gelb, lila etc.) oder „handschriftliche" Notizen auf dem Umschlag. Ein Umschlag mit „echter" Briefmarke lädt immer eher zum Öffnen ein als eine maschinenbestempelte Massensendung.

Das Anschreiben: Die Werbepsychologie hat es herausgefunden: Der Mensch ist eitel oder zumindest sensibel, was den eigenen Namen anbelangt. Genauso wie wir uns gerne selbst auf Fotos bewundern, wandert der Blick bei Briefen schnell auf unseren Namen. Ist dieser falsch geschrieben, sind wir enttäuscht. Fünfzig Prozent des Mailingerfolgs sollen angeblich von der richtigen Anschrift abhängen. Das gilt für den Umschlag wie für das Anschreiben. Danach hat ein unbekannter Absender eine durchschnittliche Chance von dreißig Sekunden, in denen ein Leser entscheidet, ob er den Schrieb sympathisch oder uninteressant findet.

Die Erfahrungen zeigen, dass Leser ihr Augenmerk insbesondere auf folgende Elemente eines Anschreibens legen:

> **Wichtig!**
>
> (1) **Korrekte Anschrift mit richtiger Anrede (inkl. Titel) und Anschrift:** Die persönliche Anrede („Sehr geehrte Frau Dr. Geber") ist immer einem „Sehr geehrte Damen und Herren" vorzuziehen. Bei kleinen Auflagen, Firmen- oder Großspenderanschreiben ist die persönliche Anrede ein Muss.
>
> (2) **Absender mit Logo und möglichst authentischer Unterschrift einer honorigen Person:** Auch wenn die Praktikantin die Spendenbriefe konzipiert, weil sie Zeit hat und am besten textet, sollten dennoch Geschäftsführung oder Vorstand den Brief unterschreiben. Bei größeren Auflagen kann deren Computersignet – leserlich! – eingefügt werden. Diese sollte blau gestaltet werden, um nicht den Eindruck einer kopierten Massensendung zu erwecken. Die Unterschrift einer honorigen Persönlichkeit wertet den Brief auf. Wenn die Praktikantin den Adressaten jedoch persönlich kennt, sollte sie selbst unterschreiben.
>
> (3) **Die Betreffzeile bzw. die Headline:** Hier sollte das Anliegen auf den Punkt gebracht werden, so dass die Leser gleich wissen, worum es geht und ob das Thema sie interessiert.
>
> (4) **Die ersten ein bis zwei Zeilen:** Diese entscheiden, ob der Leser nach der Headline geneigt ist, den Brief zumindest zu überfliegen.
>
> (5) **Die PS-Zeile:** Viele Menschen lenken den Blick von der Unterschrift zum PS, sofern dieses entsprechend gestaltet ist. Daher empfiehlt es sich, am Ende des Briefes im PS noch einmal eindringlich zum Handeln bzw. Spenden aufzurufen.
>
> (6) **Das Datum:** Experten empfehlen das Datum traditionell rechts oben zu platzieren und einen konkreten Tag auszuwählen. Amerikanische Schreibweisen wie „November, 13" oder „im November" werden als irritierend bzw. unpersönlich empfunden.

Aktuelle Forschungsergebnisse mit Augenkameras (Nach Aussage des Forschungsleiters Cornelius Burghardt des Hamburger Instituts Schantz, Neubauer und Partner.) belegen, dass der Blick des Lesers zunächst zum Logo wandert und sich vom gestalterischen Element einfangen lässt. Danach wendet er sich dem Anschriftenfeld zu, gefolgt von der Überschrift. Erst danach wandert er zu Unterschrift und PS (vgl. Abb. 22). Vor allem das PS hat an Bedeutung verloren, da es mittlerweile zur Standardausführung jedes Spendenbriefes gehört.

Ein paar Stilblüten vorweg: Prinzipiell gilt für alle Zielgruppen die gleiche Regel: Das Anschreiben muss einfach, übersichtlich und verständlich sein. Das heißt:

- keine Fremdwörter, Fachtermini oder Schachtelsätze
- 15 Worte oder weniger pro Satz
- Unterteilung in einzelne Paragrafen, die nicht mehr als acht Zeilen haben
- keine komplizierten Konstruktionen („zu bildende Teams und aufzubauende Hütten"), sondern aktive Verben
- wichtige Passagen eventuell unterstreichen, um die Aufmerksamkeit des Auges auf sich zu ziehen.
- kein bunter Mix der Schrifttypen und -größen, das verwirrt das Auge

Von Headlines, Geschichten und PS – über kurz oder lang auf den Punkt: Über die Länge von Spendenbriefen gibt es verschiedene Theorien, die man auf den Satz reduzieren kann: Soviel wie nötig, so wenig wie möglich. Einige Experten sagen: „Nie über eine Seite", andere sind der Auffassung, es brauche manchmal drei bis vier Seiten, um die Zusammenhänge darzustellen oder eine gute Geschichte zu erzählen. In Zeiten der Informationsflut und Massensendungen scheint eher in der Kürze die Würze zu liegen. Da zu einem klassischen Mailing-Package ohnehin eine Informationsbroschüre gehört, können Sie sich ruhig kürzer fassen.

Egal, wen Sie anschreiben und wie ausführlich Sie Ihr Anschreiben verfassen, der Grundaufbau, der sich für Spendenbriefe bewährt hat, ist im Wesentlichen gleich und folgt den Werbeprinzipien (Bei Werbebotschaften spricht man von der AIDA-Formel: A = Attention (Aufmerksamkeit), I = Interest (Interesse), D = Desire (Verlangen), A = Action (Handlung).):

(1) **Erregen Sie Aufmerksamkeit:** In jedem Fall sollte es Ihnen gelingen, in den ersten zwei Sätzen das Interesse des Adressaten

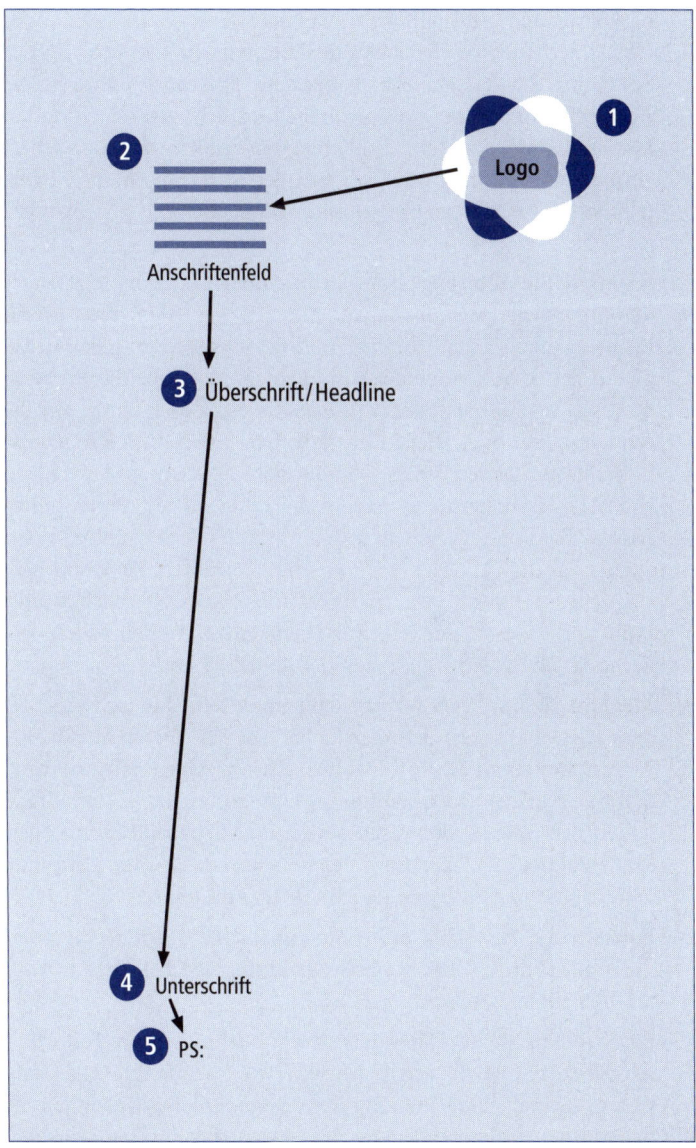

Abb. 22: „Wandernder Blick"

hervorzurufen und ihn oder sie und zum Weiterlesen oder Überfliegen des Briefes anregen. Hier entscheidet sich, ob der Schrieb in die Wiedervorlage oder den Papierkorb wandert. Die Aufmerksamkeit kann durch Fragen erreicht werden, die den Leser ins Geschehen einbeziehen: „Hatten Sie nicht auch schon einmal das Gefühl, dass …". Zitate oder harte Fakten, die aufrütteln, sind je nach Zielgruppe und Anlass ebenfalls als Intro geeignet.

(2) **Schaffen Sie Interesse bzw. Problembewusstsein:** Jetzt muss der potenzielle Spender davon überzeugt werden, dass es ein Problem gibt, das ihn bewegt und das es zu lösen gilt. Hierzu bieten sich kleine, beispielhafte Geschichten an, die das Problem plastisch begreifbar machen. Ob Sie diese Geschichten anrührend gestalten oder eher informativ, hängt von Ihrer Zielgruppe und Ihrem eigenen Image ab. Der Schreibstil muss sowohl zu Ihren Unterstützern, als auch zum Image Ihrer Organisation passen. Sie können zwischen den Varianten: „Sie kennen doch auch …" oder „Die Zeit wird knapp …" wählen. Im ersten Fall versuchen Sie den Leser zu Ihrem Vertrauten zu machen und sanft in die Geschichte hinein zu ziehen. Im zweiten Fall appellieren Sie an die Notwendigkeit der schnellen Hilfe.

(3) **Machen Sie konkrete Lösungsangebote:** Kein Mensch möchte, dass sein Geld versandet oder nichts bewirkt. Bieten Sie Lösungen an, berichten Sie von Erfolgen der Vergangenheit und werden Sie konkret. So genannte Shoppinglisten oder Leitbeträge haben sich im Spendenwesen bewährt: „Mit nur 20 Euro tragen Sie dazu bei …", „50 Euro reichen, um …", oder „Mit nur 10 Euro können Sie einen kleinen Beitrag leisten zu …".

(4) **Fordern Sie zur Hilfe auf:** Eine Geschichte allein reicht noch nicht aus. Fordern Sie konkret zur Hilfe, also zur Spende, auf: „Helfen Sie uns, … zu retten!"

(5) **Beschreiben Sie den Spendernutzen:** Nicht in jedem Fall müssen Sie konkrete materielle Vorteile wie Spendenplaketten anbieten. Gemeinsame Freude oder das gute Gefühl, geholfen zu haben und an der Linderung des Leidens beteiligt zu sein, reichen oftmals aus.

1. Von (Spenden-)Briefen und Mailings

Das kostet beispielsweise	
– eine Kletterwand	7.200,- €
– eine Kletterwand	10.200,- €
– eine Klangwand	1.600,- €
Doch dringend benötigt werden auch	
– ein Bällebad inkl. Treppe	1.300,- €
– eine Weichboden-Wendematte	1.200,- €
– Schaumstoff-Bausteine	1.300,- €
– eine Fühlwand	800,- €
– eine Kletternetzwand	850,- €
– diverse Therapiehängematten zu je	150,- €
Bitte helfen auch Sie behinderten Kindern. Mit einer Spende bewegen Sie viel. Danke!	

Abb. 23: „Shoppingliste" eines Spendenbriefs der Evangelischen Stiftung Alsterdorf

(6) **Bedanken Sie sich im Voraus:** Auch wenn Sie noch nicht wissen, ob Ihnen eine Spende zugeht, sollten Sie Ihren Dank aussprechen. Sie können sich z. B. für das Interesse des Lesers bedanken, der Ihren Brief bis hierher gelesen hat.

(7) **Das PS und die Headline:** Der Blick der Leser wandert schnell auf die Unterschrift und danach auf das PS. Folglich gilt es hier noch einmal einen Appell zur Hilfe an den Empfänger richten. Auf Headlines, Betreffzeilen oder PS sollte gleichermaßen Mühe verwandt werden. Im Idealfall findet sich hier die Essenz des Anliegens als Slogan oder Destillat auf den Punkt gebracht.

Kreatives Schreiben: Egal, ob Sie an bekannte oder unbekannte Spender schreiben, sollten Sie versuchen, Ihr Anliegen möglichst prägnant und ansprechend auf den Punkt zu bringen. Ein Spendenbrief muss den Spender davon überzeugen, dass sein Geld für Sie wichtig ist. Er muss vermitteln, dass die Spende richtig angelegt wird und dass sie etwas bewegen kann. Auf folgende Fragen des Empfängers sollte Ihr Schreiben Antworten geben:

9. KAPITEL — Sechster Schritt: Maßnahmen und Methoden

- Weshalb soll gespendet werden?
- Für wen und mit welcher Zielsetzung wird das Geld verwendet?
- Warum ist es dringend? Warum soll gerade jetzt gespendet werden?

Geschichten: Wenn Sie sich kleine Geschichten ausdenken, müssen sie schlüssig sein. Überlegen Sie sich, was Sie mit der Geschichte aussagen wollen und passen Sie den Text stimmig in das Anschreiben ein. Eine kurze Inhaltsangabe kann für den Autor hilfreich sein.

> „Sehr geehrte Frau Gütig,
> in Nigeria wurde die 15-jährige Bariya Ibrahim Magazu nach einer Vergewaltigung durch drei Männer schwanger. Sie wurde wegen vorehelicher sexueller Beziehung nach der Scharia verurteilt und nach der Geburt ihres Kindes trotz internationaler Proteste im Januar ausgepeitscht ..." (Ausschnitt aus einem Spendenbrief von Terre des Femmes, April 2001)

Stil: Wählen Sie einen Stil, der zu Ihrer Zielgruppe passt. Greenpeace spricht andere Menschen an als das Evangelische Johanneswerk, ein großer diakonischer Träger. Das Image der beiden Einrichtungen ist unterschiedlich. Greenpeace steht für spektakuläre Protestaktionen, das Johanneswerk für zuverlässige, soziale Arbeit. Überlegen Sie sich genau, wen Sie ansprechen und variieren Sie Ihren Stil, wenn Sie sich an unterschiedliche Zielgruppen (Jugendliche, Senioren etc.) richten. Nehmen Sie Abstand vom eigenen Geschmack. Das Anschreiben soll Ihre Zielgruppe ansprechen, nicht unbedingt Sie selbst.

Tipp:

Um einen möglichst persönlichen Brief zu verfassen, können Sie sich einen personalisierten Adressaten ausdenken, der zu Ihrer Zielgruppe passt. Das kann Ihre Mutter, ein Arbeitskollege oder eine Freundin sein. Stellen Sie sich vor, Sie schreiben an Verwandte oder Bekannte. Sie können sich sogar ein Foto auf den Schreibtisch stellen, um sich in diese Person besser hineinzuversetzen. Überlegen Sie, wie Sie Mutter, Kollegin oder Freundin davon überzeugen können, dass Sie helfen sollen.

1. Von (Spenden-)Briefen und Mailings

Headlines sollen das Thema zusammenfassen und für Aufmerksamkeit sorgen. Diese Überschriften sind kein Muss. Einige erfolgreiche Organisationen verzichten darauf und steigen direkt in ihre Briefe ein. Andererseits werden in Geschäftsbriefen auch Betreffzeilen verwendet, damit der Empfänger weiß, worum es geht. Ein guter Slogan regt an.

> „Spendensammlung zur Unterstützung von Walen" ist natürlich weniger gelungen als der provokante Satz, den sich Greenpeace ausgedacht hat:
> „Wer braucht schon Wale im Meer, wenn man sie im Aquarium besichtigen kann!" (Greenpeace, November 2000)

Wichtig ist, dass Ihnen diese Betreffzeile nicht zu langweilig gerät.

Tipp:
Schreiben Sie die Headline besser am Schluss. Es fällt leichter, wenn der Rest des Schreibens schon vorliegt.

Testen Sie den Gesamteindruck des Anschreibens: Lesen Sie sich den Brief laut vor. Wenn er Ihnen stimmig und nicht holprig erscheint, geben Sie ihn sowohl einer Kollegin als auch einem Außenstehenden zu lesen. Versuchen Sie, ein kritisches Feedback auszuhalten und zur Verbesserung zu nutzen.

Tipp:
Stellen Sie sich folgende Fragen:
(1) Würden Sie nach der Headline und den ersten zwei Zeilen wirklich weiterlesen? Ist das Thema, das Sie gewählt haben ansprechend, mitreißend oder interessant?
(2) Ist der Stil persönlich und freundlich oder eher etwas steif? Fühlen Sie sich angesprochen?
(3) Wenn Sie noch nie etwas von Ihrer Organisation gehört hätten, würden Sie nach diesem Brief mehr über deren Arbeit wissen wollen?
(4) Wenn Sie bis zu Ende gelesen haben, wie geht es Ihnen: motiviert, interessiert, depressiv, genervt? Haben Sie sich selbst mit Fakten erschlagen? Haben Sie klare Lösungen angeboten?

> (5) Haben Sie eindeutige Beträge formuliert? Wissen Sie als Leser, wie viel Geld nötig ist und wofür es verwendet wird?
> (6) Wenn Sie Fotos verwenden, wirken sie ansprechend, abstoßend oder nichtssagend?

Es gibt keinen perfekten Brief. Auch große Organisationen probieren immer wieder etwas Neues aus. Generell gilt: Je besser Sie Ihre Empfänger und deren Bedürfnisse kennen, desto erfolgreicher ist Ihre Briefaktion.

PS: Auf die Tränendrüse zu drücken, ist nicht mehr angesagt.

Überweisungsträger: Machen Sie es dem Empfänger so leicht wie möglich. Legen Sie einen Überweisungsträger bei. Wenn es die Größenordnung der Aussendung bzw. das Budget erlauben, sind vorgedruckte Formulare am elegantesten. Wenn Sie keine zusätzlichen Druckkosten aufbringen möchten, sollten auf dem Zahlungsträger zumindest die Daten Ihrer Bankverbindung vorgedruckt oder handschriftlich eingetragen sein. Einige Banken bieten den Druck als kostenlosen Service an.

Informationsmaterial: Beim Thema Informationsmaterial scheiden sich die Geister. Die Erfolge sind unterschiedlich und hängen von Zielgruppe und Anlass ab. Wenn es sich um neue Ansprechpartner handelt, kann eine kleine Infobroschüre hilfreich sein, um Hintergrundinformationen über Ihre Arbeit zu liefern. Wenn es sich um bekannte Spender handelt, die um einen Zusatzbeitrag für ein Projekt außer der Reihe gebeten werden, ist eine Broschüre vermutlich überflüssig. Das Geld ist in elegante Umschläge und echte Briefmarken besser investiert.

Geschenkbeilage: Kleine Geschenke erhalten die Freundschaft und positiv gestimmte Menschen geben tatsächlich mehr Geld (In sozialpsychologischen Tests wurde ermittelt, dass kleine Geschenke die Spendenbereitschaft deutlich erhöhen. Vgl. Heidbüchel, A. in BSM-Newsletter 05/2001, S. 44.). Manche Fundraiser machen die Erfahrung, dass Menschen anrufen und gerne noch mehr von den niedlichen Namensaufklebern hätten. Andere bekommen empörte Anrufe, dass Spendengelder nicht für solche Kinkerlitzchen verschwendet werden sollten. Auch hier kann der Rat nur sein: Zielgruppe im Auge haben und testen.

Mögliche Gimmicks: Saatguttütchen, Papierfaltschachteln, Postkarten, Sammelbildchen, Adressaufkleber, Sticker, Holzchips, symbolische Puzzleteile etc.

Das Dankschreiben: Ein essenzieller Bestandteil einer Mailingaktion ist das Dankschreiben, das Sie nach Spendeneingang verschicken. Viele Organisationen begnügen sich damit, am Jahresende kommentarlos Spendenquittungen zu versenden. Das ist zwar gang und gebe, hat aber mit Spenderbindung und -wertschätzung nichts zu tun. Es ist kein guter Stil. Die Spender werden im Ungewissen gelassen, ob ihre Spenden überhaupt angekommen sind. Sich nicht zu bedanken, ist schlichtweg unhöflich. Wenn einem im Geschäft ein paar Cents fehlen und ein anderer Kunde aushilft, würde man sich sofort bedanken. Wieso soll ein Spender, der erheblich mehr gibt, schlechter behandelt werden?

Am besten formulieren Sie Ihr Dankschreiben vor. Überlegen Sie sich, wie Sie die interne Logistik zwischen Bank, Buchhaltung, Fundraising und Vorstand optimieren können. Ihr Ziel sollte sein, sich zu bedanken, „bevor die Sonne untergeht (Diese Aussage wird Lothar Schulz zugeschrieben, dem ehemaligen Fundraiser der Evangelischen Stiftung Alsterdorf.)."

1.4 Kosten

Es gibt Bücher, die sich ausschließlich mit dem komplexen Thema Direct-Mail befassen. Der Finesse sind nach oben kaum Grenzen gesetzt. Fast alle Dienstleistungen lassen sich mittlerweile käuflich erwerben, von der Adressauswahl bis hin zu Design, Text, Druck und Kuvertieren. So genannte Fullservice-Agenturen bieten Komplettlösungen mit ausführlicher Beratung an. Adressen finden Sie beim Deutschen Fundraising-Verband e. V. im Internet unter www.fundraisingverband.de

9. KAPITEL — Sechster Schritt: Maßnahmen und Methoden

Tipps, die Kosten sparen:

(1) Unter einer Adressenanzahl von 5.000 sollten Sie Ihre Anschreiben selbst verfassen, anhand der oben geschilderten Kriterien.

(2) Erstellen Sie Serienbriefe auf dem eigenen Computer und benutzen Sie Ihr normales Briefpapier. Falls es die Menge zulässt, produzieren und verschicken Sie die Mailings an Ihre Hausadressen selbst. Amerikanische Organisationen veranstalten regelrechte Mailingparties mit Freiwilligen. Diese Idee ist durchaus übertragbar.

(3) Die Stimmung dürfte weitaus gelöster sein, als wenn die „üblichen Verdächtigen" des Vorstands eines kleinen Vereins in nächtlicher Puzzlearbeit Mailing-Packages eintüten und nach Postleitzahlen sortieren.

(4) Erhöhen Sie Ihre „Schlagzahl" und verschicken Sie mehr als nur ein Mailing pro Jahr. Hauslisten haben durchschnittliche Rückläufe von 30 % und mehr, wenn sie gut gemacht sind und an die richtigen Leute gehen.

(5) Testen Sie Ihr Mailing bei Kollegen, Fokusgruppen und Ehrenamtlichen, bevor Sie es rausschicken. Nehmen Sie Feedback an und optimieren Sie Ihre Entwürfe.

Nutzen Sie den kostenlosen Beratungsservice der Deutschen Post AG und fragen Sie ausdrücklich nach „Teilleistungsentgelten von nicht gewerbsmäßig beförderten Briefsendungen". Es gibt Preisnachlässe für Nonprofits, von denen vielleicht noch nicht alle Berater wissen (Nähere Informationen unter „Werben mit der Post: www.deutschepost.de

Anzahl der Adressen		10.000	
Kosten pro Brief		0,60 €	
* Miete: 0,10–0,20 EUR			
Porto: 0,25–0,58 EUR			
Design: 1.500–7.500 EUR			
Gesamtausgaben			6.000 €
Rücklaufquote		15 %	
Rücklaufanzahl		150	

1. Von (Spenden-)Briefen und Mailings

Durchschnittsspende		20,00 €	
Erlös			3.000 €
Break-Even Anzahl Spender	300		
Rücklaufquote	3 %		
Werbekosten (netto)			3.000 €
Langfristige Betrachtung: Spendenwert (= life time value)			
Spende pro Jahr	20,00 €		
Kosten pro Jahr (4 Briefe)	2,40 €		
Nettojahresertrag	17,60 €		
Spenderdauer	6 Jahre		
Gesamtspendenertrag pro Spender auf 6 Jahre		105,60 €	
Gesamtgewinn 150 Spender auf 6 Jahre			15.840 €
Langfristiger Gewinn (netto)			9.840 €

Abb. 24: Kostenkalkulation Neuspendermailing

Da es selten der Fall ist, dass Geld keine Rolle spielt, ist es wichtig, die Kosten für ein Mailing genau im Auge zu haben und sich zu überlegen, was man innerhalb welcher Zeit erreichen will und ob es sich rechnet.

Tipps für kleine Organisationen:

Als kleinere Organisation sollten Sie sich *nicht* an Massenmailings, sondern am persönlichen Brief an die Freundin orientieren. Massenmailings versuchen genau diesen persönlichen Touch professionell herzustellen. Nutzen Sie den Charme kleiner, handgemachter Auflagen an bekannte Unterstützer und scheuen Sie sich nicht „ein bisschen unprofessionell" zu wirken. Das wirkt sympathisch. Manche Organisationen bauen extra Rechtschreibfehler ein, um diesen Effekt zu erzielen.

Sie können damit starten, Adressen von Geschäftspartnern und Bekannten zusammenzustellen. Jedes Mitglied der Organisation schreibt seine Kontakte persönlich an. Sie können ein Foto und eine gute Fotokopie (erste Pressestimmen oder ähnliches) beilegen und richtige Briefmarken verwenden. Wenn Sie 100 bis 500

> Adressen mit zehn Mitarbeitern anschreiben, können Sie bei durchschnittlichen Rücklaufquoten von 15 bis 30 % bereits einiges an Geldern zusammenbekommen.

1.5 Spendenbriefe an Unternehmen – wann, wie und an wen?

Die Kriterien eines Spendenbriefes an Unternehmen ähneln denen an bekannte private Spender, nicht denen einer Massensendung!

Zeitpunkt: Um ganz sicher zu gehen, wann Sie Ihre Spendenbriefe am zielgenauesten an Unternehmen senden, sollten Sie am besten vorher anrufen und sich erkundigen. Manche Vorstände oder Geschäftsleiter verteilen die Spendengelder am Jahresanfang, andere vor der Etatplanung im Spätsommer. Da ein Anruf ohnehin nötig ist, um den Namen des Ansprechpartners zu erfragen, schlagen Sie zwei Fliegen mit einer Klappe.

Zielgruppe: Ran an den Chef oder wen im Unternehmen schreiben wir an? Während Sponsoring zum Etat der Marketing-Kommunikation gehört, liegt die Entscheidungsgewalt über Firmenspenden meistens auf der Geschäftsführungs- oder Vorstandsebene. An wen genau Sie Ihr Anschreiben zu richten haben, sollten Sie unbedingt im Vorfeld erfragen. Viele der handelsüblichen Nachschlagewerke sind schnell veraltet, da die Vorstände zurückgetreten sind oder Geschäftsführer gewechselt haben.

Wenn Sie keine Kontakte zu einer Firma haben und keine Ahnung, wen Sie anschreiben sollen, rufen Sie unbedingt an. Recherchieren Sie die Rufnummer der Firmenzentrale, schildern Sie kurz Ihr Anliegen und lassen Sie sich den Namen des Ansprechpartners buchstabieren. Vor allem in mittelständischen Unternehmen oder bei großen Volumina wird Ihr Projekt beim Vorstand oder der Geschäftsführung landen.

Da es beim Fundraising immer um Aufbau und Pflege von Beziehungen geht, ist es eine Frage der Höflichkeit und des Stils, sich von Anfang an auf die potenziellen Unterstützer und deren Gepflogenheiten einzustellen. Ein kopiertes Standardschreiben an „Sehr geehrte Damen und Herren" ist hinausgeworfenes Porto und schade um die Zeit. Es ist in jedem Fall wichtig, auf ein korrektes Anschreiben, Rechtschreibfehler und Schlüssigkeit der Inhalte zu achten.

> **Tipp:**
>
> Wenn Sie ins Vorzimmer verbunden werden, sehen Sie das nicht als Horrorszenario („Oh Gott, was soll ich denn sagen?"), sondern als Chance. Die Sekretärin/Assistentin ist Ihre Verbündete. Machen Sie niemals den Fehler, diese (zumeist) Frauen schlecht zu behandeln und nur als Durchgangsstation zu den vermeintlich wirklich wichtigen Entscheidern zu sehen.
> Die Frau im Vorzimmer ist nicht nur diejenige, die Sie später einmal durchstellt. Sie ist meistens auch diejenige, die Weihnachtskarten und Geschenke besorgt, die Post vorsortiert und vom Chef um ihre Einschätzung gefragt wird. Also bringen Sie ihr Ihre Mission nahe und schildern Sie, worum es geht. Wenn dann das persönliche Anschreiben auf gutem Briefpapier mit echter Briefmarke folgt, stehen die Chancen schon sehr viel besser, an der Ablage P (apierkorb) vorbeizukommen.

Inhalte: Ein Spendenbrief an eine Firma ist alles andere als ein Bettelbrief. Er ist eher mit dem Anschreiben eines kompetenten Bewerbers um einen Job zu vergleichen. Selbst, wenn Sie bereits arbeitslos sind und Ihnen das Wasser bis zum Hals steht, werden Sie das nicht so formulieren. Weder in Bewerbungsschreiben noch in Kontaktanzeigen wird offen die Bedürftigkeit formuliert. „Abgebrannter Computerfreak sucht händeringend Anstellung", wirkt ebenso wenig überzeugend wie: „Ausgehungerter Langzeitsingle, von Haushalt und Job genervt, sucht reiche, putzwillige Witwe."

Für Ihren Spendenbrief gilt das genau so. Sie wollen Ihre Einrichtung einem Unternehmen nahe bringen und bewerben sich mit diversen anderen um deren Unterstützung. Wie ein potenzieller Bewerber auf einen Job, sollten Sie also weder zu unterwürfig auftreten, noch allzu forsch. Ein Unternehmen hat Geld, Service oder Sachmittel für Sie zu bieten, Sie offerieren ihrerseits Image, Kontakte oder Sinnhaftigkeit.

9. KAPITEL — Sechster Schritt: Maßnahmen und Methoden

Genau wie in einem Bewerbungsschreiben ist es sinnvoll, dem Unternehmen plausibel zu machen, weshalb Sie gerade diese Firma ausgewählt haben. Hier kommen die Kriterien Spendentradition, Regionalbezug, Produktnähe oder Zielgruppenaffinität zum Tragen. Beispielsweise: „Da Sie seit Jahren unser Hauptlieferant sind …", „Sie stellen Babypuder her – wir unterstützen junge Mütter in Notlagen …", „da auch Ihr Unternehmen in der Region Magdeburg ansässig ist …".

Darüber hinaus ist es wichtig, den Nutzen für das Unternehmen zu betonen und den Entscheidungsträgern einige Argumente an die Hand zu geben. Versetzen Sie sich in die Rolle des Unternehmens und überlegen Sie, wo Bedarf ist und welchen Nutzen Ihr Projekt für die Firma bietet. Die Mitarbeiter und Kunden der Firmen leben in der gleichen Region wie Sie.

Folgende Argumente können Sie für eine Unterstützung Ihrer Einrichtung anführen:

- Sicherung der Qualität und der sozialen Harmonie des Standorts
- Bewahrung der kulturellen Vielfalt der Region
- Erhalt der Bildungsangebote
- Übernahme sozialer Verantwortung
- Hilfe zur Selbsthilfe durch Anschubfinanzierung
- Unterstützung bei der Erfüllung wichtiger sozialer Aufgaben
- Erhalt der Natur (Naherholungsgebiet, Lebensqualität, Freizeitwert etc.)

Ähnlich wie später noch beim Sponsoring, ist es auch bei der Anfrage nach Unternehmensspenden hilfreich, konkrete Projektvorhaben beschreiben zu können und genau zu wissen, welche Mittel Sie benötigen. Hierbei sollten Sie nicht nur an Geld, sondern auch an Sachmittel oder Know-how denken. Es fällt Firmen erfahrungsgemäß sehr viel leichter, sich von produzierten Gütern zu trennen oder Zeit zu spenden, als Finanzmitteln bereit zu stellen.

> **Tipp:**
>
> Amerikanische Organisationen haben gute Erfahrungen mit dem Versand von Video-Tapes an Unternehmen und vielbeschäftigte Freiberufler gemacht. Auch einige große deutsche Hilfsorganisationen haben professionelle Videos im Angebot. Da die Produktion eines Videos jedoch nicht ganz billig ist, muss vorab kalkuliert werden, ob es sich lohnt oder ob ein gut gemachter Spendenbrief für Ihre Zwecke dienlicher ist.

1.6 Exkurs: Kleine Selbstdarstellung anbei

Spätestens wenn Sie Spendenbriefe an Unternehmen verschicken wollen, benötigen Sie eine Selbstdarstellung, einen kleinen Folder oder eine Imagebroschüre. Diese sollte relevante Hintergrundinformationen zu Ihrer Organisation liefern. Die Wirkung von Druckerzeugnissen ist nicht zu unterschätzen. Während ein Telefonat oder ein Treffen nur so ungefähr im Gedächtnis bleibt, werden gedruckte Broschüren oft aufgehoben. Sie sind die Visitenkarten Ihrer Organisation und sollten sorgfältig erstellt und bei Bedarf überarbeitet werden.

Es geht nicht darum, für teures Geld vierfarbige Hochglanzbroschüren zu produzieren. Ein „handgestricktes", schwarz-weißes DIN-A4 Faltblatt kann seinen Zweck genauso gut erfüllen, sofern es mit Sorgfalt hergestellt ist und zu Ihrem Image passt.

Wenn Sie sich unsicher sind, ob Ihr Material noch up to date ist oder für Ihre Zwecke ausreicht, überlegen Sie folgende Fragen:

- Stimmen die Aussagen noch mit dem Leitbild überein?
- Stimmen die Fakten über Vorstand, Geschäftsführung und Ihre Hauptaktivitäten noch?
- Entspricht die Aufmachung der Corporate Identity der Organisation (Farben, Logo, Stil)?
- Sind die (Projekt-)Inhalte aktuell?
- Passen Design und Aufmachung zur Zielgruppe (z. B. Großdruck für Senioren, moderneres Design für Jugendliche, seriöses Understatement für Unternehmen)?

Folgende Basisinformationen sollte eine Selbstdarstellungsbroschüre enthalten:

(1) **Leitbild:** Es sollte eine knappe, aber überzeugende Zusammenfassung der Mission (des Daseinszwecks), der Werte und Ziele der Organisation vermitteln.

(2) **Informationen zu Führungsteam, Management und Verwaltung:** Für potenzielle Förderer ist es interessant zu wissen, wer im Vorstand oder Kuratorium sitzt. Wer gehört zum Führungsteam und welche qualifizierten Mitarbeiter sind in relevanten Positionen? In diese Rubrik gehören folgende Punkte:

- Der rechtliche Status als gemeinnütziger Verein, GmbH, Stiftung, Universität etc.

- Ein Überblick über Ihre Führungs- und Verwaltungsstruktur sowie Kurzportraits der Vorstandsmitglieder oder Gesellschafter.

- Informationen über die Qualifikation Ihrer Mitglieder und Kurzportraits Ihrer wichtigsten Mitarbeiter. Wenn Sie prominente Unterstützer haben, erwähnen Sie auch diese mit Namen und Foto.

(3) **Überblick über die finanzielle Situation:** In dieser Rubrik geht es darum, Interessenten transparent zu machen, dass die Finanzmittel, die Ihrer Organisation zufließen dazu dienen, Lösungen herbeizuführen.

Tipps für die Finanzsektion:

- Geben Sie einen groben Überblick über die Finanzen. Vermeiden Sie zu große Detailgenauigkeit.
- Seien Sie plastisch. Beschreiben Sie wie vielen Menschen Sie geholfen haben, wie viele Ausstellungen oder Aufführungen Sie hatten. Es ist nachvollziehbarer, wenn Sie schildern, dass Sie pro Jahr 2.000 Anrufe vergewaltigter Frauen bekamen und rund 600 persönliche Beratungsgespräche führen konnten. Oder dass Sie für 350 Obdachlose an 365 Tagen im Jahr ein warmes Mittagessen zum Kostenpunkt von 1,50 Euro anbieten konnten.

1. Von (Spenden-)Briefen und Mailings

- Gehen Sie offensiv mit Ihrem Verwaltungskostenanteil um. Verschweigen Sie ihn nicht, sondern bemühen Sie sich um größtmögliche Transparenz. Wenn er de facto zu hoch sein sollte, ist es Zeit in Klausur zu gehen und an Ihrer Ausgabenstruktur zu arbeiten.
- Arbeiten Sie mit Charts anstelle von endlosen Zahlenkolonnen.

(4) **Ausblick auf die Zukunft:** Beschreiben Sie, was Sie zukünftig planen und in welche Richtung die Entwicklung gehen soll. Erläutern Sie Ihre Vision. So können Förderer sehen, dass ihr Geld gut angelegt wird und sie auch zukünftig ideell oder inhaltlich von der Arbeit der Organisation profitieren werden.

(5) **Geschichte:** Wenn Sie eine lange Erfolgsstory vorzuweisen haben, fassen Sie diese kurz zusammen. Dadurch vermitteln Sie Seriosität und Kontinuität.

BEISPIEL: Geschichte Verein Naturschutzpark e. V. Lüneburger Heide

1909	1921	1967	1954–84
gegr. durch Pastor Bode	zum Schutzgebiet erklärt	Europa-Diplom	Unterstützung durch Alfred Töpfer

Weitere Druckerzeugnisse: Je nachdem wie groß Ihre Organisation ist und welche Ziele verfolgt werden, benötigen Sie verschiedene Druckmaterialien wie zum Beispiel:

- Briefpapier und Visitenkarten
- Selbstdarstellungsbroschüre
- Sponsoringkonzepte
- Projektinformationen
- Erbschaftsbroschüre
- Förderkreismaterialien
- Newsletter, Infobriefe oder Mitgliederzeitung
- Dankschreiben
- Jahresbericht

Kleine Organisationen mit geringem Budget benötigen nicht gleich die gesamte Palette. Es ist jedoch eine Überlegung wert, ob Sie Ihre Briefbögen, Broschüren oder Visitenkarten am PC selber erstellen oder von Anfang an durch eine Druckerei fertigen lassen.

Tipps zur Kostenreduktion:

(1) Machen Sie einen Crashkurs „Gestaltung" und basteln Sie einfache Drucksachen selbst am PC.

(2) Sparen Sie Konzeptkosten und sammeln Sie eigene Ideen:

- Notieren Sie spontane Geistesblitze
- Verbessern Sie Vorlagen der Konkurrenz
- Lassen Sie sich von Fotos, Zeitschriften oder Archivbildern inspirieren
- Nutzen Sie Kreativitätsmethoden

(3) Texten Sie die Inhalte selbst und nehmen Sie diese mit zum Grafiker.

(4) Nehmen Sie Vorlagen als Anschauungsmaterial mit.

(5) Suchen Sie sich Freiberufler an Stelle von Agenturen.

(6) Holen Sie immer einen Kostenvoranschlag oder eine schicken Sie von sich aus eine Auftragsbestätigung.

BEISPIEL: 2012 wurde www.spendet org. mit dem deutschen Fundraisingpreis für die beste Innovation ausgezeichnet. Das Firmenspenden-Portal ging 2011 online und sammelte innerhalb der ersten drei Monate über 100.000 Euro an Spenden. Bei einigen Projekten konnte der Anteil von Firmenspenden um bis zu 70 % gesteigert werden Das Portal gibt Unternehmen die Möglichkeit, „Spendenprojekte direkt in die eigene Webseite einzubinden und so leichter Förderer zu gewinnen. Dienstleister, Mitarbeiter, Partnerunternehmen etc. können so eingeladen werden, die Spendenaktion zu unterstützen und weitere Förderer zu aktivieren. Ein interaktives Spendenbarometer sowie die Möglichkeit für die Geschäftsführung, Mitarbeiterspenden automatisch verdoppeln zu lassen, bieten zusätzlichen Ansporn." (vgl. www.fundraising-preis.de und www.spendet.org)

2. Persönliche Gespräche und Verhandlungen

Während das Verschicken von Spendenbriefen oft für die ursprünglichste aller Fundraising-Methoden gehalten wird, ist sie nicht so erfolgreich wie ein persönliches Gespräch von Angesicht zu Angesicht.

Es gibt eine Fülle von Möglichkeiten Anlässe für persönliche Gespräche zu schaffen wie Straßenfeste, Flohmärkte, Infostände, Tage der offenen Tür, offizielle Galaveranstaltungen oder Haustürsammlungen. Hierbei bieten sich gute Gelegenheiten, die Arbeit der Organisation zu beschreiben, Projekte vorzustellen und die Bitte um Unterstützung zu formulieren. Neben geplanten Veranstaltungen mit eher zufälligen Gesprächspartnern gibt es natürlich auch die Möglichkeit, gezielt auf Unterstützer zuzugehen und persönliche Besuche abzustatten.

Diese Methode liegt zwar an der Spitze der Fundraising-Erfolgsleiter, bedeutet aber für viele Menschen auch die größte Herausforderung. Während ein Brief vom heimischen Schreibtisch aus verschickt werden kann und die Reaktion darauf von vielen Faktoren abhängt, ist bei der persönlichen Ansprache der Fundraiser als Mensch gefordert. Er fühlt sich für Erfolg oder Misserfolg verantwortlich.

Jemanden nach Geld zu fragen, liegt auf Platz 3 der größten Ängste des Menschen; nur noch übertroffen durch die Angst vor dem Tod (Platz 1) und dem Halten eines öffentlichen Vortrags (Platz 2) (vgl. Mutz/Murray (2000), S. 151). Geld ist in unserer Gesellschaft ein Tabuthema. Gehaltsverhandlungen laufen unter Ausschluss der Öffentlichkeit. Vielen Arbeitnehmern ist es unter Androhung von Kündigung untersagt, über ihren Verdienst zu sprechen. Über Geld redet man nicht, man hat es.

Was gegen die Angst vor der Verhandlung wirkt, sind gute Vorbereitung und Training. Mit der Zeit verliert sich die Scheu vor dem „Nein", besonders wenn man gelernt hat, eine Absage nicht persönlich zu nehmen.

2.1 Vorbereitung

Eine der wichtigsten Vorbereitungen für ein Gespräch mit einem potenziellen Unterstützer ist die Tatsache, dass man selbst gespendet hat. Ob Sie andernfalls die Augen schamhaft senken oder nicht, Ihr Auftreten ist in jedem Fall überzeugender. Vertriebsprofis meinen, man müsse selber das Auto fahren, das man verkaufen will. In jedem Fall ist es psychologisch weitaus einfacher, wenn Sie sagen können: „Ich habe bereits gespendet und jetzt möchte ich Sie bitten, auch etwas zu geben." Dies trifft besonders beim Einsatz ehrenamtlicher Helfer zu.

Geplante persönliche Gespräche können in verschiedenen Situationen stattfinden: Beim unangekündigten „Tingeln" durch die Geschäfte der Umgebung, beim Termin mit einem Unternehmen oder beim Besuch eines Großspenders.

Bei der Auswahl der Gesprächspartner gilt die Fundraising-Regel: Gleiche fragen Gleiche. Zwar kann eine eloquente Praktikantin erfolgreicher sein als ein wortkarger Geschäftsführer, aber prinzipiell ist dieser „Gleichheitsgrundsatz" zu berücksichtigen. Es ist eine Frage gegenseitigen Respekts.

Wenn ein Treffen mit dem Chef des größten regionalen Unternehmens ansteht, sollten auch aus Ihrem Hause Vorstand oder Geschäftsführung dabei sein. Die gegenseitige Würdigung sollte sich auch in Äußerlichkeiten niederschlagen, indem man sich über den Dresscode des Gegenübers Gedanken macht. Außerdem sollten sich die Gesprächspartner so gut wie möglich auf das Gespräch vorbereiten.

Folgende Überlegungen gehören zu den „Hausaufgaben":

(1) Die Spendergeschichte: Seit wann spenden er oder sie bereits? Welche Summen flossen zu welchen Gelegenheiten? Wann wurden die Zahlungen eingestellt und was könnte der Grund gewesen sein?

(2) Interessen: Wo lassen sich Verbindungen zu Ihrer Organisation herstellen? Welche Interessen hat Ihr Gegenüber (als Geschäfts- oder Privatperson) und wie können Sie ihm entgegen kommen?

(3) Hintergründe: Wenn es noch keine Förderhistorie gibt, welche Aufhänger lassen sich finden? Inwieweit könnte Ihr Projekt zum Förderer passen und ihm Vorteile bringen.

Neben dieser mentalen Vorbereitung empfiehlt es sich einige Unterlagen mitzubringen:

(1) Allgemeine Selbstdarstellung der Organisation
(2) Projektbeschreibung (Ziele, Laufzeit, Budget etc.)
(3) Aktueller Jahresbericht
(4) Kontonummer und Bankverbindung (sollte eigentlich auf allen Unterlagen stehen)

2.2 Gesprächsverlauf

Eine strukturierte Gesprächsplanung ist nicht immer notwendig. Wenn Sie bereits eine gute Beziehung zu Ihrem Förderer aufgebaut haben und klar ist, worum es geht, können Sie sich auf Ihr Geschick und Ihre soziale Kompetenz verlassen.

Wenn es sich jedoch um eine Ihnen unbekannte Person handelt (z. B. Firmenchef), die bereits Zeitknappheit signalisiert hat oder Sie bisher wenig Erfahrung haben, sollten Sie sich gut vorbereiten.

Je besser Sie vorbereitet sind und je mehr Eventualitäten und mögliche Katastrophen Sie im Geiste durchgespielt haben, desto entspannter werden Sie in das Gespräch gehen können.

> **Ein Gespräch durchläuft gemeinhin vier Phasen:**
>
> (1) **Aufwärmphase (Eröffnung):** Hier geht es darum, eine persönliche Verbindung herzustellen und das Eis zu brechen. Sie können die geschmackvollen Bilder im Büro ansprechen, sich über das Wetter äußern oder den Blumenstrauß auf dem Schreibtisch bewundern. Wichtig ist, sich auf den Gesprächspartner einzustellen, Gemeinsamkeiten zu suchen und eine angenehme Atmosphäre zu schaffen.
>
> (2) **Einstieg in die Thematik:** Kommen Sie langsam zur Sache und schaffen Sie eine Überleitung zu Ihrem Anliegen. Das heißt

nicht, dass Sie mit der Tür ins Haus fallen und unverblümt nach Geld fragen. In Gesprächen gilt die alte Regel: Wer fragt, der führt. Fragen Sie, inwieweit Ihre Organisation und deren aktuelle Projekte bekannt sind, ob die letzte Veranstaltung registriert wurde oder auch was Ihrem Unterstützer nicht gefällt. Stellen Sie sich auf Ihren Gesprächspartner ein und hören Sie zu, was er zu sagen hat. Interesse können Sie voraussetzen, sonst wären Sie nicht eingeladen worden. Jetzt geht es darum, die gegenseitigen Interessen abzugleichen und einander Angebote zu machen.

(3) **Präsentation:** Nachdem Sie zugehört haben und die Interessen, Wünsche oder Vorbehalte Ihres Gesprächspartners erfahren haben, können Sie Ihr Projekt vorstellen. Hierzu sollten Sie Anschauungsmaterial vorbereitet haben und eine klare Kostenübersicht. Halten Sie immer wieder inne und lassen Sie Fragen oder Einwände zu, vor allem hüten Sie sich davor, ohne Punkt und Komma zu reden. Eine gewisse Zurückhaltung, kurze Pausen zum Nachdenken oder Fragen sind oft wirkungsvoller als ein Redeschwall.

(4) **Abschluss und runde Ecke:** Irgendwann kommen Sie nicht darum herum, klar zu formulieren, welche Form und Höhe der Unterstützung Sie sich wünschen. „Uns ist mit jedem Euro geholfen, geben Sie, was Sie so entbehren können", ist kein guter Abschluss. „Ich hatte gehofft, dass Sie sich für diese Idee begeistern werden. Wenn Sie uns mit 10.000 Euro als Anschubfinanzierung unterstützen würden, könnten wir das Projekt schon nächsten Monat an den Start bringen", ist eine bessere Variante. Egal, wie das Gespräch verlaufen ist, versuchen Sie eine runde Ecke zu formen. Das heißt, auch wenn Sie mit der Erwartung auf 10.000 Euro gekommen sind und nun mit 100 Euro oder leeren Händen gehen müssen, tragen Sie es mit Fassung. Bleiben Sie freundlich und verbindlich. Wenn das Gespräch aus dem Ruder gelaufen sein sollte und Ihr Gesprächspartner unwirsch wurde, versuchen Sie eine „runde Ecke" zu formen. Bedanken Sie sich für das Interesse an Ihrer Organisation und bleiben Sie freundlich. „Kill them with kindness", wie die Amerikaner sagen. Wenn es gut lief, denken Sie an den Dank danach. Schicken Sie ein Dankeschön oder rufen Sie noch einmal persönlich an. Auch wenn es nicht zu dem erwünschten Abschluss kam, schi-

cken Sie eine Karte und bedanken sich für das „offene Ohr" und die Zeit, die Ihnen gespendet wurde. Informieren Sie über den Fortgang des Projekts und bleiben Sie am Ball.

Tipps:

- Bereiten Sie sich so gut wie möglich vor und beschaffen Sie sich möglichst viele Informationen über Ihren potenziellen Förderer. Betrachten Sie das nicht als Schnüffelei, sondern als Basis für Gespräche und Verhandlungsführung.
- Gehen Sie von einem erfolgreichen Gespräch aus und bleiben Sie freundlich.
- Hören Sie aktiv zu, signalisieren Sie durch Kopfnicken Interesse (klingt vielleicht banal, ist aber wirkungsvoll), lächeln Sie und machen Sie Angebote, die zu den Interessen Ihres Spenders passen.
- Machen Sie keine falschen Versprechungen. (z. B.: „Selbstverständlich nennen wir uns ab morgen die „Schröder-Symphoniker, Frau Schröder.")
- Feilschen Sie. Wenn Ihr Spender 10.000 Euro abgelehnt hat, fragen Sie, ob 2.500 Euro in vier Raten denkbar wären oder gegebenenfalls 7.000 Euro.
- Nehmen Sie ein „Nein" nicht persönlich. Fragen Sie nach den Gründen oder nach einem besseren Zeitpunkt.
- Bleiben Sie auch nach einer Absage am Ball. Laden Sie den potenziellen Förderer zu Veranstaltungen ein. Erst nach dem dritten „Nein" oder einer eindeutig harschen Absage sollten Sie sich endgültig geschlagen geben.

2.3 Teamplayer oder Soloauftritt

Für beide Varianten gibt es Argumente. Wenn Sie einen einzelnen Spender oder eine Gönnerin besuchen, sollten Sie besser alleine kommen, sonst könnte er oder sie sich bedrängt fühlen. Auch ist es unter Umständen einfacher und unverkrampfter, alleine ein persönliches Gespräch zu führen. Sie sind vermutlich entspannter, als wenn noch eine Kollege als „Beobachter" dabei ist.

Wenn es sich um einen Termin bei einem Unternehmen handelt, ist ein Teamauftritt angebracht. Unternehmen sind es gewohnt, dass mehrere Verhandlungspartner mit unterschiedlichen Rollen anwesend sind. Darüber hinaus wirkt es professioneller, wenn Sie nicht alleine kommen. Auch hören vier Ohren mehr als zwei und es kann Ihnen Sicherheit geben. Wenn Sie eine Frage nicht beantworten können, kann es vielleicht die Kollegin. In diesem Fall ist dringend zu empfehlen, vorher ein Rollenspiel durchzuführen oder zumindest ein Drehbuch mit verteilten Rollen und der ungefähren Gesprächsdauer zu schreiben. Wenn Sie nur eine halbe Stunde Zeit haben, sollten Sie diese gut strukturieren und sich disziplinieren. Eine Plaudertasche als Teampartner kann kontraproduktiv sein.

Tipps:

- Reden Sie nicht zu viel, sondern hören Sie auf Zwischentöne des Gegenübers.
- Versuchen Sie Ihre eventuelle Enttäuschung zu verbergen und bleiben Sie freundlich.
- Bereiten Sie sich gut vor und denken Sie an vollständige Unterlagen.

3. Haus- und Straßensammlungen – Drückerkolonnen oder netter Talk zwischen Tür und Angel

Eine nicht unumstrittene Form des persönlichen Gesprächs stellen Haustürsammlungen (= Canvassing) dar. Umstritten deshalb, weil einige Organisationen so genannte Drückerkolonnen einsetzen. Hierbei handelt es sich um professionelle Haustürverkäufer, die in den Uniformen der Hilfsorganisationen mit teilweise rüder Überrumpelungstaktik auf Provisionsbasis Mitgliedschaften verkaufen. Diese Praxis hat dazu geführt, dass in einigen Bundesländern Sammlungsgesetze verschärft worden sind. Da Haustürsammlungen der Genehmigungspflicht unterliegen, empfiehlt es sich im Vorfeld

3. Haus- und Straßensammlungen – Drückerkolonnen oder netter Talk

bei den zuständigen Behörden (Ordnungsämter, Stadt- oder Kreisverwaltungen bzw. Innenministerium des Bundeslandes) vorzusprechen und sich über Auflagen und Vorgehensweisen zu erkundigen.

> **Beispiel Sternsinger:** Zu den bekanntesten Straßensammlern gehören in katholischen Gegenden die so genannten Sternsinger. Rund 500.000 meist jugendliche Sänger ziehen Jahr für Jahr rund um den Dreikönigstag durch Deutschland. Im Jahr 2005 wurde die Rekordsumme von rund 47,5 Mio. Euro gesammelt. Mit den Geldern unterstützt das Päpstliche Kindermissionswerk rund 3.000 Projekte für Not leidende Kinder in Afrika, Asien und Lateinamerika (vgl. www.sternsinger.org).

Wenn Sie sich mit dem Gedanken an Haustürsammlungen tragen, sollten Sie gut überlegen, wen Sie als Vertreter Ihrer Organisation „an die Front" schicken. Es gibt Agenturen, die Einsatzkräfte vermieten. Der Preis ist nicht unerheblich und rechnet sich meist nur auf lange Sicht. Hierbei ist von vorneherein zu berücksichtigen, dass es im Hinblick auf Agenturprovisionen zu erheblichen Widerständen bei Mitgliedern und Spendern kommen kann. Ehrenamtliche einzusetzen, wird von vielen Organisationen als Überforderung der Helfer angesehen. Auch soll es sich als nicht besonders effektiv erwiesen haben. So berichten Vereine, dass sich die Abrechnungen der Sammelaktionen mit ehrenamtlichen Helfern extrem lange hinziehen können, da die Buchhaltung nach Feierabend geschehen muss. Die schwierigsten Punkte stellen Motivation und Kosten-Nutzen-Relation dar.

Viele Leute scheuen sich davor, von Tür zu Tür zu laufen. Sie brennen schnell aus, da sie es persönlich nehmen, wenn sie unwirsch abgewimmelt werden. Einige Umweltverbände haben auch gute Erfahrungen mit Studenten gesammelt, die an der Haustür Abonnements für ökologische Lebensmittel-Körbe verkauften. Um Überrumpelungseffekte zu vermeiden, sollte eine geplante Sammlung mit Termin und Anlass unbedingt rechtzeitig in der örtlichen Zeitung oder durch Wurfsendungen angekündigt werden. Positive Erfahrungen haben zumeist diejenigen Organisationen, die diese Sammlungen aktiv in ihre Öffentlichkeitsarbeit einbinden und somit die Haushalte durch Flyer oder Plakate vorab informieren. Die Caritas oder das Müttergenesungswerk sind seit Jahrzehnten mit Sammelaktionen erfolgreich.

Für Spenden- oder Mitgliedschaftsvereinbarungen, die im Rahmen dieser „Haustürgeschäfte" zustande gekommen sind, gilt § 312 Widerrufsrecht bei Haustürgeschäften des BGB, nachzulesen u. a. auf den Seiten des Deutschen Fundraisingverbandes unter: www.fundraisingverband.de in der Sektion „Häufige Fragen". Falls man selbst einmal in die Situation kommen sollte, als Verbraucherin mit dem Vorgehen einer Organisation oder eines Dienstleisters nicht einverstanden zu sein, kann man sich per Mail an die Schiedsstelle des Verbandes (schiedskommission@fundraisingverband.de) wenden.

Eine etwas angestaubt wirkende Variante sind Straßensammlungen mit der Sammelbüchse. Auch diese sind genehmigungspflichtig und bedürfen wie Haustürsammlungen einer sorgfältigen Auswahl und Schulung der Beteiligten. Im Idealfall weisen Sie die Sammelnden intensiv in ihre Aufgabe ein und üben in Rollenspielen Auftritt, Aussage und Umgang mit Kritikern.

Einfacher gestaltet sich das Aufstellen einer Spendenbüchse in Geschäften, Praxen oder Restaurants. Sofern es sich um „geschlossene" Räume handelt, können Sammelbehältnisse aufgestellt werden, ohne dass dies behördlich genehmigt werden muss. Das bringt kein großes Geld, bietet aber im Rahmen der Öffentlichkeitsarbeit eine gute Gelegenheit, mit den Geschäftsleuten ins Gespräch zu kommen. Sie können für das Thema sensibilisiert werden. Relevante Fragen, die es vor der Aufstellung zu berücksichtigen gilt, sind vor allem: Design und Herstellungskosten der Büchse, Abholung (Leerung) oder Sicherung.

4. Veranstaltungen mit oder ohne Benefiz

Aus der Praxis der Forprofit-Unternehmenskommunikation kann man eindeutig sagen: Der Trend geht zum Event. „Event" kommt aus dem Englischen und bedeutet eigentlich „Ereignis, Veranstaltung" (Im weiteren Verlauf werden die Begriffe Event und Veranstaltung weitgehend gleichbedeutend gebraucht.). Veranstaltungen sind bei Marketingprofis deshalb so beliebt, weil sie den Besuchern Erlebniswelten oder emotionalem Zusatznutzen bieten. Ziel ist es der Marke bzw. dem Produkt im Rahmen dieser Veranstaltungen eine Erlebnisdimension zu geben, mit seinen Zielgruppen ins Gespräch zu kommen und die Aufmerksamkeit der Öffentlichkeit zu bekommen. Ähnliche Event-Effekte können sich auch für den Nonprofit-Sektor ergeben. Mit Hilfe einer gelungenen Veranstaltung, die bei den Besuchern einen positiven Eindruck hinterlassen hat, können Organisationen Sympathien und dadurch neue Förderer gewinnen. Sie haben die Chance, Menschen einzuladen und vor Ort Ihre Arbeit erlebbar zu machen. Events bieten Gelegenheit zum persönlichen Gespräch in heiterem oder zumindest geselligem Rahmen.

Events dienen *nicht* in erster Linie der Mittelbeschaffung! Sie dienen der Kommunikation und können oftmals weitaus mehr kosten als sie einbringen. Eine gute Veranstaltung muss gut organisiert werden und kann richtig teuer werden. Es bedarf im jedem Fall einer genauen Kalkulation und eines realistischen Planungsvorlaufs. Die amerikanische Autorin Joan Flanagan spricht im Zusammenhang von Events sogar von den Dr. Jekyll und Mr. Hydes des Fundraising (vgl. Flanagan, J. (2000), S. 59).

Es muss nicht immer Kaviar sein. Auch ein Straßenfest neben Ihrer Organisation mit vegetarischen Snacks oder Bratwürsten kann eine zusätzliche Einkommensquelle sein. Jede Form der Veranstaltung bietet einen Anlass miteinander ins Gespräch zu kommen. Die Möglichkeiten, auf sich aufmerksam zu machen und vielleicht sogar noch den ein oder anderen Euro einzunehmen, sind vielfältig. Nachfolgend eine Liste mit Beispielen ohne jeglichen Anspruch auf Vollständigkeit:

- Bälle mit oder ohne Prominenz
- Festessen
- Flohmärkte
- Konzerte
- Kongresse und Seminare
- Kuchentheken

- Lauf- oder Wanderveranstaltungen
- Modenschauen
- Straßen- oder Hoffeste
- Tage (oder Nächte) der offenen Tür
- Turniere (Fußball, Golf, Skat u. ä.)
- Vernissagen
- Wettspiele, -rennen oder -fahrten (mit Booten, Tieren, Fahrrädern etc.)

Sie müssen keineswegs immer selbst Veranstalter sein und das Risiko tragen. Wenn es Ihnen gelingt, Kontakt herzustellen und zu überzeugen, können Sie auch von den Einnahmen anderer Events profitieren.

> **BEISPIEL:** Im Hamburg flossen eine Zeit lang die Hälfte der Einnahmen von Szene-Clubs an den Bund für Umwelt und Naturschutz in Deutschland e. V.

Wenn Sie sich mit dem Gedanken an eine größere Veranstaltung tragen, sollten Sie im Vorfeld die Vor- und Nachteile abwägen.

4.1 Mögliche Vorteile eines (gelungenen) Events

(1) **Spaß haben und das Gemeinschaftsgefühl fördern:** Der Spaßfaktor einer Veranstaltung ist für alle Altersgruppen nicht zu unterschätzen. Events sind gut geeignet, wenn Sie etwas zu feiern haben oder Sie sich bei Ehrenamtlichen und Mitgliedern für deren Einsatz und Treue bedanken möchten. Sie können dazu dienen, auch heterogene Gruppen innerhalb der Organisation zu vereinen. Außerdem stärken sie das Gemeinschaftsgefühl.

(2) **Ansprache neuer Zielgruppen:** Mit einem ansprechenden Programm, einer witzigen Idee können Veranstaltungen wunderbare Gelegenheiten sein, neue Zielgruppen und potenzielle Förderer anzusprechen. Sie bieten die Möglichkeit, die Einrichtung und deren Mission vorzustellen und in lockerer Atmosphäre mit Menschen ins Gespräch zu kommen.

(3) **Belebung der Öffentlichkeitsarbeit:** Besondere Veranstaltungen sind bestens dazu geeignet, die eigene Öffentlichkeitsarbeit zu beleben. Sie bieten Journalisten Aufhänger zur Berichterstattung und der Organisation die Gelegenheit ihre Kontakte zu Medienvertretern auszubauen.

(4) **Gewinnung zusätzlicher Gelder:** Je nach Größenordnung, Organisation und Art der Veranstaltung ist es natürlich möglich, zusätzliche Gelder zu gewinnen. Bei größeren Events kann es sein, dass im ersten Jahr die Ausgaben höher als die Einnahmen sind. Oftmals rechnet sich eine Veranstaltungsreihe erst im dritten Jahr, wenn sich die Entwicklungskosten amortisiert haben.

4.2 Mögliche Nachteile von Events

(1) **Veranstaltungen sind personal- und zeitaufwändig:** Um eine gelungene Veranstaltung zu organisieren braucht, man ein Team von Leuten, die einen Großteil ihrer Zeit ausschließlich mit der Vorbereitung und Durchführung einer Veranstaltung beschäftigt sind. Es muss von Anfang an allen Beteiligten klar sein, dass eine Veranstaltung nicht neben der üblichen Tagesarbeit geplant werden kann.

(2) **Veranstaltungen können finanzielle Verluste bringen:** Wenn sich die Ticketverkäufe schleppend gestalten, die geplanten Sponsorpartner ausbleiben oder das Wetter in letzter Minute einen Strich durch die Rechnung macht, können Events zu einem finanziellen Desaster werden. Eine realistische Kalkulation, inklusive „worst case scenario" (Aus dem Englischen: „der schlimmste Verlauf, der eintreten kann", kurz: wenn alles schief geht.), ist von Anfang an essenziell. Wichtig ist auch, sich vorab beim Finanzamt oder beim Steuerberater über die steuerliche Behandlung der Veranstaltung zu informieren. Einnahmen aus Veranstaltungen werden normalerweise bis auf einen Freibetrag vollständig dem wirtschaftlichen Geschäftsbetrieb zugeschlagen.

(3) **Eine schlechte Veranstaltung kann dem Image schaden:** Bevor eine Veranstaltung mit der heißen Nadel gestrickt wird, weil ein

Jubiläum oder ein anderer Anlass vergessen wurde, sollte sie lieber gar nicht oder in abgespeckter Version stattfinden. Es kann das Image einer Organisation nachhaltig schädigen, wenn eine groß angekündigte Veranstaltung mangels Planung zu einer inhaltlichen oder finanziellen Pleite wird.

4.3 Gut geplant ist halb gewonnen

Für eine erfolgreiche Veranstaltung sind vor allem zwei Dinge entscheidend: Ein guter Aufhänger und eine vernünftige Planung.

Aufhänger: Ein guter Aufhänger rechtfertigt den Anlass für Ihre Veranstaltung. Er motiviert Menschen an der Aktivität teilzunehmen und lockt die Medien, um darüber zu berichten. Im Idealfall sollten Anlass und Inhalte der Veranstaltung eine Beziehung zueinander aufweisen. Wenn Sie eine Hilfsorganisation sind, die gegen Armut und Hunger zu Felde zieht, ist zu überlegen, ob ein Galadiner mit Champagner und Kaviar das richtige Event ist. Das heißt nicht, dass Sie niemals Galas veranstalten können, aber Sie müssen den inhaltlichen Widerspruch erkennen und bereits im Vorfeld auflösen. Ansonsten laufen Sie Gefahr, dass die Presse genau diese Unvereinbarkeit genüsslich ausschlachtet. Es ist also zu überlegen, welche Art von Veranstaltung inhaltlich Sinn macht. Ein spezieller Aufhänger für die Presse kann auch die Einbindung von Stargästen oder Prominenten sein.

> **BEISPIEL:** UNICEF veranstaltet seit Jahren Bälle, Modenschauen oder Essen, bei denen UNICEF-Botschafter wie Sabine Christiansen oder andere Prominente in die Rolle der Kellner, Zapfer oder Models schlüpfen. Berichte in den Medien sind den Events sicher.

Planung: Die Planungsvorläufe variieren je nach Größe einer Veranstaltung. Eine Riesen-Gala mit Stars und Prominenten kann bis zu zwei Jahren Vorlauf benötigen. Eine kleine regionale Veranstaltung wie eine Kuchentheke mit Kaffeeklatsch und Drei-Mann-Combo im Innenhof des Seniorenheims, die Vernissage einer lokaler Künstlerin im Foyer Ihrer Ausbildungsstätte oder eine Weihnachtsfeier mit Obdachlosen in der Stadtküche können Sie auch in

4. Veranstaltungen mit oder ohne Benefiz

drei Monaten auf die Beine stellen. Grundvoraussetzung für jede Veranstaltung ist ein Planungsteam. Es sollte niemand auf die Idee kommen, einem einsamen Mitarbeiter alleine die Verantwortung zuzuschieben. Die Vorbereitung lässt sich auch für einen agilen Geschäftsführer kaum nebenbei erledigen.

Für die Planung sind folgende Fragen hilfreich:

- **Veranstaltungstyp:** Welche Art von Veranstaltung könnte inhaltlich zur Mission oder einem konkreten Projekt passen?
- **Ort:** Wo soll die Veranstaltung stattfinden? Reichen die eigenen Räumlichkeiten aus, welche bezahlbaren Alternativen gibt es?
- **Zielgruppe:** Wen wollen Sie ansprechen (Mitglieder, neue Zielgruppen, Presse etc.)? Wie viele Menschen werden wahrscheinlich kommen?
- **Zielsetzung:** Was wollen Sie mit der Veranstaltung erreichen (Geld, Aufmerksamkeit, neue Förderer etc.)?
- **Zeitpunkt:** Wann ist der beste Zeitpunkt für die Veranstaltung, gibt es einen logischen Idealtermin (Jubiläum, Muttertag, religiöse Feste etc.)?
- **Pressearbeit:** Wer übernimmt die Pressearbeit? Welche Medien sollen angesprochen werden? Gibt es Medienpartnerschaften?

Weitere Überlegungen, die im Hinblick auf die Terminplanung berücksichtigt werden sollten, sind:

- Wetter
- Schulferien
- Kapazitäten des Teams und der ehrenamtlichen Helfer
- andere Veranstaltungen in der Region (Derby, Kirmes etc.) oder im Fernsehen (Olympische Spiele, Bundesligapokalspiel etc.)
- Planungsvorlauf. Ist die Vorbereitung realistisch zum Wunschtermin zu schaffen?

Wichtig ist es, bei der Veranstaltungsplanung Verantwortlichkeiten festzulegen und einen detaillierten Aktions- und Zeitplan aufzustellen. Was genau ist zu tun und wer macht was bis wann?

9. KAPITEL — Sechster Schritt: Maßnahmen und Methoden

Budgetplanung und Kosten: Nachdem die Fragen nach Aufhänger, Zielsetzung, Zielgruppen, Ort und Zeitpunkt geklärt sind, geht es an die Budgeterstellung. Benefizveranstaltungen boomen. Folglich kann nicht davon ausgegangen werden, dass für „die gute Sache" alles umsonst zur Verfügung gestellt wird. Selbst wenn es gelingt, den Veranstaltungsort mietfrei zu bekommen und die Künstler auf Gagen verzichten, fallen noch genügend Kosten an, die es zu berücksichtigen gilt:

- Raumkosten (Raum- oder Zeltmiete, Strom, Wasser, Reinigung, Versicherung, Gebühren, etc.)
- Ausstattung und Technik (Tische, Bänke, Ton- und Lichtanlage, Dekoration etc.)
- Bewirtung (Essen und Getränke, Gläser etc.)
- Personalkosten (Servicepersonal, Hilfskräfte, Techniker, Künstlerhonorare, Sicherheitsdienste etc.)
- Reisekosten (Hotel- und Reisekosten für Künstler oder Referenten, Transport etc.)
- Kosten für Öffentlichkeitsarbeit und Werbung (Büromaterial, Porto, Einladungen, Kataloge, Tickets, Poster, Danksagungen, Tischkarten, Pressemappen etc.)
- Kleine Geschenke (Give Aways) zur Erinnerung (Polaroid-Fotos, Anstecker, Kugelschreiber, Gummibärchen etc.)
- Sonstige Kosten (Versicherungen, Steuern, GEMA- oder KSK-Gebühren (bei öffentlichen Auftritten von Künstlern oder bei „musikalischen Einspielungen" werden Lizenzgebühren an die „Gesellschaft für musikalische Aufführungs- und Vervielfältigungsrechte" (= GEMA) und Abgaben an die Künstlersozialkasse (= KSK) fällig etc.

Natürlich gibt es bei diesen Posten Möglichkeiten zu sparen. Es können Sponsorpartner gewonnen werden, die einen Teil der Kosten übernehmen, das Catering ausrichten oder Sachmittel für Tombolas zur Verfügung stellen. Wenn sich genügend freiwillige Helfer finden lassen oder die Künstler aus den eigenen Reihen kommen, reduzieren sich die Personal- und Honorarkosten. Diese Sparmaßnahmen müssen allerdings stimmig in das Gesamtkonzept eingepasst werden. Die Rock'n'Roll-Hauskapelle kann die Mitgliederparty zum Kochen bringen jedoch ein Gala-Diner sprengen.

Auf der Einnahmenseite können Eintrittsgelder, Spenden, Sponsoreneinnahmen, Werbe- oder Verkaufserlöse und sonstige Zuschüsse stehen. Je nach Höhe dieser Einkünfte kommt auch das Thema Steuern und der „wirtschaftliche Geschäftsbetrieb" zum Tragen.

Schwierigkeiten bereitet oft die Kalkulation des Eintrittspreises. Sind 100 Euro zuviel als Eintritt für unsere Benefizveranstaltung? Im Zweifelsfall kann ein Test helfen. Wenn der Vorstand sich weigert, 100 Euro für ein Ticket zu bezahlen, kann es auch schwierig werden, anderen Leuten die Karten zu verkaufen. Anderseits zeigt die Erfahrung, dass eine gewisse Exklusivität – nach dem Motto „Kost' nichts, ist nichts"– durchaus Wirkung zeigt. Die Tickets für die UNESCO-Gala zugunsten Not leidender Kinder kosten z. B. rund 400 Euro. Es wird allerdings eine exklusive Gästeliste mit vielen Stars aus Politik und Showbusiness geboten, so dass die Gala laut USA Today zu den zehn besten Galas der Welt zählt.

Amerikanische Non-Profits sind Spezialisten darin, gestaffelte Ticketkategorien für Galas anzubieten. Diese reichen vom „Echten Freund", der für den Preis von 500 Dollar noch zwei Gäste mitbringen darf, bis hin zum „Echten Heiligen", der für 10.000 Dollar 30 Freunde und Bekannte einladen kann (vgl. Flanagan, J. (2000), S. 77).

Planungs-BEISPIEL Benefiz-Gala: Ihre Einrichtung zur Betreuung psychisch kranker Menschen plant zum UNO-Welttag der geistigen Gesundheit am 10. Oktober eine Galaveranstaltung. Es soll ein erstklassiges Büffet geben, Sie planen prominente Redner und ein musikalisches Rahmenprogramm. Ihre Ziele sind es, auf die Thematik und Ihre Einrichtung aufmerksam zu machen und neue zahlungskräftige Unterstützer zu gewinnen. Ihre Mitarbeiter stehen hinter dem Projekt, auch wenn sich die meisten die teuren Eintrittskarten selbst nicht leisten können.
- **Oktober:** Planungsbeginn, erste Teamsitzung mit Überlegungen zu Rednern, Moderation und Rahmenprogramm
- **November:** Erstellen des Aktionsplans, Anfragen an Veranstaltungsorte, Redner, Moderatoren und Künstler

9. KAPITEL Sechster Schritt: Maßnahmen und Methoden

> - **Dezember:** Erstellen des Drehbuchs für den Abend, wann genau soll welcher Programmpunkt stattfinden? Planung des Ablaufs im 15-Minuten-Rhythmus unter Berücksichtigung von Entfernungen, Umbaupausen und Zeitpuffern, Notfallprogramme erstellen (Erkrankung des Künstlers, schlechtes Wetter etc.) Kontaktaufnahme zu möglichen Sponsorpartnern
> - **Januar:** Buchen des Veranstaltungsortes, Einholen von Genehmigungen, Überlegungen hinsichtlich Ausrüstung, Versicherungen etc.
> - **Februar:** Erstellen der Einladungslisten und des Presseverteilers
> - **März:** Angebote einholen zu Catering, Ausrüstung etc.
> - **April:** Buchen des Caterers und der Künstler
> - **Mai:** Entwurf von Druckmaterial, Postern, Tickets, Give Aways etc.
> - **Juni:** Produktion der Druckmaterialien und Give Aways
> - **Juli:** Organisation der Abendplanung (Künstlerbetreuung, Garderobe, Servicepersonal etc.), Beginn der Pressearbeit
> - **August:** Versand der Einladungskarten (ca. sechs Wochen vorher) mit Rücksendeschluss
> - **September:** Koordination aller Programmpunkte sowie Generalprobe vor Ort
> - **Oktober:** Viel Erfolg und ruhig Blut bei der Veranstaltung!
> - **November:** Auswertung und Nachbereitung, Danksagungen und Presseclippings, Planung für das Folgejahr

Nachbereitung: Nach dem Aufräumen, Abrechnen und einer Erholungspause, ist dringend eine Nachbereitung zu empfehlen. Nur so ist es möglich, gelungene Punkte weiter zu optimieren und etwaige Fehler im nächsten Jahr zu vermeiden. Nachdem das Planungsteam für die Mühen und Organisation gelobt wurde, gilt es die Veranstaltung kritisch zu beleuchten. Was ist gut gelaufen und wo hat es gehakt? Wie hoch war der Wohlfühlfaktor unter den Gästen? Haben sie sich amüsiert oder ist die Hälfte nach dem Essen verschwunden? War das Programm zu überladen oder gerade richtig dosiert? Kamen die Preise der Tombola gut an? Waren die Redner amüsant oder langweilig? War die Qualität des Catering in Ordnung? Wurden die kommunikativen Ziele erreicht? Wie steht es um die Einnahmen-Ausgaben-Relation? Gab es genügend Presseresonanz und wie war sie?

Diese und andere Fragen sollten im Anschluss an die Veranstaltung besprochen werden. Es ist unwahrscheinlich, dass im ersten Jahr, beim ersten Versuch, gleich alles optimal läuft. Wichtig ist nur, dass eventuelle eigene Fehler erkannt und möglichst nicht wiederholt werden.

Zur Nachbereitung einer Veranstaltung gehören auch die Auswertung der Pressereaktionen und die Danksagungen an alle Beteiligten. Presseauswertung bedeutet, dass alle Artikel und Meldungen über die Veranstaltung ausgeschnitten und archiviert werden. Falls es TV-Präsenz gab, sollten auch Fernsehberichte aufgezeichnet werden. Positive Pressestimmen erleichtern im nächsten Jahr die Sponsorensuche und können auch in andere Veröffentlichungen einfließen. Nicht vergessen werden sollte der Dank an die Beteiligten. Das kann ein Anruf bei Rednern und Moderatoren sein oder ein Dankschreiben mit Pressestimmen. Letzteres empfiehlt sich vor allem für Sponsoren, denen eine positive Berichterstattung besonders wichtig ist.

4.4 Tombolas

Eine gute Möglichkeit auf Veranstaltungen zusätzliche Gelder einzunehmen, bieten Tombolas. Der Erfolg einer Tombola steht und fällt mit der Attraktivität der Gewinne. Hierfür sollten rechtzeitig Verhandlungen mit Firmen geführt werden, um Gewinne einzuwerben. Eine frühzeitige Kooperation mit Herstellerfirmen ist unbedingt anzuraten. Die Kategorie der Gewinne sollte auf die Zielgruppe abgestimmt sein. Wenn es darum geht, vorwiegend Prominente und Spitzenverdiener anzusprechen, muss auch das Angebot der Gewinne entsprechend interessant sein. Diese Menschen könnten sich zwar auch ohne die Tombola einen Luxuswagen leisten, ein gewisser Spieltrieb und der Reiz für eine geringe Summe einen Riesengewinn zu machen, ist jedoch nicht zu unterschätzen.

Es kann sich bei den Tombolagewinnen einer Veranstaltung auch um handgearbeitete oder selbst gebastelte Kleinkunst handeln. Die Gewinne sollten nur unbedingt zum Typ der Veranstaltung und der Zielgruppe passen.

4.5 Auktionen

Eine weitere beliebte Variante, zusätzliche Einkünfte zu erzielen, sind Auktionen. Die Dinge, die versteigert werden, sollten einen ideellen Zusatznutzen bieten. D. h., es sollte sich um Artikel handeln, die im normalen Handel nicht zu erwerben sind. Das können von Prominenten gestiftete Gegenstände sein (die Brille von Heino, das Strandkleid von Madonna etc.), Unikate (von Prominenten signierte T-Shirts, Fußbälle etc.) oder Sonderanfertigungen in limitierter Auflage. Auch persönliche Treffen mit Honoratioren sind eine attraktive Variante (Essen im Ratskeller mit der Bürgermeisterin, Frühstück mit dem Universitätspräsidenten, Kamingespräch mit dem Museumsleiter etc.).

Die Auktionen können von einem prominenten Auktionator im Sinne einer klassischen Versteigerung mit steigenden Geboten durchgeführt werden. Eine andere Variante ist die amerikanische oder stille Auktion. Bei dieser Form schreiben die Gäste eine Summe auf ein Stück Papier, die sie bereit wären für den Gegenstand zu bezahlen und das höchste Gebot gewinnt.

Das ist eine spannende Angelegenheit, bei der auch Preise versteigert werden können, die nicht ganz so exklusiv sind. Die Gewinne sollten gesponsert sein. Ein Drei-Gänge-Menü im Nobelrestaurant im Wert von 200 Euro kann evtl. für 50 Euro ersteigert werden. Wenn der Gast in Geberlaune ist, kann er jedoch auch 1.000 Euro bieten, wissend, dass der Rest einem guten Zweck zugeführt wird.

Das Restaurant darf natürlich erwarten, als Sponsor genannt zu werden. Erfahrungen zeigen, dass Reisen und Gegenstände von Prominenten am besten laufen. Kunstwerke sind schwerer zu versteigern, weil die Geschmäcker so unterschiedlich sind. Signierte Kleidungsstücke, wie T-Shirts oder Krawatten, bergen ebenfalls ein Risiko, wenn die Unterzeichner kein hohes Fan-Potenzial haben.

Es gibt keine festen Regeln: Auch eine reine Kunstauktion kann ein Riesenerfolg werden, wenn Zielgruppe und Umfeld stimmen.

4.6 Mögliche zusätzliche Geldquellen

- Eintrittsgelder (gestaffelt oder mit VIP-Aufschlag für exklusive Tische, Ehrenlogen etc.)
- Tombolas und Auktionen
- Sponsoring (von Bühne, Essen, einzelnen Auftritten etc.)
- Spendenaufrufe während der Veranstaltung
- Anzeigenverkauf für Programmhefte
- Verkauf von Speisen, Getränken oder Merchandising-Artikeln

Bei allen zusätzlichen Einkommensquellen gilt es die Steuer im Auge zu behalten. Die vorgeschlagenen Maßnahmen sind dem wirtschaftlichen Geschäftsbetrieb zugeordnet. Wer Großveranstaltungen oder Event-Zyklen plant, sollte im Vorfeld klären, ob es sich lohnt, eine eigene GmbH zu gründen oder eine Agentur dazwischenzuschalten.

Tipps:

- Gründen Sie ein Gala-Komitee (möglichst nicht mehr als die „glorreichen Sieben"). Holen Sie Leute ins Boot mit einem gut gefüllten Adressbuch und guten Kontakten. Wählen Sie mindestens ein Mitglied aus, das bereits Erfahrungen mit Benefizveranstaltungen gesammelt hat. Versuchen Sie eine gute Mischung aus Ehrenamtlichen, Vorstand und Mitarbeitern zu bekommen.
- Versuchen Sie eine Verbindung zwischen dem Event und Ihrer Mission/Ihrem Leitbild zu schaffen.
- Berechnen Sie Ihr Budget genau und kalkulieren Sie mit ein, dass der Ticketverkauf eventuell nicht Ihre Stärke ist. Starten Sie mit den großen Kostenposten wie Catering, Raummieten, Transport, Übernachtungs- und Werbekosten.
- Planen Sie weit im Voraus und buchen Sie rechtzeitig die Location (mindestens sechs bis 12 Monate vorher)
- Versuchen Sie Sponsorpartner zu gewinnen.
- Seien Sie kreativ und denken Sie nicht nur in Gala- und Glamour-Kategorien. Es gibt diverse Möglichkeiten, Veranstaltun-

> gen für den guten Zweck zu organisieren, beispielsweise Lesungen, Kabarettaufführungen, Kaffeeklatsch, Torwandschießen etc.
> - Verschicken Sie die Einladungskarten in einer Gewichtung 1:10. Wenn Sie also möchten, dass 200 Leute kommen, laden Sie 2.000 ein, es sei denn Sie haben eine zuverlässige und treue Anhängerschaft, die garantiert reagiert.
> - Holen Sie sich Medienpartner ins Boot und pflegen Sie diese Kontakte.
> - Danken Sie allen, die mitgemacht haben und belohnen Sie diese mindestens mit Worten.

4.7 TV-Galas oder Spendenaufrufe in Medien

Ein Sonderfall im Veranstaltungsbereich ist die Einbindung von Medienpartnern zu Fundraising-Zwecken. Vor allem das Fernsehen hat eine hohe Mobilisierungskraft. Es heißt, dass eine Minute Berichterstattung über Katastrophen in der Tagesschau bis zu eine halbe Million Euro an Spenden bringen kann. Besonders in der Vorweihnachtszeit erfreuen sich TV-Galas „zugunsten von" großer Beliebtheit. Spendenzweck sind meist in Not geratene, unschuldige Kinder. Im Jahr 2011 erreichte die ZDF-Gala „Ein Herz für Kinder" die rekordverdächtige Summe von 14 Mio. Euro an Spendengeldern und übernahm damit eine Spitzenstellung unter den traditionellen TV-Benefizveranstaltungen. An zweiter Stelle folgte die „José Carreras Gala", die zwischen 1995 und 2012 fast 100 Mio. Spendeneuro für den Kampf gegen Leukämie einsammelte.

Übertroffen wurden diese Übertragungen durch zwei kurzfristig anberaumte Spendengalas des ZDF, die Anfang 2005 zugunsten der südostasiatischen Tsunami-Opfer veranstaltet wurden. Diese erbrachten den Rekorderlös von über 40 Mio. Euro (vgl. www.presseportal.de). Insgesamt spendeten die Deutschen seinerzeit 670 Mio. Euro.

Dazu kommen die Aktivitäten der „Aktion Mensch" (ehemals „Aktion Sorgenkind") als Dauerinitiative des ZDF. Nach Aussage des ehemaligen ZDF-Intendanten Dieter Stolte ist das Fernsehen „immer noch die größte Bühne, um soziale Fragen unserer Gesellschaft zu diskutieren und zugleich dafür zu werben, dass jeder einzelne durch Ehrenämter oder durch Spenden aktiv an deren Lösung mitwirkt" (vgl. BSM-Online-Info Nr. 46 vom 11. 12. 2000).

Auch andere Sender stehen dem ZDF kaum nach. Die großen Sendeanstalten der ARD sowie RTL, PRO7 und SAT1 haben allesamt Benefizgalas oder Spendenmarathons ins Leben gerufen.

Einschränkend muss an dieser Stelle gesagt werden, dass diese Form des Fundraising nur für wenige Organisationen in Frage kommt. Die reale Bedeutsamkeit muss daher unter Vorbehalt betrachtet werden. Aufgrund der überregionalen Ausstrahlung werden große Sendeanstalten vorwiegend überregionale Projekte auswählen oder für Anliegen sammeln, die ein hohes Mobilisierungspotenzial haben.

Auch haben sich Sendeanstalten zum Teil bereits an große Hilfsorganisationen gebunden oder unterstützen die Stiftungsprojekte der hauseigenen TV-Prominenz. Die Logistik zur Erfassung der Zuschaueranrufe stellt eine weitere Herausforderung dar. Ohne gut besetzte Call Center werden Gelder und Adressen verschenkt. Eine clevere Variante wählte der Sender RTL bei seinem Spendenmarathon 2001, indem er die bundesweite Telefonauskunft Telegate unter 11880 als Spendennummer ins Boot holte.

Für regionale Projekte bieten sich regionale Medienpartner an. So brachte die „Schaubuden"-Gala des NDR in Kooperation mit der Zeitschrift „Neue Revue" im Jahr 2000 über 1 Mio. Mark für den Verein Naturschutzpark e. V. Lüneburger Heide. Ein Großteil der Gelder ging hierbei auf Sponsoren zurück, die bereits im Vorfeld der Sendung akquiriert worden waren. Das Versprechen, vor einem Millionenpublikum einen Scheck überreichen zu können, hatte regionale und überregional tätige Unternehmen mobilisiert. Zur Initiierung einer solchen Sendung bedarf es bester Kontakte oder glücklicher Zufälle, wenn beispielsweise ein Chefredakteur in der betroffenen Gegend wohnt. Während es für Fernsehgalas einer gewissen Größe und Breitenwirkung bedarf, sind Medienpartnerschaft mit lokalen TV- oder Radiosendern sowie regionalen Zeitungen auch für kleinere Initiativen interessant. Medienunternehmen geben so gut wie nie Bargeld, stellen aber Sendezeit oder Anzeigenraum zur Verfügung. Gewinnspiele oder redaktionelle Berichterstattung sind ebenfalls Geld wert. Die Kunst besteht darin, die Aufmerksamkeit der Redakteure zu erreichen. Anliegen und Aufhänger müssen überzeugen. So brachte beispielsweise die Gala der Hamburger Sparkasse in Kooperation mit dem lokalen Fernsehsender Hamburg 1 im Jahr 2012 über 30.000 Euro zur Förderungen kleinerer regionaler Projekte. Es muss also nicht immer eine bundesweite Aktion sein.

Risiken von TV-Galas

Call-Center-Überlastung: Vor allem bei TV-Galas liegt ein Risikopotenzial im Call-Center-Bereich. Es ist dringend notwendig, ausreichend Telefonistinnen bereitzustellen, die die Flut der Anrufer bewältigen können.

Prominente werden auch gerne am Telefon eingesetzt. Sie müssen jedoch gut gebrieft werden, damit keine Adressen verloren gehen.

Kosten: Wenn hochkarätige Künstler auftreten sollen, müssen zumeist auch ebensolche Gagen gezahlt werden. Hier ist dringend zu überlegen, ob die Produktionskosten in Relation zum Gewinn stehen.

Wenn Ungenauigkeiten bei der Abrechnung des Veranstalters auftauchen, sind die Image-Verluste unter Umständen größer als der kommunikative Gewinn.

Falsche Versprechungen an Sponsoren: Vollmundige Versprechungen an Sponsorpartner sind ebenfalls problematisch. Wenn im Vorfeld Sende- und Redezeit vereinbart wurde und in der Live-Übertragung nur schnell die Schecks eingesammelt werden, kann das zu Unmut führen und langfristig Schaden anrichten. Eine persönliche Entschuldigung oder eine nachträgliche Erwähnung in der Presse können den Schaden begrenzen.

5. Marke Eigenproduktion – zwischen Vortrag und Basar

5.1 Know-how-Verkauf

In vielen Organisationen werden Dienstleistungen angeboten, die über Krankenkassen oder Zuwendungen finanziert werden. Manche Serviceangebote sind für Kunden kostenfrei oder werden zu geringen Gebühren angeboten. Hier ist zu überlegen, ob das Know-how über das viele Einrichtungen verfügen nicht einer anderen Zielgruppe – anders verpackt – für einen marktüblichen Preis offeriert werden kann. Besteht die Möglichkeit, die eigenen „Produkte" und das genuine Wissen an Unternehmen oder einkommensstärkere Bevölkerungsschichten zu verkaufen?

Die Überlegung ist hierbei, eine Mischkalkulation aufzumachen. Einige Angebote können einen elitären oder anspruchsvollen Nischenmarkt bedienen, während andere ein Massenpublikum begeistern. Für einige Angebote (PC- oder Sprachkurse, Stressbewältigung für Manager, Kunst für Kreative etc.) werden Gebühren eingeführt, während andere weiterhin kostenfrei oder sehr günstig bleiben. Sportvereine sind beispielsweise dazu übergegangen, Wochenendworkshops zu bestimmten Themen anzubieten. Diese sind teurer als die üblichen Monatsbeiträge. Einige haben separate Gesundheitsclubs gegründet, die es vom Angebot her mit privaten Fitnesscentern aufnehmen können und preislich zwischen Verein und Club liegen. Sie folgen damit einem Trend, dass viele Berufstätige sich nicht fest in Vereine oder Mannschaften binden können oder wollen. Ein Weiterbildungsverein für Heilpraktikerinnen könnte Wochenendseminare für berufstätige Frauen zu Themen wie Kräuterheilkunde, altes „Hexenwissen" oder andere aktuelle Themen rund um alternative Heilmethoden anbieten. Ein Theater könnte Laienworkshops oder Rhetorikkurse auf der Bühne anbieten. Auch deutsche Universitäten beginnen mittlerweile, mit Sonderveranstaltungen oder Sommeraktionen gegen Gebühr „ältere Semester" anzusprechen. Tele-Learning oder „education on demand" können weitere Varianten sein, weiterbildungswillige Werktätige anzusprechen.

Die Beschäftigung mit den eigenen Angeboten ist für alle nichtkommerziellen Organisationen dringend notwendig. Der Markt verändert sich und mit ihm auch die Bedürfnisse der Kunden. Was vor zehn Jahren erfolgreich war, kann heute den Status eines Ladenhüters haben. Hier gilt es, den Mut aufzubringen und die eigene Angebotspalette kritisch zu durchleuchten. Was kommt an und was nicht? Wenn einige Angebote nur noch aus alter Gewohnheit aufrechterhalten werden, sollte man sich die Frage stellen, ob sich das rechnet.

Mögliche „Sonderangebote":

- Seminare zu aktuellen Themen
- Wochenend- oder Feierabendworkshops
- Beratungsdienstleistungen für Unternehmen oder Privatkunden
- Kongresse oder Symposien
- Sonderführungen, Exkursionen, Reiseangebote
- Weiterbildungsveranstaltungen für „Externe" und Laien

> **BEISPIELE:** Das **Roundabout-Theater** in New York hatte die Idee, spezielle Single-Abende anzubieten. Es veröffentlichte Kontaktanzeigen in der Zeitung mit Texten wie: „Theater, 26, sucht Singles für gemeinsamen aufregenden Abend auf dem Broadway." Die Initiative trieb die Singles der Metropole massenhaft ins Theater, zumal beim anschließenden (gesponserten) Cocktailempfang ein lockeres Kennenlernen möglich war.
> **Amerikanische Schüler** bieten vor Weihnachten nachmittags an den Schulen „Christmas-Shopping-Sitting" an. Das heißt, ältere Schülerinnen und Schüler betreuen und belustigen gegen Spende an den Schulen jüngere Kinder, damit die Eltern in Ruhe ihre Weihnachtseinkäufe erledigen können.

5.2 Vermietung und Vermarktung

Es ist durchaus üblich, dass Vereine und andere Organisationen Einnahmen durch Vermietung und Verpachtung erzielen. Die Vermarktung eigener Güter oder das Betreiben kommerzieller Nebengeschäfte gewinnt für nichtkommerzielle Organisationen mehr und mehr an Bedeutung. In Hamburg hat beispielsweise eine Stadtteilkirche eine eigenständige GmbH gegründet, die regelmäßig das Kirchengebäude an kommerzielle Veranstalter vermietet. Am Wochenende und an Festtagen gehört die Kirche der Gemeinde, unter der Woche finden Technoparties, Firmenfeiern oder andere Veranstaltungen statt. Einen Proteststurm löste die GmbH allerdings aus, als sie die christlichen Räume für eine Dessous-Show vermietete. Das Spektakel musste unter dem Druck der Öffentlichkeit abgesagt werden.

In den USA vermieten Kirchen, die sich in der Nähe von Sportstadien befinden, Parkplätze an Besucher. Universitäten betreiben dort eigene Buchläden, Krankenhäuser, eigene Geschenkartikelläden oder Apotheken (vgl. Flanagan, J. (2000), S. 53).

> **Tipps:**
>
> - Überlegen Sie, was Sie besonders gut können und schauen Sie über den Tellerrand, wen Ihr Wissen noch interessieren könnte.
> - Seien Sie selbstkritisch im Hinblick auf Ihre bestehende Angebotspalette.
> - Setzen Sie Schwerpunkte, anstatt mit einem Bauchladen aufzutreten.
> - Kalkulieren Sie Ihre Angebote genau durch und trauen Sie sich, nach Einkommen gestaffelte Preise zu verlangen.
> - Entschuldigen Sie sich nicht dafür, dass Ihre Angebote etwas kosten. Rechtfertigen Sie die Preise über Qualität und Erfahrungswissen.
> - Behalten Sie – wie immer – die Steuer im Auge.

5.3 Warenverkauf – von Kuchentheken und Basaren

Neben dem Wissen und der Erfahrung einer Organisation, lassen sich auch materielle Waren feilbieten. Von „alten Klassikern", wie Kuchentheken und Basaren, bis hin zu Eigenproduktionen mit Markenzeichen, neudeutsch Merchandising, gibt es verschiedene Varianten. Im Wesentlichen lassen sich drei Bereiche unterscheiden:

9. KAPITEL — Sechster Schritt: Maßnahmen und Methoden

(1) Selbst produzierte Waren
(2) Gespendete Gebrauchtwaren
(3) Neuwaren, die gespendet oder günstig eingekauft werden

Die einfachste und unkomplizierteste Möglichkeit ist wohl der Verkauf selbst gebackener oder selbst gebastelter Waren. Es können selbst gebackene Kuchen, Pralinen oder andere Köstlichkeiten sein, die von den Produzenten und Produzentinnen gespendet werden und zum Verkauf kommen. Es kann sich auch um Kunstwerke, Kleidungsstücke, Weihnachtsdekoration oder Spielzeug handeln.

Das amerikanische „Fundraising Ideas & Products Center" empfiehlt den „Bakeless Bake Sale" Anstatt sich wieder einmal für einen Wohltätigkeitsbasar in Kita, Kirche oder Kunsthalle in die Küche stellen zu müssen und Kuchen, Cupcakes oder Muffins zu kreieren, empfehlen die pfiffigen Fundraiser: "Schreiben Sie einen Scheck aus über 10 Dollar bzw. Euro (oder überweisen Sie diese Summe an die Organisation), blieben Sie zu Hause und machen Sie sich einen netten Nachmittag mit der Familie (vgl. www.fundraising-ideas.org). Der Auswahl am Kuchenbüffet und der Kommunikationskultur ist diese Variante allerdings ziemlich abträglich.

Bei Gebrauchtwaren könnte man sich Secondhand Kleidung, Haushaltsartikel oder andere Güter vorstellen. In unserer Konsum- und Wegwerfgesellschaft können doppelte Toaster, unerwünschte Geschenke oder veraltete, aber noch funktionsfähige Waren gespendet und weiterverkauft werden.

Neuwaren werden entweder von den Herstellern gespendet oder zu einem günstigen Preis erworben und teurer verkauft. Sie könnten beispielsweise Weihnachtsteddys für 50 Cents pro Stück produzieren lassen und für 3 Euro verkaufen. Postkarten, Kalender oder Kochbücher gehören ebenfalls in diese Kategorie. Amerikanische Fundraiser haben die besten Erfahrungen mit Lebensmitteln gemacht, die wirklich lecker sind. „Es ist einfach, ein gutes Produkt für eine gute Sache zu verkaufen. Am einfachsten ist es allerdings, wenn das gute Produkt Schokolade ist (vgl. Flanagan, J. (2000), S. 47)." All diese Dinge können auf Basaren, Flohmärkten oder in eigenen Geschäften angeboten werden. Charity Shops sind vor allem in den USA und England verbreitet. Die Erlöse werden entweder durch Standmieten oder den Reingewinn des Verkaufspreises erzielt.

Weitere Beispiele aus dem englischen Fundraising-Nähkästchen finden sich unter www.charitychallenge.com und reichen von neckischen Tipps wie „Bad tie day" bis „zodiac event". Ersterer empfiehlt, Kollegen gegen Zahlung von einem Euro (im Originaltext „one pound") als Teilnehmer am „krudesten Krawatten-Contest" teilnehmen zu lassen. Der scheußlichste Binder gewinnt. Beim Z-Tipp lädt man eine Astrologin ein, die für Eintrittsgeld Horoskope erstellt. Dazwischen finden sich andere Vorschläge von Hundeshow, über Bügelservice bis zur privaten Gartenshow gegen Eintritt. Zum Teil *very british*.

> **BEISPIEL:** Amerikanische Zoos verkaufen den reichlich anfallenden Tiermist, mit etwas Stroh und Biomasse vermengt, als „zoo doo". Dieser hochwertige Pflanzendünger findet reißenden Absatz.

Museen haben seit längerer Zeit die hauseigenen Shops als Einkommensquelle entdeckt. Die Spanne an attraktiven Artikeln verschiedener Preisklassen – jenseits der üblichen Poster und Postkarten – hat sich in den letzten Jahren erheblich erweitert.

> **Tipp:**
>
> Um Qualität zu gewährleisten, kann der Verkauf bestimmter Gegenstände, vor allem Kleidung, auch nach dem Kommissionsprinzip erfolgen. Wie im guten Second-Hand-Shop findet eine Vorauswahl statt, bei der Ramsch aussortiert wird. Die Kleidung bekommt feste Preise, Veranstalter und Spender teilen sich die Erlöse.

5.4 Sonderverkäufe und Gutscheinhefte

Während die oben beschriebenen Warenverkäufe als regelmäßige Einnahmequellen zur Verfügung stehen, bieten sich für bestimmte Vorhaben oder Projekte auch Sonderverkaufsaktionen an.

Zur Finanzierung konkreter, gut beschreibbarer Projekte, kommen Sonderanfertigungen in Frage. Für ein neues Dach können Schokoladenziegel verkauft werden. Für den Theateranbau sind gerahmte Namenssterne vorstellbar, die später nach Vorbild des Hollywood-Boulevards im Foyer eingelassen werden. Für ein Naturprojekt können es symbolische Blätter aus Holz oder Messing sein, die mit Spendername an einen Lebensbaum geheftet werden.

Der Phantasie sind keine Grenzen gesetzt. Das Einzige, was im Auge behalten werden muss, sind die Produktionskosten, die im Idealfall ein Sponsor übernimmt oder eine Firma zum Selbstkostenpreis anbietet.

Eine weitere Idee ist der Verkauf von Gutscheinheften. So hat beispielsweise der Verein Kulturförderung in Hamburg e. V. ein Wertgutscheinheft herausgegeben, das für 15 Euro verkauft wird. Enthalten sind Gutscheine im Wert von etwa 150 Euro, die der Käufer in Hamburger Museen und Theatern gegen ein Glas Sekt, ermäßigten Eintritt oder kostenfreie Plakate einlösen kann. Über die Hälfte des Verkaufserlöses kommt den gemeinnützigen Organisationen zugute. Zur Übernahme der Herstellungskosten können Sponsoren gewonnen werden.

Tipps:

- Appellieren Sie an die menschliche Eitelkeit und entwickeln Sie haltbare Spendentafeln, -bäume etc. Viele Menschen finden es toll, ihren Namen öffentlich verewigt zu sehen.
- Produzieren Sie keine Ladenhüter. Die Waren sollten möglichst einen symbolischen Bezug zum Projekt haben und zusätzlich lecker, nützlich, niedlich oder dekorativ sein.

BEISPIEL: Das amerikanische Museum of Natural History hatte die Idee, Leinenhüte mit breiter Krempe in Lizenz herstellen zu lassen. Die Kopfbedeckungen à la Indiana Jones fanden reißenden Absatz. Das Museum war mit 10 % am Erlös beteiligt.

5.5 Sonderthema Merchandising

Merchandising war ursprünglich das Zauberwort der Fußballmanager. Während man früher nur den Schal seiner Lieblingskicker kaufen konnte, sind heute vom Kugelschreiber bis zum Schnuller alle möglichen Gegenstände im Angebot der Fanshops. Marktführer FC Bayern München macht jährlich rund 50 Mio. Euro Umsatz mit dem Verkauf der Fanartikel. Auch aus der Filmwelt sind solche Artikel bekannt. Ob Mickey Mouse-Tassen oder T-Shirts mit dem Konterfei von Leonardo di Caprio – der Vermarktungsphantasie sind kaum Grenzen gesetzt. Hauptintention dieses Geschäfts ist nicht primär die Gewinnerzielung, sondern Kommunikation und Fanbindung. Der Sportler, Künstler oder Verein wird als Marke mit entsprechendem Image herausgestellt. Die Gewinne sind oft nicht so lukrativ – Image- und Kundenbindungsfaktoren sind wichtiger. Verkaufszahlen und Erfahrungen aus der Sport- oder Filmvermarktung lassen sich jedoch nicht ohne weiteres auf die Welt der Wissenschaft und Kultur, auf Umwelt oder Soziales übertragen. Die Fanbindung ist hier meistens (noch) nicht in vergleichbarem Maße gegeben. Dennoch sind die Herstellung und der Verkauf von themenbezogenen Produkten ein aufstrebendes Geschäftsfeld für viele Nonprofit-Organisationen. In den USA setzen allein Schulen und Jugendgruppen mit dem Verkauf populärer Waren pro Jahr etwa 2 Mrd. Dollar um (vgl. The Association of Fund Raisers and Direct Sellers (AFRDS) unter http://www.afrds.org/).

Während die oben erwähnten Schokoladenziegel für ein konkretes Projekt produziert und nur über einen bestimmten Zeitraum verkauft werden, sind Merchandising-Produkte meistens dauerhaft zu haben. Das heißt, eine Organisation produziert und verkauft Artikel mit ihrem Logo oder Namenszug als dauerhafte Nebeneinnahmequelle und Werbevariante. Diese muss als wirtschaftlicher Geschäftsbetrieb versteuert werden. Wer überlegt, im größeren Rahmen in dieses Geschäft einzusteigen, sollte die Gründung einer selbständigen GmbH ins Auge fassen. Die Vermarktung eigener Produkte ist prinzipiell auch für kleinere Organisationen denkbar.

Wichtigste Voraussetzung ist, wie bei fast allen Vorhaben im Fundraising, dass interne Einigkeit herrscht. Nur wenn alle Mitarbeiter bereit sind, kommerzielle Produkte mit Logo und Imageaufschlag zu verkaufen, sollte das Thema weiter verfolgt werden. Darüber hinaus sind wesentliche Fragen des Marketing zu klären:

(1) **Markt:** Wie sieht der regionale oder überregionale Markt aus? Wer verkauft bereits Merchandisingartikel und welche? Sind wir überhaupt bekannt genug, dass Menschen mit unserem Logo etwas anfangen können?

(2) **Produkt:** Was wollen wir herstellen lassen? Was passt zu unserem Image und zu unserer Zielgruppe? Werden wir eher mit Uhren, Teddys oder Pralinen assoziiert?

(3) **Kosten:** Welche Herstellungskosten fallen an? Was ist ein realistischer Verkaufspreis, der mit Imageaufschlag vom Käufer auch angenommen wird? Wie viele Produkte müssen wir verkaufen, um Gewinn zu machen?

(4) **Vertrieb:** Über welche Kanäle können wir die Ware absetzen? Haben wir einen eigenen Verkaufs- und Lagerraum? Können wir Vertriebspartner finden? Was passiert bei Retouren und Reklamationen?

(5) **Kommunikation:** Welche Wege stehen uns zur Verfügung, um Werbung zu machen? Wie weisen wir potenzielle Kunden darauf hin, dass wir Benefiz-Teddys verkaufen? Können wir Pressearbeit betreiben, Verkaufsveranstaltungen organisieren oder Anzeigen schalten?

Bei der Herstellung des Produktes ist zu überlegen, ob die Organisation die Kosten selbst tragen kann oder ob es gelingt, einen Finanzier bzw. Sponsor ins Boot zu holen. Die Qualität spielt eine weitere wichtige Rolle. Beim Merchandising geht es nicht nur um Verkaufserlöse. Es geht auch um Eigenwerbung, Steigerung des Bekanntheitsgrades und um die ideelle und emotionale Bindung der Käufer. Folglich ist unbedingt darauf zu achten, nur Qualitätsprodukte anzubieten. Nichts ist peinlicher, als wenn sich die Organisation nach dem Verkauf mit einer Fülle von Reklamationen oder Reparaturen herumärgern muss. Das heißt, egal ob es sich um Uhren, Süßigkeiten oder T-Shirts handelt, Qualität und Preis-Leistungsverhältnis müssen stimmen.

Der Vertrieb stellt eine weitere nicht unerhebliche Hürde dar. Je nach Größe und Ausstattung können die Produkte über einen eigenen Verkaufsraum (z. B.: Museumsshop, Extraposten im Second-

Hand-Shop) angeboten werden. Das Internet stellt eine weitere Möglichkeit dar. Das Deutsche Rote Kreuz vertreibt Artikel, wie Erste-Hilfe-Boxen mit dem bekannten Markenzeichen, online. Eine andere Variante stellt die Kooperation mit externen Vertriebspartnern dar. Hierbei werden die Merchandisingprodukte in Kommission genommen und über eingeführte Vertriebswege des Partners angeboten. Vertrieb, Logistik und Lagerhaltung sollten auf keinen Fall unterschätzt werden. Fachleute raten dazu, keine Produktion anlaufen zu lassen, bevor der Vertrieb nicht geklärt ist.

Neben den Merchandising-Klassikern wie Armbanduhren, T-Shirts und Mützen sind der Phantasie kaum Grenzen gesetzt. Die Kataloge der Werbeartikelhersteller, die Angebote der Fanartikler oder amerikanische Charity-Shops bieten gute Anregungen.

Produkt-BEISPIELE: Trockenfrüchte, Gummibärchen, Tassen, Schirme, Kuscheltiere, Spielzeug, Verbandskästen, Kochbücher, Malbücher, Spiele, CDs etc.
In South Central, einem der ärmsten Stadtteile von Los Angeles, hatten Schüler der Crenshaw High School auf Anregung einer Lehrerin begonnen, ein verwildertes Stück Land zu beackern. Die Produkte verkauften sie auf regionalen Märkten. Darüber hinaus kreierten sie Verpackung und Namen einer eigenen Salatsoße, die unter dem Label „Food from the Hood" (= Essen aus der Nachbarschaft) in den umliegenden Geschäften zum Renner wurde

Tipps:

- Suchen Sie sich erfahrene Vertriebs- oder Handelspartner und informieren Sie Ihre Förderer.
- Kalkulieren Sie die Kosten (Herstellung, Lagerhaltung, Abwicklung, Versand etc.) ehrlich durch und rechnen Sie nichts schön.
- Achten Sie auf „verdeckte Gewinnausschüttungen". D. h. Sie müssen sauber trennen zwischen gemeinnütziger und kommerzieller Tätigkeit.
- Wenn Sie den Vertrieb alleine abwickeln möchten, lassen Sie sich unbedingt vorab von Profis beraten. Steuern, Liquiditätsengpässe, Lagerhaltung, Retouren, Warenumschlagshäufigkeit sind Themen, die schnell zum Problem werden können.

- Geben Sie sich nicht der Illusion hin, einen Versandhandel nebenbei managen zu können. Sie brauchen Datenverarbeitungssysteme, eine funktionierende Logistik und entsprechende Arbeitskräfte.

5.6 Lizenzen

Unter Lizenzen versteht man die Gewährung von Nutzungsrechten gegen Gebühr an Dritte. Sofern es sich um ein etabliertes Logo handelt, das einen hohen Bekanntheitsgrad in der Bevölkerung genießt, besteht die Möglichkeit Lizenzen an andere Nutzer zu vergeben. Der World Wide Funds for Nature (WWF) hatte beispielsweise im Jahr 2011 Einnahmen in Höhe von 50,7 Mio. Euro, von denen etwa 7% aus Kooperationen mit privatwirtschaftlichen Partnern stammen. Allein die Lizenzerlöse beliefen sich im Jahr 2011 auf 2,1 Mio. Euro. Diese Einnahmen werden steuerrechtlich der Vermögensverwaltung zugeschlagen, da die Organisation nur passiv ihr Logo zur Nutzung vermietet.

Voraussetzung hierfür ist ein überdurchschnittlich hoher Bekanntheitsgrad, ein warenzeichenrechtlich geschütztes Bild- oder Wortzeichen und ein tadelloses Image. All dies war beim Pandabärchen des WWF gegeben (vgl. Abb. 25). Nur so konnte es der Marketingabteilung gelingen, große Partner wie den Bertelsmann Verlag oder die Firma Herlitz zu gewinnen.

Auch Greenpeace vergibt über seine wirtschaftlich unabhängige Tochter, die Greenpeace Media GmbH, Lizenzen zur Nutzung des „future product"-Logos. Die Produkte interessierter Firmen werden vor der Lizenznahme durch unabhängige Institute und Verbände auf deren Nachhaltigkeit (Unter Nachhaltigkeit versteht man eine soziale, ökonomische und ökologische Entwicklung, die weltweit die Bedürfnisse der gegenwärtigen Gesellschaft befriedigt, ohne die Lebenschancen zukünftiger Generationen zu gefährden. Die aktuelle Diskussion um Nachhaltigkeit (= sustainability) basiert im Wesentlichen auf der UN-Umweltkonferenz von 1992 in Rio de Janeiro, aus der die Agenda 21 hervorgegangen ist.) überprüft. Ähnlich wie der WWF verfügt die Marke Greenpeace über einen hohen Bekanntheitsgrad. Über 90 % der Deutschen wissen mit dem Namen etwas anzufangen. Diese hohe Markenbekanntheit ist Voraussetzung dafür, attraktive Lizenznehmer zu finden und in finanziell attraktiver Größenordnung Produkte absetzen zu können. Folglich kommen Lizenzvergaben nur für einen kleinen Kreis sehr bekannter Organisationen in Frage. Die Vergütung kann bei Lizenzen als Pauschalgebühr erfolgen oder aber als prozentuale Gebühr, beispielsweise durch Umsatzbeteiligung.

Bei der Auswahl der Lizenznehmer sollte darauf geachtet werden, dass kein negativer Imagetransfer zu Ungunsten der Lizenzgeber erfolgt. Das heißt, wenn Sie Ihr Logo an einen Konzern vermieten, der ein halbes Jahr später in der Presse Negativschlagzeilen beispielsweise durch einen Umweltskandal oder Massenentlassungen macht, kann sich das negativ auf Ihre Organisation auswirken.

Ebenfalls ungünstig wäre es, wenn der Lizenzpartner durch aggressive Vertriebspraktiken oder anstößige Werbung dem Ruf Ihrer Organisation schadet. Gleiches gilt für die Produktqualität. Wenn Produkte unter Lizenz mit Ihrem Logo versehen werden, muss deren Qualität stimmen. Fällt das Produkt nach einmaligem Gebrauch bereits auseinander, dann trifft der Zorn der Verbraucher letztendlich auch Sie.

Abb. 25: Panda-Logo des WWF

> „Mit einer Lizenzvereinbarung haben Sie alle Möglichkeiten, das weltweit bekannte Panda-Logo für gezielte Marketingaktivitäten einzusetzen. Das Panda-Logo signalisiert als starke Marke Ihrer Zielgruppe: Wir engagieren uns für den Umwelt- und Naturschutz. Stellen Sie Ihre Marke, Ihr Produkt oder Ihre Dienstleistung gemeinsam mit dem WWF in den Mittelpunkt Ihrer Promotion-Aktion. Machen Sie gezielt auf sich aufmerksam und gewinnen Sie durch die Zusammenarbeit mit dem WWF neue Kunden (vgl. www.wwf.de)."

6. Wegwerfware und weitere Varianten

Der Kreativität im Hinblick auf verkaufs- oder sammelfähiges Material sind kaum Grenzen gesetzt – der Steuerfreiheit und der Logistik schon. Einige Organisationen sammeln Altkleider, Briefmarken, Elektronikschrott, Korken, alte Möbel oder Zahngold. Je nach Bundesland und Produkt sind hierbei Genehmigungen einzuholen. Auch erfordern der Abtransport, die Lagerung und die Aufarbeitung teilweise einen erheblichen logistischen und räumlichen Aufwand. Große Gewinne sind darüber hinaus auch nicht zu erwarten.

Wer Überlegungen in dieser Richtung anstellt, findet im Anhang einige Adressen von erfolgreichen Sammelstellen, die bei Interesse Auskünfte erteilen können oder um Verbundpartner wissen.

> **BEISPIEL:** In Hamburg kam eine Gruppe von Busfahrern und Busfahrerinnen auf die Idee, in öffentlichen Bussen Korken einzusammeln. Neben den Fahrern hängen Netze, in die Korken entleert werden können. Jährlich werden 2.000 Kilogramm der natürlichen Flaschenverschlüsse in den Bussen abgegeben. Die Korken werden danach zunächst in das Planschbecken einer Förderschule gefahren, wo sie zum Spielen dienen. Wenn sie verschlissen sind, wandern sie in eine andere Einrichtung, in der sie von seelisch kranken Menschen zu Dämmmaterial verarbeitet werden. Rund 18 Cent des Verkaufserlöses je Kilogramm kommen der Stiftung Euronatur zugute, die sich dem Kranichschutz widmet.

Die Idee, in Kooperation mit Beerdigungsunternehmen auf die Möglichkeit von Kondolenzspenden hinzuweisen, wird vieler Orten erfolgreich praktiziert. Darüber hinaus können Organisationen in ihren Mitgliederzeitungen darauf hinweisen, sich statt Geburtstagsgeschenken Spenden zu wünschen. Vor allem ältere Jubilare, deren Hausrat bereits bestens bestückt ist, finden diese Variante oft sehr sinnvoll.

> **BEISPIEL:** Amnesty International konnte sich über die Honorare von Schriftstellern freuen. 15 irische Autoren waren dazu bewegt worden, einen gemeinsamen Krimi zu schreiben. Die Tantiemen des Gemeinschaftswerks „Yeats ist tot" flossen der Menschenrechtsorganisation zu.

Wohlfahrtsmarken: Wohlfahrtsmarken können von den Verbänden der Freien Wohlfahrtspflege auf eigene Rechnung verkauft werden. Das Sozialwerk Wohlfahrtsmarken besteht seit 1949. Der Absatz findet über die Filialen der Deutschen Post und über eigene Verkaufsstellen statt. Gewinn wird nur durch den Wohlfahrtsaufschlag gemacht, wodurch sich diese Methode auch nur für große Organisationen im Rahmen der Öffentlichkeitsarbeit rechnen dürfte. Ältere Marken können als Sammlerwerte angeboten werden und unterliegen der Steuerpflicht.

Abb. 26: Wohlfahrtsmarke Loriot, 2011

Sehr erfolgreich verkaufen sich beispielsweise die Sondermarken für den Umweltschutz, die seit 1992 herausgegeben werden.

7. Kredite, Fonds und Leihgemeinschaften

Die Aufnahme von Krediten hat mit Fundraising nur im Rahmen allgemeiner Finanzierung zu tun. Für viele kleinere Einrichtungen sind Kredite zur Vorfinanzierung besonderer Vorhaben ohnehin nur schwer zu bekommen. Die meisten Banken nehmen die Vorstände als Bürgen persönlich in Haftung. Eine Besonderheit stellt die Leih- und Schenkungsgemeinschaft dar: Diese Möglichkeit bietet allein die GLS Gemeinschaftsbank eG. Einzelpersonen geben hierbei ein Spendenversprechen ab. Sie erklären sich beispielsweise bereit, über maximal fünf Jahre jeden Monat 50 Euro zu geben. Das ergibt eine Summe von maximal 3.000 Euro pro Person. Die Unterstützerinnen und Unterstützer – nicht mehr als 30 – schließen sich also zu einer Leihgemeinschaft zusammen. Danach beantragen sie bei der GLS Gemeinschaftsbank eG jeweils einen Kleinkredit über ihre Gesamtsumme. Die Kreditbeträge werden gebündelt und dem Projekt mit sofortiger Wirkung ausgezahlt. Bei 30 Personen, die über fünf Jahre monatlich 50 Euro bezahlen, beträgt der Sofortkredit immerhin 90.000 Euro. Darüber hinaus sind Spendenbescheinigungen jederzeit möglich.

Eine Alternative sind zinslose Fonds, die seitens der Einrichtung unterhalten werden. Hierbei verzichten Anleger zugunsten der jeweiligen Einrichtung auf ihre Zinsen. Die Organisation ihrerseits profitiert durch die Bündelung von Geldern auf einem entsprechenden Konto von den monatlichen Vergütungen. Das Geld muss für die Unterstützer allerdings jederzeit rückzahlbar sein. D. h., es eignen sich nur kurzfristige Anlagemöglichkeiten über Tagesgeld- oder verzinste Girokonten.

Zwei Banken, die gemeinnützigen Organisationen Sonderkonditionen einräumen, sind die Bank für Sozialwirtschaft und die oben bereits erwähnte GLS Gemeinschaftsbank eG. Oftmals lassen auch andere Kreditinstitute mit sich reden und sind zu günstigen Konditionen, wie kostenfreier Führung des Girokontos, bereit. Auch die Postbank gilt als sehr kulant. Im Umweltbereich sind die Umwelt Bank AG oder die Ökobank eG zu erwähnen.

8. Hamburger Spendenparlament

Eine Sonderform der Förder-Gemeinschaft bildet das Hamburger Spendenparlament, das 1995 gegründet wurde. Durch Zahlung einer jährlichen Mindestgebühr von 60 Euro können natürliche Personen und Personengruppen (z. B. Ehepaare) Mitglieder und Parlamentarier werden. Sie erhalten ein Stimmrecht bei der Vergabe der Spendenmittel und eine abzugsfähige Spendenbescheinigung. In Parlamentssitzungen entscheiden die ehrenamtlichen Parlamentarier darüber, welche sozialen Projekte in Hamburg mit den vorhandenen Geldern gefördert werden sollen.

Die Förderanträge seitens der Projekte werden von einer Finanzkommission geprüft, befürwortet, im Plenum debattiert, bestätigt, weiterverfolgt oder gegebenenfalls auch abgelehnt. Die Spender wissen dadurch genau, wofür ihre Gelder verwendet werden. Seit Gründung des Spendenparlaments wurden von der Finanzkommission über 900 Projekte ausgewählt und vom Plenum durch positive Abstimmung insgesamt mit fast 8 Mio. Euro an Spendengeldern gefördert (Stand Ende 2012). Das Parlament ist weder politisch noch konfessionell gebunden, arbeitet ehrenamtlich und vergibt Spenden nur für nachhaltig wirkende soziale Programme. Die Idee fand mittlerweile Nachahmer in anderen deutschen Städten (nähere Informationen unter www.spendenparlament.de).

9. Kreditkarten mit Spendenprozent (Affinity Credit Card)

In Deutschland ist die Verwendung so genannter Affinity Credit Cards noch nicht so verbreitet wie in den USA oder Großbritannien. In Kooperation mit den Geldinstituten werden die Kreditkarten mit dem Logo der Organisation versehen und bei den eigenen Mitgliedern oder Förderern beworben. Ein gewisser Prozentsatz des Kartenumsatzes fließt der Organisation zu. Für Förderer und Mitglieder können diese Karten – neben dem ideellen Aspekt – den Vorteil haben, dass die Banken die Jahresgebühr erlassen oder sehr gering halten. In den USA geben diverse Universitäten Alumni-Credit Cards heraus. Diese sind sowohl Fundraising-Instrument als auch Mittel zur Spenderbindung.

In Kooperation mit American Express hat der WWF auch für den deutschen Markt eine Kreditkarte entwickelt. Von der ersten Jahresgebühr fließen rund 2,50 Euro direkt an die Projekte des WWF. Weitere Umsatzprozente kommen dazu. Darüber hinaus hat die Karte durch das Panda-Logo für den WWF den Vorteil zusätzlicher Werbe- und Imageeffekte. Auch American Express profitiert von PR-Effekten und zusätzlichen Möglichkeiten der direkten Ansprache von WWF-Förderern.

Auch der NABU bietet in Kooperation mit der Volkswagen-Bank für 10 Euro Jahresgebühr Charity Kreditkarten mit ansprechenden Naturmotiven an.

Abb. 27: Alumni-Credit Card der Harvard University

10. Modern Talking – von Online-Fundraising bis Crowdfunding

10.1 Online-Fundraising

Das Internet ist aus der modernen Welt der Kommunikation nicht mehr wegzudenken. Das Spendensammeln im und über das Internet, kurz Online-Fundraising, wuchs je nach Quelle allein im Jahr 2010 um etwa 35 % (vgl. eNonprofit Benchmarks Studie 2011, S. 4). Eine Homepage zu haben, ist mittlerweile für fast alle großen und kleineren Organisationen selbstverständlich und fast alle haben eine eigene E-Mail-Adresse. Bei den meisten besteht darüber hinaus die Möglichkeit zu spenden. Bei den anderen dient die Website vor allem der Öffentlichkeitsarbeit und Information. Viele möchten darüber neue und vor allem jüngere Zielgruppen ansprechen. Mittlerweile haben rund 78 Prozent der Deutschen Internetzugang und bei den unter 30jährigen sind über 96 % regelmäßig online. Die Geldsumme der Online-Spenden liegt über dem Durchschnitt „normaler" Spenden. In den USA wird etwa die Hälfte der Spenden online abgewickelt, wobei die durchschnittliche Online-Spende knapp 100 Dollar beträgt, in Deutschland nur rund 60 Euro. Dies ist immer noch mehr als der durchschnittliche Rücklauf auf klassische Mailings im Höhe von etwa 36 Dollar. Hauptproblem ist immer noch der Aufbau der Seiten. Bis zu 50 % der Spendenwilligen brechen den Vorgang ab, weil sie sich nicht zurecht gefunden haben. Ein optimaler Aufbau der Homepage, der Spenden einfach macht, ist also nach wie vor essentiell. Spezialdienstleister wie Spendino geben Hilfestellung, wie sich ein „Online-Spenden-Modul „schnell und ohne Programmierkenntnisse mittels eines HTML-Codes in Ihre Homepage einbinden" lässt und die Spender das favorisierte „Bezahlverfahren Lastschrift, Kreditkarte und PayPal frei wählen" können (vgl. www.spendino.de). Für die Bundesrepublik liegen keine genauen Angaben zur Online-Spende vor. Die Zahlen schwanken je nach Quelle zwischen 3 bis 13 %.. Dies mag zum einen mit einem unteroptimalen Aufbau mancher Web-Site zusammenhängen, zum anderen mit der Furcht vor unbefugtem Missbrauch der Zahlungseingänge. Immerhin wickeln etwa 50 Prozent der Deutschen ihre Bankgeschäfte online ab. Trotz aller Beteuerungen der Banken ist ein gewisses Risiko, Opfer von Hackern zu werden, nach wie vor gegeben Im Spendenkontext ist das Lastschriftverfahren per Einzugsermächtigung sowie die Zahlung per Kreditkartennummer nach wie vor am Verbreitesten. Die Sicherheit der Datenübertragung ist hoch, aber nicht hundertprozentig. Das Lastschriftverfahren birgt weniger Risiken und gibt dem Auftraggeber ein sechswöchiges Widerrufsrecht (Sicherheitshinweise für die Datenübertragung im Internet gibt es unter www.stiftung-warentest.de und www.bsi.de sowie www.sicherheit-im-internet.de).

Das Internet bietet eine Menge Vorteile: Es wird immer noch als neu und spannend betrachtet und durch das weltweite Netz zu surfen macht vielen Menschen Spaß. Doch „drin" zu sein allein genügt nicht. Gerade in Zeiten der Informationsüberflutung und einer ständig steigenden Anzahl von Websites gewinnt Internet-Marketing an Bedeutung. Die Seiten einer Organisation müssen auch gefunden und besucht werden.

Ob es sich für eine kleine regionale Einrichtung lohnt, eine eigene Website aufzubauen, muss gut überlegt werden und hängt vor allem vom Budget ab. Als Kommunikationsmittel ist eine Internetpräsenz in jedem Fall zu empfehlen und auch unter Fundraising-Aspekten kann eine eigene Homepage durchaus interessant sein. Mit Hilfe eines findigen Computerspezialisten aus dem Bekanntenkreis, lässt sich eine kleine Präsenz durchaus erstellen (Ein Name lässt sich beispielsweise unter www.strato.de relativ schnell recherchieren.).

Experten empfehlen, nicht den Namen der Organisation, sondern Themen in den Domainnamen einfließen zu lassen. Da die meisten sinnvollen Namen mittlerweile vergeben sind, ist das nicht so einfach. Mit Hilfe von Suchmaschinen lassen sich jedoch auch Stichworte und Seiteninhalte angeben, die dann auf die entsprechenden Homepages weitergeleitet werden – auch wenn die Seite www.xyz.de heißt.

10. Modern Talking – von Online-Fundraising bis Crowdfunding

Vorteile einer Internetpräsenz:

(1) **Präsentation und Information:** Über eine eigene Homepage kann die Organisation aktuelle Projekte vorstellen und Hintergrundinformationen („Wir über uns", „Mission", „Fakten zum Thema") liefern.

(2) **Dialog mit neuen Zielgruppen:** Die Website dient dazu surfende Besucher, die oftmals jünger als die Durchschnittsspender, sind anzusprechen und mit diesen in Dialog zu treten (Infomaterial anfordern, Newsletter abonnieren, Gewinnspiele etc.). Durch die überregionale Wirkung des Internets können Inhalte entsprechend weit verbreitet werden.

(3) **Spender- und Mitgliederbindung:** Über eine Homepage wird den Mitgliedern und interessierten Förderern ständig die Möglichkeit gegeben, Kontakt zur Organisation aufzunehmen. Mit Hilfe eines Newsletters, der abonniert werden kann, können Spender und Mitglieder gebunden und über Neuigkeiten informiert werden.

(4) **Online-Spenden:** Über die Homepage können Spenden auch direkt erfolgen. Es kann online entweder eine Einzugsermächtigung erteilt oder die Kreditkartennummer eingegeben werden. Als weitere Möglichkeit steht das Lastschriftverfahren zur Verfügung, wenn der Spender seine Bankverbindung eintippt.

Tipps:

- Seien Sie aktuell. Eine Website, die verstrichene Termine und alte Informationen bietet, ist schlimmer als die Zeitung von gestern.
- Seien Sie visuell. Verwenden Sie Bilder, Fotos und Videos. Es kostet nicht viel und wirkt ansprechender als nur Text.
- Seien Sie prägnant. Halten Sie sich mit Text zurück. Der durchschnittliche Internetsurfer will keine endlosen Traktate am PC lesen, er scannt eher überblicksartig, also fassen Sie sich kurz.
- Suchen Sie den Dialog mit den Besuchern. Bieten Sie Möglichkeiten an, gedrucktes Informationsmaterial zu bestellen, anzurufen oder in E-Mail-Korrespondenz zu treten. Auch hier gilt

9. KAPITEL   Sechster Schritt: Maßnahmen und Methoden

> der Grundsatz der Aktualität. Eine E-Mail, die tagelang unbeantwortet bleibt, frustriert. Schaffen Sie eine Net-Community.
> - Bieten Sie Service. Schalten Sie Links zu anderen spannenden Seiten, bieten Sie Hintergrundinformationen an oder stellen Sie Formulare ins Netz, die den Status der Mitgliedschaft verändern.
> - Werden Sie konkret. Veröffentlichen Sie eine Liste der Dinge, die Sie dringend benötigen und bieten Sie Spendenmöglichkeiten. Leiten Sie die Besucher gezielt auf Ihre Spendenmaske und schaffen Sie Spendenanreize (Urkunde, Benefizartikel etc.).
> - Bedanken Sie sich! Wie in allen Bereichen des Fundraising gilt auch für das Internet: Sofortiger Spenderdank!

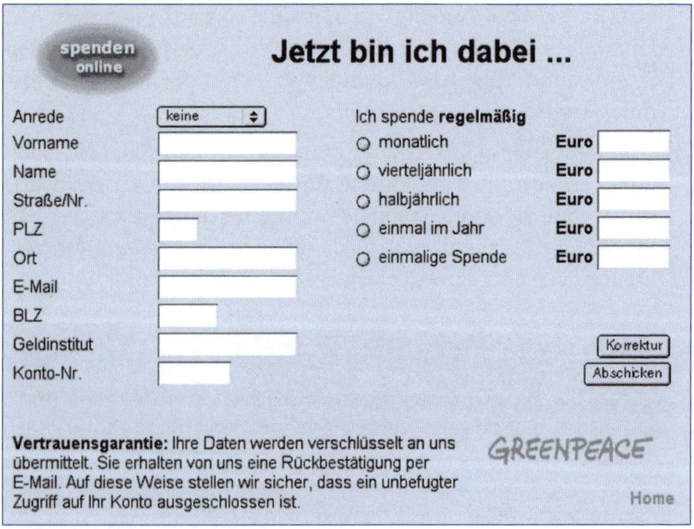

Abb. 28: Online-Spende Greenpeace

Fehler und Fallstricke

Langeweile und fehlendes inhaltliches Konzept: Lange trockene Informationstexte oder die kompletten Inhalte der Selbstdarstellungsbroschüre möchte kaum jemand am PC lesen. Auch darf der

Internet-User erwarten, sinnvoll durch die Seiten geführt zu werden und relevante Informationen (inklusive Adresse, Telefonnummer, Ansprechpartner) zu erhalten.

Mangel an Dialog, Emotion und Aktualität: Ellenlange Pamphlete oder die Inhalte des fünfzehnseitigen Projektantrags haben im Netz nichts verloren. Im Gegensatz zu vielen ausgefeilten Mailings, die kleine emotionale Geschichten erzählen, sind Web-Seiten oft wenig inspirierend. Ideen zur Spenderbindung und Dialogmöglichkeiten fehlen. Viele Homepages werden außerdem nicht regelmäßig gepflegt. Ein Spendenaufruf für ein Projekt von gestern ist keine gute Visitenkarte.

Technische Spielereien: Aufwendige Flash-Animationen und übermäßig blinkende Seiten können Surfer abschrecken. Allzu lange Ladezeiten vertreiben ungeduldige Besucher, die nicht über den schnellsten PC verfügen, von der Website. Auch Pop-Ups (kleine Werbefenster) oder zu kleine Schrifttypen (unter 10 Punkt) lassen viele Besucher die Seite sehr schnell wieder schließen.

> **Interview mit Dr. Wiebke Baars, Fachanwältin für gewerblichen Rechtsschutz und Partnerin der Kanzlei Taylor Wessing sowie Präsidentin des ZONTA-Club Hamburg**
> **Frage:** Online-Fundraising ist schwer im Kommen und gerade der Bereich des E-Mail-Marketing ist ein Thema. Gibt es aus juristischer Sicht Dinge zu beachten?
> **Dr. Wiebke Baars:** Auf jeden Fall, denn als Wettbewerbsrechtlerin klingeln bei mir gleich die Alarmglocken. E-Mail-Werbung, Thema Spam. Es gibt zwei juristische Ansatzpunkte, die zu beachten sind. Zum einen gibt es das „Gesetz gegen Unlauteren Wettbewerb", das UWG, das seit einigen Jahren klar regelt, dass die gewerbliche Kommunikation über E-Mail, aber auch über Fax und Telefon ausschließlich mit vorheriger ausdrücklicher Einwilligung des Adressaten erfolgen darf.
> Das Wettbewerbsrecht greift jedoch nur bei geschäftlichen Handlungen und die Frage ist, ob das Einwerben von Spenden für wohltätige Zwecke eine geschäftliche Handlung ist. Hier sind die Meinungen der Juristen geteilt. Früher galten Spendenaufrufe nach der herrschenden Meinung nicht als geschäftliche Handlungen im Sinne des Wettbewerbsrechts. Dieses Ergebnis wird aber zusehends in Frage gestellt. Die Kritiker argumentieren, dass es auch für die Einwerbung von Spenden einen Markt gebe, der durch Wettbewerb gekennzeichnet sei. Zumindest wenn eine Spendenorganisation regelmäßig um Spenden werbe, als Gegen-

leistung ein Tätigwerden für den angegebenen Verwendungszweck verspreche und die Vergütung für ihre Mitarbeiter aus dem Spendenaufkommen finanziere, sei von einer geschäftlichen Handlung auszugehen.

Aber auch wenn das UWG nicht zur Anwendung kommt, kann unerwünschte elektronische oder telefonische Werbung immer noch über die allgemeinen Regelungen des BGB sanktioniert werden. Die Übersendung von Spam stellt einen Eingriff in das allgemeine Persönlichkeitsrecht des Umworbenen dar. Dies kann sowohl Unterlassungsansprüche als auch Schadensersatzansprüche nach sich ziehen. Wird das E-Mail-Konto oder der Fax-Anschluss geschäftlich genutzt, liegt darüber hinaus ein Eingriff in den so genannten eingerichteten und ausgeübten Gewerbebetrieb des Umworbenen vor. Auch in diesem Fall haftet der Versender auf Unterlassung und Schadensersatz.

Frage: Wie beurteilen die Gerichte das? Stehen sie bei ihren Entscheidungen eher auf Seiten der Unternehmen oder auf Seiten der E-Mail-Empfänger?

Dr. Wiebke Baars: Die Gerichte sind selten auf Seiten der Werbenden. Das Landgericht Köln hatte einen Fall zu prüfen, in dem ein Unternehmen seine Geschäftspartner zu Werbezwecken anschrieb und sagte: „Bitte spendet für das Rote Kreuz." Es hatte sich selber genannt, aber primär dazu aufgerufen, Spenden an das Rote Kreuz zu senden. In dem Zusammenhang hat das LG Köln interessanterweise gesagt: „Wir sind in diesem Fall nicht im Wettbewerbsrecht, weil wir hier keine wirtschaftliche Handlung haben." Man muss sich also im ersten Schritt recht genau angucken, ob die Kommunikation allein gemeinnützigen Zwecken dient, wie bei einem kirchlichen Aufruf oder einem gemeinnützigen Verein, der Spenden sammelt oder ob man eigentlich ein Wirtschaftsunternehmen ist, das diesen Spendenaufruf mit Image-Werbung verbindet oder versucht, über Produktwerbung Spenden zu generieren. Das Interessante ist also die Unterscheidung ob es wirtschaftliche Werbung ist oder nicht. Wer als Wirtschaftsunternehmen zugunsten einer guten Sache Produkte verkauft und hierbei das eigene Image in die Waagschale wirft, um parallel bei Kunden zu werben oder auf Produkte oder die Dienstleistungen aufmerksam zu machen, bei dem ist die Vermutung groß, dass er dem Regime des Wettbewerbsrechtes und den sehr strengen Spam-Regeln unterliegt.

Wenn man allerdings eine reine wohltätige Organisation ist, die keinen eigenen wirt-schaftlichen Zweck hat, mag eher argumentiert werden, dass das Wettbewerbsrecht mit seinen strengen Regelungen zur Einwilligung und dem Verbot der Irreführung keine Anwendung findet.

Allerdings ist auch da das Risiko vor einer Abmahnung nicht ganz gebannt, da, wie bereits erwähnt, nach der Rechtsprechung des Bundesgerichtshofs auch die allgemeinen BGB-Vorschriften genutzt werden können, um gegen unerwünschte elektronische Werbung vorzugehen. Der Hintergrund dieser Rechtsprechung ist folgender: Der Bundesgerichtshof geht davon aus, dass es extrem belästigend und ein Eingriff in die persönliche Freiheit sein kann, wenn man ungefragt Werbung erhält, da man gezwungen wird, Emails zu prüfen und ggf. zu löschen. Zum Schutz des allgemeinen Persönlichkeitsrechts wurde die Einwilligungspflicht formuliert. Das Gleiche ist für die Unternehmenskommunikation geschehen. Auch für Unternehmen ist es sehr störend und zeitaufwändig, E-Mail-Konten durchgucken zu müssen, um zu entscheiden, welche relevant sind und welche einfach gelöscht werden können.

Frage: Welche Anforderungen werden an eine Einwilligung in das Zusenden von Werbe-Mails gestellt? Muss ich als Empfängerin noch einmal aktiv auf einen Zustimmungs-Link – oder ähnliches – klicken? Oder reicht bereits eine Art implizite Einwilligung, wenn bereits ein Geschäftskontakt besteht und ich dieser Organisation zum Beispiel schon einmal gespendet habe?

Dr. Wiebke Baars: Wichtig ist, dass vor der erstmaligen elektronischen Kontaktaufnahme eine Einwilligung gegeben wurde, z. B. durch die Formulierung „Ich bin damit einverstanden, künftig von Ihnen E-Mails mit Spendenaufrufen oder Werbung zu erhalten." Man muss also nicht vor jeder einzelnen E-Mail eine neue Einwilligung einholen, das wäre extrem unpraktisch. Für bestehende Kundenbeziehungen sieht das Gesetz daher Erleichterungen vor. Hier soll es dem Händler möglich sein, für den Absatz ähnlicher Waren und Dienstleistungen per E-Mail zu werben, ohne die Einwilligung in jedem Einzelfall erneut einholen zu müssen. Dies gilt jedoch nur so lange, bis der Kunde der weiteren Nutzung widerspricht. Auf diese Widerspruchsmöglichkeit muss der Kunde in jeder weiteren E-Mail ausdrücklich hingewiesen werden.

Frage: Was genau bedeutet in diesem Zusammenhang „Opt-out"?

Dr. Wiebke Baars: Ein Opt-out kommt aus dem Online-Marketing. Ursprünglich haben viele Online-Anbieter in ihren Geschäftsbedingungen mit vorausgewählten Aussagen gearbeitet, in denen eine Zustimmung zum Erhalt künftiger Emailwerbung enthalten war. Wenn der Kunde das nicht wollte, musste er aktiv ein neues Kästchen anklicken um mitzuteilen „Ich möchte keine Werbung erhalten." Der Gesetzgeber hat dieses Procedere anders geregelt: Man muss ausdrücklich sagen: „Ich möchte künftig Werbung erhalten", und zwar bevor ich die erste Email erhalte. Es besteht rein rechtlich gesehen auch nicht die Möglichkeit, die Zustimmung per Email einzuholen, denn auch diese Email wird bereits als Spam bewertet.

Frage: Habe ich als spendensammelnde Organisation die Möglichkeit, mir bei neuen Kontakten einmal das General-Okay zu holen?

9. KAPITEL — Sechster Schritt: Maßnahmen und Methoden

Dr. Wiebke Baars: Genau, das ist der richtige Weg. Auch wenn mir natürlich bewusst ist, dass der erste Kontakt eine schwierige Hürde darstellt. Zum einen muss dieser Kontakt hergestellt werden, dann muss er auch noch rechtssicher dokumentiert werden. Eine Möglichkeit ist, sich im Falle einer persönlichen Ansprache eine Einwilligungserklärung unterschreiben zu lassen. Alternativ kann z. B. auf einer Homepage eine Online-Maske zur Verfügung gestellt werden, in die eine elektronische Einwilligung unter Angabe der E-Mail-Adresse eingegeben wird. Hier ist dann das sogenannte Double-Opt-in-Verfahren erforderlich, da die angegebene E-Mail-Adresse, um Missbrauch zu vermeiden, noch einmal verifiziert werden muss.

Frage: Wie ist das mit Charity-Shops? Ich habe vor einiger Zeit bei einer Tier-Stiftung ein Produkt gekauft. Jetzt kriege ich regelmäßig E-Mails mit weiteren Informationen über aktuelle Angebote und Aktionen des Shops. Ich kann mich nicht erinnern, jemals mein Okay gegeben zu haben.

Dr. Wiebke Baars: Das ist klar unzulässig. Ohne Ihre Einwilligung dürfen die Ihnen keine E-Mails schicken. Der Charity Shop kann sich auch nicht auf eine mutmaßliche Einwilligung berufen, das geht nur unter streng geregelten Voraussetzungen. Die E-Mail-Adresse müsste anlässlich eines Kaufs überlassen worden sein, es werden ähnliche Waren oder Dienstleistungen angeboten und der Kunde muss bei Erhebung der Adresse und bei jeder Verwendung klar und deutlich darauf hingewiesen worden sein, dass er der Verwendung jederzeit widersprechen kann. Diese Voraussetzungen werden nur selten erfüllt.

Frage: Kann es sein, dass ich die Einwilligung im Prinzip gegeben habe, irgendwo ein Häkchen gemacht habe oder das Opt-out versäumt habe?

Dr. Wiebke Baars: Wenn Sie doch, ohne sich daran erinnern zu können, irgendwo aktiv ein Häkchen gemacht haben, müsste das vom Anbieter gespeichert worden sein und der Charity Shop müssten das nachweisen können. Aber wahrscheinlicher ist, dass Sie sich richtig erinnern und entweder keine entsprechende Einwilligung gegeben oder eine unzulässige Opt-out-Lösung, in der Ihre Einwilligung voreingestellt war, übersehen haben.

Frage: Das heißt theoretisch könnte ich eine Abmahnung schicken und sagen: „Moment, das widerspricht eigentlich dem Gesetz gegen Unlauteren Wettbewerb". Könnte jeder abmahnen, also theoretisch auch ein in Ungnade entlassener Mitarbeiter?

Dr. Wiebke Baars: Abmahnen kann zum Glück nicht jeder. Als Privatperson kann ich mich nicht auf das Gesetz gegen Unlauteren Wettbewerb berufen, das können nur Wettbewerber oder Verbraucherschutzverbände und Wettbewerbsverbände. Als Wettbewerber kann ich auf der Grundlage des UWG abmahnen, alternativ können Unternehmen zivilrechtliche Unterlassungsansprüche durch

Abmahnung geltend machen. Aber auch als Privatperson kann ich mein Recht, nicht belästigt zu werden, einfordern, oder aber einen Verbraucherschutzverband informieren, der dann in eigenem Namen abmahnen kann.

Frage: Welchen Weg kann ich wählen, wenn ich mich über eine Organisation ärgern würde? Müsste ich zum Verbraucherschutz gehen und mich beraten lassen?

Dr. Wiebke Baars: Sie könnten das belästigende Verhalten bei den Verbänden anzeigen und darauf hinwirken, dass diese aktiv werden. Alternativ können Sie sich auf Ihr eigenes Persönlichkeitsrecht berufen und sagen: „Ich habe einen Anspruch darauf, dass ihr mich in Ruhe lasst."

Frage: Das Thema Telefon-Marketing ist ja eine ähnliche Problematik.

Dr. Wiebke Baars: Die Regeln sind genauso streng und die Anrufe sind genauso unzulässig, wenn sie ohne Einwilligung geschehen.

Frage: Also auch hier muss ich explizit einwilligen angerufen zu werden, auch wenn bereits einmal eine Spende geflossen ist?

Dr. Wiebke Baars: Genau. Idealerweise hat man natürlich mit seiner ersten Spende schriftlich bestätigt, dass künftige Kontaktaufnahmen gewünscht sind. So könnte in einer Spendenbroschüre neben dem Überweisungsträger der Passus enthalten sein „Ja, ich möchte weiterhin per E-Mail oder telefonisch über ihre Angebote und über die Spendenmöglichkeiten informiert werden". Wenn der Spender das unterschreibt und zurücksendet ist das Ganze sauber geregelt.

Frage: Wie sieht es aus, wenn man eine Patenschaft übernommen hat und diese Organisation nun telefonisch um Aufstockung der Patenschaft bittet, ist das zulässig?

Dr. Wiebke Baars: Sofern man dem nicht im Rahmen seiner Patenvereinbarung zugestimmt hat, ist das nicht zulässig. Eine Rechtfertigung aus sozialen und sozialpolitischen Gründen kommt regelmäßig nicht in Betracht. Auch das mutmaßliche Interesse an einem Anruf ändert daran nichts.

Frage: Wie steht es um den recht neuen Bereich der sozialen Medien. Wenn ich einen Spenden-Link an meine Freunde auf Facebook – oder wo auch immer – weiterschicke und sage: „Bitte spendet doch auch", das ist meine Privatsache oder wie sieht das juristisch aus?

Dr. Wiebke Baars: Schwieriges Thema. Hierüber wird zur Zeit viel diskutiert. Wenn der Link den reinen Wohltätigkeitsbereich betrifft, halte ich die Weiterleitung für unproblematisch. Wenn die Versendung des Links damit verbunden ist zu sagen: „Kauf dir das nächste Smartphone und von dem Preis gehen zehn Euro an die Organisation XY", dann ist man letztendlich im Bereich der veranlassten Werbung, bei der sogenannte Laien dazu benutzt werden, Werbung zu

9. KAPITEL Sechster Schritt: Maßnahmen und Methoden

streuen. Das kann unzulässig sein, wobei in dem Fall nicht der handelnde Freund oder der handelnde Kontaktpartner den Verstoß begehen würde, sondern das Unternehmen, was sich ins Wire-Marketing begibt, und darauf vertraut, dass die Botschaft weitergegeben wird.

Frage: Könnte ich als engagierte Privatperson jemandem Ärger machen, wenn ich sage: „Ich habe da einen tollen Shop entdeckt, die machen phantastische Produkte zugunsten einer guten Sache", und ich streue das über Twitter, XING oder Facebook relativ breit an meine ganzen Kollegen?

Dr. Wiebke Baars: Wenn der betroffene Shop nichts damit zu tun hat, wird es sich aus der Kommunikation ergeben, sodass es eher unwahrscheinlich ist.

Frage: Wenn wir schon im Direkt-Marketing sind und diverse Bereiche angesprochen haben, gibt es eigentlich noch diese so genannten Robinsonlisten oder ist das Schnee von gestern?

Dr. Wiebke Baars: Die spielen nicht mehr so eine große Rolle, obwohl man sich noch registrieren lassen kann. In diesem Bereich steht zudem möglicherweise eine spannende rechtliche Entwicklung ins Haus. Vielleicht haben Sie davon gelesen. Im letzten Monat gab es ein Urteil vom Landgericht Lüneburg, das Wellen geschlagen hat. Ein Anwalt hatte der Post regelmäßig geschrieben, sie möge aufhören, ihm Postwurfsendung zu senden. Hierauf hat er keine Reaktion erhalten. Er hatte auch keinen Aufkleber an der Haustür: „Keine Werbung". Die Post ist dann vom Landgericht Lüneburg auf Unterlassen verurteilt worden. Das Gericht hielt das weitere Verteilen der Postwurfsendung für eine Belästigung, da ausdrücklich der Wille der Person zum Ausdruck gebracht worden sei, dass sie diese Post nicht erhalten möchte. Wenn man gegen diesen Willen handelt, sei das ein Eingriff in deren Persönlichkeitsrecht. Die Argumente, dass eine solche Ausnahme nicht organisierbar sei und man bei Massen-Mailings den Briefträger nicht derart instruieren könne, dass er in bestimmten Haushalten die Wurfsendung nicht mit abliefert, hat kein Gehör gefunden. Es bleibt abzuwarten, ob die Entscheidung Wellen schlägt, denn die Post hat interessanterweise hiergegen keine Berufung eingelegt. Vermutlich wollte sie vermeiden, es zu einer Grundsatzentscheidung beim Bundesgerichtshof kommen zu lassen. Wenn die Entscheidung Schule macht, wird man sich noch ganz neue Strategien mit der klassischen Postwerbung einfallen lassen müssen, die bisher als einigermaßen unproblematisch galt. Werbung per Briefpost galt bisher als zulässig, solange dem Briefträger nicht per Hinweis 'Keine Werbung einwerfen' klar signalisiert wurde, dass diese unerwünscht ist.

Frage: Wie steht es um die manchmal auch lästigen klassischen Massen-Mailings, die regelmäßig kurz vor Weihnachten oder über das Jahr verteilt eingehen? Habe ich als Spenderin die Möglichkeit, mich dagegen zu verwahren?

> **Dr. Wiebke Baars**: Erfolgt das Mailing per Email oder Fax kann ich auf eine eventuell fehlende Einwilligung verweisen. Kommt der Spendenaufruf per Brief kann ich versuchen, den Absender mit dem Hinweis auf die Lüneburger Entscheidung von weiteren Sendungen abzuhalten.
>
> **Frage:** Eigentlich müsste man jeder Organisation empfehlen, dass sie wenn ein Kontakt zustande kommt, explizit nachfragen, ob man weiterhin Mails oder Mailings schicken darf, richtig?
>
> **Dr. Wiebke Baars**: Das ist nicht nur aus juristischer, sondern auch aus Marketing-Sicht sicherlich empfehlenswert, weil wir in Deutschland eine kritische Klientel haben. Ich erfahre das immer wieder im Austausch mit ausländischen Kollegen, die den Kampf gegen elektronische Werbung gar nicht verstehen können. Dabei ist dieser Form der Werbung Dank europäischer Richtlinien ohne Einwilligung bei unseren europäischen Nachbarn genauso verboten wie hier, aber da kümmert sich keiner darum. Ausländische Mandanten können manchmal gar nicht verstehen, weshalb sie in Deutschland pausenlos Ärger haben. Sie beschweren sich „Das machen wir doch immer so. Da hat doch keiner etwas dagegen. Immer nur die Deutschen."

10.2 E-Mail-Marketing

Fast alle Organisationen haben heute ein E-Mail-Postfach. Da eine Homepage keine Voraussetzung für eine elektronische Postanschrift ist, nutzen viele Einrichtungen die E-Mail-Services verschiedener Provider. Diese kosten entweder eine geringe monatliche Grundgebühr oder gar nichts.

Der elektronische Postverkehr über E-Mail („electronic mail") bietet einige Vorteile: Er ist schnell, billig und kann über einen Verteiler viele Menschen erreichen. Er bietet eine gute und kostengünstige Möglichkeit, Mitglieder und Förderer zu informieren, elektronische Newsletter oder aktuelle Projektinformationen zu verschicken.

So ist auch der Deutsche Fundraisingverband schon vor einiger Zeit dazu übergegangen, regelmäßige Online-Infos an Mitglieder zu versenden. Um die aktuellen Branchennews lesen zu können, loggt man sich über die Homepage mit einem Password ein. Danach kann man sich die aktuellen Nachrichten auf den eigenen PC herunterladen, ausdrucken oder bei Gelegenheit am Computer lesen. So werden Geld und Papier gespart. Wichtig ist, dass die Inhalte interessant und aktuell sind.

Über Newsletter können natürlich auch Spendenaufrufe versandt werden. Über deren Wirksamkeit sind Experten unterschiedlicher Auffassung. Einige behaupten die Spendenresonanz sei besser als auf Briefsendungen. Die Responsequoten sollen bei etwa 10 % liegen (Briefsendungen an bekannte Förderer ergeben oftmals sogar Responsequoten von bis zu 50 %).

In Anbetracht der Tatsache, dass es sich bei E-Mail-Adressen jedoch fast nur um „warme" Adressen handelt, scheint sich diese Zahl erheblich zu relativieren. Im Zusammenhang mit unverlangt zugesandten E-Mails ist die Rechtslage in Deutschland zur Zeit nicht eindeutig geklärt.

Wenngleich Direktmarketing-Fachleute inzwischen bereits Listen anbieten, ist es ist nicht unbedingt zu empfehlen, bei Listbrokern E-Mail-Adressen zu kaufen. Es ist zwar schwierig, sich auf juristischem Weg gegen die Zusendung unerwünschter Mails zu schützen, doch wird es von vielen Empfängern als schlechter Stil angesehen.

Wer täglich mit Mails zugeschüttet wird, zeigt kaum noch die Tendenz, unbekannte Absender überhaupt zu öffnen. Sie werden automatisch weggedrückt. Auch Newsletter oder andere Informationen sollten nur an Empfänger geschickt werden, die ihre Erlaubnis gegeben oder aktiv um Aufnahme in den Verteiler gebeten haben. Die Euphorie im Hinblick auf das kostengünstige Dialogmarketing-Instrument E-Mail sollte eher kritisch beobachtet werden.

Für die meisten Vertreter der älteren Generation (ab 35 Jahre) haben Briefe vermutlich immer noch einen weitaus persönlicheren Charakter als E-Mails. Folglich können E-Mails eine Briefsendung oder gar einen persönlichen Kontakt nicht ersetzen, sondern nur ergänzen.

Der Deutsche Multimedia-Verband (dmmv) hat folgende Definition eines akzeptablen E-Mail-Marketing verabschiedet:

- vom Empfänger gestattete oder ausdrücklich angeforderte E-Mails mit entsprechenden Inhalten und Frequenz
- von dem Empfänger autorisierte Absender

- die vorherige verständliche Aufklärung über den Umfang und die weitere Verwendung der Daten.

Dies wird erreicht durch:

- den ausschließlichen Einsatz nutzergesteuerter Anforderungsvorgänge, so genannter Opt-Ins
- die deutliche Benennung der Möglichkeit zur Austragung aus dem Verteiler in jeder einzelnen Zusendung. Der Bitte um Austragung wird unverzüglich nachgekommen.
- das Führen einer Master-Robinson-Liste über Nutzer, die keinerlei E-Mails wollen (Genauer Wortlaut und weiterführende Informationen unter www.dmmv.de).

> **Tipp:**
>
> Bei der Erstellung von E-Mail-Verteilern ist darauf zu achten, dass der Empfänger nur *seinen* Namen sieht und nicht die Liste all der anderen Adressaten. Dies wäre nicht nur lästig, weil es E-Mail und Ausdruck erheblich verlängern kann, sondern auch aus Gründen des Datenschutzes problematisch. Spezialisten wissen, wie Empfänger in das bcc (= blind carbon copy)-Feld verpackt werden können.

10.3 Spendenportale

In letzter Zeit machen auch in Deutschland Spendenportale von sich reden. Diese Sammelseiten bieten Internetnutzern die Möglichkeit, ganz nach persönlichen Vorlieben online Projekte zu unterstützen. Die Homepages der beteiligten Einrichtungen sind verlinkt und die Spenden werden individuell zugewiesen. Da Marketingmaßnahmen für Internetseiten erhebliche Geldsummen verschlingen und vielen Betreibern der lange Atem und das notwendige Kapital fehlen, sind einige Charity-Projekte schnell wieder vom Markt verschwunden.

Erfolgreich etabliert hat sich mittlerweile das erste deutschsprachige Spenden-Portal Help Direct.org (www.helpdirect.org). Es wird von seinen Betreibern im Rahmen des Vereins HelpDirect e. V. ehrenamtlich geführt, verfolgt keine geschäftlichen Interessen und stellt inzwischen rund 250 Organisationen mit Projekten aus 130 Ländern vor. Der Service ist für Anbieter und Nutzer kostenfrei. Im ersten Jahr seit Bestehen konnte, nach Aussage des Vereinsvorsitzenden Harald Meurer, bereits eine sechsstellige Summe an die Einrichtungen verteilt werden.

Weitere Spendenportale sind:

www.spenden.de

www.spendenportal.de

www.betterplace.org

www.helpedia.de

www.ammado.com/

Kritiker werfen den Portalen fehlende Spenderbindung vor und ziehen deren Überlebensfähigkeit in Zweifel. Solange sich die Portale im Netz halten können und Transparenz bei der Spendenvergabe walten lassen, können sie eine zusätzliche Marketing- und Einkommensplattform für Organisationen sein.

Ein neueres Portal, das sich speziell an Firmen wendet und bereits im Kapitel „Spendenbriefe an Unternehmen" beschrieben wurde, ist www.spendet.org. Hilfsorganisationen, die begünstigt werden sind u. a. Brustkrebs Deutschland e. V., Deutscher Tierschutzbund e. V. und eine Reihe kirchlicher Organisationen. Die vollständige Liste findet sich unter: https://spendet.org/organisationen.html

10.4 Charity Malls

Da die USA weniger Probleme mit dem Steuer- und Wettbewerbsrecht haben, gibt es dort eine Reihe von Charity Malls (= Wohltätigkeits-Einkaufszentren). In diesen virtuellen Shoppingzentren werden Produkte unterschiedlicher Anbieter verkauft. Beteiligte Organisationen erhalten einen Prozentsatz der Gewinne. Bei igive.com kann der Käufer selbst bestimmen, welchem gemeinnützigen Projekt sein Spendenanteil zufällt. Diese Prozente sind quasi Wohltätigkeitsrabatte, die vorher mit den Anbietern ausgehandelt wurden.

Allerdings mussten auch in den USA einige Portale und Malls ihre Pforten aus Kostengründen wieder schließen. Marketing, Verwaltung und Logistik stellen selbst bei einer preisgünstig erstellten Internet-Plattform erhebliche Kostenfaktoren dar, die nicht ausschließlich ehrenamtlich zu bewältigen sind.

In Deutschland ging im Jahr 2001 das Portal Planethelp (www.planet help.de) an den Start. Mit Hilfe von über 100 Online-Shops sollen mindestens 51 % der Umsatzprovisionen an beteiligte Hilfeorganisationen fließen. Auf Seiten der gemeinnützigen Begünstigten sind unter anderem Unicef, WWF und Ärzte Ohne Grenzen beteiligt. Das Portal will nicht gewinnorientiert arbeiten. Die Kosten sollen mit Hilfe von Bannerwerbung, privaten Mitteln und Sponsoren finanziert werden.

10.5 Internet-Aktionen und Internet-Auktionen

Neben der Möglichkeit, über die eigene Homepage oder über Spendenportale an Gelder zu gelangen, können im Verbund mit Unterstützern aus dem Medien- und Forprofit-Bereich Sonderaktionen gestartet werden. Hier gibt es ebenfalls Spezialanbieter wie z. B. Alruja, die Internet-Sonderaktionen anbieten. Beliebt ist es zur Vorweihnachtszeit einen Adventkalender auf die eigene Homepage stellen (lassen), der den Unterstützern allerdings auch jeden Tag eine kleine Überraschung (z. B. ein weihnachtliches Gedicht oder ein Backrezept) bieten muss. Dieser Service wird mit einer einfach abzuwicklenden Spende belohnt.

> **BEISPIELE:** Die SOS-Kinderdörfer stellten zusammen mit dem Fernsehsender VOX und einer Multimedia Agentur elektronische Grußkarten ins Netz. Serienstar Ally McBeal rief darauf zu Spenden für den Hermann-Gmeiner-Fonds auf. Über einen Link konnten Spendenwillige ein Formular ausfüllen.
> Als Anerkennung für Freunde und Förderer wurde darüber hinaus ein Internet-Adventskalender unter der Adresse www.sos-adventskalender.de ins Netz gestellt. Mit dem Öffnen der Türchen war ein Preisrätsel verbunden.
> Auch Ärzte Ohne Grenzen bediente sich in einer Kooperation mit dem Fernsehsender Premiere World des Internets. Auf der Homepage des Senders wurden, im Rahmen einer großen „Pay-per-Charity"-Weih-

> nachtskampagne u. a. persönliche und handsignierte Gegenstände von Prominenten wie Heinz Harald Frentzen, Kai Pflaume und Uwe Ochsenknecht versteigert.
>
> Zusammen mit den Moorhuhn-Erfindern der Phenomedia AG wurde von Unicef das Spiel „Catch the Sperm" entwickelt. Um Punkte zu sammeln, müssen mit Hilfe eines Kondoms Spermien und Aids-Viren aufgehalten werden. Das Spiel, das kostenlos ins Netz gestellt wurde, diente weniger dem Spendensammeln, als vielmehr der Aufklärung und Kommunikation.

10.6 Handy- und Hotlinespenden

Charity-SMS oder SMS Fundraising (= short message service) ist bereits seit einiger Zeit ein Thema im Bereich der Spendenwerbung. In Deutschland beläuft sich das SMS-Volumen jährlich auf über eine Milliarde verschickter Nachrichten. Vor allem die junge Handy-Generation treibt mit Vergnügen die Telefonrechnungen durch regen Austausch von Kurznachrichten in die Höhe. SMS-Kommunikation bedarf der Erlaubnis des Empfängers, kann aber genau wie für Gewinnspiele oder kommerzielle Werbeaktionen prinzipiell auch von Nonprofits als Kommunikationskanal genutzt werden.

Experten empfehlen für die SMS-Spende folgende Schritte:

(1) Codewort der Aktion eingeben

(2) Betrag wählen

(3) SMS an entsprechende Nummer (z. B. Kurzwahl) schicken

(4) Betrag wird via Handy abgebucht

(5) Danksagung erhalten.

Das Ganze kann noch ergänzt werden um Banner oder sogenannte Widgets, also kleine Programme, die auf dem Smartphone aktuelle Informationen oder Spendenstatusmeldungen anzeigen.

Für die neue Generation der Smartphone gibt es mittlerweile eine Reihe von Spenden-Apps unterschiedlichster Inhalte. Für die SOS Kinderdörfer konnte man sich Ende 2012 für 79 Cent eine Adventskerzen-App kaufen und Unicef bietet mit „Repay for Good" eine

„Kleine-Schulden"-App an, mit der Kollegen gebeten werden, kleiner Schulden direkt an Unicef zu spenden.

Darüber hinaus gibt es die Möglichkeit, eine **Spendenhotline** zu schalten. Die Abrechnung erfolgt für die Spender über die reguläre Telefonrechnung. Aktuelle Informationen zu den neuen 0900-Nummern lassen sich am besten über das Internet recherchieren.

Außerdem gibt es Angebote, bei denen Vereinsmitglieder zum einen kostengünstig telefonieren können und zum anderen ein gewisser Prozentsatz des Umsatzes der Organisation zufließt (nähere Informationen unter www.nonprofitline.de).

10.7 Von „Zwitschern" und „Posten" bis „Krautfunding"

Seit einigen Jahren haben die sogenannten sozialen Medien auch im Fundraising Einzug gehalten. Scharen von zumeist jüngeren Menschen twittern sich Nachrichten oder berichten ihren Freunden vom neuesten Tratsch via Facebook. Kaum ein Jugendlicher unter 30 ist nicht Mitglied mindestens eines sozialen Netzwerks und dabei regelmäßig online. Allein auf Facebook sind über 24 Mio. Deutsche mehr oder weniger aktiv (vgl. http://allfacebook.de, Stand 09/2012)/ und rund 32 % der Österreicher und Schweizer (vgl. Schindler, Liller, (2012), S. 5) beim Kurznachrichtendienstleister Twitter immerhin rund vier Mio. (vgl. www.deutsche-startups.de, Stand 2012) Aber wird auch gespendet und ist das etwas für eine kleinere soziale Organisation? Fachleute sind sich einig, dass die Anzahl der Erstspenden via Internet deutlich zunehmen wird und dass gerade jüngere Menschen diese Form der Spende wählen. Sie gehen aber auch davon aus, dass Online Fundraising ein Komplementärinstrument bleiben wird, das nicht den persönlichen Kontakt oder die „Brot- und-Butter"-Instrumente des Fundraising, wie Mailings oder Benefizveranstaltungen ersetzen wird. Wer es wirklich wissen will, sollte sich bei diesem Spezialthema auch mit Spezialanbietern oder zumindest mit Literatur befassen, die sich diesem Thema widmet und von Fachleuten geschrieben ist. Im Rahmen dieses Grundlagenbuches kann nur ein kleiner Überblick gewährt werden.

Typen Sozialer Medien	Beispiele
Soziale Netzwerke	Facebook, Twitter, Xing, Studi-VZ etc.
Wissenscommunities	Wikis (Wikipedia, fundraising-wiki.de etc.)
Video- oder Fotoportale	Youtube, Flickr etc.
Social Bookmarking Sites	Mister Wong, Delicious etc.
Blogs	...

Abb. 29: Soziale Medien im Überblick

In Großbritannien haben sich die „Charity" Aktivitäten über soziale Medien allein im Jahre 2012 verdoppelt. Die Top 100 Charities, angeführt von „medecins sans frontières" haben 3,7 Mio. „Follower" auf Twitter, sieben Mio. „Fans" auf Facebook und eine Millionen auf GooglePlus. 33% aller Charities haben eine eigene „Community" (vgl. www.visceral-business.com). In den USA haben neun von zehn Charities eine Facebook-Präsenz (vgl. Nonprofit Social Network Benchmark 2012 kostenloser download unter. http://nonprofit-socialnetworksurvey.com.). Aber sind die sozialen Medien wirklich die neuen Goldesel? Die oben genannte Studie ergab das Bild, dass 58% der befragten amerikanischen Organisationen Facebook *nicht* für Fundraising nutzten, sondern eher für allgemeine Marketing- oder PR-Zwecke. Immerhin 30% erhielten kleinere Spendensummen zwischen 0 und 1.000 US-Dollar, 2% gaben an, mehr als 10.000 Dollar via Facebook erhalten zu haben und 1% sogar mehr als 25.000 Dollar. Die durchschnittlichen Kosten für einen Fan auf Twitter oder Facebook werden mit zwei bis drei Dollar (2,12 Twitter, 3,45 Facebook) angeben. Für den deutschen Bereich gibt eine im Jahre 2010 erhobene Studie an, dass bis dato nur wenige NPO mehrere Social Media Kanäle nutzen und weder auf „eine konsequente CI" achteten, noch interaktive Beiträge schrieben" (vgl. Spendino: Social Media Report, S. 3).

Die amerikanischen Social Media Experten nannten folgende Faktoren, die den Erfolg einer Kampagne ausmachen:

(1) Entwicklung einer klaren Strategie

(2) Priorisierung durch die Geschäftsführung

(3) Schaffung einer neuen Stelle nur für soziale Medien.

10. Modern Talking – von Online-Fundraising bis Crowdfunding

Darüber hinaus geben erfahrene Fundraiser den Tipp: Starten Sie klein, aber starten Sie. Bevor man sich nun als Fundraiserin mittleren Alters an seine Teenager-Tochter wendet und diese bittet, doch mal fix eine Twitter- oder Facebook-Causes-Aktion zu initiieren, sollte man sich wie üblich mit den kleinen strategischen Basisüberlegungen befassen:

(1) Wen wollen wir eigentlich ansprechen?

(2) Welche Ziele verfolgen wir mit dieser Aktion?

(3) Wie soll das Ganze aussehen, wenn es fertig ist?

(4) Welche Instrumente sollen konkret genutzt werden?

Danach kann es theoretisch losgehen, eventuell sogar auf mehreren Kanälen, da die Zielgruppen nicht unbedingt deckungsgleich sind. Die Marketinggrundregeln, wie Interesse zu wecken, eine klare Botschaft zu vermitteln, Glaubwürdigkeit zu dokumentieren oder Bilder und Videos zu nutzen, gelten auch hier und müssen entsprechend an die besonderen Formate der sozialen Medien angepasst werden. Der Traum einer viralen Kampagne, bei der die eigene Nachricht sich – ohne eigenes Zutun – virusartig verbreitet, kann aber nur dann wahr werden, wenn diese gut und/oder witzig gemacht ist und von der „Community" als entsprechend weiterleitungswürdig angesehen wird. Auf der Seite www.online-fundraising.org finden sich als „Slide Share"-Folien 50 Tipps des Online Spezialisten Chad Norman für Kampagnen auf Twitter oder Facebook, die auch für deutsche Organisationen gute Anregungen geben können. Gleiches gilt für die kleine PR 2.0-Bibel von Schindler und Liller (2012), die ein Kapitel ihres Buches dem Nonprofit-Sektor gewidmet haben. Darüber hinaus wird empfohlen, sich gut zu vernetzen, vor allem mit Bloggern Kontakt aufzunehmen und diese regelmäßig mit Material „anzufüttern". Seinen eigenen Blog, der entsprechend der Corporate Identity der Organisation zu gestalten ist, sollte man etwa einmal pro Woche aktualisieren und ihn mit Logo, Spendenbutton und Newsletter-Aboption versehen.

Des Weiteren geben Experten folgende Tipps (vgl. www.fundraisingtrends.de):

- **Rufen Sie zu Spenden und/oder Aktionen auf**
  Das Thema sollte aktuell und wichtig sein, so dass schneller Handlungsbedarf ersichtlich ist. Aktionen können von Flash-Mobs bis zu Unterschriftenlisten oder Petitionen reichen.

- **Zeigen Sie, was Sie machen**
  Liefern Sie Eindrücke von Ihrer Arbeit vor Ort. Lassen Sie die Nutzer teilhaben, an dem, was Sie anbieten. Zeigen Sie Fotos vom bedrohten Wachtelkönig oder von Ihrer Arbeit mit alten Menschen und schaffen Sie hierdurch Nähe und Vertrauen.

- **Liefern Sie visuelle Erlebnisse**
  Der Mensch nimmt vor allem über die Augen wahr und erfreut sich an Bildern – auch im Netz. Fotos und Videos sollten die Blogbeiträge anreichern.

- **Teilen Sie (Experten-)Wissen**
  Geben Sie Hintergrundinformationen zu Themen rund um Ihre Arbeit und lassen Sie auch andere Autoren zum Thema schreiben.

- **Keine Scheu vor Eigen-PR**
  Teilen Sie Projekt- oder Spendenerfolge mit Ihren Lesern und nutzen Sie Medienbeiträge über Ihre Organisation auch für Ihren Blog.

- **Führen Sie Interviews**
  Menschen lesen gerne über andere. Führen Sie Interviews mit Ehrenamtlichen, prominenten Unterstützern oder anderen Aktiven aus Ihrer Organisation. Interviews oder auch Fragebögen zu relevanten Themen werden gerne gelesen.

Zusammenfassend lässt sich festhalten, dass soziale Medien das Kommunikationsverhalten der jungen Generation prägen. Neben dem Spendenpotenzial bieten sie vor allem Möglichkeiten moderner PR, wie Aufmerksamkeit zu gewinnen, den Bekanntheitsgrad zu steigern, Kontakte zu pflegen, neue Interessenten anzusprechen und mit guten Kampagnen das eigene Image zu stärken.

Darüber hinaus machte in den letzten Jahren eine weitere Art des virtuellen Geldsammelns von sich reden, die vor allem im künstlerischen Bereich beachtliche Erfolge erzielen konnte:

Crowdfunding

Unter Crowdfunding, scherzhaft auch „Krautfunding", „Schwarmfinanzierung" oder „Polyschnorren" genannt (vgl. Werner, A., S. 2) versteht man die Projektfinanzierung mit Hilfe einer Vielzahl von Einzelspenden, die über Internet-Plattformen eingesammelt werden. Als besonders erfolgreich gilt die amerikanische Plattform „Kickstarter" (www.kickstarter.com), die seit ihrer Gründung im Jahre 2009 über 30.000 kreative Projekte finanziert und von über 2,5 Mio. Gebern rund 350 Mio. US-Dollar eingesammelt hat. Dieses Geld floss in die Finanzierung von Filmvorhaben, Buchprojekten oder der Einspielung neuer Musikalben. Binnen eines festgelegten Zeitraums muss das Spendenziel erreicht werden. Im Erfolgsfall wird das Geld eingezogen und kommt dem Projekt zugute. Wird das finanzielle Ziel nicht innerhalb der gesetzten Frist erreicht, wird das Spendenangebot seitens der Geldgeber nicht angetastet und die Kreditkarte nicht belastet. Je nach Höhe der Spende erhalten die Geber Gegenleistungen wie DVDs oder CDs, namentliche Nennung im Abspann des Films oder persönliche Grüße seitens der Künstlerin.

In Deutschland beginnt sich Crowdfunding vor allem im Bereich der Existenzgründungen durchzusetzen (vgl. www.fuer-gruender.de). Hier wurden in den Jahren 2010 bis 2012 knapp 5 Mio. Euro für Crowd-Funding und Crowd-Investment von über 500 Projektvorhaben eingesammelt (vgl. Crowd funding-Monitor 2012). Die Erfolgsquote lag bei 41 %. Das bedeutet die anderen 59 % bekamen innerhalb der Spendenlaufzeit nicht genügend Geld zusammen.

Im Bereich der kreativen oder sozialen Vorhaben sind beispielsweise die Visionbakery (www.visionbakery.com) oder Pling (www.pling.de) als deutsche Kopien von Kickstarter online. Die sozialen Projektvorhaben reichen von der Finanzierung von Spielgeräten bis hin zum Gnadenbrot für alte Pferde. Durchschnittlich werden rund 1.000 Euro pro Anbieter eingesammelt Die Bilanz ist jedoch im deutschen Markt eher ernüchternd. Zum Ende 2012 mussten einige der Plattformen bereits wieder eingestellt werden, da der Konkurrenzdruck zu groß und die Einnahmen mit rund 10.000 Euro Umsatz pro Jahr zu mager waren.

10.8 Thesen, Themen, Trendgemunkel

Das Internet ist seit Erscheinen der ersten Auflage dieses Buches auch in Deutschland bereits zu einem recht etablierten Fundraising-Instrument geworden, sei es für das Marketing von Organisationen oder konkret zum Spendensammeln. Aktuell wird eher über die Zukunft der sozialen Medien und ihr Potenziale für das Fundraising debattiert. Im Folgenden einige der Trendprognosen, die Bryan Miller, der seit 20 Jahren unter anderem für CARE und Cancer Research UK im Fundraising-Geschäft tätig ist (vgl. http://givinginadigitalworld.org), in seinem Blog vertritt:

(1) **Personalisierter Dank als Videobotschaft**
Mit Hilfe von youtube können echte Dankesvideos für Unterstützer hochgeladen werden. Wenn diese ehrlich und/oder witzig gestaltet werden, ist die Chance eines viralen Erfolges groß. Sie werden mit großer Wahrscheinlichkeit weitergeleitet an Familie, Freunde, Kollegen...

(2) **Blogger gewinnen an Bedeutung**
Blogger werden von den wenigsten Organisationen aktiv einbezogen, da sie nicht zur Mitglieder- oder Spendenklientel gehören. Miller empfiehlt: „strategic blogger outreach", also die gezielte Ansprache von Bloggern mit maßgeschneidertem Inhalt und deutlichen Engagementhinweisen.

(3) **Nutzen der „Augmented Reality"**
Nutzen der computergesteuerten „Realitätsanreicherung" mit Hilfe von Smartphone-Apps. Hierbei könnte beispielsweise der WWF-Tiger aus dem Plakat kommen und neben ein paar Fakten zu seiner Bedrohung noch persönlich um eine Patenschaft bitten.

(4) **Mikrospenden**
Da Kleinvieh bekanntlich auch Mist macht, haben gut geplante Aktionen wie „Aufrunden bitte", bei denen Zahlungen um kleine Beträge zugunsten von Hilfsorganisationen aufgerundet werden und von Vielen genutzt werden Zukunftspotenzial.

(5) **Smartphone Fundraising**
Die sogenannte NFC (Near Field Communication)-Technologie wird stark zunehmen. Bereits heute bezahlen 10% der Japaner mit ihrem Handy, Tendenz auch in Europa steigend. Das Sicherheitsrisiko scheint aber nach Meinung von Verbraucherschützern bislang nicht unerheblich zu sein.

Die Kunst der zukünftigen Spenderbindung wird darin bestehen, Möglichkeiten moderner Technologie mit emotionalen Erlebniswelten jenseits des PCs zu kombinieren, um echte menschliche Bindungen herzustellen.

Die Euphorie mancher Direktmarketing-Freunde im Hinblick auf neue Kommunikationswege, sollte mit Zurückhaltung betrachtet werden. Nicht alles, was technisch machbar ist, begeistert auch den Empfänger.

11. Sponsoring

Sponsoring gehört als mögliches Finanzierungsinstrument eindeutig zum Fundraising-Mix. In der Umgangssprache wird es oft mit Fundraising verwechselt und fälschlich als Oberbegriff gebraucht. Da mittlerweile fast jede Unternehmensspende mit einer öffentlichen Schecküberreichung einhergeht, kommt es vor allem im sozialen Bereich zu Unschärfen.

Selbst in der Presse werden häufig die Begriffe „Sponsoren" und „Spender" verquickt. Im betriebswirtschaftlichen Bereich gibt es jedoch eine klare Vorstellung davon, was unter Sponsoring zu verstehen ist. Sponsoring ist in erster Linie ein Marketinginstrument der Unternehmen. Es dient der Unternehmenskommunikation. D. h., Firmen erwarten von den gesponserten Projekten meistens öffentlichkeitswirksame Gegenleistungen. Mit Mäzenatentum hat das nichts zu tun.

11.1 Ziele des Sponsors

Die klassische Werbung stößt an die Grenzen ihrer Akzeptanz. Nur knapp 50% der Deutschen „sehen sich Werbung ganz gerne an" (vgl. http://de.statista.com). Da sich darüber hinaus viele Produkte immer ähnlicher werden, sind Unternehmen auf der Suche nach neuen Möglichkeiten ihre Kunden und potenziellen Käufer anzusprechen. Produkte werden zusehends mit „Erlebnisnutzen" oder Images angereichert. Sponsoring bietet hierzu eine Möglichkeit.

> **BEISPIELE: Sport:** Skispringer tragen lila Helme mit dem Logo einer Schokoladenfirma oder Rennfahrer betreten das Siegerpodest in Anzügen, die mit diversen Firmensignets versehen sind. Leistung und Gegenleistung sind klar definiert: Die Firma zahlt für den Logoeinsatz an einen Einzelsportler, den Verein oder den Verband eine feste Summe und bekommt als Gegenleistung eine enorme Medienwirkung. Millionen Zuschauer sehen den Firmennamen am Körper des – hoffentlich siegreichen – Athleten.
> Unternehmensziele sind hierbei vor allem die Werbewirkung zur Erhöhung des Bekanntheitsgrades der Marke sowie der so genannte Image-Transfer (sportlich, dynamisch). Letztendlich dient Sponsoring der Verkaufsförderung.
> **Kultur:** Verschiedene bekannte Automarken unterstützen seit Jahren traditionsreiche Festspiele. Die Unternehmensziele liegen hierbei in erster Linie im kommunikativen Bereich. So profitieren die Autokonzerne vom positiven Image erstklassiger, bekannter Kulturleistungen und nutzen die positive Presse für die Unternehmenskommunikation. Als Gegenleistungen erhalten Sie unter anderem die Möglichkeit, Geschäftspartner zu exklusiven Aufführungen oder Vorpremieren einzuladen. Teilweise treten Künstler auch während der Arbeitszeit im Unternehmen auf, um die Mitarbeiter zu motivieren. Darüber hinaus nutzen die Konzerne den guten, völkerverbindenden Ruf der Ensembles, um durch internationale Konzertreisen neue Märkte zu erobern.

Beim Sponsoring geht es den Unternehmen in erster Linie um:

- **Imagegewinn und Imagetransfer:** z. B.: Übertragung des positiven, kreativen Images eines Musikensembles auf den Sponsor.

11. Sponsoring

- **Erhöhung des Bekanntheitsgrades:** vor allem durch Medialeistungen.
- **Kontaktpflege („Hospitality"):** z. B.: Der Sponsor hat Gelegenheit, von den guten Kontakten der unterstützten Einrichtung zu Politikern oder Prominenten zu profitieren oder seinen Kunden ein unvergessliches Erlebnis zu bieten, das sie sich sonst nicht kaufen können beispielsweise eine Opernaufführung hinter der Bühne live zu erleben.
- **Dialog mit neuen Zielgruppen und Kundenbindung:** z. B.: Autohaus unterstützt Kindergarten und hofft auf Autokauf der Eltern.

Wenn Unternehmen sich im sozialen Bereich engagieren, verfolgen sie dabei selbstverständlich auch konkrete Ziele. Es muss einer nichtkommerziellen Organisation klar sein, dass kein Unternehmen selbstlos größere Summen gibt, es sei denn es handelt sich um echtes Mäzenatentum. Dieses ist zumeist an die Person bzw. die persönliche Vorliebe des Firmeninhabers geknüpft.

Viele Führungskräfte und Unternehmensberater sind mittlerweile der Auffassung, dass Firmen in Moral investieren (müssen), wenn sie ihr Verbleiben in der Gesellschaft und damit im Markt sicherstellen wollen. Das bedeutet, dass vor allem große Konzerne ethische Grundsätze in ihre Unternehmensphilosophie aufnehmen.

Begriffe wie „Corporate Social Responsibility" (CSR), „Corporate Caretaking" oder „Corporate Community Investment" machen seit ein paar Jahren die Runde in Managementkreisen. Dadurch steigen die Chancen für den Bereich des Sozial-Sponsoring, auch wenn es zumeist nicht mehr so genannt wird. Beim Sozial-Sponsoring kommen zu den oben genannten Zielen des Sponsors weitere Aspekte hinzu:

- **Demonstration gesellschaftlicher Verantwortung:** Das Unternehmen tritt nach außen als sozial verantwortlich auf und demonstriert „Careholder Value" statt „Shareholder Value".
- **Demonstration regionaler Standortverantwortlichkeit:** Ein positives Unternehmensumfeld erhöht sowohl die Zufriedenheit

der Mitarbeiter, als auch die Akzeptanz bei Bevölkerung und Meinungsbildnern.

- **Emotionaler Zusatznutzen:** Das Unternehmen und seine Produkte werden mit der unterstützten Einrichtung assoziiert. Dieser so genannte emotionale Zusatznutzen kann mittelfristig die Kaufentscheidung beeinflussen.
- **Sozial orientierte Unternehmenskultur zur Erhöhung der Mitarbeiterzufriedenheit:** Mitarbeiter sind stolz darauf, für ein Unternehmen zu arbeiten, das sich um gesellschaftlich relevante Belange kümmert.

11.2 Voraussetzungen – sind wir reif für einen Sponsor?

Bevor sich eine Organisation auf das zeitintensive Abenteuer Sponsoring einlässt, sollten intern folgende Fragen geklärt werden:

(1) Ist Sponsoring wirklich das Mittel der Wahl oder gibt es andere Möglichkeiten?

(2) Gibt es eine eindeutige interne Mehrheit für das Projekt und die Finanzierung durch Sponsoren?

(3) Gibt es genügende personelle Kapazitäten, vor allem für die Akquisition und Betreuung der Sponsoren, die Organisation und Umsetzung sowie die Öffentlichkeitsarbeit?

(4) Sind wir reif für einen Sponsor? Erfüllt unser Projekt die notwendigen Voraussetzungen? Ist es innovativ und öffentlichkeitswirksam?

(5) Welche Gegenleistungen sind möglich und gewollt?

Sponsoren haben meist kein Interesse daran, Personalkosten zu finanzieren oder diffuse Lücken in der Finanzplanung zu schließen. Sponsoring eignet sich also selten zur dauerhaften Finanzierung der gesamten Organisation. Die meisten Sponsorpartnerschaften laufen über drei bis fünf Jahre. Kurzfristige Finanzspritzen nach dem Gießkannenprinzip kommen vor, rechnen sich aber für die Unternehmen nicht.

11. Sponsoring

Sponsoring kann für NPO eine Möglichkeit der Finanzierung oder Co-Finanzierung sein. Es eignet sich vor allem für zeitlich begrenzte Projekte oder Events. Die Chancen, einen Sponsor überzeugen zu können, steigen, wenn folgende Voraussetzungen gegeben sind:

- hoher **Bekanntheitsgrad** (Pressearbeit) der Organisation und/oder des Projekts sowie eindeutig positives Image
- hoher **Publicity-Faktor** (Prominente Schirmleute, gute Medienkontakte, Innovationspotenzial, Reichweite)
- **interne Stringenz** des Projekts (Nachvollziehbarkeit)
- **klares Budget** – möglichst mit gesicherter Co-Finanzierung (z. B.: Ausfallbürgschaft, Eigenmittel)
- **interessante Zielgruppe** (qualitativ und quantitativ)
- ausreichender **zeitlicher Vorlauf** (je nach eingeplantem Budget etwa ein Jahr)

Marketingverantwortliche im Unternehmen müssen eine Entscheidung für ein Sponsoring-Engagement intern rechtfertigen. Sie müssen sich dem Vorstand gegenüber verantworten, weshalb sie ihr Budget für Sozial-Sponsoring einsetzen wollen. Alternativen zur Unterstützung der „guten Sache" sind alle anderen Instrumente der Marketingkommunikation, wie Anzeigenschaltung, eigene Events bzw. andere Sponsoring-Arten. Wenn eine Einrichtung nicht das große Glück hat, von der Sponsoring-Abteilung eines Unternehmens direkt angesprochen zu werden, sollte sie dem Entscheidungsträger möglichst viele gute Argumente liefern, weshalb die Firma genau diese Einrichtung oder Veranstaltung unterstützen sollte.

> **Tipp:**
>
> Versetzen Sie sich in die Rolle eines Marketingmenschen und fragen Sie sich: Was genau haben wir zu bieten, was dem Sponsor Nutzen bringt?

11.3 Sponsorensuche

Ein zentrales Thema beim Sponsoring ist Glaubwürdigkeit. Dies bedeutet, Sponsor und Gesponserter, also Unternehmen und Organisation, müssen zueinander passen. Ein eventuelles Verkaufsinteresse eines Unternehmens sollte nicht zu offenkundig sein.

Es mag zwar vom Produkt her passen, wenn ein Hersteller von Kinderkleidung einen Kindergarten unterstützt, wird aber unter Umständen von der Öffentlichkeit als zu eindeutig profitorientiert bewertet.

Ebenso ist es für eine Einrichtung dringend notwendig, sich zu überlegen, welche Branchen oder Produkte nicht in Frage kommen. Aufgrund von Fusionen und Mischkonzernen ist hierbei dringend eine sorgfältige Recherche anzuraten. So hatte eine große Hilfsorganisation für eine Anti-Landminenkampagne eine Uhrenfirma als Sponsor angesprochen. Es stellte sich gerade noch rechtzeitig heraus, dass dieses Unternehmen neben harmlosen Armbanduhren, auch fatale Zündmechanismen produziert, die ausgerechnet für Landminen hergestellt werden.

Bei der Recherche sollten außerdem Umsatzentwicklung, Entlassungen oder Fusionsgerüchte berücksichtigt werden. Wenn ein Unternehmen gerade Negativschlagzeilen macht oder finanziell angeschlagen ist, kommt es als Sponsor nicht in Frage. Auch Skandale der Vergangenheit sollte eine Einrichtung berücksichtigen. Wenn Sponsoring zu offensichtlich eine Feigenblattfunktion oder eine Art moderner Ablasshandel darstellt (vor allem im Umweltbereich), kann das Engagement für beide Seiten durch kritische Presseberichte nach hinten losgehen. Sponsoring ist ein sensibles Thema und will gut geplant sein.

Um eine größtmögliche Glaubwürdigkeit und Passung zwischen den Partnern zu gewährleisten, sollten bei der Firmenauswahl folgende Aspekte eine Rolle spielen:

Regionalität: Für regionale Projekte mit einer begrenzten Reichweite empfiehlt es sich ortsansässige Unternehmen oder regionale Niederlassungen anzusprechen. Ist bundesweite Presse zu erwarten oder ist die Organisation überregional tätig, können auch passende Unternehmen an anderen Standorten angesprochen werden. Im eigenen Umfeld stehen die Chancen jedoch meistens am besten. Selbst Unternehmen, die sonst keine Gelder in Sponsoring investieren, liegt mit großer Wahrscheinlichkeit der eigene Standort und die eigene Nachbarschaft am Herzen.

Produktbezug: Es sollte eine glaubwürdige Verbindung zwischen dem Zweck der Organisation und den Produkten des Unternehmens bestehen. Dies ist jedoch nicht zwingend. So kann sich ein Zementwerk für ein Jugendprojekt engagieren, obwohl die Jugendlichen keine potenziellen Kunden darstellen. Überlegungen können hier in Richtung Imagebildung, Presseaufhänger oder Mitarbeitermotivation gehen.

Prinzipiell fällt es Sponsoren leichter, Sachmittel, Know-how oder Arbeitszeit zur Verfügung zu stellen, als Geld zu geben. Folglich macht es Sinn, wenn Einrichtungen gezielt überlegen, welche Firmen notwendige Produkte oder Dienstleistungen anbieten.

Zielgruppenbezug: Sponsoring ist für Unternehmen auch eine Möglichkeit, mit neuen oder bestehenden Zielgruppen in Kontakt zu treten. Eine Organisation kann sich Gedanken darüber machen, ob die eigenen Zielgruppen mit denen des Unternehmens zur Deckung kommen. Hierbei kann es sich um primäre oder sekundäre Zielgruppen handeln. Die primäre Zielgruppe von Universitäten ist beispielsweise die Klientel jüngerer Studenten. Diese sind auch für viele Unternehmen interessant, sei es als zukünftige Kunden (zum Beispiel bei Banken) oder als Führungsnachwuchs. Doch auch die Zielgruppe der Professoren kann Unternehmen ansprechen. Mit Wissenschaftlern am runden Tisch zu sitzen, wertet das Unternehmerimage auf. Es kann sich auch um sekundäre Zielgruppen handeln, wie die interessierte Öffentlichkeit. Wenn ein Unternehmen Obdachlosenprojekte unterstützt, geht es nicht darum den Wohnungslosen als Kunden zu gewinnen. Hier spielen Imagefaktoren und die zu erwartende Presseresonanz die entscheidende Rolle. Auch Mitarbeiter oder Geschäftspartner eines Unternehmens kommen als mögliche Zielgruppen in Frage.

Im kulturellen Bereich sind exklusive Vorpremieren für Sponsoren und deren Gäste eine beliebte Gegenleistung. Im Sozialen gewinnt auch in Deutschland „Corporate Volunteering" an Bedeutung. In Projekten wie „Seitenwechsel", „Switch", „MitLeidenschaft" werden Führungskräfte für kurze Zeit als Ehrenamtliche in soziale Projekte entsandt. Sie sollen vor allem ihre soziale und emotionale Kompetenz schulen. Die Unternehmen sind bereit, dafür gutes Geld zu bezahlen.

Beziehungen: Wenngleich sich Sponsoring mittlerweile im Marketing etabliert hat und von Unternehmen zunehmend professioneller betrieben wird, sind gute Beziehungen immer noch wichtig. Alte Seilschaften, persönlicher Faible der Inhaber oder Golfplatz-Kontakte spielen nach wie vor eine Rolle. Auch persönliche Betroffenheit kann den Ausschlag für ein Sponsorship geben, wenn beispielsweise der Neffe des Inhabers Drogenprobleme hat oder ein eignes Kind mit Behinderung zur Welt kam. Je größer die finanziellen Volumina sind, desto wahrscheinlicher ist es jedoch, dass wirtschaftliche Erwägungen in den Vordergrund rücken.

Fragen zur Sponsoren-Analyse:

(1) Welche Zielgruppe wird angesprochen?

(2) Aus welcher Branche kann der Sponsor bzw. darf er auf keinen Fall kommen?

(3) Welche Kommunikations- bzw. Marketingziele verfolgt der Sponsor? Folgende Ziele wären z. B. denkbar:

- Bekanntheit schaffen, weil neu auf dem Markt
- Reichweitenaspekt
- Neukundengewinnung, Bestandskundenpflege
- Verkauf
- Imageverbesserung in Konkurrenzmarkt
- Mitarbeitermotivation (Personalabteilung) – soziales Engagement
- Standortbezug

(4) Mit welchen Instrumenten wird die Zielgruppe angesprochen?

11.4 Das Sponsoring-Konzept

Ein Sponsoring-Konzept ist anders aufgebaut als ein Spendenbrief. Mission und sinnvolle Lösungsansätze spielen eine Rolle, sind aber nicht das zentrale Thema. Da gerade Marketingmenschen viel unterwegs sind, in Meetings sitzen und eine enorme Papierflut bearbeiten müssen, gilt: Klasse statt Masse. Es gibt unterschiedliche Auffassungen über Umfang und Aufmachung. Einige schwören auf dicke, bunte Powerpoint-Mappen, andere auf aussagekräftige fünf Seiten. Hauptsache ist, dass es gelingt, den Nerv des Unternehmens zu treffen und dessen Nutzen herauszuarbeiten.

Der Aufbau eines Konzepts sollte folgende Punkte enthalten:

(1) **Projektbeschreibung oder Idee:** Hier sind die klassischen „W-Fragen" entscheidend: Wer, was, wann, wo? Die Kurzbeschreibung soll interessant klingen und zum Weiterlesen animieren. Eventuelle VIPs oder prominente Schirmleute gehören ebenfalls als „Appetitanreger" an den Anfang.

(2) **Projektzuordnung zum Sponsoring-Bereich:** Um es dem Leser so einfach wie möglich zu machen, empfiehlt es sich, den Sponsoring-Bereich zu nennen. Handelt es sich um Kultur,- Sozial-, Wissenschafts-, Schul-, Kindergarten-, Sport- oder Umwelt-Sponsoring?

(3) **Zielgruppen:** Welche Zielgruppen werden direkt (Zuschauer, Besucher, Gäste etc.) oder indirekt (über Medien, Poster, Flyer etc.) angesprochen? Genaue Fakten über Anzahl, Reichweite (reginal, international) und Status (finanzkräftig, weiblich, zwischen 35 und 50) sind relevant.

(4) **Leistungen des Sponsors (Mittelbedarf):** Welche Mittel werden erwartet? Wie hoch ist das Budget? Geht es um Geld-Sponsoring oder sind auch Sachmittel (Katalogdruck, Freigetränke etc.) oder Wissen/Arbeitszeit als verrechenbares Äquivalent möglich?

(5) **Gegenleistungen:** Ein Sponsor erwartet öffentlichkeitswirksame Gegenleitungen wie:

- Gemeinsame Pressearbeit und redaktionelle Erwähnung in Mitgliederzeitungen

- Logo-Einbindung des Hauptsponsors auf Plakaten, Programmheften, Tickets etc.
- Präsentationsmöglichkeiten im Rahmen der Veranstaltung
- Einladungen für Mitarbeiter/Geschäftspartner des Sponsors
- Vorab-Vernissage exklusiv für Mitarbeiter und Kunden
- Freianzeigen in Katalogen oder Broschüren
- Internet-Links zur Homepage des Sponsors

(6) **Projektinitiatoren:** Natürlich müssen Veranstalter oder Initiatoren genannt werden und ein fester Ansprechpartner für interessierte Sponsoren. Auch empfiehlt es sich Referenzen, Imagebroschüren oder Presseberichte beizulegen.

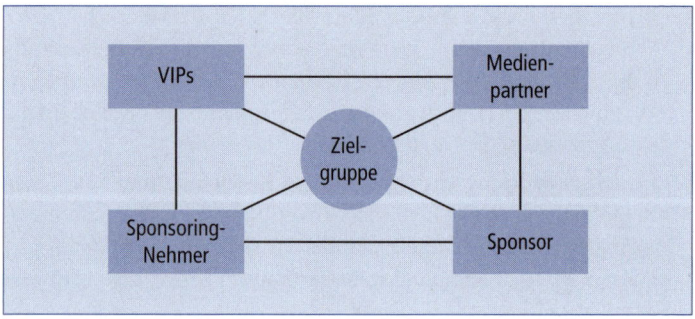

Abb. 30: Erfolgsfaktoren im Sponsoring

Das magische Viereck des Sponsoring besteht aus Sponsor, Gesponsertem, Prominenz und Presse. Die Kausalkette ist wie folgt: Sponsor und Gesponserten sind (neben Geld, Sachmitteln, Kontakten etc.) an Öffentlichkeit interessiert. Die Presse braucht einen Aufhänger und diesen kann ein Prominenter liefern.

> **Tipp:**
>
> Wenn Sie noch keine prominenten Unterstützer haben, überlegen Sie sich, wer vom Image her in Frage kommen könnte. Denken Sie an junge Künstler, die noch nicht so bekannt sind und Interesse an Publicity haben oder an ältere Prominente, die wieder einmal in den Medien erscheinen wollen.

11.5 Die „fiese" Akquise

Die Kontaktvariante: Telefon – Konzept – Telefon – Termin hat sich in der Akquise von Sponsoren bewährt.

Die Akquisephase sollte stringent umgesetzt werden. Das heißt, nachdem telefonisch vorgefühlt wurde, ob das Thema Interesse auslöst, muss umgehend das Konzept verschickt werden. Nach sieben bis zehn Tagen empfiehlt es sich, nachzufassen. Ziel des Nachfassens ist es, einen Gesprächstermin zu erhalten. Wie überall im Fundraising geht nichts über den persönlichen Kontakt.

> **Tipps:**
>
> - Überlegen Sie sich, was der Sponsor braucht und machen Sie branchenspezifische, individuelle Angebote, kein „0815-Standardpaket".
> - Informieren Sie sich über Ziele und bisheriges Sponsoringengagement des Unternehmens.
> - Geben Sie sich Mühe beim Konzept. Es muss kein Hochglanzfolder sein, aber Kreativität schadet nicht.
> - Erfassen Sie die Firmendaten und pflegen Sie auch diejenigen Unternehmen, die abgelehnt haben. Wegen der häufigen Positionswechsel sollten die Ansprechpartner regelmäßig telefonisch aktualisiert werden. Hierzu reicht der Anruf in der Zentrale: „Ist Frau Müller noch Marketingleiterin?"

11.6 Chancen und Risiken

Gerade für kleine Organisationen, die regional tätig sind, kann die Suche nach einem Sponsor eine echte Herausforderung darstellen. Serienbriefe an alle Firmen der Umgebung haben kaum eine Chance.

Wichtig ist auch, sich von vornherein darüber im Klaren zu sein, dass große Volumina Top-down entschieden werden. D. h., wenn ein Unternehmen sich im größeren Stil im Bereich Sponsoring engagieren möchte, legt es langfristig Ziele und Budgets fest und sucht dann nach attraktiven Projekten. Der andere Weg, Bottom-up, bei dem die Organisation kurz- oder mittelfristig einen Sponsor sucht, bedeutet oftmals, dass nur Sachmittel oder geringere Beträge bereit gestellt werden.

Andererseits bietet Sponsoring diverse Möglichkeiten für eine Organisation: Es belebt die Öffentlichkeitsarbeit, erschließt neue Zielgruppen und Kontakte und dient der eigenen Profilbildung.

11.7 Recht und Steuern

Ein wichtiges Feld, das Risiken bergen kann, stellen rechtliche und steuerliche Einschränkungen dar.

Das deutsche Wettbewerbsrecht spricht seit 2010 nicht mehr von „gefühlsbetonter Werbung" und stört sich nicht mehr an profitablen Partnerschaften zugunsten der guten Sache.

Aber in steuerlicher Hinsicht ist es steuerbegünstigten Organisationen dringend anzuraten, sich kompetenten Rat einzuholen. Das Steuerrecht unterscheidet bei gesponserten juristischen Personen zwischen aktiver Teilnahme an den Sponsoringmaßnahmen und passiver Duldung. Nimmt der Gesponserte aktiv an den Werbemaßnahmen des Sponsors teil, wird der Sponsoringerlös dem steuerpflichtigen wirtschaftlichen Geschäftsbetrieb zugeschlagen. Gestattet er lediglich passiv, dass der Sponsor sich seines Namens bedient, fallen die Gelder in den ideellen Bereich, die Vermögensverwaltung oder den Zweckbetrieb. Der Sponsoring-Erlass (vgl. Sponsoring-Erlass vom 18. Februar 1998, abgedruckt in „Der Betrieb", Heft 40/99, S. 2030 ff.) ermöglicht dem Gesponserten, auf die Sponsorleistungen „mit der erforderlichen Zurückhaltung" hinzuweisen. In welcher Form und Größe dies steuerlich unbedenklich geschehen darf, obliegt zumeist der Einschätzung des Finanzamtes. Folgende Steuern sollten bei einem Sponsoring-Engagement im Auge behalten werden:

11. Sponsoring

BEISPIELE aus dem Sponsoring-Erlass
Steuerlich unschädliche Aktivitäten des Gesponserten:
- Dank an den anwesenden Sponsor im Rahmen der Pressekonferenz
- Logo des Sponsors an gut sichtbarer und frequentierter Stelle (z. B.: Vorverkaufskasse)
- Benennung einzelner (Ausstellungs-)Räume nach dem Sponsor
- Logoabbildung und Dank im Internet

Steuerpflichtige Aktivitäten des Gesponserten:
- Hervorgehobener Hinweis auf den Sponsor (z. B.: eine Seite Sponsorpräsentation im fünfseitigen Programmheft)
- Publikums- oder Mitgliederbefragungen im Auftrag des Sponsors
- Image- oder Produktanzeigen des Sponsors in Publikationen des Gesponserten
- Erstellen von Werbekonzepten für den Sponsor
- Werbesketche für den Sponsor bei öffentlichen Veranstaltungen
- Aktive Teilnahme an Pressekonferenzen des Sponsors
- Vertraglich vereinbarte „Hospitality-Maßnahmen" wie Treffen zwischen Künstlern, Prominenten und Sponsor („zufälliges" Zusammentreffen der Personen ist steuerlich unschädlich)
- Verlinkung zur Seite des Sponsors

Tipps:

In der Praxis haben sich vor allem zwei Varianten bewährt, um die Zahlung von Körperschaftsteuer bzw. Umsatz- und Gewerbesteuer zu vermeiden:

(1) Das Einschalten einer Agentur im Sinne eines Pachtvertrages. Die Agentur pachtet quasi das Vermögen der Organisation. Die Einnahmen aus Sponsor-Partnerschaften fließen der Agentur zu und sind von dieser zu versteuern. Das restliche „Pachtvermögen" fließt abzüglich der vereinbarten Provision in Höhe von mindestens 10 % der Einrichtung zu. Eventuelle wettbewerbsrechtliche Vorteile sind durch Zahlung der Provision abgegolten. Sponsoring wird dem Bereich der Vermögensverwaltung zugeordnet.

(2) Die Sponsorsumme wird gesplittet in einen steuerrechtlich unbedenklichen Sponsoringpart, der unterhalb der Freigrenze von 35.000 Euro (30.678 € bis 31. 12. 2006 Körperschaftsteuer) liegt, und eine Spendensumme.

Bei der steuerrechtlichen Behandlung des Sponsoring im nichtkommerziellen Bereich kann sich einiges bewegen. So wird von Kritikern dem Staat vorgeworfen, daran zu verdienen, „wenn er grundsätzlich ihm obliegende Aufgaben nicht wahrnimmt, diese dann von einem Dritten übernommen werden und dabei für den Staat Einkünfte aus Körperschaftsteuern anfallen (Vgl. Bruhn/Mehlinger (1999), S. 179)."

Nichtsdestoweniger gilt es, zum jetzigen Zeitpunkt Vorsicht walten zu lassen und mit Hilfe von Steuer- und Finanzexperten rechtzeitig nach einer Lösung zu suchen.

12. Exkurs: Menschen, Tiere, Sensationen – vom Umgang mit den Medien

Im Zusammenhang mit den Erfolgsfaktoren des Sponsoring wurde deutlich, wie wichtig aktive Pressearbeit gerade auch für nichtkommerzielle Organisationen ist. Die Darstellung der Organisation, das Kommunizieren von Bedarf und Leistungen nach „außen", sind essenzielle Bestandteile aller Fundraising-Maßnahmen. Von nichts kommt nichts und ohne gezielte Ansprache und gutem Aufhänger kommt auch kein Journalist. Da das Thema Presse- und Öffentlichkeitsarbeit alleine Bücher füllt, sollen im Folgenden die Punkte: Presseverteiler, Pressemeldung und Krisen-PR nur kurz angerissen werden.

Der Bereich der Presse- und Öffentlichkeitsarbeit wird bei vielen Einrichtungen immer noch stiefmütterlich behandelt. Nur bei großen Veranstaltungen werden Pressemeldungen herausgegeben oder Medienvertreter eingeladen. Dabei sind Maßnahmen der Presse- und Öffentlichkeitsarbeit für den Fundraising-Erfolg essenziell und verglichen mit anderen Werbemaßnahmen oftmals preisgünstiger und glaubwürdiger.

> Als **Öffentlichkeitsarbeit** (Public Relations = PR) bezeichnet man das "bewusste, planmäßige und dauernde Bestreben, bei verschiedenen für das Unternehmen relevanten Zielgruppen ein gegenseitiges Verständnis und Vertrauen aufzubauen und bei diesen Zielgruppen positive Reaktionen gegenüber der Organisation auszulösen." (vgl. Meffert (2012), S. 688)

D. h., Öffentlichkeitsarbeit ist der Oberbegriff verschiedener externer und interner Maßnahmen (Veranstaltungen, Mitgliederzeitung, Imagebroschüren etc.), die dazu dienen unterschiedliche Zielgruppen anzusprechen.

Die wesentlichen Ziele der Öffentlichkeitsarbeit sind

- Information
- Imageaufbau
- Kontaktpflege
- … und Motivation von Unterstützern

Die Pressearbeit ist derjenige Teil der Öffentlichkeitsarbeit, der sich gezielt an die Medienvertreter richtet. Diese spielen als Multiplikatoren und Meinungsmacher auch für das Fundraising eine wichtige Rolle. Gute Kontakte zu regionalen und überregionalen Pressevertretern steigern die Chancen, dass Projekte und deren Finanzbedarf über die Medien kommuniziert werden.

12.1 Presseverteiler

Der erste Schritt zur aktiven Pressearbeit ist der Aufbau eines Presseverteilers. D. h., es gilt eine Datenbank aufzubauen, in der alle relevanten Medien (Print, Radio, TV) mit entsprechenden Ansprechpartnern oder Redaktionen erfasst werden. Hierzu gehören:

- regionale Anzeigenblätter, Tageszeitungen, Stadtmagazine
- überregionale Tages- und Wochenzeitungen
- Monatsmagazine (Publikumstitel)
- Themenspezifische Fachzeitschriften, Wirtschafts- und Verbandspresse
- Hörfunk- und Fernsehsender
- freie Journalisten

Dieser Verteiler sollte alle notwendigen Adressbestandteile (Telefon, Fax, E-Mail) enthalten. Die meisten Pressemitteilungen werden per Fax verschickt; E-Mails sind auf dem Vormarsch. Persönliche Einladungen zu Veranstaltungen werden am besten per Post versandt.

Darüber hinaus ist es wichtig, je nach Format und Erscheinungsweise den Redaktionsschluss zu notieren. Monatliche Publikumstitel (z. B. Frauenzeitschriften) haben bis zu drei Monaten Vorlaufzeit.

Ein Presseverteiler sollte in regelmäßigen Abständen aktualisiert und ergänzt werden.

> **Tipp:**
>
> Wenn Sie einen Presseverteiler vollkommen neu aufbauen müssen, gehen Sie in einen gut sortierten Zeitschriftenladen und kaufen Sie eine Auswahl von Zeitungen und Zeitschriften, die für Ihre Zwecke in Frage kommen. Im Impressum finden Sie die Redaktionsadressen und die Namen der verantwortlichen Redakteure. Notieren Sie sich Namen von Journalisten, deren Artikel Ihnen besonders gut gefallen. In Bibliotheken können Sie in den Verzeichnissen „Zimbel" oder „Stamm" alle Medienorgane einsehen und passende Titel notieren. Weitere Recherchequellen bieten Medienhandbücher, das Internet oder kostenpflichtige Recherchedienste.

12.2 Die Pressemitteilung

Aufgrund ihrer wichtigen Rolle als „Opinion Leader" (= Meinungsbildner) und Multiplikatoren (= Verteiler) werden Journalisten in Redaktionen mit Informationen überschwemmt.

Bevor eine Organisation sich daran macht, ebenfalls Pressemitteilungen unter das journalistische Volk zu streuen, sollte sie sich folgende Fragen stellen:

- Wen wollen wir erreichen?
- Was wollen wir vermitteln?
- Wie verpacken wir das Thema?
- Ist der Termin günstig gewählt (Sommerloch, andere Organisationen dominieren die Presse etc.)?
- Ist das Thema eine Meldung wert und würde es mich selbst interessieren?

12. Exkurs: Menschen, Tiere, Sensationen – vom Umgang mit den Medien

PR-Profis planen lange im Voraus Maßnahmen der Öffentlichkeitsarbeit (Tag der offenen Tür, Seminare, Eröffnungsveranstaltungen etc.). Sie überlegen sich Themen, die für Presseleute interessant sein könnten und machen sich Gedanken über so genannte Aufhänger. Das sind Anlässe, die für Journalisten spannend genug sind, um darüber zu schreiben. Gibt es keine, können sie geschaffen werden.

Mögliche Aufhänger:

- Sonderveranstaltungen, Jubiläen, Start neuer Projekte
- Auftritte von Prominenten
- Wechsel im Vorstand oder der Geschäftsleitung
- Erreichen von Spendenzielen, Zwischenbilanz oder andere Erfolge
- Erscheinen des Jahresberichts
- Aktuelle Themen, die mit der Organisation verknüpft sind

Es ist unwahrscheinlich, dass die Medien sich darum reißen, eine Pressemitteilung zu drucken. Auch sind die Chancen eher gering, dass Journalisten von sich aus bei Organisationen anrufen, um sich nach deren Wohlergehen und Entwicklungen zu erkundigen. Andererseits ist die Presse immer auf der Suche nach guten Stories, d. h. interessante Mitteilungen haben eine Chance.

Aufbau einer Pressemitteilung: Für eine Pressemitteilung gilt: Das Wichtigste gehört an den Anfang, danach kommen die Einzelheiten.

Überschrift: Noch über die Überschrift gehört der Hinweis, dass es sich um eine „Pressemitteilung" handelt. In den Titel gehört, knapp und auf den Punkt gebracht, der Aufhänger. Weshalb wird diese Pressemitteilung überhaupt verschickt?

Erster Abschnitt: In ersten Anschnitt müssen die berühmten „W-Fragen" beantwortet werden: Wer (Organisation oder Person), was (Ereignis), wo (Ort), wann (Zeitpunkt oder Zeitraum), wie (Ablauf), warum (Grund) und welche Quelle (Informanden)? Die Reihenfolge der W-Inhalte richtet sich nach Anlass und Thema.

Weiterer Aufbau: Nachdem die wichtigsten Fakten geliefert worden sind, sollten Hintergrundinformationen und Daten folgen. Kurze (wahre!) Zitate beleben den Inhalt. Namen sollten immer mit Vor- und Zunamen angegeben werden („Ute Müller" anstatt „Frau Müller"). Zahlenmaterial lässt sich anschaulicher durch Vergleichsgrößen (letztes Jahr, dieses Jahr) oder anschauliche Bilder („entspricht der Bevölkerung der Schweiz") vermitteln.

Form: Eine Pressemitteilung sollte knapp in der Form, also nicht länger als ein bis anderthalb Seiten lang sein. Ist der Inhalt schwer zu kürzen, empfiehlt es sich, eine Zusammenfassung an den Anfang zu stellen. Da Journalisten redigieren müssen, sollte ein breiter rechter Seitenrand gelassen werden. Zwischenüberschriften können das Lesen erleichtern. Die Pressemitteilung sollte auf offiziellem Briefpapier verfasst werden. In jedem Fall müssen für eventuelle Rückfragen, Durchwahl und Name des Verfassers gut sichtbar vorhanden sein.

Stil: Anders als im Spendenbrief sind Hervorhebungen und Unterstreichungen tabu. Auch Eigenlob, Superlative oder sehr emotionale Ausdrücke gehören nicht in eine Pressemitteilung. Stilistisch gilt prinzipiell: kurze Sätze, keine Fremdworte und keine Ichform.

Tipps:

- Eine Pressemitteilung muss aktuell sein. Liegt der „Tag der offenen Tür" bereits zwei Wochen zurück, ist er den Medien keine Meldung mehr wert.
- Nutzen Sie nach Möglichkeit mitteilungsarme Phasen wie das „Sommerloch", Wochenenden oder die Zeit nach Weihnachten für Ihre Pressearbeit.
- Achten Sie auf Rechtschreibfehler. Tippfehler stellen die Seriosität der Meldung in Frage.
- Achten Sie auf Rechtsfragen wie Persönlichkeitsrechte oder Einwilligungen von Kooperationspartnern.

12.3 PR 2.0

Auch die Pressearbeit wurde durch die neuen Medien verändert. Zur Pflege von Journalisten gelten neben den allgemeinen menschlichen Aspekten der Freundschaftspflege wie diese zu Veranstaltungen einzuladen, sie für das Thema zu interessieren und beim „Meet and greet" persönlich kennen zu lernen auch beim Netzwerken" via Internet ähnliche Regeln wie im Abschnitt 10.7 über soziale Medien beschrieben. Effiziente Online-PR setzt auf Verlinkung zu anderen Kontakten durch interessante Meldungen und eigene Blog-Beiträge. Profis fragen dann: „Welche Tags" erzeugen den größten „Traffic?". Sie meinen damit nichts anderes als die Suchbegriffe, die bei Google und Co. eingegeben werden und auf Ihre Homepage verweisen. Diese Weiterleitungen auf die eigene Seite kann man unter dem Schlagwort „Suchmaschinenoptimierung" oder neudeutsch „Search Engine Optimization" = SEO) auch bezahlen. Bei guter Online-PR kann es auch ohne Extra-Kosten klappen. So sollte man beispielsweise als Naturschutzorganisation auch bei der Suche nach „Tierpatenschaften" gefunden werden können.

> **Tipps:**
>
> Halten Sie eine 3-Minuten-Rede über Ihre Organisation und lassen Sie eine Kollegin Notizen machen. Am Schluss werden die die fünf wichtigsten Schlagworte ausgewählt. Überprüfen Sie, ob diese „Keywords" passend sind. Spielen Sie diese Übung mit mehreren Menschen durch und suchen Sie am Ende die wichtigsten Stichworte aus. Diese können als Grundlage für die Verschlagwortung auf den entsprechenden Social-Media-Seiten dienen und Grundlage Ihrer Kurzdarstellung auf Twitter, Facebook und Co. sein (vgl. Schindler/Liller (2012), S. 296).

Ansonsten gelten die guten alten Pressegesetze wie Neuigkeitswert und Interesse schaffen. Wenn bei Ihnen zur Zeit nichts Neues los ist, dann geben PR-Profis folgende Tipps:

(1) **Lassen Sie Ihre Experten sprechen**
Greifen Sie aktuelle Themen auf und lassen Sie Ihre Geschäftsführerin dazu ein Statement verfassen, das Sie entsprechend verbreiten.

(2) **Reichern Sie die Story an**
Bieten Sie Videos, Bilder und aktuelles Zahlenmaterial, für das Sie als Quelle dienen können. Derartige Vorarbeit wird von Journalisten gerne verwendet und weitergeleitet.

(3) **Menscheln Sie**
Liefern Sie emotionale Geschichten aus dem eigenen Umfeld Ihrer Organisation und plaudern Sie ein bisschen aus dem persönlichen Nähkästchen Ihrer Mitarbeiter/innen.

(4) **Nutzen Sie die technischen Möglichkeiten aus**
Richten Sie einen RSS-Feed ein, mit dem man Sie abonnieren kann und gestalten Sie Ihre „Landingpage" ansprechend und einladend.

Weitere Instrumente der Pressearbeit

Neben der Pressemitteilung gibt es diverse weitere Möglichkeiten, mit der Presse in Kontakt zu treten. Hierzu gehören: Pressegespräche (Einladungen nur für Journalisten), Presseerklärungen (Stellungnahmen zu aktuellen Themen) oder Pressekonferenzen (bei wirklich großen Vorhaben wie Kongresseröffnung, Kampagnenstarts etc.). Auch Interviews, öffentliche Reden oder Fernsehauftritte gehören in diesen Bereich.

Prinzipiell gilt, es der Presse so einfach wie möglich zu machen. D. h., aktuelle Informationen sollten abrufbar im Internet stehen und Pressemappen bei großen Veranstaltungen bereit liegen. (Inhalte: Kurzportrait der Organisation, Lebensläufe der teilnehmenden Personen mit kurzen Statements, Fotos (13 × 18 cm) sowie Hintergrundinformationen und/oder Einzelreferate bzw. Eröffnungsreden.)

Interviews müssen unbedingt vorbereitet werden, so dass die Kernaussage auf den Punkt gebracht werden kann. Pointierte Statements kommen bei Journalisten besser an als langatmige Reden.

12. Exkurs: Menschen, Tiere, Sensationen – vom Umgang mit den Medien

Kurze Tipps für Interviews:

- Üben Sie mit einer Stoppuhr und versuchen Sie in 30 Sekunden Ihre Mission auf den Punkt zu bringen.
- Bereiten Sie einprägsame Statements vor und üben Sie diese vorher laut ein.
- Bereiten Sie Karteikarten vor, auf denen Ihre Kernaussagen stehen. Stecken Sie diese für den Notfall („Black-out") in die Jackentasche.
- Versuchen Sie trotz Ihrer Anspannung zu lächeln und langsam zu sprechen.

12.4 Die Krise als Chance – Krisen-PR und „Shitstorm-Management"

PR-Profis in großen Unternehmen haben für den Krisenfall fertige Konzepte vorbereitet in der Schublade und trainieren die entsprechenden Aussagen im Vorfeld. Insbesondere Branchen, bei denen ein Unfall Opfer fordern kann (Chemieunternehmen, Fluggesellschaften etc.), überlassen es nicht dem Zufall, wie sie sich im Ernstfall der Presse gegenüber äußern.

Für Nonprofit-Organisation ist das Risiko nicht annähernd so groß. Wenn sich allerdings ein Skandal anbahnen sollte und die Presse Wind davon bekommt, ist es gut zu wissen, was zu tun ist.

Eins vorneweg: Krisen auszusitzen mag sich für manche Politiker bewährt haben, für einen Skandal, der sich in einer Organisation anzubahnen scheint, ist es definitiv die falsche Strategie. Bevor es einen selbst kalt erwischt, kann es sinnvoll sein, darauf zu achten, wie andere Organisationen mit Krisen um gehen. Hier sind es sowohl die Fehler, aus denen man lernen kann, als auch deren Lösungen.

Tipps für die Krise:

- **Mauern Sie nicht:** Wenn sich ein Skandal anbahnt oder etwas schief gegangen ist und die Presse Wind davon bekommen hat, wiegeln Sie nicht ab. „Die Pressesprecherin ist nicht zu er-

reichen" oder „kein Kommentar" sind keine geeigneten Reaktionen. Wenn Sie das Ausmaß der Krise noch nicht kennen, geben Sie es zu. „Zum jetzigen Zeitpunkt kennen wir den genauen Sachverhalt noch nicht", ist eine angemessene Aussage. Wenn Sie sich danach aktiv um Aufklärung bemühen, ist bereits viel für die Schadensbegrenzung getan.
- **Keine falschen Dementis:** Wenn Sie von Unregelmäßigkeiten oder Fehlern in der Spendenabwicklung erfahren haben, leugnen Sie es nicht. Ihre Unschuld zu beteuern, um später überführt zu werden, ist viel peinlicher und schadet dem Ruf nachhaltiger. Wenn die Medien bereits davon erfahren haben, stehen Sie zu Ihren Fehlern. Wenn nicht, dann nutzen Sie die Zeit, um sich vorzubereiten. Fundraising ist ein sensibler Bereich und fußt auf Vertrauen. Wenn die Glaubwürdigkeit durch Falschaussagen und schlechtes Krisenmanagement gelitten hat, ist das fatal. Spender, die sich betrogen fühlen, verzeihen nicht so schnell.
- **Bieten Sie Lösungen an:** Liefern Sie plausible Erklärungen für den Vorgang und bieten Sie für die Zukunft Lösungen an. Machen Sie sich Gedanken, wie sie einen ähnlichen Skandal zukünftig vermeiden können.
- **Tragen Sie aktiv zur Aufklärung bei:** Wenn klar ist, dass die ersten Journalisten informiert sind, werden Sie aktiv. Rufen Sie Ihre Vertrauensleute bei den Medien an und liefern Sie ihnen die Fakten aus erster Hand. Nutzen Sie Ihre Homepage zur aktiven Krisen-PR und stellen Sie möglichst schnell die aktuellen Daten und Informationen ins Internet.

Krisen-Prävention: In sonnigen Zeiten denkt niemand gerne an Schlechtwetterperioden. Dennoch kann es eine gute Idee sein, sich bei einer der nächsten Team- oder Vorstandssitzungen gegenüber möglichen Krisen besser zu wappnen. Die Verantwortlichen können sich überlegen, welche Problemsituationen entstehen können und welche Krisenstrategie sinnvoll ist. Diese Strategie sollte möglich Schritt für Schritt durchgespielt und schriftlich festgehalten werden.

„Shitstorm-Management": Der sogenannte Shitstorm ist eine Empörungswelle, die sich mit Hilfe der sozialen Medien zu recht oder unrecht über Ihr Unternehmen ergießen kann. Er kommt meist nicht von ungefähr und es gelten die oben angeführten Tipps der Krisen-PR. Gute Kontakte zu Ihrem Netzwerk sind die beste Hilfe. Wenn Ihre Unterstützer eventuellen wilden Gerüchten, Unterstellungen oder Verdächtigungen im Netz ein Ende setzen oder mit Herzblut mitdiskutieren, ist das allemal besser als mit einstweiligen Verfügungen zu versuchen, unliebsame Videos oder Kommentare verbieten zu lassen. Das weckt nur den Ehrgeiz der Netzwerker, die Infos doch noch irgendwo platzieren zu können.

> **Tipps:**
> - Bilden Sie einen Krisenstab. Wer übernimmt im Krisenfall die Koordination, wer informiert Presse und Mitarbeiter?
> - Erstellen Sie einen Krisenplan. Was ist zu tun, wer muss informiert werden. Dieser Krisenplan muss alle Handlungsschritte umfassen, alle wichtigen Telefonnummern enthalten und allen Mitgliedern des Krisenstabs in Kopie zur Verfügung stehen.
> - Spielen Sie die Krise als Planspiel durch. Weiß jeder was zu tun ist? Hat jeder Mitarbeiter seine Rolle verinnerlicht?

13. Sonderthema Antragswesen – zwischen Richtlinien und Fördermitteln

13.1 Der Stiftungsantrag

Aufgrund des angewachsenen Vermögens der Deutschen und der verbesserten steuerlichen Regelungen, ist die Anzahl der Stiftungen mit fast 20.000 so hoch wie nie zuvor. Über die Hälfte von ihnen bietet die Möglichkeit der Antragstellung. Folglich stehen die Chancen auf Erfolg nicht schlecht. Da Stiftungen gerne Anschubfinanzierungen für neue interessante Projekte geben, die noch keine breite Basis von Förderern aufgebaut haben, ist eine Antragstellung allemal einen Versuch wert. Angeblich wird sogar jeder dritte Antrag in irgendeiner Form unterstützt. Die Kunst besteht – wie bei der Bewer-

9. KAPITEL — Sechster Schritt: Maßnahmen und Methoden

bung – darin, sich von der Masse abzuheben und mit einem gelungenen Antrag zu überzeugen.

Bevor ein Antrag an eine Stiftung verschickt wird, sollten folgende Fragen geklärt sein:

- Verfügt die Stiftung über das notwendige finanzielle Volumen?
- Gibt es regionale Einschränkungen?
- Passt das Projekt mit seinen Lösungsangeboten genau zu den aktuellen Schwerpunkt-Aktivitäten der Stiftung?
- Gibt es Antragsformalitäten zu beachten (Formulare, Seitenbegrenzung, Fristen etc.)? (Weitere Informationen zur Recherche unter „Stiftungen und andere fördernde Institutionen", Abschnitt 8.3)

Danach geht es daran, einen ansprechenden Antrag zu formulieren. Die nachfolgenden Bausteine orientieren sich an den Empfehlungen des European Foundation Center (vgl. auch Vogel, C. (2008) „Kleiner Leitfaden für Förderanfragen am Stiftungen" auf www.hamburger-stiftungen.de). Ein guter Antrag sollte aus folgenden Bausteinen bestehen:

(1) **Anschreiben:** Das Anschreiben dient dazu die Organisation kurz vorzustellen und den Leser auf das Projekt vorzubereiten. Auf dem Briefbogen sollten alle notwendigen Anschriften, inklusive E-Mail und – falls vorhanden – Homepage, angegeben sein. Es ist darüber hinaus empfehlenswert, ein persönliches Gespräch vor Ort anzubieten und einen festen Ansprechpartner zu nennen.

(2) **Deckblatt oder Überschrift mit eindeutigem Projekt-Thema:** Das Projekt-Thema sollte eindeutig formuliert sein, so dass es umgehend fachlich zugeordnet werden kann („seelische Gesundheit", „medizinische Forschung" etc.).

(3) **Prägnante Kurzdarstellung des Vorhabens** (= „abstract" oder „executive summary"): Dieser Part gehört zu den Wichtigsten. Er sollte kurz, komplett und überzeugend formuliert sein. Beim ersten Überfliegen müssen Neugier und Interesse geweckt werden. Inhaltlich geht es darum, den Bedarf deutlich zu machen und konkrete Lösungsvorschläge zu unterbreiten.

> **Tipp:**
>
> Lassen Sie Überschrift und Kurzdarstellung von Kollegen gegenlesen. Feilen Sie gemeinsam daran, Ihr Anliegen prägnant auf den Punkt zu bringen.

(4) **Detaillierte Projektbeschreibung:** Es sollte berücksichtigt werden, dass nicht alle Stiftungen über einen großen Personalapparat verfügen. Diffuse Romane oder mit Fachbegriffen gespickte Anträge erhalten häufig eine Standardabsage, da sie die Hürde des Sekretariats oder der Sachbearbeitung nicht nehmen. An dieser Stelle gilt es die Projektidee darzustellen und den Bedarf zu formulieren. Welche Zielsetzung hat das Projekt? Welches Problem soll gelöst werden?

(a) **Zielsetzung und Zielgruppe:** Hierbei sollte der gemeinnützige und vielleicht auch zukunftsweisende Modell-Charakter eines Projekts deutlich herausgearbeitet werden. Ziele und Zielgruppen müssen klar beschrieben werden. „Wir wollen allen helfen", ist zu unspezifisch. Das Potenzial sollte realistisch und nachvollziehbar formuliert werden. Für den Erfolg eines Antrags ist darüber hinaus wichtig, die Zielsetzung und positive Wirkung des Projekts messbar darzustellen.

(b) **Methodik und Mittel:** „An dieser Stelle sollte der individuelle Lösungsansatz und die Begründung der speziellen Vorgehensweise mit Blick auf das gewünschte Resultat beschrieben werden (ebd.)." Welche Methoden zur Problemlösung werden eingesetzt und warum?

> **Tipp:**
>
> Orientieren Sie sich an der strategischen Planung. Beschreiben Sie die Idee, die Zielsetzungen und Schritt für Schritt die Strategien der Umsetzung. Formulieren Sie Ober- und Unterziele.

(5) **Kosten- und Finanzierungsplan:** Ähnlich einem Businessplan aus der Wirtschaft, erwarten auch Stiftungen eine genaue Finanzaufstellung. Die Gesamteinnahmen, auch Dritter (z. B.: Förde-

rer), sind ebenso aufzuführen wie eine detaillierte Auflistung der Ausgaben. Bei langfristigen Projekten sind an dieser Stelle auch Angaben über die geplante Folgefinanzierung zu machen. D. h., zu überlegen wie sich das Projekt finanziell über Wasser halten kann, wenn keine Stiftungsgelder mehr fließen.

(6) **Zeitlicher Ablauf:** Hier sollten Projektdauer und gewünschte Förderweise (kurz-, mittel- oder langfristig) im logischen Anschluss an den Finanzplan erörtert werden.

(7) **Projektverantwortliche und Team:** Bevor Stiftungen ihre Entscheidung über eine Förderung treffen, möchten sie wissen, wem sie die Gelder anvertrauen. Hierzu ist es notwendig, den Projektleiter namentlich mit Adresse, Funktion und telefonischer Durchwahl zu benennen. Darüber hinaus empfiehlt es sich auch, die Teammitglieder vorzustellen und deren jeweilige Qualifikation anzugeben. Auch bei Businessplänen wollen Finanziers wissen, wie sich ein Team zusammensetzt und was die einzelnen für ihre Aufgaben qualifiziert.

(8) **Geschichte:** Als letzter Punkt sollten Verein oder Organisation kurz vorgestellt werden. Informationen zu Namen, Sitz, Gemeinnützigkeit, Gründungsjahr und -zweck, sowie Aufgaben und Zielen sind hier angebracht. Auch Erfolge oder bekannte Namen (Gründerin, Vorstand) sollten vermerkt werden. Diese Selbstdarstellung steht bewusst am Ende des Antrags. Schließlich geht es darum, Gelder für neue Projekte zu beantragen und deren Sinn darzustellen. Folglich wird ein Leser die Historie einer Einrichtung ohnehin überspringen und sich zunächst dem Kurzprojekt widmen. Hat dieses überzeugt, wird er sich mit weiteren Details oder Hintergründen befassen.

(9) **Zusätzliche Informationen:** In die Anlage können weitere Informationsmaterialien, wie eine Selbstdarstellungsbroschüre oder der aktuelle Geschäftsbericht, gelegt werden.

Nachfassen und Treffen: Wenn der Antrag verschickt ist, spricht nichts dagegen, nach etwa zwei bis drei Wochen telefonisch nachzufragen. Spätestens bei dieser Gelegenheit wird eine Angestellte Auskunft darüber geben, wann Vorstandssitzungen über Förderentscheidungen stattfinden oder wann mit einer Zu- oder Absage zu rechnen ist.

Wenn es gelungen ist, sich direkt mit einem Entscheidungsberechtigten in Verbindung zu setzen, kann man versuchen, einen Termin zu bekommen. Das kann ein Treffen in der Stiftung sein, um über weitere Projektdetails zu sprechen. Es kann sich aber auch um einen „Begehungstermin" vor Ort handeln, bei dem sich die Stiftung ein Bild machen möchte. Beides ist kein Grund zur Panik. Im Gegenteil. Einen Termin zu bekommen bedeutet, dass die erste Hürde genommen wurde.

Tipps:

- Rufen Sie vor Antragstellung bei den in Frage kommenden Stiftungen an. Zum einen können die Ansprechpartner wechseln, zum anderen sind die Recherchequellen zwar hilfreich, aber nicht unfehlbar, so dass Sie sich unbedingt telefonisch über aktuelle Förderschwerpunkte informieren sollten.
- Bauen Sie persönliche Kontakte zu Stiftungen auf. Es gibt Stiftertage oder andere Möglichkeiten, bei denen sich Vereinsvorstände und regionale Stiftungsvertreter kennen lernen können.
- Planen Sie langfristig. Je früher Sie Ihr Projekt vorstellen, desto größer sind die Chancen, eine Stiftung als Geber von Startgeld oder Co-Financier zu gewinnen.
- Nehmen Sie eine Absage gelassen. Sie kann viele Gründe haben und hat nicht unbedingt etwas mit der Qualität des Projektes zu tun.
- Informieren Sie sich regelmäßig über Stiftungen, deren Schwerpunkte und Neugründungen (Informationen liefern örtliche Presse und Behörden oder auch die Zeitschrift „Stiftung & Sponsoring".).

Anerkennung: Wie überall im Fundraising geht es um Vertrauens- und Beziehungsaufbau. So gilt auch für einen Stiftungsantrag, dass er nicht als Massenaussendung in Kopie verschickt wird. Auch Beschäftigte in Stiftungen wissen es zu schätzen, wenn sie persönlich angesprochen werden und das Gefühl haben, der Antragsteller weiß womit sich die Stiftung befasst. Darüber hinaus haben sie sich als

Förderer die Anerkennung und den Dank des unterstützten Projektes verdient. Möglichkeiten der Würdigung könnten sein:

- Hinweis auf die fördernde Stiftung in Publikationen (Dank im Vorwort oder Hinweis im Innentitel)
- Öffentlicher Dank auf Veranstaltungen (Hinweis auf Einladungskarten, Würdigung bei Ansprachen)
- Integration der Förderstiftung in Projektauswertungen oder Drucksachen der Selbstdarstellung.

Gegenseitiges Vertrauen und Anerkennung sind letztendlich die wichtigsten Grundlagen einer Partnerschaft. „Es ist wünschenswert, wenn Stiftungen und Antragsteller zugleich nehmen und geben. Erst ein ausgewogenes Verhältnis kann zum Erfolg auf beiden Seiten führen (vgl. Sauerbrey (2000), S. XVI)."

13.2 Exkurs: Stiftungsgründung – Fundraising-Instrument mit Zukunft

Immer mehr Organisationen gehen dazu über, eigene Stiftungen zu gründen oder Förderer zu deren Errichtung zu bewegen. Die Novellierung der Stiftungsbesteuerung erleichtert das Procedere und bringt erhebliche steuerliche Vorteile. Für die Gründung einer eigenen Stiftung sprechen unter Fundraising-Aspekten vor allem zwei Gründe:

(1) **Vermögens- und Projektsicherung:** Der Stiftungszweck wird in der Satzung dauerhaft festgelegt. Folglich wird das Vermögen nur für die vom Gründer gewünschten Zwecke verwendet. Je nach Volumen können beispielsweise allein die Zinsen des Stiftungsvermögens der dauerhaften Finanzierung laufender Kosten dienen. Förderer können mit guten Argumenten zur Zustiftung oder zur Gründung einer eigenen Stiftung unter dem Dach der Organisation bewegt werden, da der Verwendungszweck ihrer Gelder langfristig garantiert wird.

(2) **Namenssicherung:** Spender mit entsprechendem Finanzvolumen können durch die Gründung einer eigenen Stiftung oder eines Stiftungsfonds ihren Namen unsterblich machen. Die ältesten Stiftungen in Deutschland sind über 1000 Jahre alt.

13. Sonderthema Antragswesen – zwischen Richtlinien und Fördermitteln

Stiftungsgründung und Steuervorteile: Man unterscheidet im Wesentlichen zwischen rechtsfähigen Stiftungen des Privatrechts (BGB §§ 80 ff.; Landesstiftungsgesetze) und unselbständigen bzw. treuhänderischen oder fiduziarischen Stiftungen. Während rechtsfähige Stiftungen den jeweiligen Stiftungsgesetzen der Länder unterliegen und laut gängiger Genehmigungspraxis ein Vermögen von mindestens 50.000 Euro benötigen, können treuhänderische Stiftungen je nach Zweck und Konstruktion bereits mit 10.000 bis 25.000 Euro gegründet werden (Das durchschnittliche Stiftungskapital liegt in Deutschland bei rund 250.000 Euro.). Bei ihrer Gründung entfallen außerdem das stiftungsrechtliche Genehmigungsverfahren und die Stiftungsaufsicht. Das Stiftungsvermögen kann sich aus Bargeld, Wertpapieren, Liegenschaften, Rechten, Forderungen, Kunstgegenständen oder ähnlichem zusammensetzen.

Die treuhänderische Verwaltung einer Stiftung können natürliche oder juristische Personen, wie zum Beispiel Anwälte, Vereine (je nach Satzung) oder Organisationen, übernehmen. Deren Strukturen können für die Stiftung genutzt werden.

Vor allem aus steuerlicher Hinsicht ist die Gründung einer Stiftung interessant. Ein Stiftungsgründer genießt alle Vorteile eines Großspenders. Darüber hinaus kommt er in den Genuss der so genannten Dotationsregel, d. h. Zuwendungen in das Grundstockvermögen von gemeinnützigen Stiftungen können bis zu 1 Mio. Euro pro Ehepartner als Sonderausgaben geltend gemacht werden und im Zeitraum von 10 Jahren frei verteilt werden. Weitere Fakten unter: www.stifter.org.

Schritte zur Gründung einer eigenen Stiftung

(1) **Stiftungszweck festlegen:** Der Stiftungszweck kann nach Belieben des Stifters festgelegt werden. Soll er steuerlich relevant sein, gilt es sich an den Richtlinien für gemeinnützige oder mildtätige Zwecke zu orientieren. Stiftungen können mehrere Zwecke verfolgen.

(2) **Vorstand oder Stiftungsrat berufen:** Die Organisation der Stiftung muss ebenfalls festgelegt werden. Je nach Art der Stiftung handelt es sich hierbei meistens um Vorstand und Stiftungsrat bzw. Kuratorium.

(3) **Kapital bereitstellen:** Die Stiftung muss mit einem angemessenen Vermögen ausgestattet werden. Je nach Stiftungsart und Ländergesetzgebung gelten unterschiedliche Kriterien.

(4) **Satzung festlegen:** Die Satzung einer Stiftung hat folgende Angaben zu enthalten:

- Name, Rechtsform und Sitz der Stiftung
- Stiftungszweck
- Vermögensausstattung
- Organe der Stiftung (Kuratorium etc.)
- Kreis der Begünstigten und deren Rechtsstellung
- Regelungen zu Satzungsänderungen
- Widerruf und Auflösung der Stiftung
- Verwendung des Stiftungsvermögens
- Anweisungen über die Behandlung von Spenden oder Zustiftungen (Mustersatzungen und weitere Informationen unter www.stiftungen.org)

(5) **Genehmigung einholen:** Der Stifter muss sich bei der zuständigen Aufsichtsbehörde einen Antrag besorgen und diesen zur Genehmigung zusammen mit dem Stiftungsgeschäft und der Satzung einreichen. Beim Finanzamt werden eine Steuernummer für die Stiftung sowie eine Vorläufigkeitsbescheinigung für die Gemeinnützigkeit beantragt. Nach Erteilung der Genehmigung, wird das Stiftungsvermögen auf ein Sonderkonto überwiesen.

Dieses Procedere gilt nur für rechtsfähige Stiftungen. Die Gründungen treuhänderischer Stiftungen unter dem Dach einer gemeinnützigen Organisation oder eines Stiftungsfonds mit Zweckbindung ist formloser zu gestalten. Üblicherweise wird bei Gründung einer unselbstständigen Stiftung ein Treuhandvertrag geschlossen, in dem sich der Stifter zur Übertragung des Stiftungsvermögens an den Treuhänder verpflichtet. In einer Satzung wird der Stiftungszweck festgelegt. (vgl. auch www.buergergesellschaft.de)

13.3 Staatliche Mittel

Die Antragstellung im Behördenbereich ist im Allgemeinen streng formalisiert. Es gibt fertige Antragsformulare, die es vollständig auszufüllen gilt. Daneben bedarf es meistens noch diverser Anlagen, wie eine detaillierte Projektbeschreibung oder Finanzierungspläne. Für diese Anlagen gelten ähnliche Kriterien wie für Stiftungen. Allerdings sind dem kreativen Spielraum hierbei oft noch engere Grenzen gesetzt. Dennoch gibt es für die Beantragung staatlicher Fördermittel oder EU-Gelder einige Tipps.

Erste Voraussetzung für einen gelungenen Antrag ist eine sorgfältige Recherche darüber, welche Mittel in Frage kommen können. Auf Seiten der Behörden ist einiges im Umbruch. Klassische Zuwendungsbescheide weichen Zuwendungs- oder Leistungsverträgen. Über eine öffentliche Ausschreibungspflicht gibt es unterschiedliche Auffassungen. Wichtig ist es in jedem Fall, auf Einschränkungen und Pflichten des Zuwendungsempfängers zu achten. Gerade im regionalen Bereich empfiehlt es sich, persönlich mit der zuständigen Behörde Kontakt aufzunehmen. Dazu sollte über ein Telefonat der Erstkontakt hergestellt werden. Aufhänger hierfür kann die Frage nach Fördermöglichkeiten für ein konkretes Vorhaben sein. Danach kann im Rahmen der offiziellen Sprechzeiten ein persönlicher Termin hilfreich sein. Je nach Persönlichkeit und Entgegenkommen des Behördenmitarbeiters kann dieser Besuch wertvolle Informationen liefern. Sollten im Laufe des Gesprächs bereits erste mündliche Zusagen gemacht werden, empfiehlt sich dringend ein Gesprächsprotokoll zu erstellen. Dies muss der Behörde am besten per Einschreiben zugehen und die Möglichkeit einräumen, binnen einer Frist von etwa zwei Wochen Widerspruch einzulegen.

Das Thema der öffentlichen Gelder ist zu komplex, um es umfassend behandeln zu können. Vor allem durch die Länderhoheit sind die Vergabekriterien regional unterschiedlich und durch die Sparmaßnahmen im Umbruch. Folglich ist eine ausführliche Vorabrecherche in jedem Fall notwendig. Die nachfolgenden Tipps geben einige allgemeine Hinweise auf den Umgang mit Behörden.

> **Tipps:**
>
> - Gute Vorrecherchen erleichtern die Arbeit. Nutzen Sie das Internet und suchen Sie den persönlichen Kontakt zum jeweiligen Sachbearbeiter der Behörde.
> - Verwenden Sie im eigenen Antrag markante Schlüsselwörter, die auch in der Ausschreibung oder den Förderrichtlinien vorkommen.
> - Seien Sie vor allem bei der Finanzkalkulation akkurat, vergessen Sie keine Ausgaben und kalkulieren Sie eher großzügig. (Es wird meistens nicht voll erstattet). Achten Sie auf aktuelle Regelungen zu Personalkosten oder tariflichen Bestimmungen.
> - Kalkulieren Sie die eigenen Verwaltungskosten anteilig in die laufenden Kosten eines Projekts mit ein.
> - Bringen Sie den Antrag persönlich zur Behörde oder schicken Sie ihn per Einschreiben (Eingangsstempel bzw. Beleg).
> - Richten Sie ein eigenes Zuwendungskonto ein.
> - Pflegen Sie Ihre Behördenkontakte. Bedanken Sie sich für einen positiven Bescheid. Erwähnen Sie Ihre Unterstützer in Ihrer Öffentlichkeitsarbeit und pflegen Sie deren Logo auf Projektunterlagen ein. Laden Sie Behördenvertreter zu Veranstaltungen ein (Grundsteinlegung, Kongresseröffnung etc.) Auch Politiker und Behördenmitarbeiter benötigen positive Presse.
> - Betreiben Sie politische Lobbyarbeit. Machen Sie sich und Ihre Einrichtung bei politischen Entscheidungsträgern bekannt. Lassen Sie sich bei Veranstaltungen sehen. Beteiligen Sie sich aktiv an der Planung und werden Sie Mitglied in relevanten Ausschüssen.

13.4 EU-Fördermittel

In der Regel gibt es auch für EU-Mittel spezielle Formulare. Die Antragsverfahren für EU-Förderung gehören zu den komplexesten Vorgängen und können bei Volumina von bis zu 80 Seiten eine echte Herausforderung darstellen. Einige Unternehmen beschäftigen Mitarbeiter, die sich ausschließlich mit dem Thema EU-Förde-

13. Sonderthema Antragswesen – zwischen Richtlinien und Fördermitteln

rung und Antragsverfahren befassen. Für den Fall, dass es sich um einen formlosen Antrag handelt, gelten weitgehend die Kriterien der Antragstellung bei Stiftungen. Da es sich oftmals um europäische Partnerprogramme handelt, bedarf es einer genauen Beschreibung der Kooperationsteilnehmer. Die Gutachter erwarten deren Originalunterschriften. Es ist genauestens auf Einhaltung der Formalien zu achten, da Formfehler der häufigste Ablehnungsgrund sind. Hierzu gehört auch eine Berücksichtigung der Fristen und der eigenen Vorbereitungszeit. Aufgrund des Umfangs einiger Formulare und der notwendigen Beratungen und Vorbesprechungen mit Experten sollte bis zu einem Jahr Vorlauf kalkuliert werden. Darüber hinaus muss mit relativ langen Bearbeitungszeiten gerechnet werden. Angeblich verkürzt sich der Zeitraum, wenn Anträge auf Englisch oder Französisch und nicht auf Deutsch eingereicht werden. Durchschnittlich muss mit drei bis sechs Monaten nach Eingabefrist gerechnet werden. Dazu kommen weitere Monate bis zur Auszahlung der Mittel, so dass von vorneherein eine Zwischenfinanzierung eingeplant werden sollte.

Im Hinblick auf die Projektinhalte warnen Experten ausdrücklich davor, den Nutzen eines Projekts als selbstverständlich anzusehen. Es wird empfohlen, eine ausführliche Begründung des Vorhabens beizulegen. Diese sollte mit verständlichen Worten, für die Gutachter nachvollziehbar, formuliert werden. Es empfiehlt sich hierbei, die politische Zielsetzung des Förderprogramms im Hinterkopf zu haben.

Bei der Finanzkalkulation ist ebenfalls Fingerspitzengefühl gefordert. Es wird im Allgemeinen keine Vollfinanzierung gewährt, sondern lediglich eine Bezuschussung. Projekte müssen sich aus verschiedenen Quellen finanzieren und vielfach einen Eigenleistungsanteil nachweisen. Grundsätzlich wird zwischen Festbetrags- und Fehlbedarfsfinanzierung unterschieden. Es handelt sich also entweder um eine Pauschalbezuschussung der anfallenden, erstattungsfähigen Kosten oder um eine „pauschale Anteilsfinanzierung" der Kosten, die nicht durch andere Quellen abgedeckt werden. Oftmals gibt es sowohl Ober- als auch Untergrenzen. Bei der Kalkulation ist darauf zu achten, dass nicht zu knapp gerechnet wird, da in der Regel keine Nachbesserungen möglich sind. Andererseits dürfen keine Überschüsse oder Gewinne erwirtschaftet werden. Es ist – so absurd es klingt – nicht zu empfehlen, das Projekt sparsamer als geplant abzuschließen. Im Falle von Überschüssen würden diese prozentual auf alle Kostentitel umgelegt werden. Das heißt, es könnten sich bei Einzelposten Engpässe ergeben. Überschüssige Gelder dürfen auch nicht für Sonderausgaben verwendet werden, die nicht im Finanzierungsplan kalkuliert wurden.

Der Finanzierungsplan stellt vermutlich die größte Herausforderung dar.

Tipps zur Antragstellung:

- Nutzen Sie die Angebote und Hilfestellungen der regionalen EU-Kontaktstellen (Adressen im Anhang).
- Fangen Sie rechtzeitig mit der Antragstellung an. Zwei bis drei Monate sind von der ersten Projektkonzeption bis zur Einreichung mindestens einzukalkulieren.
- Arbeiten Sie mit einem genauen Zeitplan (z. B.: Projektablaufplan).
- Stellen Sie den Antrag möglichst auf Englisch.
- Nutzen Sie – falls vorhanden – spezielle EU-Antragssoftware (nähere Informationen unter http://cordis.europa.eu oder je nach Kontext deutsche Vermittlungsstellen, wie die Nationale Agentur für Bildung (vgl. www.na-bibb.de), die EU Bildungsprojekte wie Leonardo Da Vince oder GrundTvig begleitet und Förderanträge betreut und prüft.) und achten Sie auf die vorgeschriebenen Zusendungswege (z. B.: Ausschluss von Fax- oder E-Mail). Die Versendung per Einschreiben ist prinzipiell zu empfehlen.
- Nutzen Sie Angebote der EU, Ihren Antrag vorab unverbindlich prüfen zu lassen (= Pre-Proposal-Check).

13.5 Lotterien

Der gesamte Glücksspielmarkt in Deutschland hat ein Umsatzvolumen von rund 25 Mrd. Euro. Hiervon flossen im Jahr 2011 rund 6,6 Milliarden Euro in die Lottokassen, von denen rund 50 % an die

Spieler ausgezahlt wurden. 2,58 Milliarden Euro (38,7 Prozent), gingen in Form von Steuern und Zweckabgaben an den Staat. Wie die Mittel verteilt werden, erfolgt überwiegend ohne genaue Regelungen. Eine Veröffentlichungspflicht besteht ebenfalls nicht. Nach Aussage der Hamburger Wissenschaftler Michael Adams und Till Tolkemitt bietet das „staatliche Glücksspielunwesen" (vgl. Adams/ Tolkemitt (2001), S. 170) vielfältigen Spielraum für diejenigen, die über die Verwendung dieser Millionen zu entscheiden haben, Vorlieben zu verfolgen. So ist das deutsche Lotteriewesen beispielsweise die Hauptfinanzierungsquelle der Pferdezucht.

Die nordwestdeutsche (NKL) und süddeutsche (SKL) Klassenlotterie geben nach Aussage eines Pressesprechers als staatliche Institute der Freizeitwirtschaft „keinen roten Heller" direkt an gemeinnützige Vereinigungen. Sämtliche Überschüsse fließen dem Landeshaushalt zu, der seinerseits in den Parlamenten darüber berät, wohin Lotterieerlöse weitergegeben werden. Möglichkeiten der Antragstellung seitens gemeinnütziger Organisationen gibt es keine. Im Umweltbereich haben Projekte seit Ende 1997 die Chance, in Niedersachsen, Hamburg und Schleswig-Holstein Erträge der Umweltlotterie BingoLotto zu erhalten. Anträge mit Projektskizze können eingereicht werden.

Weitere Lotterien mit eingeschränkter Antragsmöglichkeit sind die „Goldene 1", die „Glücksspirale" und die Fernsehlotterie „Aktion Mensch" (vormals „Aktion Sorgenkind"). Erträge der „Goldenen 1" fließen über die „Stiftung Deutsches Hilfswerk" vorwiegend den Spitzenverbänden der Freien Wohlfahrtspflege zu. Die Nettoerträge der „Glücksspirale" kommen zu gleichen Teilen der Bundesarbeitsgemeinschaft der Freien Wohlfahrtspflege, dem Deutschen Sportbund und der Deutschen Stiftung Denkmalschutz zu. Projektanträge von angeschlossenen Einrichtungen können zur Prüfung an den Spitzenverband der Freien Wohlfahrtspflege gerichtet werden. Antragstellungen an die Lotterie „Aktion Mensch" müssen ebenfalls zunächst zur Prüfung an die jeweiligen Dachverbände der Organisationen gerichtet werden. Danach können sie dem zuständigen Entscheidungsgremium zugehen. Gefördert werden vorwiegend Projekte für Menschen mit Behinderungen oder für

Kinder und Jugendliche, die besonderen seelischen Belastungen ausgesetzt sind.

13.6 Bußgelder oder wird man noch Richters Liebling?

Viele gemeinnützige Organisationen hatten in den letzten Jahren Bußgelder als Finanzquelle für sich entdeckt Für Amts- und Landesgerichte, Wirtschaftsstrafkammern und Staatsanwaltschaften bestand die Möglichkeit, nichtkommerziellen Organisationen Bußgelder zukommen zu lassen. Dies führte dazu, dass die Gerichte regelrecht mit Mailinganfragen überflutet wurden und dem Procedere vielerorts ein Riegel vorgeschoben wurde. Seit dem 1. Oktober 2010 muss man sich beispielsweise in Nordrhein Westfalen zentral durch die Generalstaatsanwaltschaft in Düsseldorf registrieren lassen. Dort wird ein elektronisches Verzeichnis der gemeinnützigen Einrichtungen geführt, zu deren Gunsten Geldauflagen festgesetzt werden können. Andernorts wurden die Gerichte angewiesen nur noch justiznahe Organisationen zu unterstützen, um den Rückgang staatlicher Gelder aufzufangen oder direkt an den Staat zu überweisen. So flossen nach Angaben des Berliner Tagesspiegels im Jahr 2010 von gut 5,7 Millionen Euro an Bußgeldern etwa vier Millionen in der Staatskasse. Lediglich die Opferschutzorganisation "Weißer Ring" profitiert regelmäßig von den Bußgeldern. Alle anderen Einrichtungen befinden sich in einem harten Konkurrenzkampf um einen kleiner werdenden Kuchen.. Eine im Jahr 2010 durchgeführte Befragung bei verantwortlichen Juristen durch die Agentur SAZ ergab, dass 87 % der Befragten bei den Zuweisungen sowohl einen Regional- als auch einen Deliktbezug herstellen wollten. Als Fazit der Befragung ergab sich die Aufforderung an die Organisationen, sich im Vorwege Gedanken zu machen und konkrete Bezüge aufzuzeigen, anstatt mit Standardmailing die Posteingangskörbchen der Richterinnen und Anwälte zu füllen oder Schöffen zu beknien. (vgl. www.fundraising.saz.com)

Ob man zukünftig ein Formblatt ausfüllen muss oder einen formlosen Antrag stellen kann, unterscheidet sich von Bundesland zu Bundesland. Es gibt jedoch gewisse Voraussetzungen, die generell erfüllt sein müssen, um in den Genuss der Strafgelder zu kommen.

13. Sonderthema Antragswesen – zwischen Richtlinien und Fördermitteln

Voraussetzungen für die Zuweisung von Bußgeldern:

- Die Organisation muss gemeinnützig sein.

- Überregional tätige Organisationen stellen beim Oberlandesgericht einen Antrag (Formblatt oder formloser Antrag) auf Aufnahme in die Bußgeldliste (= Liste für „Geldauflagen in Ermittlungs-, Straf- und Gnadenverfahren zugunsten gemeinnütziger Einrichtungen"). Regional tätige Organisationen wenden sich an die zuständigen Amts- oder Landgerichte (je nach Sitz des Vereins).

- Dem Antrag müssen entsprechende „Beweise" beigefügt werden, wie die Gemeinnützigkeitsbescheinigung des Finanzamtes, der Eintrag ins Vereinsregister und die Satzung. Dieser Antrag muss regelmäßig (etwa alle zwei Jahre) erneuert werden, er läuft nicht automatisch weiter. Das Oberlandesgericht Oldenburg hat ein Merkblatt und ein Antragsformular zum Download auf seine Homepage gestellt (siehe www.olg-oldenburg.de).

- Die Organisation muss in der Lage sein, eingehende Bußgelder auf einem Extrakonto zu erfassen und ausbleibende Zahlungen sofort zu melden.

> **BEISPIEL:** Wenn ein Delinquent zur Zahlung von zehn Tagessätzen à 100 Euro verurteilt wurde, müssen Sie diesen Eingang überprüfen. Stellt der Verurteilte die Zahlungen vorzeitig ein, müssen Sie in der Lage sein, dies umgehend dem Gericht zu melden. Sie sind dem Gericht gegenüber rechenschaftspflichtig.

Adressenrecherche:

Folgende Zielgruppen können für eine Ansprache in Frage kommen:

- Oberlandesgerichte

- Strafrichter, Staatsanwälte, Amtsanwälte und zuständige Amtsstellenleiter

- Angestellte der Gerichte

Je nach Tätigkeitsfeld (regional, überregional) und je nach Größe der Gemeinde ist es empfehlenswert, mit dem zuständigen Oberlandesgerichts, Landgerichts oder Amtsgericht Kontakt aufzunehmen. Dort werden Listen mit Organisationen geführt, die für die Bußgeldvergabe in Frage kommen. Um gezielte Einflussnahme zu verhindern, werden die eingehenden Gesuche häufig beim Amtsleiter gebündelt und an die jeweiligen Richter und Staatsanwälte weitergegeben. Die entsprechenden Adressen können im „Handbuch der Justiz" recherchiert oder auf den Internetseiten des Bundesministeriums der Justiz als Datei heruntergeladen werden (siehe www.bmj.bund.de, Link unter Service: Gerichte und Staatsanwaltschaften).

Bußgeldmarketing: Viele Organisationen haben gute Erfahrungen damit gemacht, sich nicht ausschließlich auf die Listen berechtigter Einrichtungen zu verlassen. Sie betreiben aktives Bußgeldmarketing. Es wird auf verschiedene Arten Kontakt zu den entsprechenden Zielgruppen und Entscheidungsberechtigten aufgenommen.

Mailing: Der erste Kontakt erfolgt in der Regel schriftlich. Die Organisation verschickt ein Anschreiben.

Wie genau dieses Anschreiben zu formulieren ist, darüber gibt es keine festen Regeln. Die Deutsche Lepra- und Tuberkulosehilfe e.V. (DAHW) nimmt beispielsweise ein Erdbeben zum Aufhänger und gibt auf einer Seite kurze, aber wesentliche Informationen zur Arbeit der Organisation (s. Abb. 29). Im letzten Satz wird konkret die Bitte um Bußgeldzuweisung formuliert. Dem Anschreiben liegen eine Informationsbroschüre sowie vorgedruckte Überweisungsträger mit dem Hinweis „steuerlich nicht absetzbar" bei. Zur Erleichterung der Verwaltungsarbeit der Gerichte werden als Service kleine Adressaufkleber beigelegt.

Danksagung und Buchung: Sobald die Organisation seitens des Gerichts eine schriftliche Bestätigung über eine Zuweisung erhalten hat, sollte umgehend gedankt werden. Diese Danksagung kann schriftlich, bei größeren Summen auch telefonisch erfolgen. Die Gerichte erwarten, dass die Organisation den Zahlungseingang überwacht. Je nach Auflage der Gerichte gibt es verschiedene Meldepflichten: Vollzugsmeldung bei jeder Zahlung, bei vollständig abgeschlossener Zahlung oder bei nicht erfolgter Zahlung. Es muss also gewährleistet sein, dass einzelne Raten verbucht werden und even-

13. Sonderthema Antragswesen – zwischen Richtlinien und Fördermitteln

DAHW · Mariannhillstraße 1c · 97074 Würzburg, Deutschland

An die
Staatsanwältinnen
und Staatsanwälte

Der Geschäftsführer

Mariannhillstraße 1c
97074 Würzburg

Telefon: 09 31 79 48 -1 49
Telefax: 09 31 79 48 -1 60
E-Mail: info@dahw.de
Internet: www.dahw.de

Sonderkonto Bußgeld
LIGA-Bank (BLZ 750 903 00)
Konto 30 11 593

21. Oktober 2005

DAHW-Teams sofort nach dem Erdbeben in Pakistan im Einsatz
Krankenhäuser und Gesundheitsstationen schwer beschädigt oder zerstört

Sehr geehrte Damen und Herren,

auch wenn 38 Gesundheitsstationen der DAHW in Pakistan zerstört wurden –
sofort nach dem schlimmen Beben waren die ersten unserer dortigen
Mitarbeiter im Einsatz.

Die DAHW-Ärztin und Ordensfrau Dr. Chris Schmotzer baute sofort eine
Notambulanz vor einem zerstörten DAHW-Krankenhaus in Balakot auf.
Die berühmte Lepra-Ärztin Dr. Ruth Pfau machte sich in ihrem Jeep sofort
nach Muzaffarabad auf, der schwer getroffenen Hauptstadt der Region Azad
Kaschmir. Auch sie war gerade im Kaschmir unterwegs zu ihren Lepra-
Patienten: „In kürzester Zeit wurden die Straßen durch Bergrutsche verschüttet.
Wir hatten Glück. Wir waren noch nicht im Zentrum des Bebens!"

Die 76-jährige Ordensfrau kletterte über Schuttlawinen, verteilte mit ihren
Mitarbeitern Zelte, Medikamente und Lebensmittel. **„Warum machen Sie das**
in Ihrem hohen Alter?" wurde sie von der Nachrichtenagentur KNA gefragt.
„Wenn ich in meinem Alter noch mitreise, macht das den Menschen dort Mut.
Sie sehen, dass wir etwas unternehmen!", antwortete Ruth Pfau lapidar.

150 Gesundheitsstationen hat die DAHW in Pakistan. 38 Stationen in der
Erdbebenregion und 2 Krankenhäuser wurden fast komplett zerstört. Wir
rechnen in den nächsten Monaten für die Soforthilfe und den Wiederaufbau mit
mindestens 250.000 bis 300.000 Euro – zusätzlich zu dem, was unsere normale
Projektarbeit weltweit erfordert.

Bitte helfen Sie mit. Ihre Zuweisungen kommen **dank unserer gewachsenen**
Strukturen in Pakistan direkt vor Ort bei der Bevölkerung an.

In dankbarer Verbundenheit,
Ihr

Jürgen Hammelehle
Geschäftsführer

Aktuelle Infos immer
unter: www.dahw.de

Die DAHW
in Pakistan:

Dr. Ruth Pfau ist
seit 1960 in Pakistan
aktiv.

- Netz von 150 Gesundheitsstationen
- Ausbildungszentrum und
- Spezialklinik in Karachi
- Mitarbeiter verschiedenster Religionen
- Frauen gleichberechtigt im Team

Bitte helfen Sie mit
Ihrer Zuweisung
den
Erdbebenopfern!

German Leprosy
and Tuberculosis
Relief Association

Abb. 31: Bußgeldanschreiben des DAHW

tuelle Unregelmäßigkeiten dem Gericht umgehend rückgemeldet werden können. Hierfür ist ein eigenes Bußgeldkonto unerlässlich. Ist der Vorgang vollständig abgeschlossen, ist die Organisation aus Gründen des Datenschutzes verpflichtet, die persönlichen Daten des Delinquenten zu löschen. Für die eigene Statistik darf lediglich das Aktenzeichen gespeichert werden.

Bei kleinen Organisationen kann ein Karteikartensystem für die Bußgeldverwaltung noch ausreichen. Für größere Organisationen oder zur komfortablen Abwicklung, ist jedoch eine entsprechende Software dringend zu empfehlen. Bußgelder sind keine Spenden und auch nicht steuerabzugsfähig. Folglich dürfen weder dem Richter noch dem Verurteilten Spendenquittungen ausgestellt werden. Mittlerweile gibt es externe Dienstleister, die sich auf Bußgeldmarketing inklusive Zahlungsverwaltung spezialisiert haben. Die Vergütung erfolgt zumeist prozentual.

Bindungsvariationen: Es wird von allen Experten empfohlen, sich bei Richtern und Staatsanwaltschaften regelmäßig in Erinnerung zu rufen. Dies kann schriftlich durch regelmäßige Mailings und Danksagungen geschehen. Ein persönlicher Anruf nach Zahlungseingang mit einem kurzen Dankeschön kann hierzu eine gute Alternative sein. Einige Experten vergleichen Bußgeldgeber mit Großspendern und empfehlen, ihnen die gleiche Sorgfalt und besondere Behandlung zuteil werden zu lassen. Hierbei ist zu berücksichtigen, dass es innerhalb der Organisation Vorbehalte geben kann. Persönliche Kontakte zu Justizbeamten geraten leicht in den Ruch der Bestechung oder Einflussnahme. Gerade auf regionaler Ebene können informelle Treffen oder offizielle Veranstaltungen, zu denen auch Justizangestellte geladen werden einer Steigerung der Bußgeldeinnahmen durchaus förderlich sein. Es hängt vom Einzelfall ab, aber prinzipiell spricht nichts dagegen, eine gute Beziehung zu Entscheidungsträgern bei Gericht aufzubauen.

13. Sonderthema Antragswesen – zwischen Richtlinien und Fördermitteln

Tipps:

- Machen Sie es dem Gericht so einfach wie möglich und bieten Sie guten Service an. Sorgen Sie für vorgedruckte Überweisungsträger, Adressaufkleber sowie schnelle und akkurate Abwicklung der Zahlungseingänge.
- Achten Sie bei Ihrer Datenerhebung darauf, Richter und Gerichte separat zu erfassen. So können Sie ihren Unterstützer auch bei einer Versetzung weiterhin mit Material versorgen.
- Bieten Sie Zusatzleistungen wie Statistiken und Rechenschaftsberichte an.
- Betreiben Sie Eigenmarketing und werben Sie für Ihre Organisation durch Freianzeigen in juristischen Fachzeitschriften, Ständen auf Fachtagungen oder Workshops zu Spezialthemen.
- Bedanken Sie sich immer bei den Gerichten, vielleicht sogar beim Delinquenten.

10. Kapitel

Siebter Schritt: Erfolgreich bleiben durch Bindungsstrategien

> Lorbeer ist ein schnell welkendes Gemüse.
> *(Giovanni Guareschi)*

1. Vom Erstspender zum Wiederholungstäter

Spender sind sensibel. Sie reagieren empfindlich darauf, wenn ihnen das Gefühl vermittelt wird, sie seien nur anonyme Milchkühe einer Organisation. So gilt gerade auch für Spender die „Goldene Regel", die besagt: „Alles, was ihr also von anderen erwartet, das tut auch Ihnen (Matthäus 7,12)." Das heißt, eine Organisation tut gut daran, sich in die Rolle eines Spenders oder einer Spenderin zu versetzen und zu überlegen: „Was würde ich selbst von einer Organisation erwarten?" Die Ansprüche können sehr unterschiedlich sein und je nach Typ oder Spendensumme variieren. Die Kunst des Fundraising im Sinne des „friend-raising", „relationship-fundraising" oder – wirtschaftlich formuliert – des Beziehungsmarketing besteht genau darin, diese Wünsche und Vorstellungen möglichst individuell zu befriedigen.

Der Fundraising-Kreislauf: Die Fundraising School der Indiana University beschreibt Fundraising als einen permanenten Kreislauf: Die Grundidee besteht darin, um Geld zu bitten, sich zu bedanken und erneut um Geld zu bitten – diesmal um mehr Geld (vgl. Abb. 32).

Es ist nicht damit getan, Spendenbriefe zu verschicken und erfreut Spendeneingänge zu verbuchen. Die Kunst besteht darin, Spender langfristig an die Organisation zu binden. Im Idealfall werden aus Einmalspendern „Wiederholungstäter", Dauerspender (z. B.: mit Einzugsermächtigung), Großspender und schließlich – als Krönung – Erbschaftsspender. Dieser Aufstieg erfolgt keineswegs automatisch. Fühlen sich Förderer nicht ausreichend betreut und gewürdigt, bleibt die Identifikation mit der Organisation aus. Ausstieg statt Aufstieg ist die Konsequenz. Folglich ist es für nichtkommerzielle Organisationen essenziell wichtig, sich mit Fragen der Kunden- bzw. Spenderbindung zu befassen.

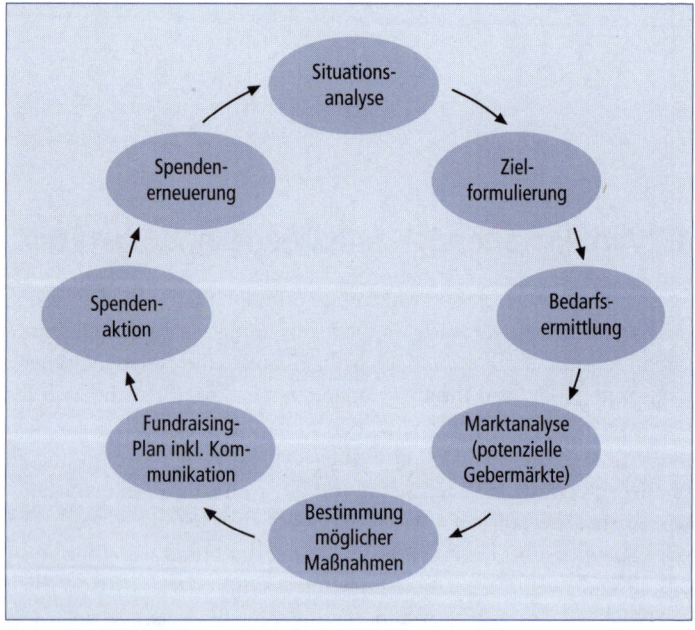

Abb. 32: Fundraising-Kreislauf

Große Wirtschaftsunternehmen haben längst erkannt, dass es sie sehr viel teurer kommt, neue Kunden zu gewinnen anstatt Bestandskunden zu halten. Folglich machen sich Konzerne zunehmend Gedanken über Kundenbindungskonzepte. Im Denken der werbenden Wirtschaft rückt der Kunde in den Mittelpunkt. „Wer ist unser Kunde, was will er und wie können wir ihn an uns binden,"

1. Vom Erstspender zum Wiederholungstäter

sind Fragen, mit denen sich Marketing- und Vertriebsprofis auseinander setzen. Customer Relationship Management (Engl.: Management der Kundenbeziehung), One-to-One-Marketing (Engl.: Marketing von Angesicht zu Angesicht) oder Dialog-Marketing sind die Schlagwörter der Kundenbindung.

> **Customer Relationship Management** (CRM) ist die ganzheitliche Bearbeitung der Beziehung eines Unternehmens oder einer Instituition zu seinen Kunden. Hierbei werden moderne Informations- und Kommunikationstechnologien genutzt, um relevante Daten zu erfassen und durch integrative und differenzierte Marketing-, Vertriebs- und Servicekonzepte auf lange Sicht profitable Kundenbeziehungen aufzubauen und zu festigen (vgl. Helmke/ Uebel/Dangelmaier (2008), S. 7).

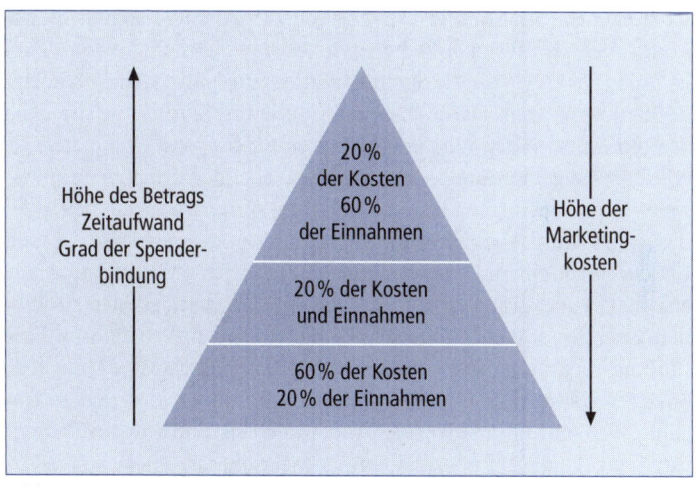

Abb. 33: Kosten-Nutzen-Relation der Spenderbindung (Quelle: In Anlehnung an TFRS (2000), Sec. IV, S. 20)

Man unterscheidet zwischen aktiven und reaktiven Bindungskonzepten. Aktive Kundenbindung bedeutet, ausgesuchte Kunden besonders zu pflegen und sie intensiv zu betreuen. Unter reaktiver Kundenbindung versteht man die schnelle Reaktion auf Kundenanliegen. Das heißt, sowohl auf Lob als auch auf Beschwerden kompetent und zeitnah einzugehen. Die beiden Ansätze sind keine „Entwender-oder-Varianten", sondern „Sowohl-als-auch-Ansätze" und sollen sich möglichst optimal ergänzen. Ersetzt man Kunden- durch Spenderbindung lassen sich viele Überlegungen des CRM durchaus auf nichtkommerzielle Organisationen übertragen.

Es muss im Interesse einer zukunftsorientierten Organisation sein, seine Kunden, Mitglieder und Spender langfristig zufrieden zu stellen und zu binden. Dadurch erhöhen sich die Chancen eines Aufstiegs in der Spendenpyramide und es sinken langfristig die (Marketing-)Kosten, die ein Spender verursacht. Sein „Lifetime Value" (Spendenumsatz, den ein Spender der Organisation insgesamt einbringt) erhöht sich (vgl. Kostenkalkulation von Mailings (Abb. 24). Zufriedene Spender geben größere Summen, verursachen geringere Kosten und bleiben länger treu.

Überlegungen im Hinblick auf Spenderzufriedenheit sollten in Zukunft noch selbstverständlicher sein, als sie es jetzt schon sind. Dies ist umso wichtiger, als die Spendenmärkte internationaler und härter umkämpft werden. Darüber hinaus operieren sie mit immateriellen Werten. Kunden der Wirtschaft erhalten für ihr Geld eine materielle greifbare Gegenleistung – ein Produkt. Spender erhalten immaterielle Gegenleistungen, wie gemeinsame Werte und Visionen oder das gute Gefühl, sich zu engagieren. Diese sind schwerer zu greifen und zu beschreiben. Umso wichtiger ist es für eine Organisation, die ernsthaft Fundraising betreiben möchte, sich darüber klar zu werden. Spender brauchen Wertschätzung. Sie wollen Verständnis, Einfühlungsvermögen und echte Sympathie. Folglich ist es für jede Spenden sammelnde Organisation dringend notwendig, sich zu fragen: „Wer sind unsere Spender, was wollen sie und wie erfüllen wir ihre (emotionalen) Bedürfnisse möglichst optimal, um sie an die Organisation zu binden und langfristig aufzubauen (,upzugraden')?"

Exkurs: Motivation – warum Spender spenden und warum nicht

> Die meisten Menschen, die noch nie gespendet haben, gaben als Begründung an, Sie seien einfach nicht gefragt worden. Der Umkehrschluss, dass diejenigen, die gefragt werden, auch spenden, ist leider nicht zulässig. Davon zeugen die eher mageren Rückläufe bei Massenmailings. Warum aber geben Menschen? Welche Motive haben sie und wie kann man als Organisation vom Wissen um diese Motive profitieren.

1. Vom Erstspender zum Wiederholungstäter

> Kinder, Tier- und Umweltschutz waren laut TNS Infratest im Jahr 2011 die Themen mit den stärksten Zuwächsen. Auch Naturkatastrophen wie Erdbeben oder Überschwemmungen bringen hohe Spendenerträge. Gemeinsam ist diesen Themen die Schuldlosigkeit der Betroffenen. Kinder, Tiere und die Umwelt können sich nicht wehren und die Natur haben wir trotz oder gerade wegen aller Versuche der Einflussnahme weniger denn je im Griff. Die Tatsache, dass Menschen oder Tiere unverschuldet in Not geraten sind, ist oftmals einfacher zu kommunizieren als Drogenabhängigkeit oder Obdachlosigkeit.
>
> Die Motive, warum Menschen geben, sind vielschichtig. Wenn Sie in einem Seminar nach Spendermotiven fragen, werden Sie vermutlich eine ganze Reihe von Antworten erhalten: Mitleid, das gute Gefühl geholfen zu haben, schlechtes Gewissen, weil man sonst nichts Gutes tut, Steuervorteile, Geltungsbedürfnis, sich durch ein Gebäude oder eine Plakette zu verewigen, Kontakte zu anderen Spendern oder dem Vorstand der NPO zu bekommen, eine Frage der Ehre, Empathie, Vorbild sein zu wollen, Dankbarkeit gegenüber der Organisation usw. Wichtig ist es, an dieser Stelle zu betonen, dass Spender selten aus völliger Selbstlosigkeit ihr Geld geben. In einer Studie des Deutschen Instituts für Wirtschaftsforschung (DIW) fanden die Forscher heraus, dass diejenigen Menschen, die spendeten auch am glücklichsten waren. In welche Richtung dieser Effekt genau läuft, konnte nicht eindeutig belegt werden. Es bleibt also offen, ob Glück zum Spenden animiert oder ob Spenden per se glücklich macht. In jedem Falle sind „Spender die glücklicheren Menschen" (vgl. DIW Wochenbericht Nr. 29/2011).
>
> Unter Aspekten der Spenderbindung, ist es wichtig, sich klar zu machen, dass es ein ganzes Bündel von Spendermotiven gibt. Diese reichen von ethisch bis egozentrisch, von moralisch bis materiell, von politisch bis psychologisch. Diese Motive gilt es, nicht zu bewerten. Es ist für eine Organisation relativ egal, ob ein Großspender ein geltungssüchtiger Mensch ist, der seinen Namen auf einem Gebäude sehen will oder über seine guten Taten in der Presse lesen möchte. Wäre dieser Mensch nicht von der Arbeit der Organisation überzeugt, würde er seinen Namen nicht mit ihr verbunden wissen wollen und sein Geld anderweitig investieren.

Wichtig ist vielmehr zu erkennen, das es unterschiedliche Bedürfnisse gibt und sich klar zu machen, dass Menschen Anerkennung erwarten dürfen. Es steht jeder Organisation frei, im Vorstand darüber zu diskutieren und klar zu definieren, wo die Grenzen liegen und welche Form von Anerkennung und auch eventueller Einflussnahme akzeptabel erscheint und welche nicht. Darf ein Millionenspender den Spielplan Ihrer Oper bestimmen („Nur noch

Puccini")? Darf er Wünsche äußern („In jeder Spielzeit wenigstens einmal Puccini") oder hat er sich inhaltlich vollkommen herauszuhalten und wird lediglich mit einer Marmorbüste vor Ihrer Oper geehrt (neben Puccini)?

Das Spendenwesen ist ein Tauschgeschäft: Geld gegen immaterielle Werte. Es sollte immer auch als Gewinn-Gewinn-Modell verstanden werden. Beide Seiten wollen von diesem Austausch profitieren. Denken Sie also immer spenderorientiert und fragen Sie sich im Sinne eines modernen Marketing-Menschen: „Was wollen unsere Unterstützer und wie können wir diese Bedürfnisse möglichst optimal befriedigen?" Verstehen Sie die Beziehung zu Ihren Unterstützern auch als kommunikativen Austausch und versuchen Sie, soviel wie möglich über die Motive Ihres Spenders zu erfahren.

> **BEISPIEL:** Sie sind Geschäftsführer einer Naturschutzorganisation und bekommen den Anruf eines euphorischen jungen Mannes, dessen Kindheitstraum es ist, einmal eine Krötenwanderung zu sehen und die Tiere im Eimer über die Straße zu tragen. Das Spektakel wäre ihm 500 Euro wert. Wie regieren Sie? Rufen Sie ihn an, wenn die Witterung die Kröten zur Wanderung treibt? Begleiten Sie ihn mit seinem Eimer zu den Laichgründen? Informieren Sie ihn ab jetzt regelmäßig über alle Neuigkeiten rund um die Kröte und andere heimische Tierarten? Bedanken Sie sich, wenn Sie die 500 Euro bekommen haben und wenn ja wie? Bekommt er im nächsten Jahr automatisch einen Anruf von Ihnen, wenn es die Tierchen erneut zu den Laichgewässern zieht?
>
> Weshalb dieser Mensch an Krötenwanderungen interessiert ist, müssen Sie psychologisch nicht ergründen oder bewerten. Aber ob Sie ihn als Spender halten können, liegt an Ihnen und vielen kleinen Faktoren. Es hängt davon ab, wie Sie ihn bei seinem ersten Anruf am Telefon behandeln („Sie wollen Kröten über die Straße tragen? Wie kommen Sie denn auf diese Schnapsidee – das machen bei uns nur ausgebildete Fachleute.") bis hin zum Dank.

2. Instrumente der Spenderbindung

> Wir sind für nichts so dankbar wie für Dankbarkeit.
> *(Marie von Ebner-Eschenbach)*

2.1 Danke und nochmals Danke – von Dankschreiben und Festlichkeiten

Es kann gar nicht oft genug betont werden, wie wichtig es ist, Spender zu pflegen, sich bei ihnen zu bedanken und ihnen möglichst individuelle Angebote zu machen, sich weiterhin für die Organisation zu engagieren. Die Hälfte der Erstspender gibt nicht zum zweiten Mal und selbst Mehrfachspender sind keine sichere Bank, sondern rund 30 % wandern ebenfalls ab (vgl. Naskrent, J. 2011, S. 2). Hauptgründe hierfür sind vor allem Unzufriedenheit mit der Kommunikation der Mitarbeiter und Enttäuschung über mangelnden Dank. „Die Danksagung ist das wichtigste Fundraising-Instrument überhaupt (Flanagnan, J. (2000), S. 99). Nur so kann es gelingen, einen Menschen langfristig an die Organisation zu binden und die Stufen der Fundraising-Pyramide nach oben zu begleiten. Amerikanische Experten sind der Ansicht, dass ein Fundraiser bis zu 25 % seiner Arbeitszeit dafür verwenden sollte, sich bei Unterstützern zu bedanken und Termine für Essenseinladungen oder persönliche Treffen vorzubereiten (vgl. Mutz/Murray (2000), S. 134).

Selbstverständliche Basisangebote: Ein Mensch, der sich bereit erklärt, einen Teil seines Geldes oder seiner Freizeit einer Organisation zur Verfügung zu stellen, hat Anspruch auf eine gewisse „Basisbehandlung". Zum guten Standard sollten unter anderem gehören:

- Informationen über die Organisation, ihre Mitglieder und ihre Finanzsituation
- Transparenz der zweckgebundene Verwendung der Spenden
- Informationen über die aktuelle Projektentwicklung und zukünftige Perspektiven
- Würdigung des Engagements und Dankbarkeit

- Respektierung der Datenschutzbestimmungen und der individuellen Sicherheitsbedürfnisse der Spender

Diese Basisleistungen werden keineswegs von allen Organisationen angeboten. Weder zeitnahe Dankespost noch hinreichende Information über die Geschäftstätigkeit gehören zur selbstverständlichen Klaviatur der Spenderbetreuung.

Vor allem mit der Dankbarkeit scheinen sich einige Organisationen immer noch schwer zu tun. Am Ende des Jahres gibt es eine Spendenquittung und damit hat es sich. Wer selbst einmal einer Organisation eine größere Summe gespendet hat, weiß, dass es ein schales Gefühl hervorruft, wenn keine Reaktion kommt. Man fragt sich, ob das Geld angekommen ist oder ob die Organisation so unstrukturiert arbeitet, dass keine Zeit bleibt, sich zu bedanken. Es ist so simpel wie wahr, aber es hilft ungemein, sich in die Lage des Spenders zu versetzen. Eine gute Alternative ist auch, sich vorzustellen, wie man mit einem Freund umgehen würde. Es wäre selbstverständlich, sich für ein Geschenk – und genau das ist eine Spende – zu bedanken. An Möglichkeiten, Zeit- und Geldspendern seine Wertschätzung zum Ausdruck zu bringen, besteht kein Mangel.

Möglichkeiten des Dankes: Um den Dank zu einer automatischen und selbstverständlichen Reaktion werden zu lassen, sollte man sich bereits im Vorfeld überlegen, in welcher Form man sich bei seinen Spendern und Förderern bedanken möchte. Die meisten Organisationen staffeln ihre Dankesvarianten nach Höhe und Dauer der Spendensummen (vgl. Abb. 34). Das heißt, ein Erstspender, der 20 Euro überweist, wird anders behandelt als ein Dauer- oder Großspender. Langjährige ehrenamtliche Unterstützer dürfen wiederum eine andere Anerkennung erwarten.

Staffelungen können z. B. folgendermaßen durchgeführt werden:

100 bis 500 Euro	Dankschreiben
ab 500 Euro	persönlicher Anruf
ab 5.000 Euro	persönlicher Besuch

Diese Summen richten sind nach der Größe einer Organisation und ihrer durchschnittlichen Spendenhöhe. In jedem Fall sollte das

Bedanken systematisch erfolgen und nicht dem Zufall überlassen werden. *Jede* Spende hat Dank verdient. 20 Euro, die von der Rente abgezwackt wurden, haben ebenso Anspruch auf Anerkennung wie 200.000 Euro einer reichen Erbin.

Voraussetzungen für Danksagungen:

(1) Konsequente Systematik, die allen verantwortlichen Mitarbeitern bekannt ist.
(2) Enge Vernetzung zwischen Bank (Spendeneingang), Buchhaltung (Spendenverbuchung) und Fundraising-Abteilung (Dank).
(3) Schnelle Abrufbarkeit der Spenderdaten (Adresse, Spendenanlass, Kontakt- und Spendenhistorie).

	kein Dank	Dankschreiben	telefonischer Dank	persönlicher Dank	Sonderformen
Anonyme Spende	X				
Erstspende		X Willkommenspaket plus Infobroschüre und Fragebogen nach Präferenzen			
Wiederholungsspende je nach Spendenhöhe		X	X	X	
Dauerauftrag Einzugsermächtigung je nach Laufzeit		X mindestens einmal jährlich Dankschreiben sowie Jahresbericht	X nach Anlass	X nach Anlass	X nach Anlass
Großspenden				X	X
Besondere Anlässe Jubiläen, Geburtstage etc.		X	X	X	

Abb. 34: Dankstrategien

10. KAPITEL Siebter Schritt: Erfolgreich bleiben durch Bindungsstrategien

(1) **Dankschreiben:** Die einfachste Möglichkeit ist die Versendung eines schriftlichen Dankeschöns. Sei es in Form einer vorgedruckten Postkarte oder eines Serienbriefes, möglichst personalisiert (namentliche Anrede). Wenn der Spender der bearbeitenden Person bekannt ist, kommt ein handschriftlicher Vermerk mit einem persönlichen „Hallo" am Rand oder per Klebesticker besonders gut an. Für kleine Organisationen sollte die schriftliche Bedankung genau so selbstverständlich werden wie für große. Bei Neuspendern ist es empfehlenswert, sie mit einem Willkommenspäckchen zu begrüßen. Dieses kann neben dem Dankschreiben allgemeine Informationen zur Arbeit der Organisation und aktuellen Schwerpunkten sowie einen Fragebogen zu persönlichen Präferenzen (z. B.: Mailingfrequenz, weiteres Informationsmaterial) erhalten. Auch Interessenten, die lediglich Informationsunterlagen anfordern, sollte ein zeitnaher Brief zugehen. Langjährige Spender, deren persönliche Daten bekannt sind, können eine Geburtstagskarte oder einen besonderen Dank bei Jubiläen bekommen.

(2) **Telefonischer Dank:** Gemäß ihrer individuellen Danksystematik, sollte sich die Organisation ab einer bestimmten Spendenhöhe telefonisch bedanken. Dies gilt nicht nur für einmalige größere Summen, sondern auch für treue Spender, die regelmäßig Geld überweisen oder einziehen lassen.

(3) **Weitere Varianten des Dankes**

- **Veröffentlichung der Spendernamen:** Eine weitere Methode ist es, den Dank öffentlich zu machen. Diese Variante bietet sich besonders dann an, wenn für ein bestimmtes Projekt mit einem konkreten Spendziel gesammelt wurde (z. B.: Gebäuderestaurierung, Anschaffung neuer Computer etc.). Hier können in Zusammenarbeit mit einer regionalen Zeitung die Namen der Spender veröffentlicht werden. Wenn die Zahl der Unterstützer überschaubar ist, kann öffentlich eine Tafel mit den Spendernamen enthüllt werden. Die Scheckübergabe mit Anwesenheit der regionalen Presse ist ebenfalls eine gute Möglichkeit, Bedürfnisse der Spender nach Anerkennung zu befriedigen.

2. Instrumente der Spenderbindung

- **Kleine Geschenke und Einladungen zu Veranstaltungen:** Kleine Geschenke erhalten die Freundschaft. Hierbei kann es sich um kleine Präsente oder um Einladungen handeln. Es kommt vor allem auf die Geste an und nicht auf die Wertigkeit. Dennoch muss natürlich überlegt werden, inwieweit ein inhaltlicher Bezug zur Mission der Organisation gegeben erscheint. Klassiker sind: Kalender, Lesezeichen oder Postkarten-Sets, da sie sich gut per Post verschicken lassen. Für größere Spendensummen kann es sich beispielsweise um Freikarten zu einer Theateraufführung, Tickets für die Ehrentribüne oder für eine persönliche Führung durch das Museum handeln. Auch Einladungen zu Tagen der offenen Tür, zu Fachvorträgen oder gemeinsamen Stadtspaziergängen (z. B.: durch Brennpunktstadtteile, historisch oder kulturell interessante Gegenden) können als Dankeschön angeboten werden.

- **Verleihung von Medaillen oder Abzeichen:** Vor allem im Bereich des Vereinswesens sind Anstecknadeln oder Medaillen beliebte Anerkennungen für treue Unterstützung. Diese haben durchaus ihre Daseinsberechtigung und werden an Revers und Kragen immer noch gesichtet. Vor allem für ältere Zielgruppen stellen Medaillen, Anstecknadeln, Ehrenurkunden oder Plaketten, die öffentlich überreicht werden, durchaus ein angemessenes Geschenk dar. Jüngere lassen sich vielleicht mit Pins oder Stickern begeistern.

- **Offizielle Ehrentitel:** Manche Institutionen verleihen ihren besten Spendern auch Ehrentitel. Es muss nicht gleich die Ehrendoktorwürde sein, aber auch Ehrenmitglied, Ehrenkurator oder Ehrenvorsitzende sind klangvolle Namen, die Anerkennung und Hochachtung gegenüber den Unterstützern zum Ausdruck bringen.

- **Persönliche Besuche:** Für kontinuierlich großzügige Unterstützung sollten gelegentliche, angekündigte, persönliche Besuche im Angebot sein. Hierzu können Vorstandsvertreter, bekannte Ehrenamtliche oder der Fundraiser mit einem großen Blumenstrauß oder einem anderen Dankeschön-Präsent bei den Spendern vorbeischauen. – Gerade bei älteren Menschen kommen persönliche Besuche gut an, da sie oftmals eine willkommene Abwechslung bieten. Für alleinstehende Senioren ohne enge familiäre Bindung mag dieser Besuch sogar den Höhepunkt der Woche darstellen. Es ist natürlich eine zeitaufwändige Angelegenheit für hauptamtliche Fundraiser. Dieser Besuchspart kann auch von zuverlässigen Ehrenamtlichen übernommen werden. Es sollte nur nicht der Fall eintreten, dass diese Besuche zur lästigen Pflicht oder plötzlich eingestellt werden. Im Idealfall sind sie eine Bereicherung für beide Seiten. Es können sich Freundschaften und echte Beziehungen entwickeln, die ganz selbstverständlich zum gemeinsamen Erklimmen der Fundraising-Pyramide führen können. Es sollte sich möglichst um echte Sympathie und Anteilnahme handeln und nicht ziel- bzw. geldorientiert geplant werden. Für langjährige Unterstützer können Sonderserviceleistungen überlegt werden, wie Besuche im Krankenhaus, Versorgung der Haustiere im Notfall oder das Angebot, kleinere Besorgungen zu übernehmen.

- **Feiern:** Feierlichkeiten sind ebenfalls eine Möglichkeit seine Dankbarkeit gegenüber Unterstützern zu zeigen. So sollte regelmäßig zu bestimmten Gelegenheiten gemeinsam gefeiert werden. Die Anlässe können offizielle Feiertage wie Weihnachten, Ostern, Jubiläen oder Jahrestage sein. Genauso gut eignen sich jahreszeitliche Aufhänger wie ein jährliches Frühlings- oder Sommerfest sowie erfolgreiche Abschlüsse von Kampagnen oder andere Erfolge. Feiern verbindet und schafft darüber hinaus eine Gelegenheit, auf sich aufmerksam zu machen. Man kann Menschen einladen, die Organisation und ihre Mitarbeiter kennen zu lernen. Besondere Veranstaltungen für ehrenamtliche Helfer sollten regelmäßig geplant werden.

Das Thema „Dank" wurde bewusst an den Anfang der Spenderbindung und vor die Kapitel „Großspender- und Erbschafts-Marketing" gestellt. Wenn es Organisationen nicht gelingt die erste Hürde zu nehmen und sich bei neuen Unterstützern oder langjährigen Förderern angemessen zu bedanken, sind alle weiteren Schritte vom Glück oder dem dicken Fell der Förderer abhängig. Sie haben nicht viel mit Fundraising als systematischem Beziehungsmarketing zu tun. Wenn die Mission einer Organisation sehr überzeugend ist, kann es sein, dass sich immer wieder neue Unterstützer finden lassen. So kann die Fluktuation von enttäuschten Einmalspendern eine Zeit lang aufgefangen werden. Das ist jedoch ein Vabanquespiel, auf das sich ein vertrauenswürdige und zukunftsorientierte Organisation nicht einlassen sollte.

2.2 Bindungsarbeit durch Mitgliedschaften

Sobald es einer Organisation gelungen ist, das Interesse eines Unterstützers zu wecken, ist es an der Zeit, konkrete Angebote zu machen, um ihn enger an die Organisation zu binden. Diese Bindung kann sich, neben der ideellen Einigkeit im Hinblick auf eine gemeinsame Vision, durch finanzielles oder zeitliches Engagement ausdrücken. Bevor jemand bereit ist, einer Organisation sein Vermögen zu vererben oder auch nur eine wirklich große Spende zu überweisen, braucht es Vertrauen. Vertrauen in das Team, die Zuverlässigkeit und die Kompetenz einer Einrichtung. Um dieses Vertrauen aufbauen zu können, muss ein Unterstützer die Arbeit der Organisation besser kennen lernen. Er muss sicher sein können, dass seine Werte mit denen der Organisation übereinstimmen, dass man gemeinsame Ziele verfolgt und das sein Geld gut angelegt ist. Folglich sollte eine Organisation neben der Anerkennung weitere Möglichkeiten anbieten, sich zu engagieren und näher an die Organisation heranzurücken.

Eine klassische Variante der Kundenbindung im Vereinsleben sind Mitgliedschaften. Sie sind bedeutsame Instrumente des Vereinsmanagements, da sie eine dauerhafte und verlässliche monatliche Finanzbasis gewährleisten. Um die Zahlungsmoral zu unterstützen sollte die Zahlung der Mitgliedsbeiträge von Anfang an per Einzugsermächtigung erfolgen. Das spart Verwaltungskosten, Papier und Geld. Bei vielen Organisationen ist eine feste Mitgliedschaft Voraussetzung dafür, bestimmte Leistungen in Anspruch nehmen zu können (Sportplatznutzung, Teilnahme an Veranstaltungen, Mitbestimmung etc.). Sie berechtigt zum Bezug von Newslettern oder anderen Publikationen. Vielfach bestehen darüber hinaus weitere Vergünstigungen wie ermäßigter oder kostenloser Eintritt, Einladungen zu Feierlichkeiten etc. Dieser Zusatznutzen ist unbedingt notwendig. Insbesondere dann, wenn an eine Mitgliedschaft keine konkreten Nutzungsrechte gebunden sind.

> **BEISPIEL:** Die SPD bietet ihren Mitgliedern eine SPD-Card an. Mit Hilfe dieser „Kundenkarte" erhalten die Mitglieder einen Mehrwert. Sie kommen in den Genuss verschiedener Vergünstigungen bei Versicherungen, Touristikangeboten oder Kulturveranstaltungen. Neben der Funktion als Mitgliedsausweis soll die Parteikarte als Kreditkarte ausgebaut werden.

Wichtig ist es nur darauf zu achten, dass die Angebote für Karteninhaber auch attraktiv sind.

> **BEISPIEL:** Die Schweizer Raiffeisenbanken haben eine Kreditkarte herausgegeben, die es den Inhabern sowie bis zu fünf Kindern ermöglicht, mehr als 400 Schweizer Museen kostenlos zu nutzen. Neben der Kundenbindungswirkung kam die Idee der schweizerischen Museumslandschaft zugute. (vgl. www.raiffeisen.ch/museum)

Manche Organisationen bieten ganz bewusst keine Mitgliedschaften an. Die Gründe hierfür sind entweder die bestehende Rechtsform (z. B.: Stiftung) oder die Sorge aufgrund paritätischer Entscheidungsstrukturen die eigene Beschluss- und Handlungsfähigkeit einzuschränken.

Exkurs Mitgliederzeitung:

> Ein traditionelles Instrument der Mitgliederbindung ist die Mitgliederzeitung. Im Idealfall liefert sie aktuelle Informationen zu relevanten Themenbereichen und berichtet über Aktivitäten und Mittelverwendung. Darüber hinaus kann sie dazu dienen zu Sonderspenden oder ehrenamtlicher Unterstützung aufzurufen. Die Hintergrundberichte sollten interessant und ansprechend gestaltet sein. Ein vorgedruckter Überweisungsträger, der das Spenden vereinfacht, sollte niemals fehlen. Wichtiger als die Aufmachung ist eine verlässliche Regelmäßigkeit, mit der Kontakt zu den Mitgliedern gehalten wird. Eine Mitgliederzeitung muss zum

Image und zur Zielgruppe einer Organisation passen. Eine allzu edle Aufmachung kann bei Spendern Irritationen über die Verwendung ihrer Gelder auslösen. Vielfach werden aktuelle Informationen heutzutage auch per E-Mail versandt. Dies ist eine moderne Form, Papier zu sparen und dennoch Kontakt zu halten. Newsletter per E-Mail oder reine Online-Publikationen können aber nach wie vor nicht die gedruckte Version ersetzen, die man auslegen oder mit in Bett, Bad oder Bahn nehmen kann. Kleine Einrichtungen, die Kosten scheuen, können sich mit Infobriefen in Form von Computerausdrucken, eingescannten Bildern oder Kopien behelfen. Wenn diese gut gemacht sind und mit einer persönlichen Note verschickt werden, erreichen sie auch ihr Ziel.

Tipps:

- Passen Sie Ihre Aufmachung (Schriftgröße, Design etc.) den Zielgruppen an und sorgen Sie für ein ansprechendes Layout. Langfristig rechnen sich die Investitionskosten.
- Fotos, Grafiken, Comics und Karikaturen animieren ebenso zum Lesen wie gute Geschichten oder Portraits. Manche Obdachlosenzeitungen werden aus Solidarität gekauft, aber nicht gelesen. Andere enthalten „kultige" Comics und finden allein deshalb treue Leser.
- Schaffen Sie Dialogmöglichkeiten mit Ihren Lesern, von Meckerecke bis Meinungsforum, vom Geschichtenwettbewerb bis zum Buchtipp.
- Legen Sie sich einen Ideen- und einen Themenordner an, auf den Sie zurückgreifen können, wenn Sie das Gefühl haben, es gibt nicht genügend interne Neuigkeiten.
- Achten Sie auf Regelmäßigkeit und rufen Sie sich und Ihre Organisation immer wieder in Erinnerung. Sie werden sonst schneller vergessen als Ihnen lieb ist.

2.3 Der Förderverein als Mittelbeschaffungsverein

Die Gründung eines Fördervereins kann sich anbieten, um persönlich betroffenen oder besonders engagierten Menschen die Möglichkeit zu geben, sich einzubringen und um zusätzliche Mittel zu bemühen. Die begriffliche Abgrenzung zwischen Mitgliedern,

10. KAPITEL Siebter Schritt: Erfolgreich bleiben durch Bindungsstrategien

Freunden und Förderern bleibt manchmal unscharf. Die Rechte und Pflichten eines Vereinsmitglieds sind in der Satzung und im Bürgerlichen Gesetzbuch (BGB §§ 21 ff.) (BGB) festgelegt. Auch Fördervereine sind juristische Personen, für die die Vorschriften des BGB gelten. Ihr wesentlicher Daseinszweck begründet sich aber darin, eine Organisation bei der Mittelbeschaffung zu unterstützen. Sie können zur Finanzierung bestimmter Teilbereiche gegründet werden (z. B. integrative Schulprojekte) oder aber Mittel sammeln, die der Gesamtorganisation zufließen.

Die Mitglieder von Fördervereinen können darüber hinaus auch bei Veranstaltungen unterstützend tätig werden. Aufgrund ihrer unterstützenden Sonderfunktion im Hinblick auf die Mittelbeschaffung empfiehlt es sich, das Kuratorium hochkarätig zu besetzen. Die Kuratoriumsmitglieder sollten nicht nur eine gemeinsame Vision teilen, sondern vor allem über sehr gute Kontakte verfügen. Sie müssen in der Lage sein, Türen zur Wirtschaft oder anderen Finanzquellen wie Lions- oder Rotary-Clubs zu öffnen. Fördervereine können steuerbegünstigt behandelt werden, wenn die Mittelbeschaffung in der Satzung aufgeführt ist „Die gemeinnützigkeitsrechtlichen Anforderungen an einen Förderverein wurden durch den geänderten Anwendungserlass zur Abgabenordnung (AEAO § 56 Nr. 1) vom 17. 1. 2012 gelockert. So gilt ein Förderverein auch dann noch als gemeinnützig, wenn seine Einnahmen ausschließlich aus dem wirtschaftlichen Geschäftsbetrieb oder der Vermögensverwaltung stammen. Es muss nur sichergestellt werden, dass diese Mittel satzungsgemäß verwendet werden. (vgl. www.vereinsbesteuerung.info)

> **BEISPIEL:** Die Freunde der Kunsthalle e. V. in Hamburg konnten in den letzten zwanzig Jahren die Zahl der Mitglieder von rund 2.900 auf über 17.500 (Stand Dezember 2011) erhöhen. Für einen Jahresbeitrag von 67 Euro (Familienkarte 86 Euro) erhalten Freunde folgende Vorteile: „Ganzjährig freien Eintritt, auch zu Sonderausstellungen, persönliche Einladung zu allen Ausstellungseröffnungen, Vortragsreihen, Exklusivreisen und Seminaren. Neu eingeführt wurde die Fördermitgliedschaft (ab 180 Euro), für die es eine Mitgliedskarte gibt, die es ermöglicht, kostenlos einen Gast mit in die Kunsthalle zu bringen. Des Weiteren erhält der Unterstützer Einladungen zu exklusiven Veranstaltungen wie Previews

> oder besonderen Führungen. Traditionell übernehmen die „klassischen" Fördermitglieder den Katalogverkauf inklusive der notwendigen Personal- und Sachkosten. Aufgrund der Überschüsse aus Verkaufstätigkeit und Mitgliedsbeiträgen konnten zusätzliche Werke gekauft und Volontariatsstellen eingerichtet werden.

Eine Alternative zur Gründung eines Fördervereins bildet die Initiierung eines engagierten Förderkreises. Dieser hat keinen juristischen Status, ist folglich auch nicht steuerbegünstigt. Die Mittel, die seine Mitglieder einwerben, fließen automatisch der Organisation zu. Der Erfolg beider Varianten steht und fällt mit dem persönlichen Engagement der Mitglieder. Die Bindung im Rahmen eines Fördervereins kann sehr hoch sein. Es kann aber auch zu Frustrationen kommen. Diese Gefahr ist vor allem dann gegeben, wenn es eine zentrale Fundraising-Abteilung plus zusätzliche dezentrale Fördervereine gibt. Hierdurch ergibt sich eine Konkurrenzsituation, die zu Kompetenzstreitigkeiten und erheblichen internen Reibungsverlusten führen kann.

2.4 Daueraufträge und Einzugsermächtigungen durch „Upgrading"-Aktionen

Neben den Angeboten, sich durch verschiedene Formen der Mitgliedschaft enger an eine Organisation zu binden, können Spender gezielt daraufhin angesprochen werden, sich kontinuierlich oder mit einer größeren Summe finanziell zu engagieren, das so genannte „Upgrading". Eine mögliche Form des Upgrading ist die Bitte, einen Dauerauftrag einzurichten oder eine Einzugsermächtigung zu erteilen. Eine gewisse Spenderhistorie ist eine notwendige Voraussetzung für Upgrading-Aktionen. Als Argumentationshilfe lassen sich seitens der Organisation eine höhere Planungssicherheit im Hinblick auf die eigenen Finanzen sowie geringere Verwaltungs- und Werbungskosten anführen. Manche Menschen scheuen sich davor, eine dauerhafte und rechtsverbindliche Verpflichtung durch eine Mitgliedschaft einzugehen. Sie unterstützen vielleicht mehrere Organisationen und möchten sich nicht festlegen. Dies sollte von einer Organisation respektiert werden. Es kann darauf hingewiesen wer-

10. KAPITEL Siebter Schritt: Erfolgreich bleiben durch Bindungsstrategien

Abb. 35: „Ein Jahr Kunst verschenken"

den, dass sich sowohl Daueraufträge als auch Bankeinzüge jederzeit unproblematisch widerrufen lassen. Es handelt sich also im Gegensatz zu einer Mitgliedschaft mit Kündigungsfristen um lockere Bindungsformen, die nichts mit Vereinsmeierei zu tun haben. Möglichkeiten, Spender daraufhin anzusprechen, bieten gezielte Telefonkampagnen, Briefaktionen oder regelmäßige Hinweise in Informationsunterlagen. Vor allem das Telefon hat sich für Upgrading-Aktionen bewährt.

2.5 Exkurs: Telefonmarketing

In Deutschland gibt es – anderes als in den USA – im Hinblick auf aktives Telefonmarketing erhebliche rechtliche Einschränkungen. Telefonmarketing wird zwar nicht mehr als sittenwidrig eingestuft, doch kann es schnell Konflikte mit dem Gesetz gegen unlauteren Wettbewerb (§ 1 UWG) geben. So verletzt jeder unerbetene Werbeanruf („cold call") die verfassungsrechtlich geschützte Privatsphäre und ist gesetzlich verboten. Ein Kunde oder Spender muss im Vorfeld entweder ausdrücklich sein Einverständnis bekunden (sogenannte Opt-in-Regelung) oder bei der Anforderung von Informationsmaterial seine Telefonnummer angegeben haben. Das bedeutet, eine Organisation darf nicht anhand des örtlichen Telefonbuchs die umliegenden Anwohner abtelefonieren, um sie zu Veranstaltungen einzuladen oder um Spenden zu bitten. Unproblematisch ist es hingegen, wenn ein Spender oder eine Interessentin sich selbst telefonisch bei der Einrichtung meldet. Im Geschäftsbereich gelten ähnliche Bedingungen wie im privaten Umfeld. Auch hier muss vor dem Anruf bereits eine Kundenbeziehung bestanden haben (Bei Verstoß können Abmahnungen mit entsprechenden Beweisdaten bei der Zentrale zur Bekämpfung des unlauteren Wettbewerbs, Postfach 2555, 61295 Bad Homburg oder beim Deutschen Dialogmarketing-Verband e. V., Leiter Recht, Hasengartenstraße 14, 65189 Wiesbaden erwirkt werden.). Trotz der Tatsache, dass aktives „kaltes" Telefonmarketing in anderen EU-Staaten als unproblematisch angesehen wird, wurden 2009 im „Gesetz zur Bekämpfung unerlaubter Telefonwerbung und zur Verbesserung des Verbraucherschutzes bei besonderen Vertriebsformen" diverse Verbote, wie die Rufnummernunterdruckung und die Verpflichtung zur ausdrücklichen Zustimmung seitens des Verbrauchers weiterhin festgeschrieben.

Für Upgrading-Aktionen kommt ohnehin nur der eigene Datenbestand in Betracht.

Anwendungsmöglichkeiten: Es gibt für eine Organisation verschiedene Gründe, per Telefon aktiv zu werden. Hierbei kann es sich um eine gezielte Kampagne oder um Serviceleistungen handeln.

(1) Telefonische Serviceangebote: Gewisse telefonische Serviceleistungen sind keine Kampagnen, sondern permanente Angebote an die Förderer. Es kann sich hierbei zum Beispiel um folgende Leistungen handeln:

- Kontaktaufnahme zu Neuspendern (Begrüßung und kurze Befragung zu Informations- oder Themenpräferenzen)
- Hotlines (Info-, Service- oder Spendenhotlines, die zu bestimmten Zeiten immer erreichbar sind)
- Rückgewinnung von Aussteigern (Beschwerdemanagement per Telefon siehe Exkurs)
- Dank (ab einer bestimmten Spendensumme oder zu bestimmten Anlässen wie Geburtstagen, Sonderaktionen)

Große Erfolge wurden bei der telefonischen Rückgewinnung von Aussteigern erzielt. Dem Bund für Umwelt und Naturschutz soll beispielsweise gelungen sein, 70 % seiner Fördermitglieder telefonisch zu reaktivieren. Die meisten waren ausgetreten, weil sie sich unzureichend betreut gefühlt hatten. Das persönliche Gespräch am Telefon und die Nachfrage nach individuellen Austrittsgründen war für die meisten motivierend genug, wieder einzutreten.

(2) Telefonische Kampagnen: Telefonische Kampagnen sind keine Daueinrichtungen, sondern werden gezielt durchgeführt. Sie können folgende Zielsetzungen – auch kombiniert – verfolgen:

- Auffrischung der Spenderdatei (Adressnachfrage bei Rücksendungen von Briefen, weil „unbekannt verzogen")
- Aktivierung von ehemaligen Spendern (bei langer Spendenpause) oder Mitgliedern (bei ausbleibenden Beiträgen)

2. Instrumente der Spenderbindung

- Umfragen zu Präferenzen
- Einladungen zu Sonderveranstaltungen (ggf. mit Teilnehmerrabatt bei telefonischer Zusage)
- Erhöhen der Spendensumme durch „Upgrading" (Bitte an langjährige Spender, die Spendensumme zu erhöhen oder einer Einzugsermächtigung zuzustimmen)

Vor dem Griff zum Telefonhörer gilt es, einige Überlegungen anzustellen:

(1) Stellen wir eigene Mitarbeiter frei und schulen sie oder engagieren wir ein Call-Center?

(2) Welche Ziele sollen erreicht werden?

(3) Welches Budget haben wir zur Verfügung für Materialien (Schulungen, Telefonskripte, Raum- oder Telefonmiete für konzertierte Eigenaktionen, Call-Center etc.)?

> **BEISPIEL:** Greenpeace Dänemark betreibt seit einigen Jahren erfolgreich Telefonmarketing mit eigenen geschulten Mitarbeitern. Diese telefonieren an drei Abenden pro Woche (Dienstag bis Donnerstag von 17.30 Uhr bis 20.30 Uhr) unter Aufsicht eines Supervisors. Die Mitarbeiter folgen einem Telefonskript und haben so genannte Call Cards, auf denen Zeitpunkt und Höhe der letzten Spende verzeichnet ist. Der durchschnittliche Anruf dauert zwei Minuten. Um zu vermeiden, dass die Anrufer unter Erfolgsdruck geraten, bekommen sie ein Pauschalhonorar und keine Erfolgsprämien.

Materialien: Folgende Unterlagen sind für eine Telefonkampagne mindestens bereit zu stellen:

(1) Liste mit Spendernamen, Spenderhistorie und Telefonnummern

(2) Anruferkarte für Notizen (besser: Telefonmaske am PC)

(3) Projektunterlagen für Hintergrundfragen

(4) Schreibmaterial für Notizen

(5) Druckmaterialien für den Postversand (Überweisungsträger, Einzugsermächtigungen, Dankschreiben etc.)

(6) Telefonskript (Beispiel im Anhang)

Telefonskript: Das Telefonskript ist die wichtigste Unterlage für eine Telefonkampagne. Es sollte den Namen der Organisation und eine Projektkurzbeschreibung enthalten sowie einen festgelegten Telefonleitfaden.

Die Mitarbeiter dürfen zwar ihre eigenen Worte benutzen, aber den Ablauf nicht verändern. Das dient dazu, Zeit und Geld zu sparen und verhindert, dass über Gott und die Welt geredet wird. Experten raten dazu, Worte wie „Geld" oder „Kosten" bewusst zu vermeiden. Es geht primär um die Unterstützung der Sache, der Mission.

Elf Tipps zum erfolgreichen Telefonieren:

(1) Machen Sie einen guten ersten Eindruck. Melden Sie sich mit Vor- und Nachnamen und nennen Sie den Namen der Organisation.

(2) Lächeln Sie, entspannen Sie sich und achten Sie auf eine deutliche Aussprache. Sprechen Sie nicht zu schnell und nuscheln Sie nicht (Üben Sie gegebenenfalls mit einem Korken im Mund die deutliche Aussprache).

(3) Behandeln Sie jeden Spender so freundlich wie einen Großspender.

(4) Achten Sie auf die richtige Anrede und Aussprache eines Namens (z. B.: Frau Czypiosca). Wenn Sie nicht sicher sind, fragen Sie nach. Das kann ein Eisbrecher sein.

(5) Lassen Sie sich im Zweifelsfall den Namen buchstabieren.

(6) Bleiben Sie hartnäckig und machen Sie Vorschläge für unterschiedliche Summen und Formen der Unterstützung (siehe Skript). Die wenigsten Menschen sagen bei einem überraschenden Anruf auf Anhieb „Ja".

(7) Halten Sie sich an Ihr Skript und bereiten Sie sich inhaltlich gut vor. Üben Sie die Sätze und die Projektbeschreibung laut.

(8) Fühlen Sie sich in Ihren Gesprächspartner ein, aber haben Sie kein Mitleid. Die meisten Menschen auf der Spenderliste können zumindest einen kleinen Betrag geben. Sofern wirklich ein finanzielles Problem vorliegen sollte, zeigen Sie Verständnis.

(9) Achten Sie auf die Wortwahl. Vermeiden Sie Konjunktive und Füllworte wie „sicherlich, irgendwie, wahrscheinlich", sie wirken unverbindlich.

(10) Belehren Sie nicht („Wissen Sie überhaupt, dass …") und appellieren Sie nicht („Sie müssen doch einsehen, dass …")

(11) Nehmen Sie eine Ablehnung nicht persönlich! Sie fragen nicht für sich, sondern für eine Organisation, an deren Ziele Sie glauben. Sie betteln nicht und Sie haben Würde!

2.6 Exkurs: Beschwerdemanagement – vom Umgang mit Erzürnten

Spender, die sich beschweren, sind für viele Organisationen eine unangenehme Spezies. Wenn sie austreten oder sich irgendwann nicht mehr rühren, ist man froh, dass man sie los ist. Die lästigen Unzufriedenen werden diskret aus den Listen gestrichen und bald verdrängt. Dieses Verhalten ist gleich in doppelter Hinsicht ungünstig. Zum einen verkennt es das Potenzial schlechter Mund-zu-Mund-Propaganda, zum anderen unterschätzt es das Engagement und die Bindung desjenigen Spenders, der sich beschwert. Spender, die ihren Unmut aktiv verkünden, gehören zu den wertvollsten Unterstützern, die sich eine Organisation wünschen kann. Durch sie kann eine Einrichtung erfahren, wo es hakt. Sie geben aktives Feedback von der Basis und folglich gebührt ihnen besondere Aufmerksamkeit.

Für nichtkommerzielle Unternehmen empfiehlt es sich genauso wie für Wirtschaftsunternehmen, Menschen zum Feedback zu ermutigen. Es sollte ihnen möglichst einfach gemacht werden, aufkommende Unzufriedenheit zu äußern. Folglich sollte eine Organisation aktiv auf die Möglichkeit verweisen, Verbesserungsvorschläge zu machen oder sich zu beschweren. Dies kann durch eine kostenlose Telefon-Hotline geschehen, die konsequent besetzt ist oder durch aktive Hinweise in schriftlichen Unterlagen: Kritischer Dialog erwünscht. Es sollte allgemein das Motto gelten: „Wenn Sie unzufrieden sind, erzählen Sie es uns. Wenn Sie zufrieden sind, erzählen Sie es anderen."

Beschwerertypen: Beschwerer lassen sich in drei Gruppen unterteilen (vgl. Pepels in Helmke/Uebel/Dangelmaier (Hrsg.) (2008), S. 108 f.):

(1) Nichtbeschwerer

(2) Querulanten

(3) Aktive Beschwerer

Diese erfordern jeweils unterschiedliche Reaktionen seitens der Organisation.

Nichtbeschwerer sind diejenigen, die sich zu ihrer Unzufriedenheit nicht äußern. Wenn sie sich schlecht behandelt fühlen oder mit der Organisation unzufrieden sind, stellen sie stillschweigend die Unterstützung ein oder treten aus. Die betroffene Einrichtung erfährt davon lediglich durch die postalische Kündigung oder die Auswertung der Spenderdaten.

Reaktion: Wenn eine Organisation merkt, dass Menschen wortlos austreten oder ihre Unterstützung einstellen, sollte sie von sich aus aktiv werden und auf Nichtbeschwerer zugehen. Die Gründe für einen Austritt können vielfältig sein. Es kann sein, dass sich Spender unzureichend wertgeschätzt fühlen oder, dass es der Organisation nicht gelungen ist, sich adäquat zu bedanken und diese Menschen an sich zu binden. Es kann sich auch um alte Leute handeln, die sich um die wenigen Renten-Cents sorgen und diese für schlechte Zeiten sparen wollen. Vielleicht können sie auch einfach die kleine Schrift der Mitgliederzeitschriften nicht mehr richtig lesen und fühlen sich ausgeschlossen. All diese Gründe sind wichtige Informationen für eine Organisation. Sie dienen der Optimierung im Umgang mit Unterstützern und der Qualitätssicherung. Folglich sollte jeder Austritt ernst genommen und hinterfragt werden. Oftmals reicht bereits der persönliche Anruf und die Frage nach dem „warum?", um diesem Menschen zu signalisieren: „Sie sind uns wichtig!"

Querulanten sind Menschen, die an vielem etwas auszusetzen haben. Ihre Aufregung mag zum größten Teil im Temperament oder der Psychostruktur begründet liegen. Dennoch muss man auch ihre Beschwerde ernst nehmen und vor allem angemessen reagieren.

Reaktion: Für den Umgang mit so genannten schwierigen Unterstützern gilt allgemein: Ruhe bewahren. Da es vielen Menschen bereits hilft, Dampf abzulassen, sollte man ihnen zunächst zuhören. Es empfiehlt sich Verständnis zu signalisieren, auch wenn die Kritik aus der Luft gegriffen oder unangemessen erscheint.

> **Tipp:**
>
> - Kontern Sie nicht und belehren Sie nicht, bleiben Sie ruhig und zeigen Sie Verständnis.
> - Wenn ein Wutanfall über Sie hereinbricht, stellen Sie sich Meeresrauschen oder eine schnurrende Katze vor und reden Sie selbst bewusst langsamer.
> - Melden Sie zurück, dass es gut ist, dass sich der Anrufer sofort an Sie gewendet hat. Quittieren Sie sein Interesse und bieten Sie danach Lösungen an.

Aktive Beschwerer melden von sich aus an die Organisation zurück, woran es ihrer Meinung nach mangelt. Es sind Menschen, die sich mit der Einrichtung auseinander setzen. Sie wollen verbessern, was noch nicht optimal läuft. Folglich kann man ein hohes Maß an Identifikation voraussetzen. Aktive Beschwerer liefern wertvolle, berechtigte Kritik. Sie sind potenzielle Kandidaten für Fokusgruppen und ehrenamtliche Tätigkeiten. Wenn sie richtig behandelt werden und ihre Kritik angenommen wird, haben sie das Potenzial zu den treuesten Förderern der Organisation zu werden.

Reaktion: Da die Kritik anders als bei Querulanten berechtigt ist, sollte sie aufgegriffen und intern bearbeitet werden. Den Beschwerdeführern kann das Angebot gemacht werden, selbst aktiv in Fokusgruppen oder anderen Gremien teilzunehmen und so aktiv zur Verbesserung der Arbeit beizutragen. Ist dies nicht erwünscht, sollte unbedingt darauf geachtet werden, dass die Kritikpunkte auch wirklich bearbeitet und verbessert werden. Es ist wichtig, dass ein direkter Draht zwischen der Beschwerdeannahme und internen Entscheidungsträgern besteht. Nur wenn eine aktive Weiterleitung und Auswertung erfolgt, kann gewährleistet werden, dass berechtigte Kritik zu Veränderungen führt. Ist dies nicht der Fall, wird sich ein aktiver Beschwerer mit der Zeit in einen „Nichtmehrbeschwerer" wandeln und die Organisation frustriert verlassen.

2.7 Patenschaften

Eine sehr populäre Maßnahme der Spenderbindung stellt die Übernahme von Patenschaften dar. Von der Patenschaft für einzelne Sterne über Weinstöcke bis hin zum Zwergbarsch sind alle erdenklichen „Patenkinder" im Angebot. Hintergrund der Patenschaften sind Überlegungen, eine persönliche Bindung zwischen Geber und Begünstigtem herzustellen und dadurch das Interesse des Paten möglichst lange wach zu halten.

Kritik einzelner Organisationen wurde vor allem an Kinderpatenschaften laut. Einzelne Kinder würden begünstigt, hieß es, während andere keine Förderung erhielten. Kritisiert wurden außerdem der Verwaltungsaufwand sowie der entwicklungspolitische Ansatz. Die meisten Organisationen sind mittlerweile dazu übergegangen, Projektförderung zu betreiben und deutlich zu machen, dass ein einzelnes Kind symbolisch für sein Umfeld stünde.

Tatsache ist, dass Menschen sich konkrete Projekte oder Bezugspersonen wünschen. So wissen sie genau, wem ihr Geld zugute kommt. Sie können die Entwicklung verfolgen oder sogar persönliche Besuche abstatten. Dies gilt für Dorfpatenschaften in Afrika genauso wie für die Übernahme einer Patenschaft für Zootiere.

Patenschaften können gegen Zahlung einer größeren Summe einmalig übernommen oder jährlich erneuert werden. So bietet z. B. BIOPAT e. V., dem verschiedene (Forschungs-)Institute angehören gegen Zahlung von mindestens 2.500 Euro an, eine neu entdeckte Tier- oder Pflanzenart mit dem eigenen Namen taufen lassen. Dem Gattungsnamen der neu entdeckten Spezies kann der eigene Nachname angehängt werden und geht dauerhaft in die Fachsprache der Wissenschaft ein (Nähere Informationen unter www.biopat.de).

Verschiedene zoologische Gärten bieten jährliche Patenschaften für ihre Tiere an. Als Gegenleistung bekommen die Tierpaten Urkunden, Namensschilder neben dem Gehege, Einträge auf der Internet-Patenseite, Informationen zum Gedeih des Patentieres, kostenlosen

Eintritt sowie eine Spendenquittung. Lurche oder andere Kriechtiere sind bereits ab etwa 15 Euro zu haben, während ausgewachsene Dickhäuter erst ab etwa 2.500 Euro vergeben werden.

2.8 Spendenclubs

Spendenclubs wurden besonders in den USA erfolgreich im Umfeld von Universitäten etabliert. Je nach Spendenhöhe werden den Förderern verschiedene Angebote gemacht, die über eine bloße Verleihung von Ehrentiteln wie „Principal" oder „Major" hinaus gehen. Die Angebote der Clubs reichen von Freikarten über Sonderveranstaltungen bis hin zu exklusiven Clubabenden. Die Attraktivität eines Clubs bestimmen in erster Linie Erlebnisse, die man sich sonst nicht kaufen kann (z. B.: Essen mit dem Universitätspräsidenten). Die Menschen zahlen dafür, einem erlesenen Kreis anzugehören und besondere Angebote und Kontaktmöglichkeiten zu bekommen. Auf Seiten der Organisation sind die Zielsetzungen eines Spendenclubs in erster Linie:

(1) Erhöhung der Identifikation mit der Organisation

(2) Anreiz zum Aufstieg in ein höheres Clublevel

(3) Möglichkeit der Direktansprache von Großspendern

Spendenclubs entsprechen in Zielsetzung und Angebotsstruktur teilweise den Kundenclubs, die seit Mitte der achtziger Jahre von Wirtschaftsunternehmen auch in Deutschland gegründet wurden. Mit Clubkarten und Bonusprogrammen versuchen Fluggesellschaften wie die Lufthansa mit ihrem Miles-&-More-Programm Kunden zu binden. Deren Treue wird durch Freiflüge oder den Aufstieg in prestigeträchtige höhere Klassen mit Zutritt zu exklusiven Flughafen-Lounges verbunden.

Die Zugangsvoraussetzungen sind bei Kunden- und Spendenclubs unterschiedlich. Bei den meisten Clubangeboten für Förderer besteht die Möglichkeit, sich als Großspender mit einer bestimmten Summe ohne Umwege auf ein bestimmtes Niveau einzukaufen. Hierdurch können bestimmte Stufen der Fundraising-Pyramide übersprungen werden und Menschen direkt um größere Summen gebeten werden.

Treue Förderer, die regelmäßig Summen von 20, 50 oder 100 Euro überweisen, können gefragt werden, ob sie für 500 oder 1.000 Euro einem Club beitreten möchten. Angloamerikanische Universitäten, Theater oder Bibliotheken bieten seit Jahren erfolgreich gestaffelte Spendenclubs an.

BEISPIEL: Eine schöne Übersicht über Möglichkeiten findet sich beispielsweise auf der Homepage des Pennsylvania Ballet (www.paballet.org), wo die „donor benefits" von „Friend" (75 bis 249 $) mit Erlaubnis zur Teilnahme an einer Kostümprobe nebst E-Newsletter bis hin zum „Chair's Circle" (ab 25.000 $) reichen. In letztgenannter Kategorie gibt es alle Angebote (vom Spitzenschuh mit Autogramm über eine Backstage-Tour bis zur gerahmten Fotografie mit den Künstlern) aller acht Kategorien plus einem persönlichen Abendessen mit dem künstlerischen Leiter.

Die Clubangebote einer Bibliothek könnten folgendermaßen aussehen:

A-Club (35 Dollar)	Vierteljährlicher Newsletter, Einladung zu allen Veranstaltungen, Ermäßigungen auf Reproduktionen der Kunstsammlung
B-Club (50 Dollar)	alle Angebote von A-Club plus ein Poster oder Druck der Sonderauflagen
C-Club (100 Dollar)	alle Angebote von B-Club plus jährliche Mitgliederzeitung
D-Club (250 Dollar)	alle Angebote von C-Club plus namentliche Erwähnung im Jahresbericht
E-Club (500 Dollar)	alle Angebote von D-Club plus Ehrengast beim jährlichen Gala-Bankett
F-Club (1.000 Dollar)	alle Angebote von E-Club plus persönliche Erwähnung beim jährlichen Gala-Bankett (vgl. Flanagan, J. (2000), S. 111)

Angloamerikanische Universitäten, Krankenhäuser und andere Organisationen sind dazu übergegangen, exklusive Clubs in 10.000-, 100.000- oder 1.000.000-Dollar-Kategorien einzurichten. Die Gegenleistungen für solche Großspender sind lebenslange Mitgliedschaften mit entsprechenden Vorteilen, Dankplaketten an Gebäuden oder Namensgebungen von Räumlichkeiten.

Für Menschen, die sich bereit erklärt haben, einen Teil ihres Erbes der Organisation zu vermachen, gibt es so genannte „Legacy-Clubs" (= Erbschaftsclubs). Diese unterbreiten Senioren besondere Angebote wie gemeinsame Reisen zu Projekten, Empfänge mit honorigen Rednern etc.

3. Die Suche nach dem dicken Fisch – private Großspender finden und binden

Bei vielen Organisationen herrscht zum Thema Großspender das Prinzip Hoffnung. Man hofft, dass eines Tages ein spendabler Gönner seine Mildtätigkeit oder seine Begeisterung für die unermüdliche Arbeit der Organisation entdeckt. Je nach politischer Motivation findet sich gelegentlich auch trotziges Wunschdenken nach dem Motto: „Der hat doch so viel, der sollte eigentlich uns mal mit einer Summe beglücken. Das tut dem doch gar nicht weh und er merkt es doch kaum auf dem Konto." Spontane Morgengaben großer Summen stellen eindeutig die Ausnahme dar und die Regel besagt, dass Großspender gesucht, gepflegt und aufgebaut werden müssen.

3.1 Bestimmung der Spendenhöhe

Der erste Schritt, der in Richtung Großspender-Marketing getan werden sollte, ist sich darüber klar zu werden, welche Summe als „groß" angesehen wird. Diese Überlegung ist vor allem deshalb wichtig, um festlegen zu können, ab welcher Summe ein Spender besonderen Dank erfahren soll.

Für kleinere Organisationen können 200 Euro bereits eine überdurchschnittlich große Spende sein. Andere Einrichtungen betrachten erst Summen von 1.000 oder 10.000 Euro als echte Großspenden. Es gibt keine festen Regeln. Als Orientierungsrahmen können die durchschnittlichen Spendeneingänge oder das eigene Jahresbudget gelten.

3.2 Interne Voraussetzungen

Da es sich bei Großspendern oftmals um Menschen handelt, die ihr Geld im Wirtschaftsleben hart erarbeitet (oder von hart arbeitenden Eltern geerbt haben), kann ein gewisser Anspruch im Hinblick auf die Organisationsstruktur bestehen. Natürlich hat jeder Förderer einen Anspruch auf eine rechtschaffene Verwendung seiner Mittel. Im Falle einer Großspende steigt allerdings die Wahrscheinlichkeit, dass der Spender sehr genau darüber Auskunft haben möchte. So kann es durchaus sein, dass Großspender von einer Organisation folgendes erwarten:

(1) Eine fähige Geschäftsführung

(2) Sinnvolle und langfristige Planung

(3) Angemessene Anerkennung ihrer Unterstützung

(4) Überzeugende Argumente

(5) Kein moralischer Druck zur Spende

(6) Einladung, sich mit Rat, Tat und Geld einzubringen

Die Großspende entspringt keiner moralischen Verpflichtung, sondern erfolgt freiwillig. Daher haben Spender einen ungeschriebenen Anspruch darauf, dass sowohl der Mensch, als auch die Geldsumme gleichermaßen pfleglich und verantwortungsbewusst behandelt werden. Eine Organisation sollte sich im Vorfeld überlegen, ob sie bereit ist, sich darauf einzulassen. Sie muss sich ehrlich fragen, ob sie diese Beziehungspflege übernehmen kann und will. Wenn die persönlichen oder politischen Berührungsängste denjenigen gegenüber, die über viel Geld verfügen zu groß sind, sollte man sich ehrlicherweise anderen Fundraising-Instrumenten zuwenden. Der Ärger, den man sich intern einhandeln kann und der nach außen das Image zu schädigen vermag, sollte besser rechtzeitig vermieden werden.

Folgende Fragen sollten im Vorfeld beantwortet werden:

(1) Ist die Suche nach Großspendern und deren Pflege von allen Mitarbeitern und vom Vorstand gewollt?

(2) Sind sich alle darüber klar, dass die Suche und Pflege von Großspendern langfristig angelegt und aufwändig ist?

(3) Ist der Vorstand bereit, aktiv zu werden und eigene Kontakte einzubringen?

(4) Welche Gegenleistungen können detailliert zur Anerkennung angeboten werden? Können alle damit leben (z. B. Namensrechte zeitlich begrenzt oder ewig)?

3.3 Suche nach Großspendern (Strategien zum großen Geld)

Es gibt im Wesentlichen zwei Möglichkeiten, Großspender ausfindig zu machen:

(1) Innerhalb der vorhandenen Spendenadressen (Aufstieg in der Spendenpyramide)

(2) Aktive Suche nach finanzkräftigen externen Kandidaten („kalten" Adressen)

Erfahrungen zeigen, dass Großspenden meistens von Menschen kommen, die vorher bereits kleinere Summen gegeben haben.

> „Ich bin es gewohnt, meine Investitionen auf kleiner Basis zu starten und zu verstärken, wenn ich Erfolg sehe – mein erster Scheck für die Metropolitan Opera war über 1.500 Dollar, der letzte über 38 Millionen."
> (Alberto Vilar)
> Vgl. Der Tagesspiegel: „Der erste Scheck ist der schwerste" 8. Mai 2001, S. 25

Je nach Anzahl der Stammspender einer Organisation liegt der Prozentsatz möglicher Großspender bei etwa 5 bis 15 %. Die Kunst besteht darin, diese zu erkennen und zu pflegen. Der einfachste Weg ist sicherlich derjenige, *jeden* Spender so zuvorkommend zu behandeln wie mögliche Großspender. Ab einer gewissen Spendensumme bedarf es allerdings zusätzlicher Maßnahmen. Indizien für „versteckte" Großspender unter den „warmen Adressen" könnten sein:

(1) Eindeutige enge Beziehung zur Organisation (persönliche Betroffenheit, ehrenamtliches Engagement, aktuell oder in der Vergangenheit etc.)

(2) Regelmäßige kleinere Spenden über einen Zeitraum von mindestens drei Jahren

(3) Positive Resonanz auf Einladungen oder Bitten, sich für bestimmte Projekte zu engagieren (Kuchentheke, Veranstaltungsorganisation, Förderkreis etc.)

(4) Mittleres Alter (50plus oder Ruhestand)

> **Tipp:**
>
> Amerikanische Fundraiser verpflichten ihre Vorstandsmitglieder mit guten Kontakten dazu, die Spenderlisten nach Namen durchzusehen, von denen sie wissen, dass diese Personen wohlhabend sind (vgl. Flanagan, J. (2000), S. 154).

Der zweite Weg ist die gezielte Suche nach finanzkräftigen Geldgebern, zu denen noch kein Kontakt besteht. In Deutschland gehört die Höhe des Einkommens oder des Vermögens zu den bestgehüteten Geheimnissen. Folglich ist diese Vorgehensweise schwieriger. Dennoch gibt es einige Quellen, die bei der Recherche „kalter" Adressen weiterhelfen können:

(1) Telefon- und Branchenbüchern der besser verdienenden Berufsgruppen

(2) CD-ROMs der nobleren Wohngegenden

(3) Mitgliederverzeichnisse von Wirtschaftsvereinen, Berufsverbänden, Polo-, Golf- oder Tennisclubs, der Lions- oder Rotary-Clubs

(4) Zeitungslektüre im Hinblick auf engagierte Prominente oder Vorstandschefs

(5) Interne Informationen über Kontakte des Vorstands oder anderer Mitarbeiter

(6) Das „Who is Who" oder andere Unternehmerhandbücher

(7) Namen bekannter Unterstützer anderer Organisationen (oftmals wird verschiedenen Zwecken gespendet)

Es ist kein einfaches Unterfangen, die Klientel Großverdiener für die eigene Organisation zu gewinnen. Es müssen Namen gesammelt sowie der Kontakt hergestellt und aufgebaut werden. Vor allem gilt es, diejenigen zu finden, die Werte und Visionen der Organisation tei-

3. Die Suche nach dem dicken Fisch – private Großspender finden und binden

len oder sie davon zu überzeugen. Gerade bei großen Spendensummen spielt der persönliche Kontakt eine entscheidende Rolle. Auf die Frage, was der Hauptauslöser gewesen sei, zu spenden, ergaben die Antworten der Befragten folgendes Ranking (Independent Sector, Giving and Volunteering in the United States, 1996, übersetzt aus TFRS (2000), Sec. IV, S. 85):

(1) Man sei von einem Menschen gefragt worden, den man gut kenne.

(2) Man hat selbst als Freiwilliger in der Organisation mitgearbeitet oder hat Freunde, die ihr Zeit oder Geld spenden.

(3) Man wurde von einem Geistlichen angesprochen.

(4) Man hat in den Medien von der Sache erfahren.

(5) Man wurde auf der Arbeit gefragt.

(6) Man hat einen Spendenbrief erhalten.

(7) Man wurde angerufen.

(8) Man hat eine Spendenanzeige in der Zeitung gesehen.

(9) Man hat einen TV-Spot gesehen.

Der persönliche Kontakt spielt also die entscheidende Rolle bei der Spendenmotivation. Erst danach folgen klassische Marketing- und PR-Maßnahmen. Außerdem ist es hilfreich, sich immer wieder bewusst zu machen, dass Leute am ehesten bereit sind, für eine Sache zu geben, die sie persönlich wichtig finden. Dies umso eher, wenn sie von Menschen auf diese Sache angesprochen werden, die sie kennen und als vertrauenswürdig einschätzen. Ein wichtiges Fundraising-Prinzip erfährt im Zusammenhang mit Großspenden besondere Bedeutung: Menschen spenden an Menschen mit Anliegen (Frei übersetzt nach: „people give to people with causes.").

Für einen Fundraiser, der den Weg der Großspender-Kaltakquise gehen möchte, heißt es langfristig zu denken und den Kontakt in kleinen Schritten aufzubauen. So genannte Türöffner aus Wirtschaft, Politik und Gesellschaft können hierbei sehr hilfreich sein.

Da die Datenschutzbestimmungen in Deutschland sehr viel strenger sind als in den USA, wird an dieser Stelle nicht weiter auf „Großspender-Suchraster" eingegangen. In fast allen aktuellen amerikanischen Fundraising-Büchern finden sich in den Themenbereichen „big giver" oder „major donor" ausführliche „prospect research forms", die vom Namen der Katze bis hin zur Telefonnummer des Anwalts alle möglichen persönlichen Daten der Spenders erfassen.

3.4 Jetzt wird's persönlich – Ansprache von Großspendern

Die Ansprache von Großspendern kann nur in kleinen Schritten erfolgen. Es gehören Fingerspitzengefühl und vor allem Geduld dazu. In Kurzform empfiehlt sich folgendes Vorgehen, das sich über mehrere Jahre hinziehen kann:

(1) Finden Sie heraus, wer intern und extern als Großspender in Frage kommen kann.

(2) Bringen Sie in Erfahrung, wo die Interessensschwerpunkte liegen (Mögliche Recherchequellen: Engagement in der Vergangenheit, Interviews, persönliche Gespräche etc.).

(3) Nehmen Sie Kontakt auf, erlangen Sie Aufmerksamkeit und vermitteln Sie das Anliegen Ihrer Organisation (durch persönliche Vermittler, Anschreiben, Einladungen zu Veranstaltungen etc.).

(4) Stellen Sie verschiedene Facetten Ihrer Arbeit vor und weisen Sie auf Möglichkeiten hin, sich zu engagieren (kein Bauchladenprinzip, aber eine kleine Auswahl besonders interessanter Projekte, die zu den Interessen passen).

(5) Fragen Sie nach einer großen Spende und machen Sie Angebote im Hinblick auf die Zahlungsmodalitäten (z. B.: in Raten zwischen drei und zehn Jahren). Bieten Sie die Unterstützung durch einen Steuerberater an.

(6) Bieten Sie attraktive, passende Varianten der Anerkennung an.

(7) Pflegen Sie Ihre Unterstützer kontinuierlich durch besondere Formen des Dankes.

3. Die Suche nach dem dicken Fisch – private Großspender finden und binden

3.5 Gegenleistungen und Anerkennungen

Jeder Unterstützer hat Anspruch darauf, von einer Organisation Anerkennung für seine Spende zu bekommen. Dieser Anerkennung kommt im Bereich der Großspende eine besondere Bedeutung zu. Da die Motive und Bedürfnisse sehr unterschiedlich sein können, kommt es darauf an, sehr genau hinzuhören, worauf es den großzügigen Unterstützern ankommt und individuelle Angebote zu machen.

Wer aber kann diese Bedürfnisse erfragen? Ein guter Fundraiser, der über Takt, Menschenkenntnis und Ausbildung verfügt, kann natürlich derjenige sein, der Kontakte aufbaut und pflegt. Hierzulande wird sehr viel Potenzial verschenkt, weil der Vorstand mit seinen Kontakten nicht in die Großspenderbetreuung einbezogen wird. Wenn Freiwillige und Unterstützer nicht sehen, dass der Vorstand aktiv spendet und sich öffentlich einsetzt, werden sie nie das Gefühl bekommen, die Sache sei wirklich wichtig.

Für amerikanische Universitätspräsidenten ist es beispielsweise selbstverständlich, dass sie in Fundraising-Aktivitäten einbezogen werden. So erzielen private Abendessen in deren Wohnzimmern auf Universitätsauktionen hohe Preise. Ob es der ein oder andere als lästige Pflicht empfinden mag, steht nicht zur Diskussion. Es ist selbstverständlich, sich für Aktionen bereit zu erklären, die der Finanzierung der Universität dienen.

Für 25.000 Euro gibt es eine Einladung zum Dekan, für 50.000 Euro kocht der Präsident persönlich. Gleiches gilt für Dirigenten, Leitern von Museen oder andere prominente Vertreter von Einrichtungen, die ihr Budget mit Fundraising-Aktivitäten aufstocken müssen.

Mögliche Formen der Anerkennung:

- Handschriftliche Danksagungen und Glückwünsche (zum Geburtstag, zu Weihnachten etc.)
- persönliche Anrufe und Besuche mit kleinen Geschenken
- Essenseinladungen
- Einladungen zu Galaveranstaltungen, Premieren, Tagen der offenen Tür etc.

- Einladungen zu exklusiven Großspendertreffen mit Vorstand oder prominenten Unterstützern
- Angebot, Ehrenvorstand oder -beirat zu werden
- Angebot, sich in einer Fokusgruppe oder in anderen Komitees zu engagieren
- Angebote, sich mit Namen zu verewigen (von Parkbänken bis zu Gebäudekomplexen, von Gravuren und Tafeln bis hin zu Abendveranstaltungen)

Interview mit Melanie Stöhr – Geschäftsführerin der Umweltstiftung Greenpeace. Sie baute den Bereich des Großspenden- und Erbschafts-Fundraising bei Greenpeace auf und war bis 2012 dafür verantwortlich.

Frage: Jede Organisation träumt vermutlich davon, möglichst viele lukrative Großspender/innen gewinnen zu können? Welche Voraussetzungen müssen intern vorhanden sein oder geschaffen werden, um erfolgreich an den Start zu gehen?

Melanie Stöhr: Zunächst ist es wichtig, Akzeptanz für das Programm unter den Mitarbeitern zu schaffen, also keine Top Down Entscheidung über die Köpfe der Belegschaft hinweg. Großspender besonders zu behandeln, kann ja durchaus gegen ein Gleichheitsprinzip oder eine politische Grundauffassung einer Organisation verstoßen. Wir haben bei Greenpeace kontroverse Debatten darüber geführt. Einer der Käpt'ns auf den Greenpeaceschiffen war zum Beispiel der Meinung, alle Spender seien gleich. Jemandem, der eine kleine Spende gibt, fällt diese Spende vielleicht viel schwerer als jemandem, der besser gestellt ist und 1000 Euro gibt. Das ist vom Grundsatz her auch richtig. Dennoch müssen wir als Fundraiser gucken, mit welchem eingesetzten Aufwand wir ein Ergebnis erzielen. Wenn ich durch eine persönliche und freundliche Überzeugung bei einem Menschen ein Maximum an Spende erreichen kann, dann stehen einfach mehr Mittel für die Projektarbeit zur Verfügung und der Aufwand ist gerechtfertigt. Die Einteilung in Spender-Gruppen ist bei den NGO sehr unterschiedlich. Bei uns fangen Großspender relativ früh an. Die Gruppe zwischen 500 und 999 Euro sind unserer „high donor", ab 1000 bis 9.999 Euro sind es „major donor" – das sind deutlich weniger – und ab 10.000 Euro kommen dann die „top donor", das sind bei uns noch eine Handvoll Menschen. Es gibt andere Organisationen, die haben mehr große Spender.

In den USA wird z. B. unter einem Großspender ein richtig potenter 100.000 Dollar-Spender verstanden, der im Rahmen einer Capital Campaign etwas für

3. Die Suche nach dem dicken Fisch – private Großspender finden und binden

seine alte Universität gibt. Das ist in Deutschland noch sehr selten. Die Großspender bei Greenpeace sind sehr normale, sehr sympathische und bodenständige Menschen, so dass es nicht wirklich einen Riesenunterschied zu einem normalen Spender gibt.

Nach dieser Grundsatzentscheidung muss jede Organisation für sich herausfinden, wer zu ihnen passt und wer die Großspender sind. Diese Analyse kann man mit Hilfe der Datenbank durchführen. Voraussetzung sind klar definierte Kriterien, wer überhaupt ein Großspender ist. Es kann durchaus sein, dass nicht nur die Höhe der Zuwendung ausschlaggebend ist, sondern die Tatsache, dass jemand seit 20 Jahren treuer Spender ist und in der Gesamtsumme vielleicht schon 10.000 Euro gegeben hat. Wir haben auch Leute, die monatlich zwar „nur" 100 Euro geben, aber am Jahresende sind das dann schon 1.200 Euro. Das wäre dann nach unserem Verständnis bereits ein Großspender.

Eine gut gepflegte Database ist beim Spendenwerben grundsätzlich das Allerwichtigste, sonst brauchen sie mit dem Fundraising gar nicht erst anzufangen. Gerade bei der Großspenderbetreuung ist ein flexibles Programm zur Datenverarbeitung sehr wichtig. Sie wollen hier ja auch individuelle Daten speichern und sichern, die nicht jedem zugänglich sein dürfen. Besprechen Sie, was gespeichert werden darf, mit Ihrem Datenschutzbeauftragten. Die Investition in eine professionelle Software spart viel Arbeitszeit. Außerdem braucht man eine Zahlungshistorie, um zu wissen, wer wann was gegeben hat. So kann man das Spendenverhalten über die Jahre hinweg beobachten; nicht nur im Buchungsjahr. Auch ist es wichtig zu wissen, was ich an Infomaterial verschickt habe oder wann derjenige Geburtstag hat. Notieren Sie zum Beispiel stichpunktartig, wie ein Telefonat oder ein Besuch verlaufen ist. Wenn Ihnen beispielsweise erzählt wurde, dass der Hund krank ist, können Sie sich beim nächsten Telefonat nach dem Befinden des Tieres erkundigen. Wir können das natürlich nicht mit allen 580.000 Greenpeace Spendern und Förderern machen, aber schon für die 3.000–5.000 Leute im oberen Segment.

Darüber hinaus gibt es personelle Voraussetzungen. Man muss sich darüber im Klaren sein, was man mit den Spendern machen möchte. Daraus resultiert der Zeitaufwand. Großspender-Fundraising ist vor allem man- und womanpoweraufwändig. Das nimmt sehr viel Arbeitszeit in Anspruch. Es sind nicht die Produktionskosten, wie z. B. große Mailingstraßen, sondern es geht um die Zeit, die man für den einzelnen Kontakt aufbringt. Zurzeit besteht das Team, das bei Greenpeace für die Bereiche Großspenden, Testaments- und Erbschaftsangelegenheiten, Anlassspenden und die Stiftung zuständig ist aus drei Fundraiserinnen, eine Stiftungsreferentin und drei Assistentinnen Mit mehr Mitarbeitern kann man natürlich stärker nach draußen gehen, recherchieren und gezielt Leute ansprechen, von denen man recherchiert hat, dass sie eine Affinität zu unserem

10. KAPITEL — Siebter Schritt: Erfolgreich bleiben durch Bindungsstrategien

inhaltlichen Thema haben. Das macht Greenpeace selten, weil wir nicht die Zeitkapazitäten haben und noch lange nach „verborgenen Schätzen" in unserer eigenen Fördererbasis Ausschau halten werden.

Frage: Wenn jemand mit einer größeren ersten Spende auf Sie zukommt, was tun Sie danach zur Pflege dieser Person? Gibt es bestimmte standardisierte Vorgehensweisen?

Melanie Stöhr: Wenn ich Spontanspenden, also hohe Einzelspenden, im Kontoauszug sehe, greife ich als erstes zum Telefon. In dem Moment bin ich so motiviert, dass ich die Freude über die Spende authentisch vermitteln kann. Selbstverständlich folgt dann ein Dankschreiben. Bei uns ist das so organisiert, dass wir personalisiertes Briefpapier haben mit Namen, Telefonnummer und Emailadresse der Kollegin, damit sich der Spender individuell angesprochen fühlt. Bei kleineren Organisationen kann es Sinn machen, wenn die Repräsentantin oder der Geschäftsführer dafür zuständig ist. Wichtig ist nur, dass man eine verantwortliche Person dafür findet. Selbstverständlich fragt man, wenn man anruft: Haben Sie ein bestimmtes Interessensgebiet, womit kann ich Ihnen denn eine Freude machen? Bei großen Spenden bedanken wir uns z. B. mit einem aktuellen Greenpeacebuch oder einer Hör-CD mit einer Widmung. Das Dankeschön soll in jedem Fall einen Greenpeace-Bezug haben. Interessant ist auch zu wissen, wie es zu der Spende kam; was die Motivation war Am Jahresende bedanken wir uns bei den Großspendern mit einer Weihnachtskarte. Darüber hinaus werden Großspender ein- bis zweimal im Jahr mit einem Extramailing um Unterstützung gebeten. Trotzdem sind sie im normalen Programm und bekommen viermal im Jahr sowohl die Greenpeace-Nachrichten, um über laufende Kampagnen informiert zu sein, als auch unsere normalen Hauslistenmailings. Diese sind bei Greenpeace nie sehr aufwändig. Dennoch passt es zu unserer Klientel. Das haben wir getestet. Unsere Spender sind eher die Menschen, die sich informieren wollen. Zum Beispiel Ältere, von 40 aufwärts, die viel lesen. Potenzielle Spendergruppe aus der Datenbank zu identifizieren, ist allerdings sehr schwierig zumal wir in Deutschland sehr strenge Datenschutzgesetze haben. In den USA können sie beispielsweise die Einkommenssteuererklärung einsehen und wissen dann, was Herr Obama verdient. Das geht in Deutschland nicht, was ich auch richtig finde. Wir haben eine andere Kultur und man spricht nicht gern über sein Einkommen, insofern ist es auch schwieriger, jemanden einer Gruppe zuzuordnen. Das lässt sich eher im persönlichen Gespräch herausfinden. Sie können auch jemanden ansprechen, ob er nicht Stifter in der Greenpeace-Stiftung werden möchte, weil er als Zustifter steuerlich mehr geltend machen kann. Ansonsten sollte man beobachten, ob sich das Spendenverhalten verändert. Sollte es sinken, muss man nachhaken und klären, woran das liegt. Ich würde vielleicht nicht direkt fragen, sondern gucken, ob ich ein Projektange-

3. Die Suche nach dem dicken Fisch – private Großspender finden und binden

bot machen kann. Ich würde fragen: „Herr Meier, wir haben hier ein wichtiges Projekt, bei dem habe ich an Sie gedacht, wäre das nicht etwas für Sie? Hätten Sie nicht Lust dieses Projekt mit 1000 Euro zu unterstützen? Wir brauchen noch weitere zehn Leute. Zusammen können wir es schaffen, die benötigten Mittel aufzubringen!" Man versucht also, demjenigen ein individuelles zweckgebundenes Projekt anzubieten.

Auch wenn jemand die Spenden einstellt, ist es ganz wichtig, sofort nachzuhaken. Im Allgemeinen bekommen Sie recht ehrliche Antworten. Wenn es inhaltliche Dinge sind, bei denen man nicht mehr zusammen kommt, bedankt man sich für die geleistete Unterstützung. Derjenige wird nicht schlecht über Greenpeace reden. Es gibt eine Formel, die besagt in etwa, dass jemand der zufrieden ist, mit fünf Freunden über sie redet und jemand, der unzufrieden ist, vor 15 Leuten negativ schimpft und sehr viel größeren Schaden anrichtet. Von daher ist es wichtig, aktives Beschwerdemanagement zu betreiben. Wenn beispielsweise etwas schief läuft, sollte man sich entschuldigen oder ein kleines „Sorry-tut-uns-leid-Geschenk" schicken. Wenn es nicht Ihre Schuld war, kann man es auch freundlich sagen. Bleiben Sie sich selbst treu. Die Hauptbotschaft ist bei allem immer wieder der persönliche aktive Kontakt. Das ist Relationship-Fundraising im besten Sinne! Beziehungs-Fundraising bedeutet individuell auf die Leute zuzugehen. Diese persönlichen Kontakte können kürzer oder länger sein, wichtig ist nur, dass die Großspendenbetreuerin eine Person ist, die nicht ständig wechselt. Und ganz generell gilt: Für eine Tasse Kaffee sollte man immer Zeit haben, auch wenn es ein kleinerer Spender ist. Man darf die Leute nie unterschätzen! Behalten sie immer im Hinterkopf, dass der Bettler auch ein Millionär sein könnte. Viele fangen erst mal mit einer kleinen Spende an, um zu testen wie die Organisationen reagieren. Das heißt, man muss sich von der Unterteilung in arme oder reiche, wichtige oder unwichtige Spender lösen und alle gut und zuvorkommend behandeln.

Frage: Wie aktiv gehen Sie auf Großspender zu, um Informationen zu sammeln, beispielsweise nach persönlichen Bedürfnissen oder wie oft jemand ein Mailing haben möchte?

Melanie Stöhr: Wir arbeiten immer mal wieder mit einem Fragebogen für unsere Förderer. Es ist ein seriöses und schönes Mittel. Hierbei haben wir allerdings keinen speziellen Fokus auf Großspender. Man sollten Fragen um mehr über die Bedürfnisse der Spender zu erfahren Welche Angaben erfasst werden ist eine politische Entscheidung. Wir notieren beispielsweise bei unseren Spendern nicht das genaue Geburtsdatum, sondern erfassen nur Jahrgänge, um gewisse Altersgruppen feststellen zu können. Wenn ich in persönlichen Gesprächen den Geburtstag mitbekomme, dann gratuliere ich selbstverständlich. Viele andere Organisationen speichern das genaue Datum, um regelmäßig gratulieren zu können.

10. KAPITEL Siebter Schritt: Erfolgreich bleiben durch Bindungsstrategien

Das muss man ausprobieren, wie es ankommt. Wichtig ist, auf Kritik reagieren zu können. Das heißt, wenn jemand keine Karten oder Geschenke möchte, dann müssen sie das in ihrem System vermerken können, sonst wird es peinlich.

Frage: Wo und wie findet man Großspender/innen? Lesen Sie die Gala oder sind Sie im Lions Club und suchen Sie gezielt oder warten Sie ab, ob jemand kommt?

Melanie Stöhr: Wir machen keine Kaltakquise. Ich analysiere natürlich unsere Datenbank und manchmal ergeben sich persönliche Kontakte auf unsere Veranstaltungen. Unser Hauptevent ist der Besuch auf einem der Greenpeaceschiffe im Rahmen unseres Tages der offenen Tür. Das nutze ich natürlich, um größere oder besonders treue Spender einzuladen. Diese bekommen z. B. eine Führung mit dem Käpten, es wird von der letzten Kampagne berichtet; im Allgemeinen sind Greenpeace-Events eher urig, nach dem Motto „Greenpeace zu Anfassen". Es sind nicht die Spendengalas, wie man sie im Fernsehen sieht, sondern es sind die abenteuerlichen, bodenständigen und ökologischen Kontakte und Eindrücke. Dann wird durch den Maschinenraum marschiert und der Käpt'n erzählt aktuelle Stories. Dabei wird auch erwähnt, was es beispielsweise allein von den laufenden Kosten her bedeutet, ein Schiff einen Tag lang auf Tour zu bringen. Oder er erzählt, dass wir dringend eine neue Maschine brauchen, die z. B. zwei Millionen kostet oder was es kostet, die Crew für einen Monat zu unterhalten. Das ist wichtig, damit die Leute ein Gefühl dafür bekommen, wofür ihre Spendengelder verwendet werden. Ich nehme auch gerne Leute mit ins Aktionslager, um ihnen zu zeigen, wie wir organisiert sind und wie mit Material umgegangen wird. Wir kaufen relativ viel für unsere Aktionen, aber alle Sachen sind 1A und top in Ordnung. Wir wollen den Leuten zeigen, dass wir ihre Spende ehren und sorgfältig damit umgehen. So können sich die Leute vor Ort einen Eindruck verschaffen, wie sinnvoll ihr Spendengeld eingesetzt wird.

Wir betreiben zwar keine externe Großspenderrecherche, aber wir machen Upgradings mit den eigenen Spendern. Jemand, der vielleicht erst 500–1.000 Euro gegeben hat, kommt auf so eine Veranstaltung und ist ganz begeistert. Also versuchen wir beim nächsten Mailing eine größere Spende zu erhalten und ich kann prüfe, ob ich den Menschen emotional erreicht habe. Darüber hinaus haben wir für Großspender eigene Mailings mit eigenen Spendenvorschlägen. Die Entscheidung hängt vom durchschnittlichen Spendenverhalten im Jahr ab. Wenn beispielsweise jemand durchschnittlich 500 Euro gibt, kann man denjenigen auch mal behutsam nach 700 Euro fragen. Das muss man ausprobieren. Es ist generell sehr wichtig, Tests zu machen, weil man dadurch viel Geld sparen kann. Man braucht eigentlich in seinem Fundraising-Budget immer so um die 5 % „Spielgeld", mit dem man etwas ausprobieren kann. Das können neue Fundraising-Instrumente sein, ob z. B. eine bestimmte Anzeigenart funktioniert oder

3. Die Suche nach dem dicken Fisch – private Großspender finden und binden

auf welches Package-Format die Großspender ansprechen. Ist es DIN-A5, ein eher wertiger Auftritt oder doch der kleine DIN-lang Umschlag? Die Tests setzen allerdings eine bestimmte Größe der Datenbasis voraus. Eine kleine Organisation, die nur 700 Spender hat, kann nicht sagen, wir haben das an 1.000 Leuten getestet. Da muss der Fundraiser ein gutes Bauchgefühl mitbringen. Dennoch will ich Mut machen, bestimmte Dinge auszuprobieren.

Frage: Braucht man unbedingt eine feste Person, die für die Großspender/innen verantwortlich ist?

Melanie Stöhr: Unbedingt. Man geht eine Art Partnerschaft ein und hat ein gemeinsames Ziel. Jeder Großspender-Fundraiser sollte immer den gleichen Pool an Menschen betreuen, um im persönlichen Dialog bleiben zu können.

Frage: Sie haben gesagt, sie fragen nach, wenn eine große Spende eingeht. Was ist denn die Hauptmotivation für eine Großspende?

Melanie Stöhr: Es gibt die große Gruppe der etwas besserverdienenden Menschen, für die eine 1.000 Euro Spende im Verhältnis in etwa dem entspricht, als wenn jemand anderes 50 oder 100 Euro gibt. Die Motivation ist oft die gleiche, weil die Greenpeace gut und glaubhaft finden. Es gibt aber auch besonders schöne Geschichten. Ich kenne eine Familie, die gemeinsam entscheidet wer unterstützt werden soll. Wenn der Familie etwas Gutes passiert, sei es, dass sie im Lotto gewonnen, etwas geerbt oder in irgendeiner anderen finanziellen Form Glück gehabt hat, dann wird im Familienrat gesagt, wir wollen die Gemeinschaft daran teilhaben lassen. "Wir geben einen Teil des Budgets für einen guten Zweck". Ich finde das großartig, weil es so eine philanthropische Grundeinstellung ist. Auch Testamentsspenden sind hoch motiviert. Das ist eine Chance, die man vielleicht nur einmal im Leben hat. Es gibt Menschen, deren Angehörige über den Pflichtteil bereits gut versorgt sind und die es befriedigt, Greenpeace mit einer Summe auszustatten, die wirklich einen Unterschied macht!

Frage: Welche Pflichten und Aufgaben kommen auf eine Großspendenbetreuerin zu? Muss man eine bestimmte Persönlichkeitsstruktur haben?

Melanie Stöhr: Es muss jemand sein, mit großer Menschenliebe und der gut zuhören kann. Es sollte jemand sein, der sich bemüht, Dinge möglich zu machen und eine Verbindung zu den Zielen und Werten der Organisation herzustellen. Repräsentant der eigenen NGO zu sein ist eine große Verantwortung. Man muss Freude dran haben und darf es nicht als lästig empfinden. Bei der Besetzung der Position sollte man auch ganz genau hingucken und ehrlich sein. Es ist eben nicht automatisch der Geschäftsführer, der der beste Fundraiser ist.

Frage: Wenn Sie Greenpeace mal verlassen sollten, was passiert mit Ihren persönlichen Kontakten und Daten? Zum einen, welche Daten werden überhaupt gesammelt und zum zweiten, darf man die mitnehmen zu einer neuen Organisation?

> **Melanie Stöhr:** Wichtig ist es mit dem Datenschutzbeauftragte im Haus, genau durch zusprechen, welche Daten gesammelt werden dürfen. Das war für mich sehr hilfreich, zu erfahren, wo die rechtliche Grenze ist und welche personenbezogenen Daten ich überhaupt sammeln darf. Testamente und Akten werden selbstverständlich weggeschlossen, andere Daten sind codiert und nur für Leute einsehbar, die autorisiert sind, also nicht für das ganze Haus. Sehr persönliche Informationen über Krankheiten, die mir am Telefon erzählt wurden, schreibe ich nicht auf. Man muss ein Gefühl dafür bekommen, was man weglässt und was nicht.
>
> Wertvoll ist es, wenn man einen Beziehungsverlauf relativ lückenlos wiedergeben kann, wann telefoniert wurde und welche Inhalte in etwa besprochen wurden. Man kann das aber meist auf einige Fakten reduzieren. Mein Kriterium ist zu sagen, welche Informationen brauche ich, um erfolgreich für die Organisation mit diesem Förderer zusammenzuarbeiten. Dann ist es leichter zu unterscheiden, was ich aufschreibe und was nicht. Persönliche Daten darf man natürlich bei einem Jobwechsel nicht mitnehmen oder gar Förderer abwerben. Wichtig ist – und das ist eine Frage des Stils – dass man eine ordentliche Übergabe macht, selbst, wenn man im Ärger geht. Man verabschiedet sich und informiert den Großspender, wer die Nachfolge antritt.

4. Fundraising für Fortgeschrittene – die Capital Campaign

Eine sehr spezielle und anspruchsvolle Fundraising-Variante ist die so genannte Capital Campaign (= Kapitalkampagne oder auch Großspendenkampagne). Diese Form wird bislang vorwiegend im angloamerikanischen Raum erfolgreich umgesetzt. Es spricht allerdings nichts dagegen, weshalb sie mit wachsender Professionalisierung im Fundraising und einem fortschreitenden Bewusstseinswandel in Hinblick auf bürgerschaftliches Engagement nicht auch im deutschsprachigen Raum erfolgreich sein sollte.

Die typischen inhaltlichen Ziele einer Capital Campaign sind:

- Errichtung neuer Gebäude oder Gebäudeteile (z. B.: Umbau des Auditorium Maximum der Universität, Neubau eines Krankenhaustrakts, Bibliotheksanbau etc.)

- Kapitalbildung als Finanzierungsgrundstock (dies stellt eine Sonderform der Fondsgemeinschaft auf hohem Niveau dar)
- Gezielte Projektkampagnen zur Finanzierung neuer Angebote oder der Ausweitung bestehender Programme
- Kombinierte Formen. Diese werden von vielen amerikanischen Universitäten bevorzugt. Es wird in einem Kampagnenplan sowohl für Neubauten, Projekte und Ausstattung geworben.

Die Hauptkennzeichen der meisten Capital Campaigns sind:

- ein hohes finanzielles Ziel, das ehrgeizig, realistisch und klar festgelegt ist (z. B. fünfzehn Millionen Euro)
- ein klar definiertes Projekt (z. B. Errichtung eines Neubaus)
- ein abgesteckter Zeitraum (z. B. bis zum Jahr 2020) (Der Zeitraum sollte nicht länger als sieben Jahre betragen. Vgl. TFRS (2000), Sec. IV, S. 4.)
- eine intensive Vorbereitungsphase, die das interne und externe Umfeld genauestens sondiert und die Machbarkeit der Kampagne überprüft („Feasibility-Study")
- Leitspenden („lead gifts"), die mehr als die Hälfte des Kampagnenziels ausmachen und ausschließlich persönlich verhandelt werden, hier zählt Qualität vor Quantität
- Spendenversprechen, die aus dem Vermögen der Spender kommen und über mehrere Jahre abgegeben werden (vgl. Mutz/ Murray (2000), S. 280)

4.1 Langer Atem – die Vorbereitungsphase

Ein zentraler Erfolgsfaktor einer Großspendenkampagne ist die gründliche Vorbereitungsphase. Hierbei geht es vor allem darum zu überprüfen, inwieweit eine Organisation die internen und externen Voraussetzungen erfüllt. Auch wenn sich viele Einrichtungen eine bessere Finanzdecke oder neue Gebäude wünschen, wäre es fatal eine riesige Kampagne zu starten ohne wirklich reif dafür zu sein. Folglich wird von erfahrenen Kampagnenprofis allen Organisationen, die eine Großkampagne starten wollen, dringend empfohlen, vorab eine Machbarkeitsstudie durchzuführen.

Machbarkeitsstudie: Diese Untersuchung befasst sich vor allem damit, die internen und externen Voraussetzungen zu überprüfen. Sie soll der Organisation helfen, realistisch einzuschätzen, ob sie in der Lage ist, die Kampagne abzuwickeln und ob genügend potenzielle Geldgeber vorhanden sind, um die hohe Zielsumme erreichen zu können.

Es wird empfohlen vor allem die internen Analysen von unabhängigen Personen durchführen zu lassen. Nur neutralen Fragestellern wird es gelingen, in den notwendigen Interviews ehrliche Antworten zu erhalten, die eine realistische, ungeschönte Einschätzung zulassen.

Interne Faktoren sind unter anderem:

- Realistischer Bedarf und nachvollziehbares Projekt
- Langfristige und stichhaltige, strategische Planung
- Optimale Management- und Teamstrukturen (Vorstand involviert, Team motiviert, Führungskräfte kompetent etc.)
- Funktionsfähige und eingespielte Fundraising-Strukturen (Öffentlichkeitsarbeit, Spenderpool, Datenbanken etc.)

Zu den externen Untersuchungsgegenständen gehören unter anderem:

- das Image der Organisation in der Öffentlichkeit
- das Kampagnenziel (für potenzielle Geldgeber verständlich und akzeptabel)
- die Stimmungslage bei wichtigen Meinungsbildnern im Umfeld der Organisation

Erst wenn die Machbarkeitsstudie ein positives Ergebnis gebracht hat, sollte ernsthaft an den Start gegangen werden. Andernfalls ist es besser, an den kritischen Punkten zu arbeiten und den Start der Kampagne zu verschieben.

4.2 Langfristige Sammelleidenschaft – die Durchführung

Eine Großspendenkampagne lässt sich in sieben Einzelschritte untergliedern (vgl. Mutz/Murray (2000), S. 283 und TFRS (2000), Sec. IV, S. 112). Fünf dieser vorbereitenden Planungsabschnitte finden unter Ausschluss der Öffentlichkeit statt. Erst wenn die wichtigsten Hürden genommen sind und ein Großteil der Gelder bereits eingeworben ist, ist es sinnvoll die Kampagne nach draußen zu tragen.

> **Schritt Eins: Planung** (zwei bis drei Jahre vor dem offiziellen Start)
> Neben den oben genannten internen Strukturen müssen spezielle Vorbereitungen für die Kampagne getroffen werden. Hierzu gehören:
> - die Gründung eines Kampagnenbeirats, dem Vertreter der Wirtschaft, des Vorstands und andere Honoratioren angehören
> - die Bildung einer internen Arbeitsgruppe, die Recherchen durchführt, einzelne Kampagnenschritte vorbereitet sowie Zeitplan und Durchführung überwacht
> - Wahl eines Kampagnenvorsitzenden, der über Ansehen, Motivationsfähigkeit und gute Kontakte verfügt
>
> **Schritt Zwei: Marktforschung und Machbarkeit** (ein bis zwei Jahre vor dem offiziellen Start)
> - Marktforschung betreiben und Potenzial einschätzen
> - Kampagnenziel auf Realisierbarkeit überprüfen
> - Potenzielle Geldgeber anrecherchieren
> - Abschluss der Machbarkeitsstudie
>
> **Schritt Drei: Strategieentwicklung** (ein bis zwei Jahre vor dem offiziellen Start)
> - Recherchen konkretisieren und notwendige Maßnahmen der Datenerfassung durchführen
> - Detaillierte Strategie inkl. Öffentlichkeitsarbeit entwickeln
> - Mitarbeiter vorbereiten, Positionen besetzen und ggf. zusätzliche Helfer einarbeiten
>
> **Schritt Vier: Maßnahmen konkretisieren** (sechs Monate bis ein Jahr vor den Start)
> - Erstellen von unterstützendem Material (Broschüren, Homepage etc.)
> - Spendenpakete (zur Auswahl) und Gegenleistungen (Anerkennung) formulieren, Zahlungsmodalitäten überprüfen
> - Mitarbeiter schulen

Schritt Fünf: Verhandeln der Leitspenden (je nach Vorarbeiten, im jedem Fall vor Veröffentlichung der Kampagne)
- persönliche Verhandlungen mit potenziellen Gebern wie privaten Topspendern, Unternehmen oder Stiftungen

Schritt Sechs: Start der Öffentlichkeitsarbeit: Die Öffentlichkeitsarbeit für die Kampagne sollte erst starten, wenn etwa 50 % der Spenden verbindlich zugesagt sind.
- Öffentlichkeits- und Medienarbeit starten (z. B. mit aktuellem Spendenbarometer)
- Akquirieren der breiten Masse kleinerer und mittlerer Spenden

Schritt Sieben: Evaluation
- Abwicklung der kleineren Spenden
- Eröffnungsfeierlichkeiten
- Auswertung der Kampagne

Tipps:

- Überlegen Sie sich attraktive Gegenleistungen für Ihre Unterstützer. Vergeben Sie attraktive Plaketten oder Namensrechte an Gebäudeteilen.
- Starten Sie die Kampagne rechtzeitig bevor der Bau oder das Projekt beginnt. Wenn das Gebäude erst einmal steht, ist es schwierig, Spender von der Notwendigkeit des Gebens zu überzeugen.
- Planen Sie vor allem bei Bauvorhaben einen fünf- bis zehnprozentigen finanziellen Puffer ein.

Leitspenden und Spendenrangliste: Da es bei einer Großspenden-Kampagne um ein konkretes Projektvorhaben geht, das große Summen benötigt und von der Öffentlichkeit wahrgenommen wird, ist die Erstellung einer realistischen Spendenrangtabelle, der so genannten „Gift Range Chart" (vgl. Abb. 36) essenziell wichtig. Im Unterschied zu normalen jährlichen Spendenkampagnen kommt der so genannten Leit- oder Initialspende eine besondere Bedeutung zu. Sie sollte etwa 15 % der benötigten Summe ausmachen. Die nächsten beiden Spenden sollten ebenfalls bei etwa 15 % liegen (s. Berechnung).

Jahresplanung		Capital Campain	
Zahl der Spender	Höhe der Spendensummen	Zahl der Spender	Höhe der Spendensummen
Top 1–2	10 %	Top 1	15 %
Top 3–6	10 %	Top 2–6	20 %
Top 7–12	20 %	Top 7–12	20 %
	40 %		55 %

Insgesamt veranschlagen Experten für eine erfolgreiche Kampagne, dass mit Spende eins bis zwölf je nach Volumen mindestens 50, noch besser 60 % der Gesamtsumme erreicht sein sollten (s. Abb. 36). Die Fundraising School geht bei dieser Kampagne von einem durchschnittlichen Spendenversprechen über fünf Jahre aus. Die Relationen in der Kategorie „Anzahl der Spender" drücken jeweils die Quote von Ansprechpartnern und Zusage aus. Da es genauer Vorrecherchen bedarf und in einer Großkampagne versucht wird, möglichst wenig dem Zufall zu überlassen, beträgt die Relation der Topspender nur 3:1. Das bedeutet also, dass es notwendig ist, in der entsprechenden Spendenkategorie drei Menschen anzusprechen, um eine Zusage zu erhalten. Dies setzt – wie gesagt – entsprechende Vorrecherchen und zumeist jahrelange Aufbauarbeit voraus.

Zielgruppen – Potenzielle Geldgeber

(1) **Die „besten" der bestehenden Stammspender:** Da Großspendenkampagnen etwas besonderes sind und nicht alle Jahre vorkommen, sind die Stammspender, die regelmäßig große Summen geben, auch diejenigen, bei denen eine außergewöhnlicher Betrag angefragt werden kann. Es kann sinnvoll sein, rechtzeitig vor Kampagnenbeginn das Erbschaftsmarketing zu intensivieren.

(2) **Reiche Privatpersonen und Prominente:** Kampagnenprofis versuchen rechtzeitig, mit Hilfe von Türöffnern oder Vermittlern, Kontakt zu wohlhabenden Menschen aufzunehmen. Gelingt es, diese von der Sache zu begeistern, kommen sie sowohl als Spender als auch als öffentlichkeitswirksame Vertrauensleute (= Testimonials) in Frage.

10. KAPITEL　Siebter Schritt: Erfolgreich bleiben durch Bindungsstrategien

Anzahl der Spenden	Höhe der Spenden in Euro	Potenzielle Spender (Relation)	Anzahl der Spender (kumuliert)	Gesamtsumme pro Spendenkategorie in Euro	Spendensumme (kumuliert in Euro)	Prozentsatz
1	500.000	3 (3:1)	3	500.000	500.000	16,7 %
1	300.000	3 (3:1)	6	300.000	800.000	26,7 %
2	150.000	6 (3:1)	12	300.000	1.100.000	36,7 %
3	100.000	9 (3:1)	21	300.000	1.400.000	46,7 %
6	50.000	18 (3:1)	39	300.000	1.700.000	56,7 %
ca. 10 Spender				ca. 55 % des Spendenziels		
12	25.000	48 (4:1)	87	300.000	2.000.000	66,7 %
20	15.000	80 (4:1)	167	300.000	2.300.000	76,7 %
ca. 40 Spender				ca. 20–28 % des Spendenziels		
35	10.000	140 (4:1)	307	350.000	2.650.000	88,3 %
70	2.500	350 (5:1)	657	175.000	2.825.000	94,1 %
ca. 100 Spender				ca. 15–18 % des Spendenziels		
viele	unter 2.500	viele	viele	unter 10 % des Spendenziel	300.000	100 %

Kampagnenziel – Ziel: 3 Millionen Euro

Abb. 36: Gift Range Chart: Capital Campaign (Quelle: In Anlehnung an TFRS (2000) Sec. IV, S. 111)

(3) **Der eigene Vorstand:** Wie anfangs erwähnt, ist es in den USA unabdingbar, dass der hochkarätig besetzte Vorstand selbst angemessene Summen gibt.

(4) **Stiftungen, Firmen und öffentliche Fördergelder:** Auch Stiftungen, Firmen oder staatliche Stellen kommen als Zielmärkte in Betracht und sollten rechtzeitig kontaktiert werden.

Fehler und Fallstricke: Bei einer Großspenderkampagne sind viele Fehler und Fallstricke möglich. Geht eine Organisation an die Öffentlichkeit, bevor der Löwenanteil gesammelt ist, kann ihr die Luft ausgehen. Wenn die internen Strukturen noch nicht optimiert sind oder es Widerstände im Team gibt, kann es ebenfalls zu erheblichen Problemen kommen. Auch eine Einrichtung, die mehrere Kampagnen parallel laufen hat, kann sich und die Öffentlichkeit überfordern.

5. Die Königsdisziplin – Erbschaften

> Der Schlüssel zum Erfolg sind nicht Informationen.
> Das sind Menschen.
> *(Lee Iacocca)*

Eines der Themen, das Fundraiser momentan besonders beschäftigt, ist das aktuelle Erben-Potenzial. „Legate" stehen unangefochten an der Spitze der Fundraising-Instrumente, die in den nächsten Jahren an Bedeutung gewinnen werden. Das Vermögen der privaten Haushalte in Deutschland belief sich 2011 auf rund 9,4 Billionen Euro. Hiervon werden laut einer Studie im Auftrag des Deutschen Instituts für Altersvorsorge (DIA) bis zum Jahr 2020 in voraussichtlich 5,7 Mio. Erbfällen insgesamt 2,6 Billionen Euro vererbt werden (vgl. www.dia-vorsorge.de). Hierbei stieg das durchschnittliche Erbvolumen ständig an. Lag es im Jahr 1985 noch bei umgerechnet rund 42.000 Euro, waren es im Jahr 2002 bereits 235.000 Euro und 2011 rund 300.000 Euro. Der Anteil der Erbschaften von 100.000 Euro und mehr wird laut einer Studie der Postbank in Zusammenarbeit mit dem Institut für Demoskopie Allensbach in den nächsten Jahren um 50 % steigen (vgl. postbank.de).

Trotz dieser Größenordnung machen nur rund 30 % der Menschen ein Testament. Das heißt, es wird den Hinterbliebenen und dem Gesetzgeber überlassen, den Nachlass gerecht zu verteilen. Sind weder Testament noch gesetzliche Erben (Ehegatten oder Blutsverwandte) vorhanden, fließt das Geld dem Staat zu. Banken, Rechtsanwälte und Notare, aber auch Organisationen bemühen sich zunehmend um Aufklärungsarbeit und Beratung. Zur Zeit erhalten deutsche NPO pro Jahr rund eine halbe Milliarde Euro durch Vermächtnisse und Erbschaften. Hierbei nahm die Deutsche Krebshilfe den Spitzenplatz ein. Sie erhielt im Jahr 2004 allein umgerechnet rund 30,6 Mio. Euro aus Erbschaften und Vermächtnissen.

5.1 Erbschaftsmarketing – der sanfte Weg zum Testament

Das Thema Erbschaften steht ganz bewusst am Ende des Buches. Auch wenn in den nächsten Jahren enorme Summen vererbt werden und darin für nichtkommerzielle Organisationen ein großes Fundraising-Potenzial liegt, ist das Thema höchst sensibel. Es geht um Tod und Erben. Tod ist in unserer Gesellschaft tabuisiert. Man redet nicht gerne darüber und neigt zum Verdrängen. Erben seinerseits wird mit Tod und Verlust assoziiert, vielleicht sogar mit Erbschleicherei, Familienzwist oder Gier. Der gesamte Themenkomplex rund um das Thema Testamentsspenden oder Erbschaftsmarketing erfordert also in hohem Maße Fingerspitzengefühl und wird nicht umsonst als Königsdisziplin bezeichnet. Erbschaften stehen folglich ganz oben auf der Fundraising-Pyramide. Das heißt sowohl Bindung als auch Zeitaufwand sind hier am größten. Es handelt sich um ein Instrument, das langfristig, sorgsam und vor allem ethisch geplant werden muss.

Vorbereitung: Erbschaftsmarketing bietet für Organisationen, die sich mit dieser Thematik befassen wollen, einen großen Vorteil: Es bringt sie zu langfristiger Planung. Da es absolut tabu ist, einen Spender unvermittelt auf sein Erbe anzusprechen, zwingt gerade dieses Instrument zur guten Vorbereitung. Es müssen Rechtsanwälte, Notare, Finanz- und Steuerexperten konsultiert werden, um für

5. Die Königsdisziplin – Erbschaften

den Spender die beste und steuergünstigste Variante anbieten zu können. Man muss sich Gedanken über Anerkennung und Dank machen. Was können wir anbieten, das den Erblasser unsterblich werden lässt (z. B. Edeltraut-Spender-Bau, Reinhard-Gönner-Park)? Wie steht es um Schenkungen? Können wir Garantien zur Pflege hinterbliebener Ehepartner oder Haustiere geben? Wollen wir uns auf die Grabpflege einlassen?

Es tauchen schnell eine Menge Fragen auf, über die sich eine Organisation im Vorfeld klar werden muss. Bevor ein Erbschaftsprogramm gestartet wird, sollten folgende Voraussetzungen erfüllt sein:

- Eine ausreichende Anzahl von Stammspendern (50plus)
- Ein einwandfreies Image (Zuverlässigkeit, Umsichtigkeit, langfristige Planung etc.)
- Expertenwissen im Hinblick auf Steuern, Finanzen und rechtliche Möglichkeiten von Hinterlassenschaften

und vor allem:

- Ein Vorstand, der geschlossen der Meinung ist, Erbschaftsmarketing betreiben zu wollen
- Mitarbeiter, die davon überzeugt sind
- Ein Verantwortlicher, der sich um die Interessenten kümmert und über entsprechende Kompetenzen verfügt.

Die internen Widerstände gegenüber aktivem Erbschafts-Fundraising oder gar Erbschaftsmarketing sind nicht zu unterschätzen. Es handelt sich um ein heikles Thema. Es kann Beklemmungen oder Angst auslösen. Niemand will in den Verdacht der Erbschleicherei gelangen. Folglich sollte das Thema langsam vorbereitet und bis zum Konsens diskutiert werden.

Anforderungsprofil des Erbschaftsbetreuers: Zur Betreuung von Menschen, die sich für das Thema Erbschaften interessieren sollte eine feste Person verantwortlich sein. Vertrauen spielt gerade in diesem Bereich eine zentrale Rolle. Folglich macht es wenig Sinn, wenn ein überlasteter Geschäftsführer versucht, diesen Bereich nebenbei zu bearbeiten. Dann ist es besser, einen engagierten älteren Ehrenamtlichen dafür zu schulen und einzusetzen. Voraussetzungen für einen Erbschaftsbetreuer:

- hohe Identifikation mit der Organisation
- Vertrauenswürdigkeit (nicht zu jung, keine Provision)
- seriöses Auftreten (nicht zu leger)
- inhaltliche Kompetenz in juristischen und steuerlichen Fragen
- Einfühlungsvermögen, Geduld, Empathie
- Kommunikationsstärke (nicht zu schüchtern)
- glaubwürdiges Engagement (nicht zu zielorientiert)

Besonderheiten von Erbschaften: Erbschaften folgen anderen Regeln als andere Fundraising-Maßnahmen:

- Sie sind nicht planbar und nicht zur Finanzierung laufender Projekte geeignet.
- Sie kommen unvermutet auf einen Schlag und müssen dann abgewickelt und verbucht werden.
- Sie können langsam vorbereitet, aber nicht beschleunigt werden.

Auch wenn Menschen dazu neigen, das Thema Tod und Testament zu verdrängen, gibt es prägnante Lebenssituationen, in denen sie sich aktiv damit auseinander setzen:

- Heirat oder Scheidung
- Geburt eines Kindes oder Enkelkindes
- Krankheit oder Unfall
- Antritt einer Fernreise
- Kauf von Wohneigentum
- Katastrophen oder Kriegsausbruch
- Tod von Angehörigen oder Freunden
- Erhalt einer Erbschaft oder eines Lottogewinns
- Eintritt ins Rentenalter

5. Die Königsdisziplin – Erbschaften

Die Gründe, warum kein Testament vorhanden ist, können vielfältig sein:

- Verdrängen des Gedankens an die eigene Sterblichkeit
- Kein Interesse am Erbe
- Nicht genügend Erbmasse, dass es sich lohnen würde
- Gesetzliche Regelungen (Pflichtteile), die das Erbe an die Angehörigen aufteilen
- Komplizierte und/oder kostspielige Vorgehensweise (Notare, Steuern etc.)

Umfragen ergeben, das nur etwa 26 % (EMNID Spendenmonitor 1998) der Menschen bereit sind, Organisationen als (Teil-)Erben einzusetzen. Die Gründe hierfür können vielfältig sein. Vermutlich liegen sie zum Teil an der Unerfahrenheit beider Seiten, sich mit diesem Thema aktiv auseinander zu setzen. Zum Teil können auch Defizite innerhalb der Organisationen im Hinblick auf Spenderbindung und Anerkennung ein Grund sein. Am Potenzial bestehen wenig Zweifel. So steigt sowohl das Vermögen der Deutschen, als auch die Zahl derjenigen, die keine Nachkommen haben.

Es gibt viele Motive, einer Organisation einen Teil oder das gesamte Erbe zu hinterlassen:

- Vertrauen in deren Arbeit und Wissen, dass das Geld sinnvoll eingesetzt wird
- Keine Verwandten oder Kinder und Widerwillen dagegen, dass das Geld dem Staat zufällt
- Empfehlung durch Notar, Anwalt oder Steuerberaterin (frei von Erbschaftsteuer)
- Familienzwist und Bestrafung durch Minderung des Erbteils
- Zweckbindung der Erbschaft (Grabpflege etc.)
- Aussicht auf Unsterblichkeit durch Verewigung des Namens auf Gebäuden, Gebietsteilen (Sophie-Gnädig-Weg) etc.
- Gesellschaftliche Anerkennung bei Schenkung zu Lebzeiten

Hauptzielgruppen: Wenngleich manche Menschen bereits in jüngeren Jahren ihr Testament machen, liegt die Hauptzielgruppe für

Erbschaftsmarketing bei der älteren Klientel. Prinzipiell kommen als Ansprechpartner fast alle Kontaktpersonen einer Organisation in Frage, die älter als 50 Jahre alt sind:

- Spender
- Mitglieder, Vorstände, Mitarbeiter
- Kunden
- Angehörige von Testamentsspendern

Diese Menschen können aus der eigenen Spenderdatei durch Selektion der Geburtsdaten gefunden werden. Auch die Analyse der Vornamen (Martha, Berta, Herta etc.) ist eine erprobte Variante, um die ältere Klientel aus der Zahl der Gesamtspender herauszufiltern.

Daneben können Veranstaltungen im Umfeld älterer Menschen genutzt werden, um im persönlichen Gespräch oder durch die Auslage von Informationsfaltblättern auf das Thema hinzuweisen.

Neben der direkten Ansprache der Zielgruppen bietet sich die Möglichkeit an, potenzielle Vermittler zu informieren. Hierbei kommen folgende Berufsgruppen in Frage:

- Notare, Anwälte und Steuerberater
- Banken und Finanzdienstleister
- Ärzte
- Beerdigungsinstitute
- Journalisten

All diese Menschen können mit Hilfe gut gemachter Informationsunterlagen auf die Möglichkeiten hingewiesen werden, einen Teil des Vermögens nichtkommerziellen Organisationen zu hinterlassen.

> **Interview mit Ralf Gremmel – Geschäftsführer des Paritätischen Wohlfahrtsverbandes Lüneburg sowie freiberuflicher Fundraising-, Kommunikations- und Stiftungsberater**
>
> **Frage:** Bei Erbschaften handelt es sich um ein sensibles Thema und man kann nicht mit der Tür ins Haus fallen. Was sind die ersten Schritte, die eine NPO machen muss, wenn sie plant, Erbschafts-Fundraising zu betreiben?

5. Die Königsdisziplin – Erbschaften

Ralf Gremmel: Die Organisation muss sich klarmachen, dass es zwar aus ihrer Sicht in erster Linie um Vermögenswerte geht, aus Sicht des Erblassers jedoch um eine materielle Lebensleistung. Für einen Erben ist darin seine Lebensgeschichte verankert und er möchte das Erbe einer Organisation zukommen lassen, der er vertrauen kann.

Eine Organisation, die darüber nachdenkt Erbschafts-Fundraising zu betreiben, muss sich also Folgendes fragen: (1) Sind wir in der Öffentlichkeit bekannt? (2) Wie sind wir in der Öffentlichkeit bekannt? und (3) Sind wir in der Öffentlichkeit so bekannt, dass uns potentielle Erblasser vertrauen können? Was haben wir in der Vergangenheit für dieses Vertrauen getan? Das sind alles Aspekte, die bei der Auswahl für einen Erblasser eine Rolle spielen. Eine Organisation muss also klären, welche Spender sie hat, wie sie diese pflegt und was sie in Sachen Vertrauensschutz unternimmt?

Immer wieder gibt es Organisationen, die sagen: Die ganzen Kleinspender interessieren mich nicht, ich will sofort an die Erbschaftsspender. Weil Menschen beim Erbe aber nicht einfach nur Geld vermachen, sondern eine ganze Lebensgeschichte damit hinterlassen, kann es sinnvoll sein, als gemeinnützige Organisation seine Mitglieder oder Spender erst einmal zu einer allgemeinen Informationsveranstaltung einzuladen. Wenn regelmäßige Spender existieren, sollten sie zum Beispiel im Rahmen einer Dankesveranstaltung eingeladen, ihnen einfach noch einmal die Arbeit vorgestellt und erzählen werden, was unter anderem mit den Spenden geschieht. In dem Rahmen lässt sich auch vermitteln, dass es Menschen gibt, die darüber nachdenken, eine Organisation testamentarisch zu begünstigen. Ergänzend bietet es sich an, in dieser ersten Phase eine vorbereitete Broschüre zur Seite zu legen, in der Details stehen, aber mehr auch nicht. Generell sollte die Ansprache immer allgemeiner erfolgen, also nicht gezielt die 65 plus ansprechen, sondern die Arbeit vorstellen und das Thema Erbschaften in andere Formen der Unterstützung wie Zeitspenden, Einmalspenden oder Dauerspenden einbetten.

Das heißt, wenn ich anfange, mir über Erbschaften Gedanken zu machen, dann muss ich zunächst auch über eine Informationsbroschüre nachdenken, in der stehen muss, auf welche Weise ein Spender meine Organisation unterstützen kann. Denn wenn ich mit einer Anzeige werbe und dann wirklich jemand anruft und der dann keine Informationen bekommt, ist das ungünstig.

Frage: Wann und wie lassen sich Menschen auf Ihr Erbe ansprechen?

Ralf Gremmel: Es gibt neben allgemeinen Veranstaltungen zum Beispiel die Möglichkeit, Anzeigen zu entwickeln, die als Freianzeigen in Zeitungen geschaltet werden und bei denen Menschen, wenn sie Interesse haben, aufgefordert werden sich eine Broschüre anzufordern. Eine Kirchengemeinde könnte zum Beispiel im Pfarrblatt oder Pfarrbrief eine Seite nach dem Motto gestalten: Fünf

10. KAPITEL — Siebter Schritt: Erfolgreich bleiben durch Bindungsstrategien

Möglichkeiten, Gutes zu tun und dort Beispiele bringen, also Kleiderspenden, Geburtstagsspenden und auch testamentarische Verfügungen. Es braucht ganz viel Kommunikation und Sensibilität, um an das eigentliche Thema heranzuführen, bis sich dann endlich jemand entscheidet und sagt, jetzt will ich mir konkret eine Informationsbroschüre zuschicken lassen. Erbschafts-Fundraising ist etwas, was längerfristig angelegt werden muss und mit der gesamten Kommunikationspolitik einer Einrichtung zusammenhängt. Wird sie überhaupt in der Öffentlichkeit wahrgenommen und wenn ja, wie. Erst über die Langfristigkeit prägt sich eine Organisation ein. Viele Erbschaftsspenden kommen von Menschen, die eine Einrichtung jahrelang unterstützt haben oder ihr über einen Angehörigen nahe standen. Manchmal gibt es auch andere Bezüge. Ich habe kürzlich per Zufall eine alte Dame getroffen. Sie war schon Witwe und hatte ihr Testament gemacht. Darin hatte sie verfügt, dass der Berliner Zoo ihr Erbe bekommen soll und dabei insbesondere eine bestimmte Tiergattung. Vor dem Gatter dieser Tiere hatte sie vor 50 Jahren ihren Mann kennen gelernt. Sie sehen, die Unterstützung einer Einrichtung hat mit der eigenen Lebensgeschichte in der einen oder anderen Weise zu tun.

Frage: Ergeben sich auch Verpflichtungen für die Organisation und sind damit eventuell auch Fallstricke verbunden?

Ralf Gremmel: Wenn Menschen zu Lebzeiten ihr Erbe einer gemeinnützigen Organisation vermachen, gibt es oft auch ausgesprochene oder unausgesprochene Erwartungen. Das können Wünsche nach Besuchen sein oder dass das Haus in Ordnung gehalten wird. Es handelt sich oftmals um Einsamkeitsphänomene, dass Menschen sich Kontakt erkaufen wollen, weil sie keine Erben haben. Da muss eine Organisation sehr genau prüfen, ob sie diese Erwartungen erfüllen kann. Wenn es einen großen Kreis an Ehrenamtlichen gibt, ist das vermutlich kein großes Problem, aber wenn eine Organisation weiß, dass sie das eigentlich gar nicht leisten kann, dann wäre es unredlich zu sagen, ja, ja, wir machen alles. Das ginge dann in Richtung Erbschleicherei. Es kann auch sein, dass sie ein Vermögen bereits zu Lebzeiten in Form einer Schenkung bekommen. Wenn allerdings die Auflage sein sollte, dass sie dafür Sorge zu tragen haben, dass die gesamte Pflege organisiert und durch sie finanziert wird, müssen sie wieder genau klären, ob sie das überhaupt leisten können und es sich dann noch rechnet. Oder aber ihre Einrichtung wird als Erbe eingesetzt und hat Schulden geerbt. Das sind alles Probleme, die zu Lebzeiten mit dem Erblasser angesprochen werden sollten.

Frage: Sollte eine feste Person als Erbschaftsbetreuer/in eingesetzt werden und braucht es einen bestimmten Menschentyp, der als Erbschaftsbetreuer/in arbeitet?

Ralf Gremmel: Das hängt von der Organisation ab, aber ich würde schon eine Person mit einer gewissen Lebenserfahrung empfehlen. Jemanden von Anfang

5. Die Königsdisziplin – Erbschaften

30 einzusetzen, ist unter Umständen nicht so sinnvoll und wenn sich eine Organisation doch dafür entscheidet, muss darauf geachtet werden, welche Sozialkompetenzen derjenige einbringt. Ansonsten würde ich eher jemanden empfehlen, der bereits eine gewisse Lebenserfahrung besitzt. Wichtig ist es auch jemanden zu wählen, der wirklich Lust darauf hat oder jemand, der in den Ruhestand geht und vielleicht schon Erfahrung auf dem Gebiet gesammelt hat. Die Frequenz der Besuche, die auf den Mitarbeiter zukommen, ist vom jeweiligen Erblasser und dessen Einsamkeitsbedürfnis abhängig. Da sind alle Möglichkeiten gegeben.

Frage: Kann es vorkommen, dass aufgrund eines engen Kontaktes der Betreuer persönlich begünstigt wird und wie geht man – auch unter ethischen Aspekten – damit um?

Ralf Gremmel: Das ist eine schwierige Frage. Um eventuellen Missbrauch auszuschließen, gibt es die Möglichkeit einen sogenannten Testamentsvollstrecker zu benennen, der dann von Amts wegen eingesetzt wird. Aber wenn jemand aus Sympathie persönlich begünstigt wird, stellt sich natürlich die Frage, ob er oder sie das Erbe annehmen darf. Wenn beispielsweise die Krankenpflegerin begünstigt wird, dann liegt ein Abhängigkeitsverhältnis zugrunde, das dazu führt, dass die Erblasserin unter Umständen nicht mehr im Vollbesitz eines freien Willens diese Entscheidung getroffen hat. Wenn eine Organisation vor allem im Bereich der ambulanten Pflege tätig ist, dann muss sie sich diese Fragen vorab stellen und sich überlegen, ob sie das will und wie sie damit umgeht. Das Thema Erbschaften kann sonst ganz schnell zu einem Imageproblem für die Einrichtung werden.

Ich kenne einen Fall, da wurde eine Einrichtung, der ein Wohnhaus im Wert von rund 11 Mio. Euro vererbt worden war, vom Neffen der Erblasserin verklagt. Diesem war zeitlebens das Haus versprochen worden und er hatte dort als Verwalter fungiert. Es hatte auch einen Erbvertrag gegeben, aber den hatte die alte Dame kurz vor ihrem Tod, aus welchen Gründen auch immer, geändert. Sie hatte den Neffen enterbt und das Ganze notariell beglaubigen lassen. Nun stellte sich für die Einrichtung die Frage, wie dieses Dilemma gelöst werden kann. Letztendlich hat man sich entschieden, dem Neffen einen namhaften Betrag zukommen zu lassen, obwohl es rein rechtlich nicht notwendig gewesen wäre. Es entsprang eher der Sorge, dass das Thema ansonsten für die Einrichtung eine negative Imagewirkung mit sich bringen könnte.

Frage: Was sind Ihrer Meinung nach die größten Fehler oder Fallstricke?

Ralf Gremmel: Die Hauptfallstricke ergeben sich meiner Meinung nach durch Versprechungen, die nicht geleistet werden können oder durch Einflussnahme. Ich nenne so etwas, den Aufbau einer Druckstrategie, nach dem Motto: „Also Frau Meier, sagen Sie mal, wann hat Ihr Neffe Sie eigentlich das letzte Mal besucht? Meinen Sie, dass der wirklich mit Ihrem Erbe verantwortungsvoll umgeht?" Das heißt, jegliche Form der Einflussnahme sollte vermieden werden. Besser ist es zum Beispiel bei Interesse an der Begünstigung der Einrichtung darauf hinzuweisen, dass es die Möglichkeit gibt, zu einem Notar seines Vertrauens zu gehen und dort alle Formalien z. B. in Form eines Testaments unabhängig zu regeln. Wenn der Betroffenen keinen Notar kennt, kann man natürlich einen empfehlen. Grundsätzlich gilt jedoch immer: Die persönliche Entscheidungsfreiheit des Erblassers muss gewahrt bleiben.

Frage: Ist es immer notwendig, einen Notar oder Rechtsanwalt hinzuzuziehen?
Ralf Gremmel: Nicht in jedem Fall. Ein Erblasser kann auch ein eigenständig geschriebenes Testament zu Hause aufsetzen, das allerdings bestimmten Formansprüchen gerecht werden muss. Mit einem Notar und ggf. einem Testamentsvollstrecker von Amtswegen ist natürlich die größtmögliche Gewähr geleistet, dass der letzte Wille dann auch wirklich umgesetzt wird.

Zusammenfassend lässt sich Folgendes festhalten: Ganz wichtig ist es meiner Meinung nach, dass der Öffentlichkeit bewusst wird, dass es die Möglichkeit gibt, über das eigene Leben hinaus Zukunft mitzugestalten und dass sich so etwas, wenn man es denn möchte, bereits zu Lebzeiten steuern lässt. Wenn es keine Erben gibt und man sich nicht kümmert, dann fällt das Geld automatisch dem Staat zu. Es ist also wichtig deutlich zu machen, dass ein Erblasser die Möglichkeit hat, Dinge, die einem wichtig waren über den Tod hinaus zu unterstützen. Das ist ein Grund, warum Erbschafts-Fundraising so eine Bedeutung hat. Natürlich kann ein Spender darüber hinaus das Erbe mit bestimmten persönlichen Auflagen verbinden und zum Beispiel verfügen, dass über die nächsten zehn Jahre jedes Jahr zum Todestag ein Blumenstrauß auf das Grab gestellt wird. Da muss sich die erbende Organisation entscheiden, ob sie das leisten kann oder das Testament eigentlich ausschlagen müsste. Das Alles erfordert eine hohe Verbindlichkeit der Organisation.

5.2 Erben und Schenken – die Rechtslage

Eine zentrale Aufgabe für eine Organisation besteht darin, über verschiedene Möglichkeiten des Vererbens aufzuklären und Beratungsdienstleistungen anzubieten. Prinzipiell gibt es zwei Arten von Erben:

(1) Gesetzliche Erben: Ehegatten, (adoptierte) Kinder und weitere Blutsverwandte (Eltern, Enkel, Geschwister und deren Kinder) mit jeweiligen Pflichtteilen

(2) Eingesetzte Erben: Menschen, Institutionen, Firmen, aber keine Tiere oder Pflanzen!

Nichtkommerzielle Organisationen gehören zur Gruppe der eingesetzten Erben. Es gibt mehrere Möglichkeiten für einen Erblasser zugunsten eingesetzter Erben von der gesetzlichen Erfolge abzuweichen:

(1) **Testament (= letzter Wille):** „Das Testament ist die letztwillige Verfügung des Erblassers, in dem er bestimmt, wie mit dem Nachlass zu verfahren ist (www.internetratgeber-recht.de/) Es gilt das gesetzliche Pflichtteilrecht (Wenn gesetzliche Erben im Testament explizit ausgeschlossen werden, steht ihnen dennoch ein Pflichtteil in Höhe der Hälfte des gesetzlichen Erbteils zu.) zu berücksichtigen sowie inhaltliche und formelle Vorschriften zu beachten. Das Testament ist widerrufbar und kann gegebenenfalls angefochten werden. Es kann eigenhändig (handgeschrieben mit eigener Unterschrift, Datum und Ort) oder notariell mit Hilfe eines Notars verfasst werden. Letzteres kostet Gebühren, die sich nach Höhe des Vermögenswertes staffeln.

(2) **Vermächtnis (= Legat):** Wenn es darum geht, einer Person oder Organisation nicht das gesamte Vermögen, sondern nur bestimmte Teile davon zu vermachen, bietet sich das Vermächtnis an. „Das Vermächtnis ist die Zuwendung eines bestimmten Nachlassgegenstandes durch den Erblasser an eine bestimmte Person. Der Begünstigte wird jedoch nicht Erbe (www.internetratgeber-recht.de/Erbrecht/Begriffe/bea18.htm)." Derjenige, dem durch das Vermächtnis einzelne Vermögensgegenstände (Immobilien, Geld etc.) vermacht wurden, kann gegenüber den gesetzlichen Erben Ansprüche geltend machen. Ein Vermächtnis kann mit Auflagen verbunden sein, denen der Begünstigte nachzukommen hat wie Grabpflege, Auflösung des Haushaltes, Pflege der Haustiere etc.

(3) **Schenkung zu Lebzeiten:** Eine Alternative zu Erbschaften nach dem Ableben des Erblassers stellen Schenkungen dar. Diese können bereits zu Lebzeiten oder von Todes wegen erfolgen. „Eine Schenkung ist ein Vertrag zwischen dem Schenker und dem

Beschenkten, wobei sich beide einig sind, dass ein Gegenstand oder ein Recht unentgeltlich übertragen wird. Die Zuwendung erfolgt unentgeltlich und der Beschenkte wird durch die Schenkung „bereichert (www.internetratgeber-recht.de/Erbrecht/Testament/test2.htm)". Ein Schenkungsvertrag bedarf der notariellen Beurkundung, kann jedoch auch ohne Notar wirksam werden, wenn das Geschenk de facto übergeben wird. Bei Grundstücken oder Eigentumswohnungen bedarf es darüber hinaus einer Eintragung ins Grundbuch. Eine Schenkung ist nur in Ausnahmefällen widerrufbar und sollte gut überlegt sein.

Die Gründung einer eigenen Stiftung stellt ebenfalls eine Variante dar, Vermögen noch zu Lebzeiten einem bestimmten Zweck bzw. der Arbeit einer Organisation zu widmen und Erbschaftsteuer zu sparen (siehe hierzu Abschnitt 9.13.2).

5.3 Die Botschaft oder wie sag ich's meinen Spendern

Das Thema Testament und Erbe muss keineswegs negativ aufgenommen werden. Spender, die sich bisher diesem Themenkreis verweigert haben, sind unter Umständen dankbar, wenn sie kostenlose Aufklärung durch die Organisation ihres Vertrauens erhalten. Einige scheuen vielleicht weniger den Gedanken an den Tod als den Gedanken an komplizierte Rechtsformen und Anwaltskosten. Die Kunst besteht darin, das Thema sachlich und nicht bedrohlich darzustellen sowie den konkreten Nutzen aufzuzeigen. Es gibt verschiedene Möglichkeiten, über das Erbschaftsprogramm zu informieren. Zum Beispiel:

- Informationsfaltblatt mit Bestellcoupon für Erbschafts-Broschüre (ausgelegt in Arztpraxen, bei Anwälten, auf Messen, bei Veranstaltungen in Seniorenheimen etc. oder als Beileger)
- Erwähnung im Mailing oder auf der Homepage (mit Bestellbutton für die Broschüre)
- Beispielfälle oder redaktionelle Berichte in Mitgliederzeitung, Jahresbericht oder Newsletter
- Inserate in Zeitschriften (Zielgruppe 50plus)

- Vorträge zu diesem Thema
- Gründung eines „Legacy Clubs"
- Persönliche Gespräche

In jedem Fall ist es angebracht, dezent auf das Thema hinzuweisen. Große Anzeigen, Plakate oder eine direkte Ansprache auf die Vermögenswerte einer Person sind absolut tabu. Ebenso unangebracht ist es, die Zielgruppe mit dem Thema zu penetrieren. Auch die Überschrift „Sterben für den guten Zweck, die sich im April 2011 in der taz zum Thema fand, sollte nicht unbedingt Ihre Erbschaftsbroschüre zieren. Die Ansprache sollte zwar regelmäßig, aber in größerem zeitlichen Abstand erfolgen. Alle oben erwähnten Methoden der Ansprache müssen behutsam erfolgen und sollten eher passiv wirken.

Das heißt, es darf keine Aufforderung geben, zu reagieren. Interessenten müssen selbst aktiv werden und mit Hilfe so genannter Response-Elemente (Anforderungskarten, Telefonnummern etc.) um weitere Informationen bitten. So haben diejenigen, die sich vom Thema angesprochen fühlen, die Möglichkeit, diskret und unverbindlich weitere Informationen anzufordern. Alle anderen brauchen sich nicht in ihrer Pietät verletzt zu fühlen.

Als besonders erfolgreich zur Vermittlung des Themas haben sich Prominente erwiesen. Diese müssen über einen guten Ruf verfügen und sollten nicht allzu skandalanfällig sein. Aufgrund ihrer hohen Bekanntheit werden sie als verlässlich und vertrauenswürdig akzeptiert.

Steht kein prominenter Unterstützer zur Verfügung, kann es hilfreich sein, Verantwortliche für diesen Bereich vorzustellen. Ein Portrait der zuständigen Person kann Vertrauen schaffen und ist darüber hinaus eine weitere diskrete Art, das Thema zu verbreiten.

10. KAPITEL Siebter Schritt: Erfolgreich bleiben durch Bindungsstrategien

Abb. 37: NABU Erbschaftsbroschüre

5.4 Betreuung von Interessenten

Erst die Info und dann…? Die Betreuung von interessierten Erblassern erfordert von den Verantwortlichen innerhalb der Organisation Fingerspitzengefühl und persönlichen Einsatz. Die Anforderungen können sehr weit gehen und folgende Tätigkeiten umfassen:

- Ausgiebige persönliche Betreuung (regelmäßige persönliche Telefonate und Gespräche, auf Wunsch auch Besuche am Krankenbett)
- Telefonische Hotline zur Beratung und Betreuung
- Information und erste Beratung über eventuelle Steuervorteile oder allgemeine Möglichkeiten der Hinterlassenschaften
- Vermittlung von professioneller Rechtsberatung (eigene Rechtsberatung durch Laien ist nicht zulässig)
- Aufzeigen von persönlichen Vorteilen (Grabpflege, „Unsterblichkeit" durch Verewigung des Namens etc.)
- Einbeziehung der Lebenspartner durch Einladungen etc.

Jedem, der bereit ist, für eine Organisation die Verantwortung zum Thema Erbschaften zu übernehmen, sollte bewusst sein, dass es viel Zeit und persönlichen Einsatz fordern wird. Natürlich kann es nicht Aufgabe eines Fundraisers sein, Pflegedienste zu ersetzen. Gefordert ist indes echte Anteilnahme. Je länger eine Beziehung aufgebaut wurde und je größer die Sympathien sind, desto einfacher wird sich dies gestalten. Vielleicht trifft man sich sogar gerne einmal in der Woche zum Schachspielen oder zum Vorlesen im Seniorenheim.

In jedem Fall ist uneingeschränkte „Kundenorientierung" gefordert. Das heißt, der Wille des Spenders hat absoluten Vorrang vor den Eigeninteressen der Organisation.

> **Tipps:**
>
> - Hören Sie zu und achten Sie auf Zwischentöne oder Sorgen.
> - Fragen Sie aktiv nach Bedürfnissen und machen Sie Angebote: Soll das Grab bestellt werden? Muss der Haushalt aufgelöst werden? Soll die Katze in eine Katzenpension?

> - Seien Sie sich Ihrer Verantwortung bewusst und haben Sie einen langen Atem. Ein Testament kann geändert werden und alles Vermögen gehört bis zuletzt dem Erblasser.
> - Halten Sie sich an ihre Versprechen, erfüllen die den letzten Willen und gehen Sie sorgfältig mit dem Erbe um.

Auswertung und Erfolgskontrolle: Es liegt in der Natur der Sache, dass es schwierig ist, Erbschaftskampagnen zu evaluieren. Es lässt sich nicht vorhersagen, wann eine Erbschaft erfolgen wird und verbietet sich von selbst, Prognosen über das Ableben aufzustellen. Eine Kostenauswertung kann folglich nur langfristig erfolgen, indem man die Summen der angetretenen Erbschaften den Investitionskosten für Druckmaterialien etc. gegenüberstellt.

Fehler und Fallstricke

Aufdringlichkeit: Es verprellt Spender, wenn Sie beim Thema Erbschaften mit der Tür ins Haus fallen. Auch mag es den Erben übel aufstoßen, wenn ein Spender nach langjähriger Betreuung kurz vor dem Tod noch einmal sein Testament ändert.

Aufwand: Erbschaftsmarketing erfordert einen erheblichen Betreuungsaufwand. Es wäre ungünstig, wenn die betreuende Person diesen Zeitaufwand unterschätzt und versucht den Bereich nebenbei abzuarbeiten.

Verpflichtungen: An Vermächtnisse können Verpflichtungen geknüpft sein, deren Auswirkungen realistisch abzuschätzen sind. So kann eine Leibrente oder ein Wohn- und Pflegeanspruch eine Organisation überfordern und den Wert einer vermachten Immobilie mitunter übersteigen.

Schulden: Man kann auch Schulden erben. Die Ausschlagungsfrist beträgt grundsätzlich sechs Wochen. Eine Organisation sollte in jedem Fall juristischen Beistand suchen.

Sonderfall Pflegeheime: Leiter von Pflegediensten oder Seniorenheimen dürfen nicht als Erben eingesetzt werden. Die Gefahr der Einflussnahme wird als zu groß angesehen. Das gilt auch nach deren Pensionierung.

6. Unsere Besten – die Ehrenamtlichen

Echte Verantwortung gibt es nur da, wo es wirklich Antworten gibt.

(Martin Buber)

6.1 Wer sind sie?

36% aller Deutschen ab 14 Jahren engagieren sich freiwillig und ehrenamtlich in Vereinen und ähnlichen Organisationen und übernehmen hierbei feste Aufgaben Dieser Anteil ist seit Jahren konstant und wurde auch im letzten Freiwilligensurvey 2009 bestätigt. (vgl. www.bmfsfj.de). Hiermit liegt der Anteil über dem amerikanischen Durchschnitt, der für 2011 mit 26,8% angegeben wird (vgl. Volunteering in the United States 2011 unter www.bls.gov/). Das Durchschnittsalter liegt in Deutschland bei etwa 43 Jahren. Der Anteil von Frauen (32%) und Männern (40%) hält sich ungefähr die Waage, wobei klare Unterschiede der Tätigkeitsfelder bestehen. Frauen sind im „sozialen" Bereich mit 75% deutlich überrepräsentiert, während Männer zu 83% im Bereich „Rettungsdienste und freiwillige Feuerwehr" sowie im Sport (68%) zu finden sind. Die private Einkommenssituation wird von beiden Teilen der Ehrenamtlichen überwiegend als „gut" bezeichnet. Je höher der Bildungsabschluss, desto größer der Anteil der freiwillig Tätigen. Die meisten haben ihre Tätigkeit durch Werbung und Anfrage begonnen, nicht aus eigenem Antrieb.

Selbstlose Motive haben einen hohen Stellenwert, aber auch individuelle Beweggründe spielen eine Rolle, sich zu engagieren. (vgl. Hauptbericht der Freiwilligensurvey 2009 unter www.bmfsfj.de).

Jugendliche: Entgegen landläufiger Vorurteile kann keine Rede vom Desinteresse der Jugend an freiwilliger Hilfe sein. Die Altersgruppe der 14 bis 24-Jährigen ist zu rund 35% aktiv. Allerdings ist ihr freiwilliges Engagement in den letzten Jahren kontinuierlich von 37% im Jahr 1999 auf 35% im Jahr 2009 zurückgegangen. Die Haupteinsatzbereiche der jungen Freiwilligen liegen im Sport, der Jugendarbeit und den Rettungsdiensten. Ihnen geht es nicht um „Aufopferung" oder lebenslange Mitgliedschaften mit entsprechenden Verpflichtungen im Verein, sondern um „Selbstverwirklichung" und „Spaß" bei der Sache.

Senioren: Durch die Zunahme der Lebenserwartung gewinnt die nachberufliche Phase, der so genannte „Unruhestand", immer mehr an Bedeutung. 26 % der Menschen 60plus engagieren sich. Der Anteil verringert sich mit steigendem Lebensalter, steigt aber insgesamt an.

6.2 Vorteile von ehrenamtlichen Helfern

Bevor eine Organisation sich auf die Suche nach Ehrenamtlichen macht, sind zwei wesentliche Fragen zu stellen:

(1) Wollen wir überhaupt Ehrenamtliche?

(2) Wenn ja, wen genau brauchen wir?

Die erste Frage ist nicht so überflüssig wie sie vielleicht scheinen mag. Manche Organisationen finden Ehrenamtliche eher lästig. Sie müssen eingearbeitet, betreut und motiviert werden. Sie vertreten eigene Interessen und kosten Zeit. Eine Organisation muss sich also im Vorfeld überlegen, ob sie bereit ist, diesen Zeitaufwand zu leisten und ob sie bereit ist, Ehrenamtlichen den Respekt und die Anerkennung zu geben, die sie verdienen.

Ehrenamtliche Helfer leisten nicht nur in ihrer Freizeit kostenlose Arbeit, deren volkswirtschaftlicher Nutzen auf etwa 2 bis 4 Mrd. Euro geschätzt wird (Laut „Giving and Volunteering in the United States" betrug der Wert einer Arbeitsstunde von erwachsenen Freiwilligen in den USA etwa 14,30 Dollar.). Darüber hinaus sind sie:

- wichtige Multiplikatoren für die Organisation (Mund-zu-Mund-Propaganda)
- Spender von morgen
- Vorstände von morgen
- Helfer bei Fundraising-Aktivitäten

So können Ehrenamtliche nach entsprechendem Training für eine Reihe von wichtigen Aufgaben eingesetzt werden. Zum Beispiel:

- Adressen-Recherche (z. B.: Unternehmen)
- Schreiben und Verschicken von Briefen oder Anträgen
- Telefonaktionen (z. B. Nachfassen bei der Sponsorensuche)
- Sammlungen
- Veranstaltungsorganisation (Tombolas, Kuchentheken etc.)
- Akquisition von Sachspenden für Tombolas etc.
- Persönliche Besuche und Gespräche mit Spendern

Bevor sich eine Organisation auf den Weg macht, Ehrenamtliche zu suchen, gilt es noch die zweite Frage zu beantworten. Nicht jeder ist für alle Aufgaben geeignet. Vor allem sollte eine Organisation der Versuchung widerstehen, freiwillige Helfer für die lästigen Arbeiten einzusetzen, die sonst keiner machen will. Ungünstig ist es auch, wenn nicht klar definiert wird, wofür jemand eingesetzt wird oder gar warum er oder sie überhaupt gebraucht wird. Hier gilt der amerikanische Ausspruch: „Use me or lose me".

> **Tipps:**
>
> - Überlegen Sie sich genau, in welchen Bereichen, Sie ehrenamtliche Hilfe brauchen.
> - Erstellen Sie Bewerberprofile.
> - Überlegen Sie sich, wo sich diese Kandidaten finden lassen.
> - Überlegen Sie, wer die Neulinge einarbeiten und betreuen kann.
> - Überlegen Sie sich Möglichkeiten der Anerkennung

6.3 Wo sind Sie?

Wenn einem Freiwillige unverhofft ins Haus schneien, gilt es die beidseitigen Interessen auszuloten und zu versuchen, einen Einsatzort zu finden, der für beide Seiten größtmöglichen Nutzen bringt. Sonst ist das Frustrationspotenzial zu groß und die Zusammenarbeit wird von kurzer Dauer sein. Sind die Rahmenbedingungen geklärt, kann die Suche beginnen. Die meisten Freiwilligen kommen durch persönliche Ansprache zu dieser Tätigkeit. Sie werden durch Freunde oder Hauptamtliche einer Organisation direkt angesprochen. Möglichkeiten, Ehrenamtliche zu gewinnen, bietet die Ansprache von:

- Familienmitgliedern der Vorstände sowie der haupt- und ehrenamtlichen Mitarbeiter
- Kunden oder Klienten
- Berufsgruppen, die über benötigtes Know-how verfügen (z. B. Anwälte für Erbschaftsberatung, Computerspezialisten)
- Prominenten (z. B. für Versteigerungen, Telefonaktionen, Benefizveranstaltungen)

Außerdem kann für ehrenamtliches Engagement aktiv geworben werden durch:

- Veranstaltungen an Schulen
- Hinweise auf eigenen Veranstaltungen
- Secondment (zeitlich begrenzter Einsatz von Firmenmitarbeitern im Rahmen von Sponsorships)
- Freiwilligen-Zentren oder Ehrenamtbörsen
- Inserate in der Zeitung

In den USA ist es durchaus üblich, für bestimmte Tätigkeiten zu inserieren. Ehrenamtliche Garderobieren für kleine Theater werden ebenso über Inserate gesucht wie Helfer für den Sektausschank in der Pause. Als Gegenleistung gibt es Freikarten und die Möglichkeit, an Proben teilzunehmen oder mit den Künstlern zu tafeln.

6.4 Was wollen Ehrenamtliche?

Ehrenamtliche, die sich entschließen einen mehr oder weniger großen Teil ihrer Freizeit in einer Organisation zu verbringen, haben dafür Gründe. Diese Motive können individuell sehr unterschiedlich sein. Befragungen im Rahmen des „Freiwilligensurvey 2009" ergaben folgende Reihenfolge. Ehrenamtliche erwarten, dass sie:

6. Unsere Besten – die Ehrenamtlichen

- Spaß haben
- anderen Menschen helfen können
- etwas für das Gemeinwohl tun können
- nette Menschen treffen
- eigenen Kenntnisse und Erfahrungen einbringen können
- etwas Neues lernen
- mit Menschen anderer Generationen zusammenkommen
- Verantwortung übernehmen und Entscheidungsmöglichkeiten haben
- Anerkennung bekommen
- eigene Interessen vertreten können
- Nutzen für die eigene Berufstätigkeit ziehen.

Es sind durchaus individualistische Motive, die Menschen zum Ehrenamt bringen. Sie möchten Spaß und Sinn in ihrer Freizeit kombinieren, an eigenen Themen arbeiten oder etwas Neues lernen. Organisationen müssen sich darauf einstellen und versuchen, die hohe Grundmotivation ehrenamtlicher Helfer zu erhalten. Folgende Themen wurden von Ehrenamtlichen als verbesserungswürdig angesehen:

- Fachliche Unterstützung
- Menschliche und psychologische Begleitung
- Weiterbildungsmöglichkeiten
- Anerkennung der Tätigkeit durch Hauptamtliche
- Finanzielle Entlastung (z. B. Monatskarten für den Nahverkehr)
- Versicherungsfragen
- Bereitstellung von Räumlichkeiten für Projektarbeit
- Flexible Einsatzorte und -zeiten

Diese Erwartungen an die Organisation sind bei allen Altersgruppen vorhanden und stellen eine Herausforderung an die Organisation dar.

Auch wenn es für viele Einrichtungen nicht möglich sein wird, alle Anforderungen auf Anhieb umzusetzen, lässt sich ein Thema sofort optimieren: Die Anerkennung.

6.5 Ehre sei dir und Dank

An erster Stelle zum Erhalt der Motivation von freiwilligen Helfern steht die Anerkennung. Diese kann aus einem freundlichen Wort bestehen, einer Plakette oder einem Eintrag in ein Freiwilligenbuch. So banal es klingt, aber ein wichtiger erster Schritt besteht bereits darin, sich die Namen der Ehrenamtlichen zu merken. Darüber hinaus gibt es weitere Varianten, „Dankeschön" zu sagen:

- Persönliche Dankschreiben (z. B.: Geburtstagskarten)
- Offizielle Zertifikate
- Nennung und Ehrung aller Freiwilligen in der Mitgliederzeitung
- Danksagung an alle Ehrenamtlichen in der lokalen Presse
- Überreichung von kleinen Geschenken
- Möglichkeit zu „Sondereinsätzen" (z. B.: Reden halten, Besuche bei Spendern, Verantwortung für bestimmte Bereiche)
- Einladung zu Weiterbildungsveranstaltungen
- Gemeinsame Feiern mit Anerkennung durch den Vorstand

Es gibt viele Möglichkeiten, Ehrenamtliche einzubinden und langfristig zu motivieren. Wenn ihnen echte Achtung und Respekt entgegengebracht wird, ist ein entscheidender Schritt in Richtung auf langjährige Partnerschaften getan.

> Wenn wir nicht von vorne anfangen,
> dürfen wir nicht hoffen, weiterzukommen.
> (Johann Gottfried Seume)

11. Kapitel

Fundraising in speziellen Umfeldern

Glück ist ganz einfach gute Gesundheit und ein schlechtes Gedächtnis.
(Ernest Hemingway)

1. Alumni, Profs und Perspektiven – Hochschul-Fundraising

Diese Ergänzung des Buches um ein Extrakapitel „Hochschul-Fundraising" begründet sich damit, dass dieses Thema in der deutschsprachigen Literatur bislang ziemlich stiefmütterlich behandelt wurde. Gleichzeitig ist das Thema aktueller denn je. Bildung und Wissen können als wichtigste Ressourcen Deutschlands angesehen werden und die Finanzierung der deutschen Hochschulen als „oberste Wissensspender" durch staatliche Mittel stößt an ihre Grenzen. Aus diesem Grunde stehen nach den unzähligen nichtkommerziellen Organisationen, die bereits seit Jahren mit Mittelkürzungen oder -streichungen konfrontiert sind, nun auch die Hochschulen und Universitäten vor der Aufgabe, sich um alternative Finanzierungsformen zu bemühen. Zwar sind viele Hochschulen, insbesondere einzelne Fakultäten und Fachbereiche, schon sehr aktiv mit dem Einwerben von privaten Mitteln befasst, allerdings erfolgt die Einwerbung vielfach noch unsystematisch und aktionsbezogen. Die großen, sehr erfolgreichen Fundraising-Kampagnen der Technischen Universität München (TUM), „Allianz für Wissen", sowie der Universität Mannheim, „Renaissance des Barockschlosses", gelten als Best-practice-Beispiele für Deutschland, stellen jedoch in ihrer Professionalität noch die Ausnahme dar. In den letzten Jahren kamen noch zwei weitere spektakuläre Großspenden hinzu, die in Deutschland aufgrund ihrer Ausnahmerolle Schlagzeilen machten. So rettete Klaus Jacobs mit einer 200 Millionen Euro Spende über die Jacobs Foundation die angeschlagene private International University Bremen, die sich aus Dankbarkeit in Jacobs University umbenannte. Leider taucht die Hochschule Ende 2012 erneut wegen Geldsorgen in den Medien auf. Auch Potsdam konnte sich glücklich schätzen, da sich der SAP-Gründer Hasso Plattner finanziell des Instituts für Softwaresystemtechnik annahm, das in Hasso-Plattner-Institut umbenannt wurde und sich als universitäres Exzellenz- Center für IT-Systems Engineering bezeichnet. Folglich soll hier in Ergänzung zu den vorangegangenen Kapiteln ein hochschulspezifischer Überblick über eine strategische Vorgehensweise gegeben werden (Dieses Kapitel entstand in Zusammenarbeit mit Dr. Matthias Buntrock, Vorstandsvorsitzendem des Deutschen Fundraising Verbandes, langjährigem Fundraiser des Universitätsklinikums Essen, der Medizinischen Fakultät der Universität Duisburg-Essen und der Universität Göttingen.

1.1 Zahlen, Fakten, Hintergründe

In Deutschland gab es zum Wintersemester 2011/2012 421 Hochschulen, von denen 105 Universitäten, 6 Pädagogische Hochschulen, 16 Theologische Hochschulen, 52 Kunsthochschulen, 210 Fachhochschulen und 29 Verwaltungsfachhochschulen waren (vgl. destatis. de)"), die jeweils der Zuständigkeit der einzelnen Bundesländer unterliegen (nur für die Universitäten der Bundeswehr ist der Bund zuständig). Die Zahl der Studierenden stieg an den Hochschulen von 422.000 Anfang der 70er Jahre auf 2.380.874 im Wintersemester 2011/2012. Dieser eklatante Anstieg verschärft die chronische Unterfinanzierung vor allem der staatlichen Universitäten weiter. Schätzungen des Deutschen Hochschulverbandes zufolge liegt das Finanzdefizit der Hochschulen heute bereits bei rund 4 Mrd. Euro.

1. Alumni, Profs und Perspektiven – Hochschul-Fundraising

Die deutschen Hochschulen agieren noch überwiegend in der Rechtsform von Körperschaften des öffentlichen Rechts. Erste Ausnahmen bilden beispielsweise einige Universitäten in Niedersachsen, die in selbstständige Stiftungen umgewandelt wurden. Bei der Finanzierung spielt neben der staatlichen Grundfinanzierung insbesondere für die Forschung die Gewinnung von Drittmitteln eine wichtige Rolle. Die größten Drittmittelgeber sind für Deutschland die Deutsche Forschungsgemeinschaft (www.dfg.de), gefolgt vom Bundesministerium für Bildung und Forschung – BMBF (www.bmbf.de) sowie der Europäischen Union (www.eu.de). Des Weiteren sind Stiftungen und Fördergesellschaften, industrielle Kooperationen und Verbände sowie internationale Organisationen als bedeutende Quellen für die Einwerbung von Drittmitteln zu nennen.

Eine weitere wichtige Finanzierungsquelle sind Einnahmen aus der medizinischen Versorgung (Unikliniken), aus dem Verkauf von Erzeugnissen, Patenten und Veröffentlichungen oder aus sonstigen Dienstleistungen.

1.2 Marketing und Finanzen – Besonderheiten des Fundraising an Hochschulen

Marketing hat an den deutschen Hochschulen noch einen deutlichen Nachholbedarf, obwohl es im Grunde auf denselben Marketingprinzipien beruht, wie sie auch für zahlreiche andere Organisationen gelten. Doch an vielen deutschen Universitäten beschränkt es sich auf einzelne operative Maßnahmen. Obwohl Hochschulen heute gerade dazu angespornt werden, ihr Profil zu schärfen, versteckt sich hinter dem Label der Marketingabteilung oft nichts anderes als die Stelle für Presse- und Öffentlichkeitsarbeit. Hier wird den aktuellen Entwicklungen des „Bildungsmarktes" (noch) nicht Rechnung getragen.

Insbesondere die Exzellenzinitiative des Bundes und der Länder wird die Universitäten kräftig umkrempeln und dazu führen, dass sich Hochschulen im Rahmen eines eigenen Marketingkonzeptes im nationalen und internationalen Wettbewerbsumfeld deutlich positionieren. Hierbei gilt es, sich sowohl über die relevanten Austauschpartner, wie Studierende, Professoren und Geldgeber Gedanken zu machen, als auch ein klares und unverwechselbares Profil zu erarbeiten.

Eine einheitliche Wahrnehmung der Hochschule ist auch für das Fundraising ein entscheidender Erfolgsfaktor. Schließlich ist es die gleiche Öffentlichkeit, die wissenschaftliche Leistungen registriert und gegebenenfalls bereit ist, diese Erfolge finanziell zu unterstützen. Die Integration von Fundraising-Aktionen in das Hochschulmarketing sowie ein übergeordnetes, handlungsleitendes Zielsystem ist deshalb unabdingbare Voraussetzung für die volle Wirkungsentfaltung des Fundraising-Konzeptes. Vorurteile und Kompetenzstreitigkeiten zwischen Fundraisern und Presse- oder Marketingabteilung behindern oft diese so wichtige Gestaltung der Austauschbeziehungen zwischen der Hochschule und ihren (potenziellen) Förderern. Nur ein konzeptionelles Vorgehen im Rahmen eines integrativen Marketing-Managements der Hochschule wird aber langfristig zum Erfolg beider Bereiche führen.

Was die Finanzierung betrifft sind die meisten deutschen Hochschulen in das Rechnungswesen öffentlicher Haushalte eingebunden. Geldeinnahmen der Universität oder ihrer Einrichtungen, z. B. aus Gebühren, Entgelten oder Mieten sind abzuführen beziehungsweise mit dem Zuschuss nach dem Prinzip der Gesamtkostendeckung zu verrechnen. Da Spenden- oder Sponsoringgelder als zweckgebundene Mittel gelten – sofern sie für eine bestimmte Leistung oder Aktivität bestimmt sind – dürfen sie auch nur für diesen Zweck verwendet werden. Wegen dieser Problematik haben einige Universitäten das Fundraising aus dem universitären Betrieb ausgelagert und beispielsweise einen Universitätsförderverein oder eine Stiftung gegründet. Vielen Hochschulen wird heute durch Einführung von Globalhaushalten ein flexiblerer Umgang mit ihren finanziellen Mitteln ermöglicht. Überschüsse – auch die durch Einnahmen erzielten – müssen nicht mehr an das Finanzministerium abgeführt werden, sondern können eigenverantwortlich verausgabt werden. Nachteil dieses Globalhaushalts ist allerdings die leichtere Möglichkeit staatlicher Mittelkürzungen.

Sollten jedoch Etatkürzungen auch aufgrund von Fundraising-Aktivitäten und Einnahmen vorgenommen werden, wird sich dies auf das Fundraising der Universität eher demotivierend auswirken. Auch für potentielle Förderer ist es wichtig, dass sich die Hochschulfinanzierung auf einer soliden Grundlage befindet und die zusätzlichen Mittel nicht zum Stopfen von Löchern im Haushalt dienen. Es ist davon auszugehen, dass die flexibleren Regelungen im Rahmen der neuen Globalhaushalte dazu führen werden, neue Impulse für das Fundraising der Universitäten zu geben.

1.3 „Die paar Personalprobleme" – Organisation des Fundraising an Hochschulen

Fundraising wird an deutschen Universitäten überwiegend zentral organisiert und ist meist als Stabsstelle im Rektorat oder Präsidium angesiedelt. Häufig findet man die Fundraiserin oder den Fundraiser auch in der Abteilung Presse- und Öffentlichkeitsarbeit, beim Kanzler, in der zentralen Verwaltung oder beim Marketing. Eine pauschale Empfehlung, wo Fundraising in der Organisationsstruktur einer Hochschule anzusiedeln ist, gibt es nicht, da etwaige Besonderheiten der Hochschule beachtet werden müssen. Egal, wie und wo das Fundraising organisiert wird, von entscheidender Bedeutung ist es, dass dafür eine feste Ansprechperson innerhalb der Hochschule vorhanden ist. Sie sollte etwa auch der Telefonzentrale und den Pförtnern bekannt sein, da diese häufig die ersten Kontaktpersonen für Außenstehende sind.

Die Universität Mannheim und die TU München haben das Fundraising organisatorisch auf ihr nahe stehende GmbHs, z. B. TUM-Tech in München, übertragen. Das Universitätsklinikum Essen wird sein Fundraising gemeinsam mit der Medizinischen Fakultät in einer neuen Stiftung organisieren. Die strategische Verantwortung für sämtliche Fundraising-Maßnahmen muss aber bei der Hochschule verbleiben und die Fundraising-Aktionen müssen mit anderen Kommunikationsbereichen integrativ vernetzt werden. Geschieht dies nicht, werden Identität und Integrität der Hochschule nicht erkennbar, was sich schnell negativ auf den Erfolg auswirken kann.

Aus einer Studie des CHE (vgl. die Studie des CHE (Gemeinnütziges Centrum für Hochschulentwicklung GmbH) in Kooperation mit der TUM-Tech GmbH zitiert nach Tutt (2002), S. 16 ff.), die im Dezember 2005 veröffentlich wurde, geht hervor, das nur ein Drittel der an der Studie beteiligten Hochschulen über mindestens eine Fundraisingstelle verfügen. Wie viele Mitarbeiter/innen ein Fundraising-Bereich benötigt, hängt vom angestrebten Spendenvolumen ab. Eine grobe Faustformel geht davon aus, dass pro 500.000 bis 800.000 Euro Spendeneinnahmen eine Stelle im Fundraising erforderlich ist. Wie groß die Abteilungen im US-Amerikanischen Hochschul-Fundraising bereits sind, zeigen die Beispiele der Universitäten Berkeley und Harvard.

Die staatliche kalifornische Universität Berkeley beschäftigt rund 250 Mitarbeiter im Alumni- und Fundraising-Bereich, an der Universität Harvard sind sogar 400 Mitarbeiter in dieser Abteilung tätig. Fundraising ist aber immer als Teamarbeit zu sehen. Das heißt, es ist unbedingt zu empfehlen, dass sich alle diejenigen Personen zu regelmäßigen Sitzungen zusammen finden, die in der Hochschule für die Bereiche Fundraising, Marketing, Presse und Alumni zuständig sind. Darüber hinaus sollten die zuständigen Mitarbeiter der Hochschulleitung ebenfalls an diesen Treffen teilnehmen.

1.4 Analyse und Planung – Wo stehen wir und wo wollen wir hin?

Analyse der Fundraising-Bereitschaft, der internen Rahmenbedingungen sowie der Chancen und Risiken

Fundraising ist zwar eine zentrale Management-Aufgabe der Hochschulleitung, aber in der tagtäglichen Praxis repräsentiert jede Mitarbeiterin und jeder Mitarbeiter die Hochschule und tritt in Kontakt mit potentiellen Förderern. Es sollte daher als allererstes die Akzeptanz der Mitglieder der Hochschule eruiert und gegebenenfalls verbessert werden. Eine mürrische Reaktion am Telefon ist ebenso fatal wie das konsequente „Vergessen" eines Rückrufs oder der erbetenen Weiterleitung von Informationen. Gerade Hochschulen müssen ihre eigen Mitarbeiter stärker für eine gemeinsame Außendarstellung umwerben, als es in anderen Organisationen notwendig ist.

Auch hier besteht noch sehr viel Nachholbedarf, um eventuelle Vorurteile und negative Erwartungen abzubauen. Großspenden von Industrieunternehmen wird beispielsweise oft mit Misstrauen und Ablehnung begegnet, weil dadurch eine verstärkte Abhängigkeit von der Wirtschaft und deren möglicher Einflussnahme auf Forschungsprojekte befürchtet wird. Diese Sorge ist jedoch meistens unbegründet und sogar in den USA als dem Land mit langjähriger Erfahrung im Hochschul-Fundraising keineswegs an der Tagesordnung.

Neben der Überprüfung der internen Bereitschaft zum Fundraising sowie der gegebenenfalls notwendigen Aufklärung und Sensibilisierung der Mitarbeiter muss die steuer- und haushaltsrechtliche Situation geklärt werden. Hier unterliegen Hochschulen weitgehend denselben Regeln wie andere gemeinnützige Organisationen. Das heißt, Spendeneinnahmen sind unbegrenzt möglich, während z. B. Sponsoring mit der gebotenen steuerlichen Vorsicht zu behandeln ist (vgl. hierzu Kapitel 3.2).

Darüber hinaus bedarf es der Betrachtung der internen Rahmenbedingungen und einer kritischen, ehrlichen Stärken- und Schwächen-Analyse. So spielt das Image der Hochschule eine große Rolle. Eine gute Reputation und ein hoher regionaler, nationaler oder gar internationaler Bekanntheitsgrad erhöhen die Erfolgsaussichten, Förderer zu gewinnen. Traditionsreiche Hochschulen wie Heidelberg, Tübingen oder Freiburg haben hier bereits durch ihre lange Geschichte einen deutlichen Vorteil.

Die Hochschulleitung muss außerdem festlegen, welche personellen und finanziellen Ressourcen für den Fundraising-Bereich bereitgestellt werden müssen und können. Da von nichts bekanntlich auch nichts kommt, ist ein ausreichendes Budget für die Fundraising-Aktivitäten insbesondere in der Startphase unabdingbar. Allen Beteiligten sollte bewusst sein, dass man in den ersten Jahren investieren muss.

Von nicht zu unterschätzender Bedeutung ist die Analyse und Klärung der Frage, was die Hochschule mit dem Fundraising bezwecken möchte. Aufschlussreich ist auch eine Analyse der bisherigen Förderer und Unterstützer. Dies erleichtert die Fokussierung auf potentielle Zielgruppen und ermöglicht eine Einschätzung des Fundraising-Potenzials. Nach der internen Überprüfung der Voraussetzungen sowie möglicher Stärken und Schwächen ist ein Blick über den Tellerrand angeraten. Im Rahmen einer Chancen- und Risiken-Analyse sind die politischen, gesellschaftlichen, technologischen und ökonomischen Bedingungen zu analysieren. Kernziel dieser Analyse ist es, Chancen zu erkennen, die sich aufgrund von Umweltfaktoren ergeben, um diese anschließend mit internen Stärken zu kombinieren (vgl. hierzu Kapitel 2).

Durch eine Konkurrenzanalyse werden direkte oder indirekte Mitbewerber um Fundraising-Mittel identifiziert. Die unmittelbaren räumlichen Mitbewerber sollten hinsichtlich ihrer Fundraising-Aktivitäten untersucht werden. Natürlich ist in diesem Zusammenhang auch zu überprüfen, welche positiven Aktionen sich gegebenenfalls übernehmen lassen.

Planung – Wissen, wohin die Reise gehen soll

Für den Erfolg des Fundraising ist Planung von entscheidender Bedeutung. Die zu erwartenden Erfolge werden umso größer sein je langfristiger und detaillierter die eigenen Planungen sind. Ein Planungssystem lässt sich idealtypisch in drei hierarchisch aufgebauten Stufen einteilen:

- An oberster Stelle steht die langfristige strategische Grundsatzplanung, in deren Rahmen das Leitbild, die Vision der Hochschule formuliert wird.

- Danach folgt die taktisch-mittelfristige Planung (drei bis fünf Jahre),

- die durch die operativ-dispositive Planung mit einem Planungshorizont von bis zu einem Jahr konkretisiert wird (vgl. hierzu Kapitel 4).

Die Entwicklung eines Fundraising-Rahmenplans, der alle fundraising-relevanten Maßnahmen in einer Organisation koordiniert, stellt das Kernstück der Planung im Fundraising dar. Mit der Erarbeitung eines Fundraising-Konzepts müssen grundsätzliche und

1. Alumni, Profs und Perspektiven – Hochschul-Fundraising

bindende Entscheidungen getroffen werden, insbesondere die strategischen Fundraising-Ziele und die Formulierung der Fundraising-Strategie sind dabei von entscheidender Bedeutung. Die dazu passende Planung des Einsatzes der Fundraising-Instrumente ist eine weitere wichtige Maßnahme die entscheidend ist für den Erfolg.

Diese Schritte entsprechen der allgemeinen Vorgehensweise des Fundraising-Prozesses wie er in diesem Buch beschrieben wird. Daher sollen sie an dieser Stelle nicht en detail wiederholt werden. Da jede Hochschule, die Fundraising betreiben möchte, eine individuelle Art praktizieren oder entwickeln wird, empfiehlt es sich aus den Maßnahmen und Methoden, die bereits vorgestellt wurden, diejenigen herauszusuchen, die auf Grundlage der Situationsanalyse für die individuelle Ausgangslage der Hochschule den größten Erfolg versprechen. Denn auch im Hochschul-Fundraising wird man keine allgemein gültigen Erfolgsrezepte abgeben können.

Besonders zu erwähnen ist die Tatsache, dass gerade an Hochschulen, bei denen das Fundraising auf Akzeptanzprobleme stößt, eine inhaltliche und zeitlich klare Ausarbeitung von operationalen Zielen von entscheidender Bedeutung ist. Nur dadurch ist eine Kontrolle des Fundraising-Erfolgs möglich und kann der Kritik des Einsatzes von Fundraising-Maßnahmen begegnet werden.

Relationship-Fundraising oder wie pflege ich meine Alumni?

Fundraising beschäftigt sich nicht in erster Linie mit Geld sondern mit dem Aufbau und der Pflege von Beziehungen. In Anlehnung an den Begriff des Relationship-Marketing wird dafür im Fundraising der Begriff „Relationship-Fundraising" verwendet. Ziel ist es, zu den potenziellen Förderern, eine dauerhafte Bindung herzustellen.

Während Stiftungen und Unternehmen selten zu Dauerförderern werden, können Privatpersonen seitens der Universität als Freunde und Förderer fürs Leben gewonnen werden. Seit vielen Jahren stellen Privatpersonen im Fundraising die attraktivste Zielgruppe dar, was insbesondere im Hinblick auf die Alumni auch für den universitären Bereich gelten dürfte.

Ein Beispiel aus den USA verdeutlicht, welches Potenzial in den Alumni stecken. Die Universität Princeton hat mit einer Großspendenkampagne zwischen 1995 und 2000 insgesamt 1,14 Mrd. Dollar akquiriert. Die ehemaligen Studenten (Alumni) spendeten 782 Mio., die Eltern von Studenten 52 Mio., aus Nachlässen flossen 104 Mio. und „lediglich" rund 165 Mio. gaben Stiftungen sowie Unternehmen (vgl. Princeton University (2005).

> **BEISPIEL:** Ende 2011 gab die University of Cambridge (UK) stolz bekannt, dass sie im Rahmen ihrer Kampagne zum 800-jährigen Bestehen die 2 Mrd. Dollar-Marke geknackt habe. Dies ist die bislang größte Fundraising-Summe, die jemals in Europa aufgebracht wurde. Der Löwenanteil (34 %) kam von Ehemaligen (Alumni), 27 % aus Fonds („trusts") und Stiftungen, 10 % von Unternehmen, 13 % von weiteren Privatpersonen und 16 % über Legate von Alumni oder deren Familien. Der Kampagnen-Report steht Interessierten zum download zur Verfügung (vgl. /www.campaign.cam.ac.uk).

Während amerikanische Universitäten die Zielgruppe der Alumni seit Jahren intensiv umwerben und die unterschiedlichsten Strategien entwickeln, wie man vermögende Alumni um Spenden angehen kann, entdecken die deutschen Universitäten dieses Fundraising-Potenzial erst allmählich. In den USA beginnen die zuständigen Departments für „Development und Alumni" bereits bei ihren Studenten mit dem Aufbau intensiver Beziehungen. So helfen die Berater dem Nachwuchs von der Zimmervermittlung vor dem Studium bis zur Arbeitsplatzvermittlung nach dem Abschluss, und auch nach dem Ende der Ausbildung wird die Beziehung weiter kultiviert und gegebenenfalls intensiviert. Zwar knüpfen auch deutsche Universitäten seit einiger Zeit große Hoffnungen an die Ehemaligen, doch ist deren Bindung an die Alma Mater bedingt durch verloren gegangene Traditionen und Identität im Zuge der 68er-Bewegung und überfüllter Jahrgänge in den „auf Gleichförmigkeit getrimmten Ausbildungsfabriken" (Spiewak, Die Zeit 42/2001) bislang kaum vorhanden. Dennoch etablieren sich an vielen deutschen Hochschulen langsam Alumni-Aktivitäten. Schätzungen zufolge gab es im Jahr 2000 rund 400 Alumni-Organisationen, deren Träger u. a. Hochschulen, einzelne Fakultäten und Fachbereiche, Freundes- bzw. Förderkreise der Hochschulen, gemeinnützige Trägervereine

1. Alumni, Profs und Perspektiven – Hochschul-Fundraising

und GmbHs waren (Vgl. Vogel (2001) S. 6). Der Universität Freiburg beispielsweise ist es in mühevoller Kleinarbeit gelungen, Kontakt zu 55.000 Ehemaligen aufzunehmen. Hauptproblem der Kontaktaufnahme ist es seitens der Universität, einen Adressenpool aufzubauen und die zumeist „zwangsweise" exmatrikulierten Ehemaligen wieder aufzuspüren. Die Siegener Universität schaltete daher eine Suchanzeige und verwendete Adressendateien von Fördervereinen, die bereits auf Fakultätsebene existierten. Da dies ein zeit- und kostenintensives Vorgehen ist, müssen zukünftig neue Formen der Bindung kultiviert werden. Die meisten Alumni-Vereinigungen bieten ihren Mitgliedern neben den obligatorischen „Newslettern" ein umfangreiches Angebot. Dieses reicht von einer lebenslangen E-Mail-Adresse mit Nutzung geschützter Internetportale, verbilligten Weiterbildungs-, Vortrags- und Merchandisingangeboten, über Bibliothekszugänge bis hin zu regelmäßigen regionalen und überregionalen Alumni-Treffen. Die Intensität der Beziehungspflege und das frühzeitige Ansprechen sind entscheidend für die Bereitschaft, sich über den Mitgliedsbeitrag hinaus für die alte Alma mater zu engagieren. Im Herbst 2005 bat „Alumni Göttingen" seine Mitglieder erstmalig um eine finanzielle Unterstützung für die Renovierung des historischen Karzers. In einem Zeitraum von zwei Monaten spendeten die Alumni seinerzeit 20.000 Euro (Vgl. Spiewack (2005). Die Zeit vom 29. 12 2005). Durch die im Mai 2000 gestartete Initiative „Renaissance des Barockschlosses" konnte der Verein AbsolventUM der Universität Mannheim von seinen Ehemaligen ca. 2,04 Mio. Euro sammeln. Insgesamt wurden in Mannheim 15 Hörsäle mit Geldern von Mäzenen und Unternehmen renoviert. Neben den „normalen" Universitätsabgängern stellen die Top-Alumni eine besondere Zielgruppe dar. Um diese intensiver an eine Universität zu binden und insbesondere als Großspender zu gewinnen, ist es notwendig, die Beziehung mit ihnen persönlicher und individueller zu gestalten. Im Rahmen einer Studie wurden dafür besonders geeignete Maßnahmen ermittelt (Vgl. Studie Nr. 39 des CHE (Gemeinnütziges Centrum für Hochschulentwicklung GmbH) in Kooperation mit der TUM-Tech GmbH vom Juli 2002):

- Mentorenprogramme, in denen Top-Alumni als Mentoren für Studenten oder Doktoranden mittelbar am Geschehen der Universität beteiligt werden,
- Testimonialwerbung mit erfolgreichen Alumni,
- Einrichtung einer Hall of Fame erfolgreicher Alumni,
- Einladungen zu Kamingesprächen,
- die Zusammenarbeit innerhalb von Projekt- oder Fakultätsbeiräten sowie
- Alumni-Dinner-Veranstaltungen

1.6 Kontrolle, Evaluation und Umsetzungsprobleme oder wo hakt es denn nun schon wieder?

Wie bereits beschrieben, funktioniert Hochschul-Fundraising nicht ohne systematische Planung, aber auch ohne Controlling wird sich der Erfolg nicht einstellen. Es müssen ständig die notwendigen internen und externen Daten, Informationen und Analyseergebnisse zur Verfügung stehen. Nur so kann eine systematische Evaluation der Fundraising-Aktivitäten, der Kosten und der Erfolge dazu führen, Verbesserungsvorschläge zu entwickeln, Lösungen für mögliche Probleme zu finden und Zielvorgaben anzupassen.

Ein idealtypischer Fundraising-Management-Prozess wie er in diesem Buch beschrieben wird, lässt sich derzeit an vielen Hochschulen nur mit erheblichem Aufwand durchführen. Verantwortlich dafür sind insbesondere:

- mangelnde Investitionen (Zeit und Geld)
- unklare Kompetenzverteilungen und Handlungsvollmachten
- fehlende Daten für eine interne und externe Analyse
- nicht vorhandene Leitbilder oder Visionen
- eine fehlende Corporate Identity oder Markenbildung
- Koordinations- und Umsetzungsschwierigkeiten operativer Maßnahmen sowie
- ein fehlendes übergeordnetes, handlungsleitendes Zielsystem

1. Alumni, Profs und Perspektiven – Hochschul-Fundraising

Die Bestimmung des übergeordneten Ziels gestaltet sich immer wieder problematisch, da es sich bei Universitäten um Expertenorganisationen handelt, deren Leitungspersonal aufgrund von zeitlich befristeten Ämtern nur eine geringe Bindung an die gesamte Institution aufweist. Auch die grundgesetzlich garantierte Freiheit von Forschung und Lehre erschwert ein koordiniertes Handeln. In diesem Zusammenhang spielt natürlich auch eine nicht zu unterschätzende Rolle, dass Rektoren oder Präsidenten zwar über eine hervorragende wissenschaftliche Reputation verfügen, jedoch oft wenig Erfahrung in Management- und insbesondere Fundraising-Angelegenheiten haben. So ist der Präsident der TU-München auch „der größte Trumpf" für den Fundraising-Erfolg (Spiewack, 2005 (die Zeit vom 29. 12. 2005)), weil er sich als der oberste Fundraiser der Universität versteht.

Jahrzehntelang mussten sich Universitäten nicht um ihren Markt kümmern und haben es folglich auch nicht getan. Die geplante Einführung von Studiengebühren in einigen Bundesländern wird hier vermutlich zu einer ganz neuen Marktorientierung führen, die für das Fundraising sehr hilfreich sein kann.

1.7 Zusammenfassung

Universitäten in Deutschland stehen unter einem großen finanziellen Druck. Einerseits werden die staatlichen Zuweisungen gekürzt, andererseits reißt der Strom der Studierenden nicht ab. Daneben werden immer neue Anforderungen an Universitäten, insbesondere ihre nationale und internationale Reputation und Forschungsintensität gestellt. Die deutschen Hochschulen werden daher – auch ermuntert durch finanzschwache Landesregierungen – durch Fundraising-Aktivitäten stärker als bisher versuchen, private Finanzierungsquellen zu erschließen. Da Fundraising aber schon seit längerem auch für die Finanzierung von sozialen, ökologischen und kulturellen Aufgaben eine bedeutende Einnahmequelle darstellt, werden sich Universitäten auf dem Fundraising-Markt einem wachsenden, professionellen Konkurrenzdruck um Mittel und Förderer ausgesetzt sehen. Die seit Jahren angespannten wirtschaftlichen Verhältnisse in Deutschland und die daraus resultierende „Spendenmüdigkeit" der Wirtschaft sowie die Stagnation des deutschen Spendenvolumens, erschweren den Universitäten zusätzlich das Einwerben nichtstaatlicher Mittel.

Den deutschen Universitäten wird es nur durch eine Professionalisierung ihres Fundraising gelingen, sich langfristig in diesem Markt zu positionieren. Vorraussetzung dafür ist ein eigenständiges Profil der Hochschule, das in Leitbild und Corporate Identity sichtbar wird.

Fundraising muss dann als strategisch geplanter Management-Prozess umgesetzt werden, dessen Schritte sich auf interne und externe Analysen des Umfeldes und des Marktes einer Universität stützen. Ohne ein adäquates Fundraising-Konzept, das klar in das allgemeine Marketing-Konzept der Universität integriert werden muss, ist dieser Prozess jedoch zum Scheitern verurteilt. Die Abstimmung und Koordination der Bereiche Öffentlichkeitsarbeit und Fundraising sind von entscheidender Wichtigkeit für den Fundraisingerfolg, denn die Öffentlichkeitsarbeit ist verantwortlich für Imagebildung und Bekanntheitsgrad der Hochschule.

Alle Planung und das beste Konzept sind aber nutzlos, wenn die Hochschulleitung sich ihrer wichtigen und tragenden Rolle als oberste Fundraiser nicht klar ist. Der Präsident/die Präsidentin (Rektor/Rektorin) muss sich als erster Fundraiser verstehen. Dies verdeutlicht intern wie extern die Priorität, die die Universität dem Fundraising beimisst. Auch hier müssen sich die deutschen Hochschulen die amerikanischen Hochschulen zum Vorbild nehmen. Amerikanische Universitätspräsidenten widmen sich z. B. oft zu mehr als 50 % ihrer Arbeitszeit dem Fundraising. Die Einrichtung einer Fundraising-Abteilung kann daher keine Alibifunktion darstellen, denn erfolgreiche Fundraising-Abteilungen bereiten der Hochschulleitung viel Arbeit.

Der Aufbau und die Pflege von Beziehungen zu den relevanten Zielgruppen einer Universität müssen im Mittelpunkt des universitären Fundraising stehen. Das schon vielzitierte „Friendraising comes before Fundraising" soll hier nochmals genannt werden. Das gilt insbesondere für die Alumni, Top-Alumni und Großspender, für die es individuelle Bindungskonzepte zu entwickeln gilt.

Nicht unerwähnt bleiben sollen die Bedeutung und Auswirkungen steuer- und haushaltsrechtlicher Rahmenbedingungen, in denen die Hochschulen (noch) agieren.

Ein Präsident der Universität Harvard, der im 19. Jahrhundert die Hochschule leitete, wurde damals gefragt, unter welchen Umständen es gelingen könnte, eine Eliteuniversität aufzubauen. Seine Antwort lautete: „50 Millionen Dollar und 100 Jahre Zeit" (vgl. Bueb (2004), S. 19). Hochschulen und ihre Fundraiser brauchen also einen langen Atem.

Interview mit Dr. Matthias Buntrock – Vorstandsvorsitzender des Deutschen Fundraising Verbandes, langjähriger Fundraiser des Universitätsklinikums Essen, der Medizinischen Fakultät der Universität Duisburg- Essen und der Universität Göttingen sowie Berater von GrenzebachGlier & Associates, Inc.

Frage: Hochschul-Fundraising wird als Topthema gehandelt, steckt aber in Deutschland noch in den Kinderschuhen. Wie beurteilen Sie die aktuelle Situation?

Dr. Matthias Buntrock: Es ist richtig, dass Hochschul-Fundraising sich noch immer in den Anfängen befindet. Es gibt ein paar erfolgreiche und gute Beispiele, wo es funktioniert hat. München, Mannheim oder Aachen werden immer wieder als Vorbilder genannt und natürlich die privaten Universitäten, für die Fundraising eine große Bedeutung hat. Viele Universitäten haben angefangen Fundraising zu betreiben und Fundraising-Abteilungen aufzubauen. Insbesondere das Deutschlandstipendium hat diese Entwicklung befördert. Diese neuen Abteilungen werden zum Teil mit finanziellen Mitteln, die sie dafür bereitgestellt haben und zum Teil mit Personal, das sie extern akquirieren, also Fundraiser mit Berufserfahrung aufgebaut. Das braucht natürlich Zeit. Man kann nicht erwarten, dass eine neue Fundraising-Abteilung innerhalb eines Jahres und auch nicht innerhalb von zwei bis drei Jahren nennenswerte finanzielle Erfolge erzielt. Andererseits ist auch zu beobachten, dass viele Universitäten ihre Alumniprogramme starten oder ausbauen, weil man sich damit langfristig im Sinne des Fundraising Spenden und Unterstützung für die Uni erhofft. Der Erfolg ist hierbei weitgehend davon abhängig, wer es betreibt, ob man es systematisch betreibt und ob jemand mit Marketingerfahrung und Akribie dahinter sitzt, mit Erfahrung wie man Daten verarbeitet oder wie man Menschen dazu bewegt, sich zu engagieren. Wenn man also Alumniarbeit zum Fundraising einer Universität rechnet und das tun insbesondere amerikanische Universitäten, dann sind bei vielen Universitäten und Hochschulen die Ansätze da, sich langsam in diesem Bereich zu entwickeln und dort mittel- bis langfristig auch Erfolge zu erzielen.

Frage: Was raten Sie einer Hochschule, die in das Fundraising einsteigen möchte? Welches sind Ihrer Meinung nach die wichtigsten Schritte, um an den Start zu gehen?

Dr. Matthias Buntrock: Der Aufbau einer Alumniarbeit gehört mit Sicherheit zu den ersten Schritten. Davor muss aber stehen, was die Amerikaner als „institutional readiness" bezeichnen. Das heißt, dass man sich wirklich seitens des Präsidiums oder des Vorstands einig ist, Fundraising betreiben zu wollen und nicht nur einem Modetrend zu folgen. Dass also auch das persönliche Engagement für diese Aufgabe vorhanden ist und jeder weiß, was es heißt, Fundraising zu betreiben. Dass man beispielsweise an einem Strang zieht und jeder auch bereit ist, Zeit und Energie in das Fundraising zu investieren. Es geht zum Beispiel nicht, dass der Präsident sagt, ich stelle Herrn oder Frau XY als Fundraiser/in ein und dann will ich von dem Thema nichts mehr hören, außer dass ich in einem Jahr die finanziellen Erfolge sehen will. Der Präsident ist der erste Fundraiser einer Universität und mit ihm das Präsidium und eigentlich auch jeder Mitarbeiter. So hat es mich auch sehr gefreut, dass der Deutsche Fundraisingpreis 2012 an den Rektor der Universität Duisburg-Essen vergeben wurde, da er genau in diesem Sinne agiert. Jedes Mitglied einer Hochschule repräsentiert die Hochschule nach außen. Das muss sich zum Beispiel auch bei der Alumniarbeit äußern. Man kann nicht von den Studierenden zum Beispiel Studiengebühren verlangen oder um eine Mitgliedschaft in einem Alumniverein werben und auf der anderen Seite keine Gegenleistungen anbieten. Wenn ich jemanden um Geld bitte, dann fragt er mich, insbesondere wenn er mich nicht so gut kennt, natürlich auch: Was habe ich davon, wo ist mein benefit? Im Hochschul-Fundraising-Bereich reden wir ja nicht von Kleinspendern, sondern oft von Großspenderprogrammen und in Anbetracht der wirtschaftlichen Situation gibt es gerade von Unternehmen keine größeren Summen mehr ohne ein klares Konzept der Gegenleistung. Selbst Spendenentscheidungen, die früher noch Vorstände getroffen haben, werden heute, sobald es um größere Summen geht, fast ausschließlich von den Vorstandsvorsitzenden getragen. Infolgedessen ist es wichtig, dass man sich darüber im Klaren ist, dass Fundraising kein einseitiges Geschäft, sondern ein Geschäft auf Gegenseitigkeit ist. Man muss sich auch bewusst sein, wie weit man bereit ist, eine Gegenleistung zu erbringen, wenn man Geld im vier-, fünf- oder sechsstelligen Bereich annimmt. Bin ich bereit, ein neues Laboratorium nach Firma XY zu benennen oder Werbung in Hörsälen zuzulassen? Bin ich bei-

1. Alumni, Profs und Perspektiven – Hochschul-Fundraising

spielsweise als Präsident bereit, abends einen Termin zu machen und drei Vorstandsvorsitzende großer regionaler oder überregionaler Firmen einzuladen, mit diesen einen Kaminabend zu verbringen, den die Universität sich auch etwas kosten lässt? Das heißt beispielsweise, auch mal vom Edelcaterer etwas kommen zu lassen. Fundraising verändert eine Universität oder eine Verwaltung, weil dadurch von der Zielgruppe her gedacht werden muss und nicht aus der Tradition einer Verwaltung oder Behörde.

Des Weiteren gehört dazu, dass man Verständnis für Fundraising entwickelt und beispielsweise nicht erwartet, dass binnen 12 Monaten das große Geld fließt. Fundraising bedeutet vielmehr, dass man zunächst Zeit und auch Geld investiert und das auch über einen Zeitraum, der länger als 12 Monate sein kann. Es geht darum, Beziehungen teilweise neu aufzubauen und z. B. in Deutschland eine Lobby dafür zu schaffen, dass man staatlichen Hochschulen auch Geld spendet und dass diese Hochschulen finanzieller Unterstützung bedürfen. Für viele Bürger in Deutschland ist Bildung immer noch ausschließlich Staatsaufgabe und anders als z. B. bei vielen anderen Hilfseinrichtungen, bei denen ich mit einem Foto auf den Bedarf hinweisen kann, ist es schwierig, Studierende in einem Hörsaal zu fotografieren und zu sagen: Die brauchen Geld. Man muss vermitteln, warum sie das brauchen. In Deutschland haben wir nun mal keinen anderen Rohstoff als Bildung und wenn wir Zukunft mitgestalten wollen, dann müssen wir das mit Bildung tun. In diesem Zusammenhang muss man versuchen, dafür Gehör zu schaffen, dass Investitionen in welcher Form auch immer, sei es Spenden, Sponsoring, Stiftungen, in Bildung sich lohnen, weil es unsere Zukunft bedeutet. Marketing ist hier das Stichwort und Presseabteilungen von Universitäten, die heute fast alle professionell arbeiten, müssen sich auch mit Marketing und dabei insbesondere mit Markenbildung beschäftigen. Wie positioniert man eine Uni nach außen, was ist die USP (= unique selling proposition bzw. Alleinstellungsmerkmale) von Universitäten? Welche Hochschulen werden es sein, die auch nach dem Förderprogramm zu den Eliteuniversitäten gezählt werden und wo sind unterstützungswürdige Bereiche? Mit Sicherheit hat nicht jede Universität nur Topangebote, kann diese in einen Bauchladen packen und sagen, wir brauchen für alles Geld. In den Bereichen, in denen wir als Fundraiser arbeiten geht es ja durchweg um große Summen. Das heißt, Spender und Sponsoren möchten gewissermaßen Wissenschaftsdiamanten fördern und etwas Besonderes haben, um sich auch damit zu schmücken. Da müssen sich die Universitäten überlegen, welche Bereiche man anbieten kann. Das hat auch wieder etwas mit der Gegenleistung zu tun. Als Universität habe ich bestimmte Bereiche, die mir wichtig sind und die ich nach vorne bringen möchte. Diese gilt es herauszuarbeiten, um damit Exzellenz zu schaffen.

Frage: Wie verhält man sich als Massenuniversität in einer Großstadt. Sollte man bestimmte „centres of excellence" herausstreichen und dennoch in der Breite finanzieren oder wie muss man sich das für den Fundraising-Bereich vorstellen?

Dr. Matthias Buntrock: Ich halte Stiftungen für eine gute Lösung. Gerade bei Massenuniversitäten mit 14, 15 Fachbereichen und den ganzen Unterbereichen und Instituten. Um sich da nicht mit einer Bauchladenmentalität zu verzetteln, ist es gut, so etwas wie eine zentrale Fundraising-Stelle zu schaffen, mit der man Exzellenz-Cluster für die Stiftung heraussucht und diese exemplarisch für diese Universität darstellt. Man kann potenziellen Förderern dann anbieten, beispielsweise die Bereiche A, B, oder C zu unterstützen oder die Hochschule allgemein zu fördern, weil sie gute Arbeit leistet und selbst entscheiden soll, was mit dem Geld finanziert werden soll. Über die Stiftung hat man auch die Möglichkeit, weniger attraktive Bereiche zu unterstützen. Die Menschen können dann selbst entscheiden, ob sie beispielsweise nur die Medizin oder die gesamte Hochschule unterstützen wollen.

Frage: Wird eine Universität durch Fundraisingmethoden kommerzialisiert oder müssen kritische Stimmen die Freiheit von Lehre und Forschung in Gefahr sehen?

Dr. Matthias Buntrock: Ich meine nicht, dass man sich kommerzialisiert oder einem Ausverkauf preisgibt, das hat eine Universität gar nicht nötig. Es gibt ja eine Vielzahl von Zwischenschritten. Eine Gegenleistung bedeutet nicht, dass man den Hörsaal automatisch rot streicht, nur weil Coca Cola ihn sponsert. Es reicht vielleicht auch eine Silbertafel mit einem schwarzen Logo drauf. Hier muss man Kompromisse suchen und finden. Einen Totalausverkauf darf es natürlich nicht geben und selbst in den USA, die ja das große Vorbild in Sachen Hochschul-Fundraising sind, ist es nicht so, dass die Räume an das Design des Unternehmens angepasst werden. Die heißen vielleicht „Coca-Cola-Company-Hörsaal" oder sind mit einer Tafel gekennzeichnet. Mannheim oder Frankfurt haben es ja vorgemacht und sind sehr erfolgreich damit, wie man Firmen zum Beispiel für die Namensgebung an der Uni gewinnen kann. Tatsache ist aber, dass es ein Geschäft ist und wie bei jedem guten Geschäft gibt es zwei Partner auf Augenhöhe. Jeder der Partner muss letztendlich entscheiden, was er zulässt oder was nicht. Es gibt zum Beispiel ganz klare Entscheidungen darüber, an der Universität keine Tabakwerbung oder Alkoholwerbung zuzulassen. Das muss jede Hochschule im Rahmen ihres eigenen Ethikcodex festlegen.

Frage: Die Professoren sind gehalten, eigene Drittmittel einzuwerben. Wie handhabt man das mit einer zentralen Fundraising-Abteilung?

Dr. Matthias Buntrock: Drittmittel entstehen ja in erster Linie durch besondere Beziehungen der Professoren zu Firmen oder anderen Institutionen. Zu DFG-

1. Alumni, Profs und Perspektiven – Hochschul-Fundraising

Drittmitteln beispielsweise entsteht gar keine Konkurrenz. Bei Firmen sieht das schon ein bisschen anders aus. Diese Kontakte sind natürlich auch für das Fundraising sehr interessant. Ich würde Fundraising dennoch nicht als Konkurrenz verstehen wollen, sondern eher als Dienstleistung. Wie kann man Spender oder Drittmittelgeber dazu bringen, sich dauerhaft zu engagieren oder mehr zu tun als bisher? Wie kann man sie an sich binden? Wie hält man die Geber auf dem Laufenden? Wie pflegt man seine Kontakte? Fundraising wäre auch für dezentrale Fachbereiche oder Institute eine Dienstleistungsstelle. Ein Konkurrenzgedanke sollte also nicht gefördert werden, sondern man sollte versuchen, integrativ zu arbeiten. Eine Stiftung hat hier den großen Vorteil, dass man sich auch neue Kreise erschließen kann.

Frage: Welches sind Ihrer Meinung nach die größten Schwierigkeiten oder potenziellen Fallstricke beim Aufbau einer Fundraising-Abteilung an einer deutschen Hochschule?

Dr. Matthias Buntrock: Die größten Schwierigkeiten sehe ich vor allem am mangelnden Verständnis für Fundraising. Man sieht immer das große Vorbild Harvard, dass man dort jährlich ein Spendenaufkommen von rund 400 Millionen US Dollar hat und sagt, das wollen wir auch haben. Das ist der falsche Vergleich. Keine Universität in Deutschland kann sich mit Harvard, Yale oder Stanford mit ihren Millionen und Abermillionen an Fundraising-Mitteln vergleichen. Man muss vielmehr sehen, dass sich an diesen Universitäten etwa 200–400 Mitarbeiter (inkl. des Alumnibereichs) systematisch um diese Millionen bemühen. Dies erfolgt zum Teil mit raffinierten Direktmarketingstrategien. Folglich muss man die Vergleiche relativieren.

Es wäre besser, zu schauen, welche Universitäten in den letzten Jahren mit Fundraising angefangen haben. Hier bietet sich der Blick nach Großbritannien an. Dort wurde ähnlich wie in Deutschland bei Null angefangen, sprich, es gab keine Alumni-Organisationen und keine nennenswerten systematischen Fundraising-Aktivitäten. Auch dort ist es so, dass strategisch geplantes Vorgehen immer erst im eigenen Haus ansetzt und dort die meisten Fehler gemacht werden. Häufig heißt es, wir haben hier noch irgendeinen Referenten sitzen, dessen Projekt ausgelaufen ist, der kann doch eigentlich auch Fundraising machen. So etwas kann funktionieren, aber man muss in jedem Fall berücksichtigen, dass das seine Zeit braucht, genauso wie bei einem professionellen Fundraiser auch. Mit eigenen Mitarbeitern zu starten, die sich einarbeiten, kann insbesondere dann gut funktionieren, wenn man ein fundraising-williges Präsidium hat, das ein Händchen dafür hat, auf Menschen zuzugehen und diese gewinnen zu können und das hinter dem Fundraiser steht. Man muss gewisse Voraussetzungen schaffen und ermöglichen, dass es ein Erfolg wird. Geld zu akquirieren kostet Geld, das

11. KAPITEL — Fundraising in speziellen Umfeldern

ist ein ganz wichtiger Punkt. Man darf den ausgewählten Mitarbeiter beispielsweise nicht alleine lassen, sondern muss auch gewillt sein, Zeit und Geld zu investieren. Das gilt insbesondere in den ersten Jahren.

Es kann auch Sinn machen, sich externe professionelle Beratung zu holen, auch wenn Beratung in Deutschland mittlerweile einen etwas zweifelhaften Ruf genießt. Aber in diesem speziellen Bereich kann es nun einmal angebracht sein, dass man – gerade, wenn man Mitarbeiter aus dem eigenen Hause mit der Aufgabe betraut – auf fachliches Know-how zurückgreift. Ich empfehle dabei jedoch dringend, sich Referenzen einzuholen.

Notwendig sind darüber hinaus Datenbanken. Natürlich ist es einfach, wenn eine Universität einen Fachbereich Informatik hat und man eine Datenbank für das Fundraising selbst programmierten lässt. Das kann klappen, birgt aber auch ein Risiko. Es gibt gute Fundraising-Software auf dem Markt und es macht unter Umständen mehr Sinn eine Datenbank zu wählen, die schon erprobt ist als aus Kostengründen etwas Eigenes zu stricken.

Frage: In den USA und Großbritannien ist man sehr viel weiter im professionellen Hochschul-Fundraising. Inwieweit lassen sich diese Erfahrungen auf Deutschland übertragen?

Dr. Matthias Buntrock: Ich denke, dass die Universitäten in Großbritannien als gutes Vorbild dienen. Viele Dinge dort sind auf Deutschland übertragbar. Es gibt allerdings einen wichtigen Unterschied, nämlich die Verbindung der Studierenden zu ihrer Universität. Wenn ich Studierende/r an einer englischen Hochschule bin, die einen guten Ruf hat – das muss nicht unbedingt Oxford oder Cambridge sein – habe ich im College gelebt und studiert und eine ganz andere Verbindung zum Campus als Studenten in Deutschland, die in einer WG oder einem Studentenzimmer in der Stadt gewohnt haben. Eine wichtige Überlegung ist also, wie kriege ich es hin, dass Studierende die Bindung zu ihrer Universität erhalten? Merchandisingprodukte sind da sicherlich eine Möglichkeit, aber da steckt noch viel mehr dahinter. Wie begegnet beispielsweise die Verwaltung den Studierenden und wie die Professoren? Wie funktioniert der erste Tag und wie bekomme ich mein Diplom ausgehändigt? Bekomme ich das gegen Verwaltungsgebühr von fünf Euro nach Hause geschickt und werde dabei aufgefordert, mich „zwangsexmatrikulieren" oder gibt es eine schöne Feierstunde? Das sind alles Dinge, die als Vorbild dienen. Die Amerikaner haben in Ermangelung von Tradition angefangen, an ihren Universitäten vor 200 Jahren Rituale zu schaffen, wir hingegen haben das alles abgeschafft. Mittlerweile gibt es wieder Diplomfeiern, wie an der Universität Bonn, wo Studierende im Talar erscheinen. Das sind Zeichen dafür, dass man versucht, die Bindung der Studierenden an ihre Universität wieder aufzubauen.

> Der zweite Punkt ist natürlich der, dass man ganz konsequent professionelle Fundraising-Abteilungen mit Direktmarketingspezialisten und einer vernünftigen Software aufbaut und dass man den Alumnibereich stärkt. Das heißt, dass man Angebote macht und gegebenenfalls sogar einen Vizepräsidenten für das Fundraising abstellt. München hat das beispielsweise so gemacht. Vieles läuft über den Alumnibereich und da sind uns die angelsächsischen Hochschulen ein großes Vorbild. Natürlich haben sie durch ihre College-Strukturen einen großen Vorteil, aber auch das kann man an Hochschulen allein durch Leistung, durch Betreuung, durch attraktive Angebote fördern und indem man die Studierenden als Kunden betrachtet, auch wenn sich das jetzt vielleicht zu marktorientiert anhört. Durch die Einführung von Studiengebühren werden Universitäten vielleicht veranlasst, in diese Richtung zu denken und sich zu entwickeln.
>
> Generell gibt es die unterschiedlichsten Möglichkeiten, Menschen dafür zu gewinnen, sich zu engagieren. Je höher die emotionale Bindung an etwas ist, umso besser ist es. Wenn ich kleine Kinder mit Kulleraugen zeige, dann weiß jeder, was gemeint ist, aber ich kann diese emotionale Beziehung auch für die Wissenschaft schaffen und muss es sogar tun, um Menschen zu bewegen, sich für Wissenschaft und Forschung zu engagieren.

2. Privat statt Staat? – Fundraising im Gesundheitswesen

Die Bedeutung des Fundraising scheint auch im Krankenhausbereich zu wachsen. So erschien 2012 die erste Studie zum Fundraisingpotenzial in Krankenhäusern, die der Deutsche Fundraisingverband in Kooperation mit Roland Berger Consulting und mit wissenschaftlicher Beratung durch die Autorin dieses Buches durchgeführt hat. Der Spiegel titelte im gleichen Jahr „Deutschland droht ein Kliniksterben" (vgl. Krankenhaus/Report vom 14. 6. 2012). Ist zukünftig Fundraising das Allheilmittel im Segment der heilenden Berufe? Wohl kaum. Es kann nicht darum gehen, Krankenhäuser durch Fundraisingmaßnahmen zu retten oder das deutsche Gesundheitswesen mit Hilfe von Spendern oder Sponsoren zu sanieren. Die Finanzierung muss weiterhin aus den Säulen der Pflichtversicherung und öffentlicher Gelder bestehen. Es wäre mit Sicherheit die Horrorvorstellung eines jeden Kranken, dass die Behandlung von der Mildtätigkeit eines reichen Mäzens abhängen sollte oder die Chefärztin vor der Entlassung – oder schlimmer – vor der Behandlung mit dem Klingelbeutel herumgeht. Dennoch kann Fundraising dazu dienen, Zusatzprojekte zu finanzieren oder als Anschubfinanzierung für innovative Vorhaben dienen. Im Folgenden werden einige Fakten und Anregungen skizziert, die größtenteils der oben zitierten und von Birgit Stumpf als Leiterin der Fachgruppe Gesundheitswesen des Deutschen Fundraising Verbandes, initiierten Studie entnommen sind.

2.1 Ein paar Interna und der Blick über den großen Teich

In Deutschland gab es im Jahr 2012 2.045 Krankenhäuser in unterschiedlicher Trägerschaft, ein Rückgang zum Vorjahr um 0,9 %. Aufgrund der schlechten Haushaltslage der Kommunen besteht nach Angaben der Deutschen Krankenhausgesellschaft zurzeit bereits ein Investitionsdefizit von rund 50 Mrd. Euro (vgl. www.dkg.de, S. 16). Selbst die kreativsten Fundraising-Pioniere im deutschen Krankenhauswesen können bei weitem nicht an derartige Summen denken. Die Besten kommen immerhin auf Spendeneinnahmen von bis zu 3 Mio. Euro plus eventuelle Extras durch die Fördervereine.

> **Beispiele:** Die Vestische Kinder- und Jugendklinik Datteln erhielt 2011 den Klinik-Award und 2012 den deutschen Fundraisingpreis für die beste Kampagne. Prämiert wurde unter anderem die kreative und gezielte Ansprache verschiedener Spendergruppen. Aus Restholz der Klinik wurden 80 Spendendosen für Kleinspender gefertigt, die von Kindern bemalt und zusammen mit Informationsblättern in Geschäften der Region aufgestellt wurden. Für Großspender gab es eine Broschüre mit „Shopping-Listen". „Im Rahmen eines Public Viewings anlässlich des RTL-Spendenmarathons konnte eine Spendensumme in fünfstelliger Höhe generiert werden. Die kontinuierliche Zusammenarbeit mit Vertretern der Medien sorgte für weitere Spenden und Information über ein weitgehend tabuisiertes Thema" (vgl. www.fundraising-preis.de). Das welt-

> weit erste Palliativzentrum für Kinder und Jugendliche schaffte es durch Kreativität und Netzwerken binnen zwei Jahren über sechs Mio. Euro an Spendengeldern zu sammeln und rund 3.800 Spender zu gewinnen.

In den USA verfügt fast jedes Krankenhaus über eine eigene Fundraisingabteilung mit bis zu 80 spezialisierten Mitarbeitern, die in den großen Kliniken bis zu 200 Mio. US$ an Spendengeldern einsammeln können. Dies bedeutet, dass bis zu 15 % des Umsatzes durch Fundraisingaktivitäten erwirtschaftet werden (vgl. Deutscher Fundraising Verband: Privat statt Staat, S. 9). Neben einer längeren Historie und anderen kulturellen Wurzeln scheint auch hier – wie bereits mehrfach in diesem Buch betont – die strategische Herangehensweise und die konsequente Investition in das Fundraising das zentrale Erfolgsgeheimnis der Amerikaner zu sein.

2.2 Vor dem Spendenkuchen steht die Strategie

Das Ergebnis der oben zitierten Studie bestätigt es erneut: Wer langfristig im Fundraising Erfolge erzielen möchte, muss strategisch vorgehen und sollte folgende Punkte beachten:

- Fundraising ist kein Nebenjob für Assistenzärztinnen oder Chefärzte kurz vor dem Ruhestand, sondern eine zentrale eigenständige Position, die von der Klinikleitung uneingeschränkt unterstützt werden muss.

- Die Fundraisingstrategie sollte sich an die übergeordnete Strategie des Krankenhauses anpassen. Fehlt diese, wäre es gut, hier nachzubessern.

- Fundraising hängt eng mit Marketing und Kommunikation zusammen. Ohne eine klare und konsistente Botschaft und Positionierung der Klinik wird es genauso schwierig wie ohne eindeutige Kompetenzzuweisung.

- Neu gegründete Fundraisingabteilungen können nicht vom Start weg schwarze Zahlen schreiben. Man muss in sie investieren, bevor sie sich tragen können.

Die typischen Fehlerquellen, die bereits andernorts im Rahmen diese Buches diskutiert wurden, wie mangelnde Unterstützung durch die Leitungsebene, unklare Kompetenzen (wer darf denn nun ran an die Spender, die PR-Frau, der ärztlicher Direktor oder die Marketingleitung?), mangelnde Budgetverantwortung, unzureichende interne Kommunikation, fehlender Vernetzung oder unzureichende Evaluation, gelten natürlich auch für den Krankenhaussektor.

Bei aller Zurückhaltung hinsichtlich allzu großer Erwartungen und einer klaren Verantwortungszuschreibung an Kassen und staatliche Quellen für eine solidarische Grundversorgung kann es dennoch – ähnlich wie im Hochschulbereich – Potenziale für klar umrissene Projekte zu geben. Bei entsprechender Netzwerkkompetenz, Kreativität und Durchhaltevermögen kann Fundraising auch im Gesundheitswesen eine gute Möglichkeit sein, extra Gelder für Sonderprojekte jenseits der Grundversorgung einzuwerben.

Anhang

Vorschläge, Nachschläge, Zuschläge

Übersicht Seite
1. Arbeitsblätter, Checklisten und Musterverträge 379
1.1 Arbeitsblatt: Externe Analyse 379
1.2 Arbeitsblatt: Interne Analyse 381
1.3 Arbeitsblatt Zielformulierung 384
1.4 Arbeitsblatt Aktionsplan 385
1.5 Checkliste Drucksachen 385
1.6 Checkliste Veranstaltungen 387
1.7 Muster Telefonskript 389
1.8 Vordruck Sach- und Geldspendenbescheinigung 390
2. Adressen und Internetlinks 391

1. Arbeitsblätter, Checklisten und Musterverträge

1.1 Arbeitsblatt: Externe Analyse

Sammeln Sie in den nachfolgenden Kategorien aktuelle Entwicklungen oder Tendenzen, die für Sie als Organisation Konsequenzen haben. Schreiben Sie unter den Aspekten Chancen und Risiken jeweils zentrale Punkte auf. Ziel dieses Arbeitsblatts ist es, dass Sie Trends schriftlich festhalten, um sich nachfolgend Strategien zu überlegen, wie Sie Chancen nutzen beziehungsweise die Risiken mindern können, die für Sie entstehen.

Politische und steuerpolitische Entscheidungen
Chancen
1. ....
2. ....
3. ....
Risiken
1. ....
2. ....
3. ....

Wirtschaftliche Tendenzen
Chancen
1. ....
2. ....
3. ....
Risiken
1. ....
2. ....
3. ....

Technologische Trends
Chancen
1. ....
2. ....
3. ....
Risiken
1. ....
2. ....
3. ....

Demographische und soziale Entwicklung
Chancen
1. ....
2. ....
3. ....

1. Arbeitsblätter, Checklisten und Musterverträge

Risiken

1. ....
2. ....
3. ....

Mitbewerber

Chancen

1. ....
2. ....
3. ....

Risiken

1. ....
2. ....
3. ....

Haben Sie hierbei sowohl überregionale als auch regionale Entwicklungen berücksichtigt, die Sie beeinflussen können?

Haben diese Entwicklungen konkreten Einfluss auf Ihre Finanzen?

Überlegen Sie und stellen Sie sich die Fragen:

„Was wäre wenn …?" und „Wie reagieren wir, wenn das eintritt?"

1.2 Arbeitsblatt: Interne Analyse

(1) Management und Mitarbeiter

Wie ist die aktuelle Situation in Ihrer Organisation unter den Aspekten Planung, Verantwortlichkeiten, Kompetenz und Personaldecke?

- Wer ist für Ihre Planung verantwortlich?
- Wer ist für Ihr Fundraising verantwortlich oder wer könnte es in Zukunft sein?
- Wer kümmert sich um Ihre Öffentlichkeitsarbeit?
- Wie funktioniert der Informationsaustausch zwischen Planung, Fundraising und Öffentlichkeitsarbeit?
- Versteht der Vorstand etwas von Fundraising und unterstützt er Sie? Wie sieht es bei den Kollegen aus?

- Haben Sie genügend qualifizierte Mitarbeiter und Ehrenamtliche?

- Gibt es Motivationsprobleme? Wie hoch ist die Mitarbeiterzufriedenheit? Woran liegt es (schlechte Bezahlung, Kompetenzgerangel, mangelnde Erfolge etc.)?

Wo liegen Ihre Stärken und wo Ihre Schwächen? Schreiben Sie diese jeweils getrennt auf.

Stärken: _____

_____

Schwächen: _____

_____

Verfahren Sie nach dem gleichen Muster auch für die anderen Bereiche. Betreiben Sie selbstkritische Nabelschau und halten Sie Ihre Stärken und Schwächen schriftlich fest.

(2) Projekte und Programme

- Welche Angebote, Projekte oder Programme haben Sie entwickelt bzw. bieten Sie an?

- Wie werden diese Projekte angenommen? (Was läuft gut bzw. schlecht und wie erklären Sie sich das?)

- Wie ist Ihr Preisgefüge im Vergleich zu Ihren Mitbewerbern? (Wenn Sie am oberen Ende der Preisskala liegen, können Sie das begründen?)

- Was können Sie besser als die anderen Anbieter? Wo liegen Ihre Besonderheiten?

- Wie ist die Ausstattung Ihrer Einrichtung (alt, neu)?

- Haben Sie eine Fundraising-taugliche Datenbank?

- Wie ist Ihre Erreichbarkeit?

- Welche Projekte haben Ihrer Meinung nach ein hohes Spendenpotenzial (Medieninteresse, Sympathiebonus, Bedarf gut zu erklären)?

1. Arbeitsblätter, Checklisten und Musterverträge

Stärken: _____

Schwächen: _____

(3) Kunden und Kommunikation

- Wer interessiert sich für Ihre Projekte? Was wissen Sie über Ihre Kunden (Adressen, persönliche Informationen, Vorlieben etc.)?
- Wer unterstützt Sie bereits und wer mag Sie vermutlich gar nicht?
- Gibt es mögliche Interessenten oder Förderer, die Sie noch nicht kontaktiert haben? Wer könnte es sein?
- Wie machen Sie auf Ihre Einrichtung aufmerksam (Anzeigen, Internet, Tage der offenen Tür etc.)?
- Betreiben Sie Pressearbeit und haben Sie Medienkontakte?
- Haben Sie prominente Unterstützer?
- Wie schätzen Sie Ihren Bekanntheitsgrad und Ihr Image ein (bei Kunden, Mitarbeitern, politischen und wirtschaftlichen Entscheidungsträgern, Journalisten etc.)?

Stärken: _____

Schwächen: _____

(4) Finanzen und Fundraising

- Wie ist Ihre aktuelle finanzielle Situation? (Vermögenswerte, Rücklagen etc.)?
- Woher kamen Ihre Mittel bisher?
- Haben Sie ein klares Budget und eine transparente Finanzbuchhaltung?

- Haben Sie ein System der Evaluierung bzw. des Controlling? Analysieren Sie Ihre Ein- und Ausgaben (wann kommt was woher und warum bzw. wohin fließt das Geld)?
- Haben Sie bereits Erfahrung mit Fundraising-Maßnahmen gemacht? Wenn ja – was lief gut, was lief schlecht und wieso?
- Wo sehen Sie Potenziale für Ihr Fundraising (Unternehmenskontakte, Erbschaften, Reaktivierung ehemaliger Unterstützer)?

Stärken: _____

Schwächen: _____

_____

1.3 Arbeitsblatt Zielformulierung

Checkliste Zielformulierung	
Projekt:	
Ziele immer schriftlich fixieren	
Zielkonflikte vermeiden und ggf. auflösen	
Ziele verständlich und klar formulieren (**s**pezific)	S
Ziele messbar (**m**easurable)	M
Ziele realistisch formulieren (**a**chievable)	A
Ziele ergebnisorientiert formulieren (**r**esult orientated)	R
Zeitraum für die Zielerreichung zeitlich begrenzen (**t**ime determined)	T
Sachziele: Was soll geplant werden? Was soll erreicht werden? Welche Funktionen sollen erfüllt werden? Welche Qualität ist zu erreichen?	
Kostenziel: Was darf das Projekt insgesamt kosten? Was dürfen die einzelnen Maßnahmen kosten?	
Terminziel: Bis wann soll was erreicht werden?	

1.4 Arbeitsblatt Aktionsplan

Projekt:	Teamleiter/in:
Termin:	Ort:
Teammitglieder:	

Aufgaben	erledigt am:	noch offen am:	verantwortlich	Bemerkung

1.5 Checkliste Drucksachen

(1) **Zielsetzung**

- Welche Ziele sollen mit der Drucksache erreicht bzw. unterstützt werden?
- Welche Zielgruppe soll angesprochen werden?

(2) **Analyse der Ausgangssituation**

- Welche Erfahrungen wurden in der Vergangenheit gemacht (Feedback, Erfolg etc.)?

- Wie war die Resonanz auf Qualität, Inhalte, Abbildungen, Text, Papier, Druck etc.
- Welche Vorlagen gibt es, die verwendet werden können?
- Gibt es ein einheitliches Erscheinungsbild?
- Mit welcher Botschaft und welchem Produkt sind die Mitbewerber aufgetreten (Qualität der Produktion, Abbildungen, Text, Papier, Druck etc.)?
- Wie war der Gesamteindruck (Inhalte, Stil etc.)?

(3) **Gedanken zur Planung**

- Mit welchem Stil soll die Zielgruppe angesprochen werden?
- Welche Vertriebswege werden gewählt (Postversand, Auslage, Beileger etc.)
- Um welchen Umfang, welches Format und welche Auflagenhöhe handelt es sich?
- Welche Inhalte (Ausstattung, Fotos, Charts etc.) sollen vermittelt werden?
- Wie hoch ist das Gesamtbudget (inklusive Vertriebskosten)?
- Werden Image und Corporate Identity (Papierqualität, Stil etc.) berücksichtigt?
- Gibt es Response-Elemente?
- Wer erstellt und kontrolliert das Gesamtmanuskript?
- Wer ist verantwortlich für den Gesamtablauf (Zeitplan, Korrekturen etc.)?

(4) **Sonderüberlegungen bei Mailings**

- Welche Verteiler/Listen werden gewählt?
- Sollen Sonderformate, Farben, Sichtfenster, Aufdrucke, angehefteter oder loser Zahlungsträger getestet werden?
- Welche Artikel werden gewählt (Geschenkbeileger, Infomaterial)?
- Wie wird der Dank gestaltet?
- Wie erfolgt die Erfassung (EDV, Karteikarten etc.)
- Gibt es Sondervereinbarungen mit der Post (Vorausverfügungen, Datenbankabgleich etc.)?

1. Arbeitsblätter, Checklisten und Musterverträge

1.6 Checkliste Veranstaltung

Projekt:	Teamleiter/in:
Termin:	Ort:
Teammitglieder:	

Maßnahmen	erledigt bis	verantwortlich
Veranstaltungsort und Ausstattung		
Räume suchen und buchen (Verträge)		
Infrastruktur prüfen (Elektrik, Sanitäre Anlagen etc.)		
Bestuhlung		
Technisches Equipment (Mikrofone, Beamer etc.)		
Bühne, Podium		
Dekoration		
Garderobe		
Reinigung (vorher, nachher)		
Müllentsorgung		
Heizung und Kühlgelegenheiten		
Sicherheitsmaßnahmen		
Versicherungen		
Parkplätze		
Rahmenprogramm		

Catering (Essen und Trinken)		
Personal (Kellner, Garderobe etc.)		
Programmplanung (minuten-genau inkl. Umbaupausen und Notfallplanung)		
Referenten, Moderatoren, Künstler einladen		
Hotels und Flüge buchen		
Kasse		
Künstler- und Sponsorenbetreuung		
Foto- und /oder Videoaufzeichnungen		
Sonstiges		
Öffentlichkeitsarbeit		
Gästeliste		
Einladungen drucken und verschicken		
Wegbeschreibung, Hinweistafeln		
Rückmeldungen registrieren		
Reservierungen vornehmen		
Plakate, Flyer etc.		
Pressemitteilungen		
Eintrittskarten		
Gimmicks, kleine Geschenke		
Fotografen		
Nachbearbeitung		

Honorarabrechnungen mit Künstlern, Personal etc.		
Abbau, Aufräumen		
Abrechnung inkl. Kommissionsware, GEMA, Künstlersozialkasse etc.		
Danksagungen		
Auswertung des Rahmenprogramms, Presseberichte, Stimmung etc.		
Follow up in eigenen Medien		

1.7 Muster Telefonskript

„Guten Tag, mein Name ist............................., ich rufe im Auftrag von (Name der Organisation) an.
Haben Sie eine Minute für mich Zeit?"
Falls nein
Vereinbaren Sie einen anderen Telefontermin und notieren Sie diesen auf der Anruferkarte.
Falls ja
„Ich rufe an, weil ich aus unseren Unterlagen entnehmen kann, dass Sie (Name der Organisation) unterstützt haben. Herzlichen Dank dafür!"
„Ich würde Ihnen gerne die aktuellen Projekte von (Name der Organisation) vorstellen. Wir setzen uns ein für (Projektkurzvorstellung)."
„Haben Sie von diesem Projekt gehört?"
Hintergrundinformationen: Was genau möchte (Name der Organisation) bewirken.
„Es gibt noch so viel zu tun. Während wir uns bemühen…" (Projektbedarf erläutern, z. B. „…werden täglich so und so viele Bäume gefällt").
„Würden Sie uns helfen, unsere Arbeit zu unterstützen, indem Sie jeden Monat 20 Euro überweisen?"
Falls ja
„Herzlichen Dank!

> Um die Papiermenge so gering wie möglich zu halten, würde ich gerne schon einmal Ihre Bankverbindung aufnehmen. Wir schicken Ihnen dann die Einzugsermächtigung zur Unterschrift zu."
> Denken Sie daran, die Adresse zu überprüfen.
> **Falls nein**
> „Nun ja, unser Minimum für Einzugsermächtigungen sind 10 Euro. Wäre Ihnen diese Summe lieber?"
> **Falls ja**
> „Herzlichen Dank. Sie haben uns sehr geholfen."
> Siehe oben
> **Falls nein**
> „Es ist auch möglich, uns eine Spende per Überweisung zukommen zu lassen. Die meisten Leute unterstützen unsere Arbeit durch Einzugsermächtigungen. Das spart Zeit und Geld, Ressourcen, die wir für unsere Projektarbeit verwenden können. Aber wenn Sie möchten, schicke ich Ihnen ein Überweisungsformular zu?"
> **Falls ja**
> „Herzlichen Dank! Das ist uns eine große Hilfe!"
> **Falls keine Frage positiv beantwortet wurde**
> „Es ist natürlich in Ordnung. Bevor ich auflege, wüsste ich gerne, ob ich Sie ganz aus unserer Spenderliste streichen soll?"
> Auf der Anruferkarte notieren.
> „Ich wünsche Ihnen noch einen schönen Abend."
> „Auf Wiederhören."

1.8 Vordrucke Sach- und Geldspendenbescheinigung

Das Bundesministerium der Finanzen hat ein Formular-Management-System ins Internet gestellt, in dem man die verschiedensten Vordrucke finden kann. Die Suche nach „Spende" ruft eine Reihe von Vordrucken auf, die für Geld- oder Sachzuwendungen verwendet werden können (vgl. https://www.formulare-bfinv.de).

2. Adressen und Internetlinks

Adressen von A bis Z plus Recherchetipps im Internet

Association of Fundraising Professionals (AFP)

Internet: http://www.afpnet.org/

Vereinigung amerikanischer Fundraising-Beratungsfirmen, Herausgeber von „Giving USA" (englisch)

Bank für Sozialwirtschaft

Internet: www.sozialbank.de/

Herausgeber von Broschüren zu fundraising-relevanten Themen, Online Datenbank mit Informationen über Europäische Förderprogramme sowie Kontaktadressen, Literaturhinweisen und Links

Bingo-Projektförderung

Postfach 810563,

30505 Hannover

Bingo-Umweltlotterie

Bundesbeauftragter für Datenschutz

Internet: www.bfd.bund.de

Aktuelle Informationen zu Datenschutzbestimmungen, Links zu den regionalen Verantwortlichen der Länder

Bundesfinanzministerium

Internet: www.bundesfinanzministerium.de

Formularsuche: https://www.formulare-bfinv.d

Bundesministerium für Familie, Senioren, Frauen und Jugend

Internet: www.bmfsfj.de

Bundesverband Deutscher Stiftungen e. V.

Internet: www.stiftungen.org

Aktuelle Informationen zu Stiftungsfragen inkl. Auswahlrecherche

Bürgerstiftungen der Bertelsmann Foundation

Carl-Bertelsmann-Straße 256, 33311 Gütersloh

Internet: www.buergerstiftungen.de

Center for Corporate Citizenship e. V.

Internet: www.corporatecitizen.de/

Interdisziplinäres Zentrum zur Erforschung und strategischen Gestaltung des gesellschaftlichen Engagements von Unternehmen

Charity Malls (Auswahl)

Internet: www.planethelp.org (deutsch)

http://www.good2give.com/ (englisch)

www.igive.com (englisch)

CORDIS – Forschungs- und Entwicklungsinformationsdienst

Internet: www.cordis.lu

Informationen über EU-Förderprogramme

Dachverband FairWertung e. V.

Internet: www.fairwertung.de

Vereinigung kirchlicher Organisationen, die Altkleider sammeln

DDV-Robinsonliste

www.direktmarketing-info.de

Liste des Deutschen Direktmarketing Verbands, in die sich „MailingMüde" eintragen lassen können.

Deutsche Post AG, Geschäftskunden-Service Brief

Internet: www.deutschepost.de

Kostenlose Beratung zu Mailings; kostenpflichtige Service-Dienste von Adressanalyse bis Zusatzprodukte Direktmarketing

Deutscher Dialogmarketing Verband e. V.

Internet: www.ddv.de

Fachverband für Direktmarketing

2. Adressen und Internetlinks

Deutscher Fundraising Verband e. V.

Internet: www.fundraisingverband.de

Berufsverband deutscher Fundraiser/innen

Deutscher Spendenrat e. V.

Internet: www.spendenrat.com

Interessengemeinschaft Spenden sammelnder Organisationen, freiwillige Selbstkontrolle und Qualitätssiegel

Deutsches Zentralinstitut für Soziale Fragen (DZI)

Internet: www.dzi.de

Vergabe des DZI-Spendensiegels, Informationen über Spendenwürdigkeit

EU-Informationsstellen

Internet: http://www.europarl.de/EU-Informationen und Broschüren für die Öffentlichkeit, städtische und ländliche Info-Points und Foren

Europäische Sponsoringbörse (ESB)

Internet: www.esb-online.com

Kontaktvermittlung zu Fachagenturen, Seminare, Service

Europäische Union

Internet: http://europa.eu/index_de.htm

Verlinkt auf wichtigste Informationsquellen zu Europa (deutsch)

European Citizen Action Service

Internet: www.ecas.org

Bürgerinformationen zu EU-Themen, inkl. Antragstellung (englisch)

European Foundation Centre

Internet: www.efc.be

Europäische Stiftervereinigung, Veröffentlichungen, Links (englisch)

Fachverband für Sponsoring und Sonderwerbeformen (FASPO)

Internet: http://www.faspo.de/

Forum Deutsches Recht
Internet: www.recht.de
Informationen zum (Steuer-)Recht, Links zu vielen Amtsgerichten

Fundraising Akademie
www.fundraising-akademie.de
Fundraising-Ausbildungsakademie

Fundraising Großbritannien
Internet: www.fundraising.co.uk (englisch)
Fundraising-Portal Großbritanniens mit Newsletter, Jobmarkt und aktueller Literatur

Hamburger Spendenparlament
Internet: www.spendenparlament.de
Hamburger Spendeninitiative

Institut für Markt-Umwelt-Gesellschaft (imug)
Internet: www.unternehmenstest.de
Herausgeber des Unternehmenstesters mit Unternehmensbewertungen nach sozialen und ökologischen Kriterien

MAECENATA Institut für Dritter-Sektor-Forschung
Internet: www.maecenata.de
Veröffentlichungen, Statistiken, Stiftungsrecherche

NonProfit Verlag & Service GmbH
Internet: www.nonprofit.de
Veröffentlichungen, aktuelle Informationen, Herausgeber der Zeitschriften „Fundraising Magazin" und „Verein & Management"

PR-Guide.
Internet: www.pr-guide.de
Online Service der GPRA, DPRG und PR Forum, Informationen, Diskussionsforum, Literatur zu Themen der Presse- und Öffentlichkeitsarbeit

2. Adressen und Internetlinks

Presseorgane

Internet: www.presse-im-handel.de

Presseportraits der Zeitschriften im Handel

Stifterverband für die Deutsche Wissenschaft

Internet: http://www.stifterverband.info/

Stiftung Mitarbeit

Internet: www.mitarbeit.de

Herausgeber preisgünstiger Schriften und Arbeitshilfen für Selbsthilfe- und Bürgerinitiativen

The Fundraising School (TFRS)

Indiana University Center on Philanthropy

Internet: www.philanthropy.iupui.edu

Weiterbildungsanbieter, mittlerweile auch Kursangebote im europäischen Raum (englisch)

UNESCO (United Nations Educational, Scientific and Cultural Organization)

Internet: www.unesco.org/general/eng/events

Internationale Tage und Jahre

Vereinsbesteuerung

www.vereinsbesteuerung.info

Webseite von Dipl. Finanzwirt Klaus Wachter zu allen Themen der Vereinsbesteuerung

Vereinte Nationen

Internet: www.un.org/events

Veranstaltungen und Konferenzen

Literatur- und Quellenverzeichnis

Strategische Planung, Marketing, Management

Bruhn, M. (2011): Marketing für Nonprofit-Organisationen. Grundlagen – Konzepte – Instrumente, Stuttgart.

Bruhn, M. (2008): Relationship Marketing: Das Management von Kundenbeziehungen, München.

Bruhn, M.; Tilmes, J. (1994): Social Marketing: Einsatz des Marketing für nichtkommerzielle Organisationen. 2. Aufl., Stuttgart u. a. O.

Buckingham, M.; Coffman, C. (2012): Erfolgreiche Führung gegen alle Regeln. Wie Sie wertvolle Mitarbeiter gewinnen, halten und fördern, Frankfurt/Main.

Birkigt, K., Stadler, M.M., Funck, H.J. (2002) Corporate Identity, Leitbild, Erscheinungsbild, Kommunikation, Zürich, Wiesbaden.

Esch, F.-R.; Herrmann, A.; Sattler, H. (2011*)*: Marketing: Eine managementorientierte Einführung, München

Füser, K. (2001): Modernes Management. Lean Management, Business Reengineering, Benchmarking und viele andere Methoden, 3. Aufl., München.

Friedag, H.; Schmidt, W. (1999): Balanced Scorecard, Freiburg.

Helmke, S.; Uebel, M; Dangelmaier, W. (Hrsg.) (2008): Effektives Customer Relationship Management, 4. Aufl. Wiesbaden.

Horx, M. (1996): Trendbuch. Megatrends für die späten neunziger Jahre. 2. Aufl., Düsseldorf.

Horx, M. (2011): Das Megatrend-Prinzip: Wie die Welt von morgen entsteht, Berlin

Kotler, P.; Andreasen, A. R. (2003): Strategic Marketing for Non-profit Organizations. 6th Edition, Pearson Prentice Hall, Upper Saddle River.

Kotler; P.; Armstrong, G.; Saunders, J.; Wong, V. (2011): Grundlagen des Marketing, 5., aktualisierte Aufl., München.

Meffert, H.; Burmann, C.; Kirchgeorg, M. (2011): Marketing: Grundlagen marktorientierter Unternehmensführung. Konzepte – Instrumente – Praxisbeispiele, 11. Aufl. Wiesbaden.

Migliore, H. R.; Stevens R.E.; Loudon, D. L.; Williamson S. (1995): Strategic Planning for Not-for-Profit Organizations. New York, London, Norwood (Australia).

Müller-Stewens, G.; Lechner, C. (2011): Strategisches Management. Wie strategische Initiativen zum Wandel führen, Stuttgart.

Popcorn, F. (1996): Der neue Popcorn Report. Trends für unsere Zukunft. 2. Aufl., München.

Schilling, G. (2000): Projektmanagement. Der Praxisleitfaden für die erfolgreiche Durchführung von kleinen und mittleren Projekten, Berlin.

Schötthöfer, P. (2005): Rechtspraxis im Direktmarketing. Grundlagen – Fallstricke – Beispiele, Wiesbaden.

Schwarz, P.; Purtschert, R.; Giroud, C. (1999): Das Freiburger Management-Modell für Nonprofit-Organisationen. 3., vollständig überarbeitete und erweiterte Aufl., Bern u. a. O.

Schwarz, P. (2001): Management-Brevier für Nonprofit-Organisationen. Bern u. a. O.

Schwarz, P. (1996): Management in Nonprofit Organisationen. Eine Führungs-, Organisations- und Planungslehre für Verbände, Sozialwerke, Vereine, Kirchen, Parteien usw., 2., aktual. Aufl., Bern u. a. O.

Stiftung Mitarbeit (Hrsg.); *Sellnow, R.* (1999): Die mit den Problemen spielen. Ratgeber zur kreativen Problemlösung, Bonn.

Taxis, T. (2011): Heiß auf Kaltakquise – So vervielfachen Sie Ihre Erfolgsquote am Telefon, Freiburg.

Fundraising, Spenden, Sponsoring und mehr…

Becker, H.; Rometsch, D. (2001): EU-Förderung für die Sozialwirtschaft, Köln.

Bortoluzzi Dubach, E.; Frey H. (2011): Sponsoring: Der Leitfaden für die Praxis, Bern u. a. O.

Brömmling, U. (2005): Die Kunst des Stiftens. 20 Perspektiven auf Stiftungen in Deutschland, Berlin.

Bruhn, M. (2009): Sponsoring: Systematische Planung und integrativer Einsatz, 5. Aufl., Wiesbaden.

Bueb, B. (2004): Bildung und Fundraising. In: Fundraising, Die Kunst, Geld zu gewinnen, Festschrift 10 Jahre Deutscher Fundraising Verband, Hamburg.

Bundesministerium für Familie, Senioren, Frauen und Jugend (Hrsg.) (2009): Hauptbericht des Freiwilligensurvey 2009, http://www.bmfsfj.de

Burnett, K. (2002): Relationship Fundraising: A Donor-Based Approach to the Business of Raising Money, San Francisco: Jossey-Bass.

Crole, Barbara (2010): Profi-Handbuch Fundraising.

Direct Mail: Spenden erfolgreich akquirieren, Regensburg.

Deutsche Krankenhausgesellschaft e. V. (2007): Konzept für die Ausgestaltung des ordnungspolitischen Rahmens ab dem Jahr 2009, www.dkgev.de

Deutscher Spendenrat, GfK (2012): Bilanz des Helfens, www.spendenrat.de

Deutscher Fundraising Verband, Roland Berger (Hrsg.)(2012): Privat statt Staat – Potenzial von Fundraising für deutsche Krankenhäuser, Berlin

Druwe, U. (2003): Fundraising und Sponsoring an deutschen Hochschulen. In: zhwinfo, Nr. 17, S. 2 – 5.

Fischer, K.; Hohn, B.; Kreuzer, T. (2005): Fundraising Praxis – Aus erfolgreichen Beispielen lernen. Jahrbuch Fundraising 2005, Hamburg.

Fischer, K.; Neumann, A. (2003): Multi-Channel-Fundraising: Clever kommunizieren, mehr Spender gewinnen, Wiesbaden.

Flanagan, J. (2000): Successful Fundraising. A Complete Handbook for Volunteers and Professionals. Lincolnwood (Chicago).

Fundraising Akademie (Hrsg.) (2001): Fundraising. Handbuch für Grundlagen, Strategien und Instrumente, Wiesbaden.

Gremmel, R. (2002): Ende gut, alles gut: Strategisches Direktmarketing beim Erbschaftsfundraising, Hamburg.

Haibach, M. (2012): Handbuch Fundraising. Spenden, Sponsoring, Stiftungen in der Praxis. Frankfurt/Main.

Haibach, M. (2008): Hochschul-Fundraising. Ein Handbuch für die Praxis, Frankfurt/Main.

Hochschulrektorenkonferenz (Hrsg.) (2004): Alternativen in der Hochschulfinanzierung: Sponsoring, Fundraising, Stiftungen; Dokumentation der 33. Jahrestagung des Bad Wiesseer Kreises vom 29. Mai–1. Juni 2003, Bonn.

Hohn, B. (2004): Internet-Marketing und -Fundraising für Nonprofit-Organisationen, Wiesbaden.

Melzer, A. (2002): Erfolgswege initiativer staatlicher Hochschulen. In: Mlynek, J. (Hrsg.): Die Zukunft der Hochschulfinanzierung: Qualitäts- und wettbewerbsfördernde Impulse. Symposium, 28. Februar – 1. März 2002 in Berlin, Hanns Martin Schleyer-Stiftung, Bd. 59, Köln, S. 96–103.

Mutz, J.; Murray, K. (2000): Fundraising for Dummies. Foster City

Naskrent, J. (2010): Verhaltenswissenschaftliche Determinanten der Spenderbindung. Eine empirische Untersuchung und Implikationen für das Spenderbindungsmanagement, Frankfurt/Main.

Peretz, S.; DiJulio, S. (2011): eNonprofit Benchmarks Study, An Analysis of Online Messaging, Fundraising and Advocacy Metrics for Nonprofit Organizations, www.e-benchmarksstudy.com.,

Princeton University (2005): Princeton Development Office, History and Statistics, www.princeton.edu.

Rosso, H. A. and Associates (2003): Hank Rosso's Achieving Excellence in Fund Raising, Jossey-Bass, San Francisco.

Sauerbrey, G. (2000): Zur Entwicklung einer Antragskultur. In Beilage zum Band: Zahlen, Daten, Fakten zum Deutschen Stiftungswesen. 1. Ausgabe, Berlin.

Schaff, T.; Schaff, D. (1999): The Fundraising Planner. A Working Model for Raising the Dollars You Need, San Fransisco.

Schwenke, T. (2012): Social Media Marketing und Recht, Köln.

Spendino GmbH (2010): Social Media Report. Non-Profit-Organisationen starten in das Social Web, www.spendino.de

Tempel, E.; Seiler, T.L.; Aldrich, E. E.:(2011): Achieving Excellence in Fundraising, 3rd.ed., John Wiley & sons.

The Fund Raising School. Indiana University Center on Philanthropy (2000): Principles and Techniques of Fund Raising, Indianapolis.

Tutt, L. (2002): Bindung von Top-Alumni, Abschlussbericht eines Kooperationsprojektes zwischen dem CHE Gemeinnütziges Centrum für Hochschulentwicklung GmbH, Gütersloh und der TUM-Tech GmbH, München, Arbeitspapier Nr. 39, www.che.de.

Urselmann, M. (2011): Fundraising. Professionelle Mittelbeschaffung für steuerbegünstigte Organisationen Bern u. a. O.

Vogel, A. (2001): Alumniorganisation. In: Hanft, A. (Hrsg.): Grundbegriffe des Hochschulmanagements, Neuwied u. a. O., S. 6–11.

Werner, A. (2012): Krautfunding: Deutschland entdeckt die Dankeschön-Ökonomie, CreateSpace Independent Publishing Platform.

Presse- und Öffentlichkeitsarbeit

Deutscher Industrie- und Handelstag (Hrsg.) (2005): Umgang mit Medien, Presse, Öffentlichkeitsarbeit. Ein praxisorientierter Leitfaden für den Mittelstand. 4. Aufl., Berlin.

Herbst, D. (2000): Mit rückhaltloser Offenheit. Krisen-PR in: Sage und Schreibe Werkstatt – Beilage zu journalist, Nr. 11, S. 9.

Oppel, K. (2010): PR – Crashkurs: So gewinnen Sie alle Medien für sich, München.

Schindler, M.-C.; Liller, T. (2012): PR im Social Web: Das Handbuch für Kommunikationsprofis, Köln.

Weiterführende Informationen und Nachschlagewerke

Adams, M.; Tolkemitt, T. (2001): Das staatliche Glücksspielunwesen. In: ZBB, H. 3, S. 170.

Oeckl, A. (2013): Taschenbuch des öffentlichen Lebens. Deutschland 2013, Bonn.

Oeckl, A. (2012): Taschenbuch des öffentlichen Lebens. Europa und internationale Zusammenschlüsse 2012/2013, Bonn.

Textor, A. M. (2000): Auf Deutsch. Das Fremdwörterlexikon. vollständig überarbeitete und erweiterte Neuausgabe 651.–665. Tsd., Hamburg.

Zeitschriften

Fundraiser Magazin www.fundraiser-magazin.de

Als Fachmedium des Jahres 2012 ausgezeichnet mit brandaktuellen Berichten, Terminen und Tipps aus der Szene

FundStücke Mitgliedszeitschrift des Deutschen Fundraising Verbandes e. V. www.fundraisingverband.de

Informationen und Neuigkeiten aus der Welt des Fundraisings

Die Stiftung www.die-stiftung.de

Magazin bzw. Portal für das Stiftungswesen

Stiftung & Sponsoring www.stiftung-sponsoring.de

Magazin für Non-Profit-Management und -Marketing

Sponsors www.sponsors.de

Monatliches Fachmagazin für Sponsoring und Sportbusiness

Sachverzeichnis

A

Ablaufplanung 108
Adressen 125
Adressengenerierung 134
Adressensammlung 132
Affinity Credit Cards 219
Aktionsplan 106
Altkleider 216
Alumni 360, 363 f.
Alumniarbeit 370
Anschreiben 164
Antragstellung 273
Auktionen 200

B

Balanced Scorecard 113
Basare 207
Bekanntheitsgrad 80, 99
Benchmarking 74
Benefizveranstaltung 190
Beschwerdemanagement 304, 307
Beziehungsmarketing 285
Bindungsstrategien 285
Blog 239
Blogger 242
Buchhaltung 36
Budget 102
Budgetplanung 196
Bürgerschaftliches Engagement 13
Bußgelder 278

C

Capital Campaign 320 f.
Charity-Malls 234
Charity-Shops 213, 228
Controllinginstrument 114
Corporate Identity 61, 179, 368
Corporate Social Responsibility 245
Corporate Volunteering 250
Crowdfunding 241
Customer Relationship Management 287

D

Dank 291
Dankesvarianten 292
Dankesvideos 242
Dankschreiben 46, 173, 294, 354
Dankstrategien 293
Datenbank 321
Datenschutz 21, 139
Datenverwaltung 35
Dauerspender 123

E

E-Mail 159, 226, 231
E-Mail-Werbung 225
Ehrenamtliche 349

Einnahmen aus Tombolas 42
Einzugsermächtigung 301
Erbschaften 124, 333
Erbschafts-Fundraising 339
Erbschaftsmarketing 334
Erfolgskontrolle 111
Erstspender 122
Ethikpapier 17
Ethische Grundsätze 17
EU-Fördermaßnahmen 154
EU-Förderung 274
Europäische Union 152
Evaluation 110
Event 190
Externe Faktoren 66

F

Facebook 134, 230, 237, 261
Fachliche Kompetenzen 34
Festveranstaltungen 44
Finanzplanung 90
Fokusgruppen 138
Fonds 218
Förderprogramme 152
Förderverein 41, 299
Fragebogen 81
Fundraising 7 f.
Fundraising-Jahresplan 103
Fundraising-Kreislauf 285
Fundraising-Methoden 155
Fundraising-Planung 85
Fundraising-Prozess 53
Fundraisingpreis 376

G

Geberpyramide 104
Geldspenden 38
Gesprächsplanung 185
Gewinnspiele 127
Gift Range Chart 104, 330, 332
GmbH 41
GooglePlus 238
Großspenden 356
Großspendenkampagne 329
Großspender 124, 313, 320
Großspenderrecherche 324
Gutscheinhefte 210

H

Haustürsammlungen 188
Headlines 171
Hochschul-Fundraising 355
Homepage 222

I

Ideeller Bereich 39
Image 80
Informationsmaterial 45
Internet-Auktionen 235

J

Jahresplanung 98

K

Kirchen 148
Kiwanis 149

Sachverzeichnis

Kleinspendenregelung 37
Konkurrenzanalyse 73
Kosten 90, 102
Krankenhaussektor 378
Kredite 218
Kreditkarten 220
Krisen-PR 256, 263, 265
Kuchentheken 207
Kundenbindung 297
Kursgebühren 42
Kurzfristige Fundraising-Maßnahmen 100

L

Langfristige Maßnahmen 100
Legacy-Clubs 313, 345
Legate 333, 364
Leihgemeinschaft 218
Leitbild 55 f., 368
Leitbilddiskussion 57
Leitbildprozess 59
Lions Clubs 149
Lizenzen 214
Lobbyarbeit 71
Lotterien 277

M

Machbarkeitsstudie 328
Mailing-Package 163
Mailings 156
Marken 63
Marketing 24
Marketingprinzipien 23
Markt 117
Maßnahmenplanung 89
Mäzenatentum 6
Medienarbeit 128
Mehrfachspender 123
Meinungsumfrage 80 f.
Merchandising 44, 210
Micro-Fundraising 71
Micro-Volunteering 71
Mikro-Engagement 71
Mikrospenden 242
Mission 55
Mitgliederzeitung 298
Mitgliedsbeiträge 39
Mitgliedschaften 297
Mittelfristige Fundraising-Maßnahmen 100
Multichannel-Kommunikation 133

O

Öffentlichkeitsarbeit 27, 256
Online-Fundraising 221, 225, 237
Online-Marketing 227
Online-PR 261
Online-Spenden 221

P

Patenschaften 310
Persönliche Kompetenzen 33
Persönliches Gespräch 183
Planung 49
PR 256
PR 2.0 261
Presse- und Öffentlichkeitsarbeit 256

Pressearbeit 257
Pressemitteilung 259
Privatpersonen 118
Profilierung 60
Projektplanung 110
Public Relations 256

R

Relationship-Fundraising 29, 285, 323, 363
Responsequote 158
RFM-Modell 91
RFM-Regel 161
Robinsonliste 135
Rotary 149
Round Table 150

S

Sachspenden 38
Sammelaktionen 190
Service-Clubs 149
Shitstorm 264
Sinus-Milieus 68 f.
Slogan 60
SMS Fundraising 236
Software 35
Soziale Medien 134, 237
Spenden 6, 39
Spendenbriefe 102, 155
Spendenbriefe an Unternehmen 176
Spendenclubs 311
Spendenparlament 219
Spendenportale 233
Spendenrat 22
Spendensiegel 22
Spendentabelle 104 f.
Spendenvolumen Deutschland 11
Spendenvolumen Österreich 12
Spendenvolumen Schweiz 12
Spender-Entwicklungsmodelle 119
Spenderbefragung 137
Spenderbetreuung 292
Spenderbindung 286, 289, 291
Spenderdaten 140
Spendermotive 289
Spenderpyramide 121
Spenderzufriedenheit 288
Sponsoring 6, 141, 243
Sponsoring-Konzept 251
Sponsoring-Markt 13
Sponsorpartnerschaften 141
Staatliche Förderung 151
Stakeholder 25
Stärken-Schwächen-Analyse 78
Stellenausschreibungen 34
Steuerliche Sonderregeln 37
Stiftungen 6, 146, 270, 372
Stiftungsantrag 265
Stiftungswesen 13
Straßensammlungen 190
Strategie 50
Strategieentwicklung 89
Strategische Planung 49
Strategische Ziele 86
Strukturplanung 106

Sachverzeichnis

Suchmaschinenoptimierung 261
SWOT-Analyse 66

T

Teamprozess 28
Telefon-Hotline 307
Telefon-Marketing 229
Telefonische Befragung 138
Telefonmarketing 303
Tombola 199
TV-Galas 202
Twitter 134, 230, 237, 261

U

Überweisungsträger 46, 172
Umschlag 163
Umweltfaktoren 66
Unternehmen 141
Upgrading 301
USP 77

V

Vermietung 206
Vermögensverwaltung 39 f.
Verpachtung 206

Verwaltungsausgaben 21
Virale Kampagne 239
Vorstand 30

W

Warenverkäufe 209
Website 221
Werbeausgaben 21
Wirtschaftlicher Geschäftsbetrieb 37, 39, 43
Wohlfahrtsmarken 217

X

XING 230

Y

Youtube 242

Z

Ziele 98
Zielformulierung 87
Zielgruppe 118
Zonta International 150
Zuwendungsbestätigung 37
Zweckbetrieb 39, 41

Buchanzeigen

Finanzen und Vermögen
Geld gezielt einsetzen

Verbraucherschutz

Sangenstedt/Metzler
Meine Rechte als Verbraucher
Warenkauf · Haustürgeschäfte · Verbraucherkredite · Kleingedrucktes.
Rechtsberater
3. Aufl. 2005. 267 S.
€ 12,50. dtv 5220

Wer seine Rechte wahrnehmen will, findet hier die ideale Informationsquelle.

Wagener/Geissl
**Produkthaftung
Deutschland · USA von A–Z**
450 Stichwörter für den internationalen Geschäftsverkehr und den Verbraucherschutz.
Rechtsberater
2. Aufl. 2010. 197 S.
€ 15,90. dtv 50632

Die wichtigsten Rechtstermini der deutschen und englischen Fachsprache zum Produkthaftungsrecht.

Stephan/Hofmeister
Endlich schuldenfrei
Ratgeber für Selbstständige und Verbraucher.
Rechtsberater
4. Aufl. Rd. 180 S.
Ca. € 9,90. dtv 5667
In Vorbereitung

Alles zu Schuldenabbau und Insolvenzverfahren.

Zimmermann
Das Recht des Schuldners von A–Z
Verbraucher- und Schuldnerschutz.
Rechtsberater
3. Aufl. 2008. 252 S.
€ 11,50. dtv 5657

Von Abtretung bis Zwangsvollstreckung bestens informiert.

Geldanlage und Banken

BankR · Bankrecht
Textausgabe **Toptitel**
40. Aufl. 2012. 1667 S.
€ 19,90. dtv 5021

KreditwesenG, PfandbriefG, WertpapierhandelsG, BörsenG, VermögensanlagenG, Wertpapiererwerbs- und ÜbernahmeG, InvestmentG, ScheckG, WechselG, AGB Banken/Sparkassen u.a.

Gerke/Kölbl
Alles über Bankgeschäfte
Mehr Kompetenz im Umgang mit Kreditinstituten.
Wirtschaftsberater
3. Aufl. 2004. 399 S.
€ 12,50. dtv 5825

Ein schneller und sachkundiger Einblick in Bankgeschäfte.

Brost/Rohwetter
Das große Unvermögen
Warum wir beim Reichwerden immer wieder scheitern.
Beck im dtv
1. Aufl. 2005. 197 S.
€ 9,50. dtv 50889

Schäfer
Financial Dictionary
Fachwörterbuch Finanzen, Banken, Börse.
Englisch–Deutsch/ Deutsch–Englisch.
Wirtschaftsberater
4. Aufl. 2004. 895 S.
€ 22,–. dtv 50886

Das bewährte Nachschlagewerk für Studium und Praxis.

Bestmann
Börsen- und Finanzlexikon
Rund 4000 Begriffe für Studium und Praxis.
Wirtschaftsberater
6. Aufl. 2013. 814 S. **Neu**
€ 24,90. dtv 5803

Siebers/Siebers
Anleihen
Geld verdienen mit festverzinslichen Wertpapieren.
Wirtschaftsberater
2. Aufl. 2004. 229 S.
€ 11,–. dtv 5824

Diwald
Anleihen verstehen
Grundlagen verzinslicher Wertpapiere und weiterführende Produkte
Wirtschaftsberater **Toptitel**
1. Aufl. 2012. 509 S.
€ 24,90. dtv 50931

Das Buch erklärt anhand zahlreicher Beispiele Anleihemärkte und die Geldanlage in Anleihen mit deren Aufbau, Funktionsweise und Preisbildung.

Uszczapowski
Optionen und Futures verstehen
Grundlagen und neue Entwicklungen.
Wirtschaftsberater **Toptitel**
7. Aufl. 2012. 412 S.
€ 16,90. dtv 5808

Der Band bietet einen schnellen und leichten Zugang zu der komplexen Materie.

Pilz
Erfolgsstrategien für Geldanleger
Wie Sie mehr aus Ihrem Geld machen.
Wirtschaftsberater
1. Aufl. 2008. 202 S.
€ 9,90. dtv 50919

Grundlagen, langfristig sinnvolle Vorgehensweisen, Strategien mit hoher Rendite und marktneutrale Ansätze.

Pilz
Geldanlage in Rohstoffen
Energieträger, Edelmetalle, Industrie- und Agrarrohstoffe.
Wirtschaftsberater
1. Aufl. 2007. 288 S.
€ 12,50. dtv 50912

Vereine und Stiftungen

Wörle-Himmel
Vereine gründen und erfolgreich führen
Satzung · Versammlung · Haftung · Gemeinnützigkeit.
Rechtsberater   Toptitel
12. Aufl. 2010. 292 S.
€ 11,90. dtv 5231

Alles, was Sie wissen müssen, wenn Sie einen Verein gründen oder leiten, wenn Sie einem Verein beitreten oder sich darin betätigen wollen. Mit zahlreichen Mustern für die Vereinsarbeit.

Menges
Gemeinnützige Einrichtungen
Nonprofit-Organisationen gründen, führen und optimieren: Vereine, Stiftungen, gemeinnützige GmbH & Co.
Rechtsberater
2. Aufl. 2013. Rd. 400 S.   Neu
Ca. € 17,90. dtv 50727
In Vorbereitung für Juni 2013

Sauer/Luger
Vereine und Steuern
Rechnungslegung · Besteuerungsverfahren · Gemeinnützigkeit · Spenden · Ehrenamt.
Rechtsberater
6. Aufl. 2010. 347 S.
€ 12,90. dtv 5264

Umfang der Steuerpflicht · Steuerabzugspflichten · Rechnungslegung · ABC der Satzungszwecke und ihre steuerliche Behandlung · Besteuerungsverfahren · Spendenabzug · Mitglieder · Ehrenamtliche Tätigkeit · Gemeinnützigkeit · Wirtschaftliche Geschäftsbetriebe · Praxis-ABC · Gesetzesanhang.

Hof/Bianchini-Hartmann/Richter
Stiftungen
Errichtung · Gestaltung · Geschäftstätigkeit · Steuern.
Rechtsberater
2. Aufl. 2010. 552 S.
€ 19,90. dtv 5621

Das Buch erschließt jedem Interessierten die Möglichkeiten und Vorteile einer attraktiven Rechtsform.

Fabisch
Fundraising
Spenden, Sponsoring und mehr ...
Wirtschaftsberater
3. Aufl. 2013. 425 S.   Neu
€ 19,90. dtv 50933
Neu im April 2013

Vom Spendenbrief bis zum Sponsoringkonzept, von Stiftungsgeldern bis zur Bindung von Spendern, Mitgliedern und Ehrenamtlichen. Mit vielen Fallbeispielen, Checklisten und Arbeitsbögen.

Sauter
Ratgeber zum Spenden sammeln
Ein Leitfaden für engagierte Bürger.
Rechtsberater
1. Aufl. 2010. 113 S.
€ 10,90. dtv 50693

Der Band gibt Ideen, wie sinnvoll gespendet werden kann, und beantwortet vor allem steuerrechtliche Fragen und Fragen der Spendenverwaltung.